中国绿色发展
理论创新与实践探索丛书

总编 / 权衡 王德忠

中国环境绩效管理理论与实践

周冯琦 程 进 陈 宁 刘新宇 等 / 著

China's Environmental Performance Management: Theory and Practice

上海社会科学院出版社
SHANGHAI ACADEMY OF SOCIAL SCIENCES PRESS

总　序

绿色发展是新发展理念的重要组成部分,党的十八大以来,中国深入贯彻绿色发展理念,绿色发展的理论创新和实践探索不断取得新的重大进展。党的十九届五中全会明确了"十四五"时期推动绿色发展、促进人与自然和谐共生的战略目标,对未来五年乃至更长时期的生态文明建设作出战略谋划:生活方式绿色转型成效显著,广泛形成绿色生产生活方式,碳排放达峰后稳中有降,生态环境根本好转,美丽中国建设目标基本实现。站在"两个一百年"奋斗目标的历史交汇点上,中国绿色发展表现出新的理论内涵和实践要求。

碳达峰、碳中和目标彰显了中国绿色发展的新使命。中国从"碳达峰"到"碳中和"的时间只有30年左右,与发达国家相比时间大大缩短,全球尚无成熟的碳达峰、碳中和经验可供借鉴,有必要探索速度快、成本低、效益高的中国碳达峰、碳中和道路。

生态环境治理体系和治理能力现代化彰显了中国绿色发展的新作为。生态环境治理体系和治理能力现代化是生态文明体制改革的具体体现,新时代中国迫切需要建立制度化、法治化、现代化的生态环境治理体系,以适应当今日益复杂的生态环境问题和公众对美好生态环境的新期待。

城市绿色转型彰显了中国绿色发展的新载体。城市是绿色发展的主战场,随着中国经济进入转型换挡的新常态,以要素投入、盲目扩张为特点的粗放发展模式已经难以为继,城市的发展方式、运行模式和空间布局都面临着转型升级的新任务,需要探讨人民城市、零碳城市背景下城市绿色转型的实现路径。

区域生态绿色一体化发展彰显了中国绿色发展的新空间。绿色发展不是一时一地的事情,新时代绿色发展必须发挥区域协同作用,构建完善有利于区域生态绿色一体化发展的体制机制和政策环境。

新时代提出新课题,新课题催生新理论,新理论引领新实践,在迈向全面建成社会主义现代化强国新征程中,深入研究新时代中国绿色发展的理论与实践逻辑,对于抓住百年未有之大变局下的绿色发展机遇,促进经济社会发展全面绿色转型,实现人与自然和谐共生的现代化,具有重要的理论和现实意义。在这样的大背景下,《中国绿色发展:理论创新与实践探索丛书》第二辑应运而生。恰如丛书名所言,这套丛书在第一辑的基础上,进一步将理论探讨和实践解析深度结合,从不同角度解读中国绿色发展的理论内涵与实践特征,为探索中国特色生态经济学学科理论体系建设、推动绿色发展、促进人与自然和谐共生贡献力量。

是为序。

编者

2021 年 12 月 10 日

目　　录

第一篇　总　　论

第二篇　生态系统可持续性
绩效评估管理体系

第三篇　污染防治绩效评估与管理体系

第四篇 资源绩效评估与结果导向的资源绩效管理体系

第五篇　环境绩效管理的
标准化流程研究

前　　言

　　长期以来我国实行政府主导的环境绩效管理模式,这种单维环境绩效管理模式难以保证环境质量持续改善,尽管我国环境治理各项投入不断增长,但我国环境质量并未呈现出持续稳定的提升;且这种自上而下的环境绩效管理模式存在缺乏自我调适、自我约束机制,缺乏有效的法律约束,尤其是环境公众参与成为环境绩效管理的短板,进而容易出现绩效管理不稳固、重眼前问题轻长远目标等问题。环境绩效管理作为生态文明体制机制改革的重要内容,也是打赢环境污染防治攻坚战的重要手段。党的十九大提出"加快生态文明体制改革""完善生态环境管理制度",全国生态环境保护大会提出坚决打好污染防治攻坚战,推动着我国生态文明建设迈上新台阶。新时代下环境绩效管理迎来变革之时机,我国亟待建立制度化、法治化、现代化的环境绩效管理体系。

　　本书综合运用环境绩效管理理论研究方法、环境绩效评估研究方法以及文献调研与数据收集方法等构建环境绩效管理理论框架,从生态系统可持续性管理、污染防治、资源可持续利用等方面构建环境绩效指数评估体系,对我国 30 个省份 2007—2016 年环境绩效管理综合指数和分领域指数进行评估,分析中国环境管理与环境绩效管理进展与存在问题,并探究我国环境绩效管理的发展现状、问题瓶颈及优化策略,通过理论研究与实践总结提出适应新时代要求的环境绩效管理的标准化流程设计。本书的主要理论观点有以下六个方面:

一、环境绩效具有生态系统可持续性，环境污染防治、资源可持续利用等多维度、综合性特征

本书认为环境绩效是政府为实现环境目标所采取的生态系统建设、环境污染防治、资源可持续利用的环境管理行为的效果；环境绩效从内涵上包括生态系统可持续性绩效、环境污染防治绩效和资源可持续利用绩效，而环境管理流程是三项绩效的方法基础。环境绩效管理是指以改善环境质量为目标，在实施环境政策后，对实现环境效果的评估和再提升的过程。中国特色社会主义生态文明新时代下环境绩效管理具有制度化、法治化、现代化特征，更加强调统一部门管理、山水林田湖草整体保护和综合治理以及发挥政府主导和企业主体作用及多主体共同治理。

二、我国环境绩效水平存在空间异质性、动态波动性和发展不平衡性

从环境绩效总体水平来看，我国上海、广东、福建、浙江、江西、海南等东南沿海省份，以及内蒙古、北京、吉林等北方省份自然生态环境良好、环境质量优良、经济发展水平较高，其环境绩效水平也高于全国其他地区，但部分省份也存在环境问题突出、生态退化、海洋开发保护不合理等问题。而西北地区（新疆、甘肃、青海）、华北地区（河南、河北），以及安徽、广西、重庆等环境绩效水平相对较低，是环境绩效水平的"洼地"。从环境绩效水平排名来看，2007—2016年我国环境绩效水平排名呈现出较大的波动性，上海、广东、福建、浙江等东南沿海省份、北京、内蒙古长期位居前列，而西藏、广西、青海、重庆排名快速上升，陕西、辽宁、山西、宁夏等出现明显退步。从环境绩效指数及其排名来看，资源可持续利用绩效和环境污染防治绩效指数相对较高，这也是环境管理容易产生实际效果的领域，而生态系统可持续性绩效相对较差，这反映出各省市

长期以来环境绩效管理主要关注能源资源可持续利用和环境污染防治,而忽视生态系统修复与保护。以前环境管理部门也主要强调环境治理(如各地区环境部门挂牌为环境保护部/局/厅),而忽视生态建设。随着生态环境部成立,这将推动各地方政府增强对生态系统保护的重视。

三、我国环境绩效管理取得较大进步但环境绩效管理体系依然有待优化

改革开放以来,中央和地方政府在环境绩效管理方面进行了积极探索实践,我国环境绩效管理体系不断完善,环境绩效管理走向法治化和制度化,环境绩效管理更加注重多元共治,环境保护问责等体制机制不断健全。但我国环境绩效管理体系依然存在诸多问题,表现为:一是各级政府重环境治理、轻生态系统保护;二是中央要求与地方推进不力存在显著矛盾;三是科学规范的政府环境绩效评估体系依然缺乏;四是环境绩效评估过程缺乏自下而上的群众需求响应;五是环境绩效评估激励与约束机制不足;六是环境绩效重结果轻过程现象明显;七是环境绩效评估信息管理机制不健全等。

四、生态系统可持续性绩效管理需要构建差异化的绩效考核管理机制

生态系统可持续性绩效考核是提高生态系统质量的有效手段,生态系统类型多样,保护要求和标准差异较大,需要构建差异化的绩效考核管理机制。在考核管理框架方面,生态系统可持续性绩效考核框架由考核主体、考核客体、考核内容、考核周期等构成。其中,考核主体包括政府主管部门、生态环保专家、社会公众等多元化主体,考核客体即接受生态系统可持续性绩效考核的部门,考核内容包括生态系统的功能、面积、性质三个方面,考核周期可采取固定周期和非固定周期两种不同方式。在考核评估体系方面,生态系统可持续

性绩效评估体系总体上可以从生态空间面积、生态环境质量、生态保障能力三个方面加以考虑,根据评估结果将生态系统可持续性绩效管理水平分为"好""较好""一般""差""较差"等级,以便于生态系统相关管理部门和社会公众对评估结果的理解和使用。在考核管理流程方面,生态系统可持续性绩效考核管理是一个包含多个环节的管理行为,总体上可以分为设定管理目标、厘清管理职责、选择考核模式、确定考核标准、反馈考核结果等环节。

五、水资源环境绩效管理体系重构需要多措并举和系统推进

本书提出应以水资源与经济社会协同发展为基础,以新型水市场政策为依托,重构我国水资源环境绩效管理体系,多措并举和系统推进水资源环境绩效管理体系重构。一是水资源环境绩效管理体系的构建必须重视、完善水资源规划的层级和流程;二是建立法定的水资源使用权制度,形成与市场经济体制和水资源供需关系相适应的水资源权属管理模式;三是建立智能化的水资源及用户端监测计量系统;四是强化水资源环境绩效责任机制,使各级政府切实为水资源管理环境绩效负责;五是实现水资源和经济社会增长的一体化,提升水资源管理地位,推动水资源环境绩效管理;六是建立明晰的多层级水资源行政管理体系;七是探索多样化经济政策,促使水市场成为全面提升水资源系统绩效的有效机制。

六、环境绩效管理标准化流程设计的关键在于构造良性反馈机制

我国环境绩效管理的标准化流程设计,包括保障其运行的组织体系和制度体系,关键在于构造良性反馈机制。首先,要增强多元监督和公众参与的流程再造。在计划环节,需要注重公众意愿和公众参与,对计划制定部门产生监督效力;在绩效监测环节,引入大区环保督察局作为相对独立的监督者;在督察环节,引入大区环保督察局负责中央环保督察后问题整改反馈的常态化监

督;在考核环节,由省级人大常委会等负责公众听证程序,核实省级政府年度环境工作报告等的真实性。其次,要增强制度刚性的流程再造,由大区环保督察局和省级乃至国家监察委联动,重点加强对环境绩效信息弄虚作假、考核不严、责任追究不严等违法违纪行为的惩处。再次,增强能力建设的流程再造,在问题诊断环节,增强对省级政府推进生态文明建设与绿色发展的能力评估功能;在跟踪辅导环节,就短期内提高环境管理能力的举措提出政策建议;在辅助决策环节,增强促进环境管理能力建设的"政策工具包"设计功能;在计划环节,依靠智库支持,制订并实施支持省级政府增强环境监管能力和绿色发展新动能培育能力的计划;在资源配置环节,为省级政府的此类能力建设提供更多资金或资源支持;在组织学习和能力建设环节,由中央层面的培训类、研究类等机构,支持省级政府的此类能力建设。

第一篇 总 论

环境绩效管理作为生态文明体制机制改革的重要内容,是打赢环境污染防治攻坚战的重要手段。环境绩效管理是一个复杂的系统,涉及多个部门、多个领域、多个环节以及多元化主体,目前具有中国特色的环境绩效管理理论体系依然相对薄弱,有必要对中国环境绩效管理理论体系与框架进行深入研究。本篇系统梳理环境绩效管理理论研究,界定环境绩效管理等概念与内涵,分析环境绩效管理的理论基础;分析我国环境绩效管理体系发展脉络与发展阶段,构建环境绩效评估方法体系,分析我国环境绩效管理水平与存在问题;构建环境绩效规划机制、环境绩效实施机制、环境绩效评价机制和环境绩效反馈机制的闭环环境绩效管理系统,并从生态系统可持续性管理、环境污染防治、资源持续利用、环境管理能力四个子系统构建环境绩效管理体系。

第一章　环境绩效管理
体系研究概论

习近平总书记指出，只有实行最严格的制度、最严密的法治，才能为生态文明建设提供可靠的保障。中国特色社会主义生态文明建设也离不开目标明确、指标合理、方法科学、体系完善、结果运用得力的环境绩效管理制度，以发挥环境绩效管理的导向作用、激励作用和约束作用。当前环境绩效管理理论研究与框架构建仍较为薄弱，为此，有必要对我国环境绩效管理理论体系与框架进行深入研究。

第一节　研究背景与意义

环境绩效管理是生态文明体制和机制改革的重要组成部分。2015年9月中共中央国务院发布的《生态文明体制改革总体方案》提出，完善生态文明绩效评价考核和责任追究制度；2016年年底，中共中央国务院印发了《生态文明建设目标评价考核办法》，并以考核结果作为党政领导综合考核评价、干部奖惩任免的重要依据环境绩效管理正迎来变革之时机。

一、当前环境绩效管理认识与实践存在一定误区

政府环境绩效管理强调绩效管理理念在政府环境管理职能中的应用,是由环境绩效计划、实施、评估、改进组成的开放循环过程。然而,当前环境绩效管理认识和实践上存在一定误区。

首先,长期以来,"官本位"思想使得绩效评估变得敏感,通常将绩效评估等同于绩效管理,地方政府对环境绩效的态度也不够重视和积极,通常将环境绩效评估视为一种只会产生负面影响的"曝光"工具,使得环境绩效评估难以得到地方政府的认同和支持。在缺乏内生动力情形下,外部评估结果往往被视为一种负担,环境绩效管理工作也流于形式。

其次,西方发达国家的成功实践表明,政府绩效管理离不开法律法规保障和政策指导作用,我国环境绩效管理仍然缺乏法律依据和健全的制度保障,使得地方政府环境绩效管理存在一定盲目性和随意性,尽管目前我国已出台了《生态文明建设目标评价考核办法》等,但对于建立环境绩效改进的长效机制还不够,需要从法律上提供支撑,并出台一系列的规范、标准等。

再次,我国环境绩效管理体系尚未形成,当前各级政府通常将绩效评估等同于绩效管理,忽视了绩效管理中对绩效评估起到保障作用的其他环节;同时,地方政府也过分关注评估结果,忽视其评估过程和评估目标,导致评估结果发挥作用有限,考核结果对地方政府的激励作用也受到限制,难以形成长效的约束和激励机制。

二、当前环境绩效管理模式存在效率衰减现象

长期以来,我国实行自上而下的单维环境绩效管理模式,上级政府与部门对下级进行考核管理,但该模式容易导致政府失灵。自上而下的单维环境绩效管理缺乏自我调适、自我约束机制,容易出现绩效管理不稳固、重眼前问题

轻长远目标等问题。尽管中共中央、国务院在污染防治等领域做了相关部署，并形成了一系列制度方案，而目前更多的是中央自上而下推进，地方政府执行存在逐级衰减的现象，地方政府在现行考核和晋升机制下，更多是被动接受上级要求，缺乏主动推进环保的意识和动力。同时，当前地方政府违规成本较低，使得环境污染问题屡禁不止。

2016 年以来，中央开始实施中央环保督察，我国生态环境质量持续好转，出现了稳中向好趋势。依据对生态环境部 2016 年以来水环境质量周报的数据统计发现，全国 148 个点位水环境质量达标率平均值从 2016 年的 75.3％提升至 2017 年的 79.4％，2018 年以来保持在 83.3％（截至 2018 年第 16 周监测数据）；但其成效并不稳固，环境质量改善具有周期性、间歇性和反弹性的特征。据统计，督察结果公示后监测点位 I—Ⅲ类水比重从公示前一月的 78.86％提升至后一月的 82.62％；但从第 9 周后水环境质量开始下降，到第 11 周下降至 56.76％，水环境质量达标率呈现出倒"U"形曲线变化。中央环保督察严厉问责、严格执法的单维管理难以保证环境质量持续稳定改善。

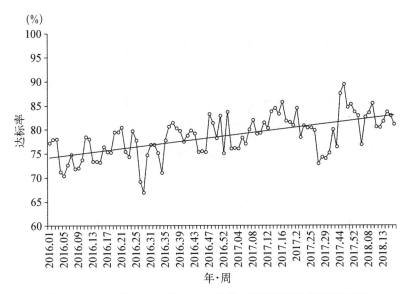

图 1-1　2016 年以来全国 148 个点位水环境质量达标率平均值

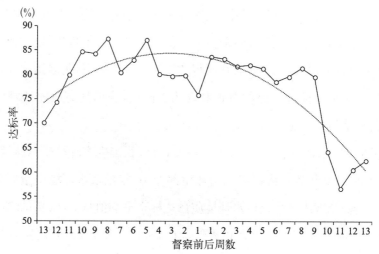

图 1-2　环保督察前后全国 148 个点位水环境质量达标率平均值

注：1—13 分别为环保督察公示前、公示后的水环境质量达标率。

　　长期以来，我国各省份存在环保执行与党中央、国务院要求有较大差距；地方政府落实国家部署存在薄弱环节、环保压力存在逐级衰减、考核问责不够到位、环保工作放松要求降低标准等问题。如果缺乏中央督察压力，光靠地方政府很难做好环境绩效管理，通常是中央环保督察组督察、上级领导做出批示或媒体披露后地方政府才会对环境问题引起重视。政府承担了太多应由其他实体承担的环境资源配置、社会服务等职能。地方政府，特别是县级政府环境资源配置严重不足。同时，现行法律责任规定十分严格，但缺乏对地方政府严格执法的考核与社会监督，政府、企业、环保组织、社会公众缺乏合理分工和相互监督机制，对于不履职尽责、环境管理工作不力的地方政府缺乏有效的法律手段和监督手段。为此，有必要加强我国环境绩效管理体系研究，构建自上而下与自下而上结合、多方参与的环境绩效管理体系，让社会公众了解生态环境建设的进展和有效性，并引导社会参与生态环境建设（刘佳，2014）。

三、我国需要建立制度化、法治化、现代化环境绩效管理体系

　　自 2000 年以来，全国环境污染治理总投资、城市环境基础设施建设投资、

工业污染源投资三项投资从 1 765.2 亿元增长至 2016 年的 15 450.8 亿元,三项投资总额占 GDP 的比例也从 2000 年的 1.76% 增加到 2010 年的 3.19%,随后下滑至 2016 年的 2.08%。但从环境质量改善状况来看,大量环保投资投入与环境治理效果不成比例,并未能带来相应的环境水平提升,居民对环境质量以及政府环境管理成效的关注越来越强烈(蒋雯,2011)。其重要原因在于对地方政府环境绩效管理行为缺乏有效管理。根据中央环保督察组公布反馈督察情况,2/3 的省份中表现出发展方式粗放、环保让位于发展、发展不足与保护不够并存等问题,尤其是中西部地区重发展、轻环保问题明显,部分地区追求一时经济增长"城进湖退"、顶风出台阻碍环境执法的政策等。

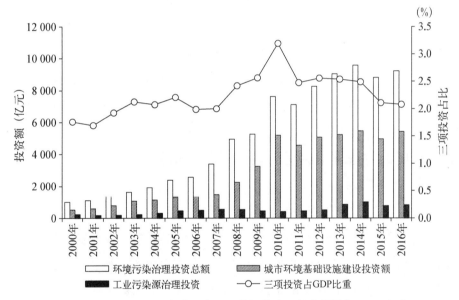

图 1-3　2000—2016 年中国各项环境污染治理投资额及占 GDP 比重
数据来源:《中国统计年鉴》(2001—2017 年)。

党的十八大以来,习近平总书记为生态文明建设和环境管理提出了一系列新思路、新理论和新要求;2018 年 5 月,全国生态环境保护大会召开,开启了生态环境保护的新时代。党的十八大将生态文明建设写入党章,《生态文明体制改革总体方案》提出"推进生态文明领域国家治理体系和治理能力现代化";

党的十九大进一步提出"加快生态文明体制改革,建设美丽中国""完善生态环境管理制度"等;2018 年 4 月,生态环境部正式组建挂牌,将分散的污染防治与生态保护职责统一起来。我国环境绩效管理也需要不断创新以适应中国特色社会主义生态文明新时代的要求,需要建立制度化、法治化、现代化环境绩效管理体系;即以制度化的形式将环境绩效管理体系融入环境管理的各领域,为环境管理和生态文明建设提供保障;以法治化的方式为环境绩效管理提供最严格的法治支撑,即加强环境管理法律体系整体性建构,提高环境执法司法能力,强化环境治理政府责任,完善环境公益诉讼制度等;进而,通过加强环境管理制度创新和制度供给,强化制度执行,提升环境治理现代化水平,提升环境绩效管理各项内容的系统性,提升环境绩效管理科技支撑和精细化、信息化水平。在制度化、法治化、现代化的环境绩效管理体系下,环境绩效管理将有助于为各级政府制定环境政策提供建议,避免因政策失误和实施不力等造成的环境损害,促使党政干部从被动作为转变为主动行为(董战峰,2013);它还将促进生态文明建设政策体系的完善,为建立保障治理体系现代化和治理能力的生态文明体系提供支持。

四、环境绩效管理理论亟待创新以适应发展要求

(一)环境绩效管理概念内涵有待科学认知和审视

当前环境绩效与环境效益、环境效率、生态文明绩效、绿色发展绩效等概念存在重合,并通常将这些概念混用,对于环境绩效的准确概念与内涵缺乏科学认知与准确界定,进而影响了环境绩效管理内容、目标、手段的科学性。为此有必要通过理论推演、归纳总结等多途径结合的方式,对"绩效""环境绩效""环境绩效管理"等概念内涵进行科学界定,并从环境绩效及环境绩效管理科学内涵出发,构建环境绩效主体评估指标体系。

(二)传统环境绩效管理理论难以解释新时代环境绩效管理模式

我国传统环境绩效管理理论研究多以委托—代理理论、政府再造理论等为

基础;从理论学派来看,环境绩效管理存在公民环境权论、国家环境权论、公共职能论、福利行政论、环境安全保障义务论等多个学派,但这都是强调何为政府环境绩效责任,政府环境绩效管理责任来源是什么等(李凌汉,2015)。现有环境绩效管理理论更多强调政府作为环境绩效管理的行动主体、责任主体,社会公众更多是以利益主体而存在,社会公众直接参与环境绩效管理的理论较缺乏;新时代下我国环境管理也发生了变革,即条块分割与部门交叉管理转向生态环境部统一管理,政府主导为主转向多主体共同治理、环境监管为主转向监管与激励并重等,这使得传统环境绩效管理难以解释新时代环境绩效管理模式。为此,本书以委托—代理理论、PDCA理论、多中心治理理论、政府再造理论等为理论基础,对我国环境绩效管理理论进行反思,并对环境绩效管理流程、标准、制度进行重构。

(三) 绩效管理利益相关者参与机制、信息反馈目标调整机制有待构建

传统环境绩效管理理论缺乏不同层级主体、政府与社会主体、不同地区与不同领域主体等环境绩效管理参与机制,为此,有必要从信息交流机制、环境绩效评估机制、环境管理咨询机制、环境管理决策机制、环境管理参与机制等入手构筑环境绩效管理利益相关者参与机制,并从利益相关者诉求表达机制(公益诉讼制度、利益相关者培训机制、利益相关者激励机制等)、利益相关者监督机制(政府环保督察机制、多方参与监督机制等)、利益相关者绩效评价机制(环境绩效评价机制、环境管理调整机制等)构筑环境绩效利益相关者信息反馈目标调整机制与响应机制(王遥遥,2016)。

第二节　研究主要内容和框架

一、研究内容

本书共分为五篇。总论篇主要通过理论阐释、现状分析、文献梳理、经验总结,构建我国环境绩效管理体系框架;其余四个专题篇分别为:"我国生态系统可持续性绩效评估管理体系研究""我国污染防治绩效评估与管理体系构建""我国资源绩效评估与结果导向的资源绩效管理体系构建""环境绩效管理的标准化流程设计"。

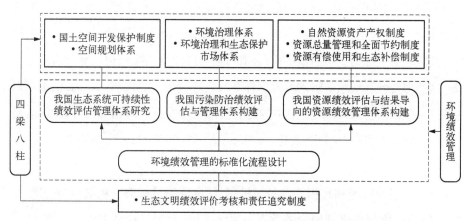

图 1-4 本书框架设计与生态文明体制改革总体方案的关系

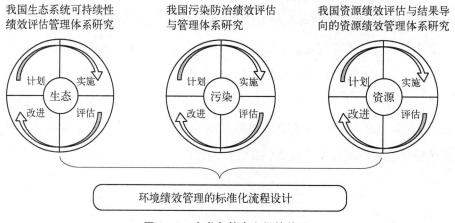

图 1-5 本书各篇章之间的关系

(一)总论篇:我国环境绩效管理理论体系与框架研究

一是环境绩效管理内涵与理论基础。系统阐释政府绩效、政府环境绩效、政府环境绩效管理等概念界定与内涵特征,并从委托—代理理论、PDCA 理论、多中心理论、政府再造理论等分析环境绩效管理的理论基础。

二是建立环境绩效管理概念框架。基于 PDCA 理论,构建环境绩效规划机制、环境绩效实施机制、环境绩效评价机制和环境绩效反馈机制的闭环环境绩效管理体系。以多中心理论为基础,构建政府、企业、社会组织、社会公众四位一体的环境绩效管理主体体系。

三是分析中国环境绩效管理现状。分析我国环境绩效管理体系发展脉络,根据重要时间节点将我国环境绩效管理发展过程划分为若干阶段,对各阶段的特征进行评价;总结环境绩效评估方法体系,系统梳理国内外环境绩效评价指标体系,建立中国环境绩效评价指标体系;评估 2007 年和 2016 年在 30 个省份(不包括西藏、台湾、香港和澳门)的环境绩效水平,分析我国环境绩效管理各环节、各领域、各区域的水平,辨识薄弱环节、薄弱领域和薄弱区域。

(二)第二篇: 我国生态系统可持续性绩效评估管理体系研究

一是生态系统可持续性绩效管理的基础框架研究。分析生态系统可持续性绩效管理概念内涵,并论述了"三位一体"的生态系统可持续性绩效评估管理框架。

二是生态系统可持续性绩效管理的实现机理研究。从产权制度现状、产权制度问题、权责体系重构等方面,分析产权制度在生态系统可持续性绩效管理中的作用,从空间规划现状与困境、空间规划支撑等方面分析空间规划对生态系统可持续性绩效管理的支撑作用,从考核框架、考核指标体系、管理流程、实证评估等方面分析差异化考核管理在生态系统可持续性绩效管理中的作用。

三是生态系统可持续性绩效管理的提升对策研究。从法治建设、信息监测平台、绩效评估体系、评估监督机制、分级分类绩效管理等方面提出健全我国生态系统可持续性绩效管理体系的保障政策,从而提高生态系统可持续性效率,更好地维护国家和区域生态安全。

(三)第三篇:我国污染防治绩效评估与管理体系研究

一是以绩效管理的相关理论为基础,明晰污染防治绩效的内涵和特征。我国污染防治绩效是对政府污染防治的目标完成情况、工作效率、任务执行情况和民众获得感的综合反映。污染防治绩效管理是以污染防治绩效为依据,通过运用各种环境政策工具,对污染防治工作进行的评价、监督、激励、约束等一系列管理行为。目前我国污染防治绩效评价体系是以环境统计信息为依据,以污染物减排结果为主要考核内容,污染防治的绩效管理体系是以目标管理为主要模式。

二是从区域差异性的角度构建污染防治绩效评价指标体系。本书借鉴EPI在环境绩效评价指标中采用的筛选器,从区域差异性的角度出发,构建更具针对性的污染防治绩效评价指标体系,认为污染防治绩效评价指标体系应当由基础性指标和区域差异性指标两大类构成,根据区域的经济发展状况、生态本底等因素对不同区域进行聚类筛选,调整其指标构成和权重,使得评价指标体系更具针对性和科学性。

三是通过污染防治绩效的空间关联性分析,探索区域污染联防联控的绩效管理机制。本书以大气污染为例,运用引力模型和社会网络分析法(SNA)对城市群污染防治绩效的空间关联性进行分析,认为京津冀城市群大气污染防治绩效的联系强度最高,污染防治绩效评价中应当将城市群整体环境改善作为重要的参考,长三角城市的大气污染防治绩效空间联系强度较高,并且与长江中上游的城市具有较强相关性,应当逐步将长三角大气污染联防联控机制扩展到长江中上游城市群。

四是系统梳理污染防治绩效管理的现状,结合国内外实践经验分析我国污染防治绩效管理存在的问题。我国污染防治绩效管理最初是作为政府目标管理的一部分,随着环境问题越来越突出,污染防治绩效逐步形成了相对独立的评价和管理体系。本书系统梳理我国污染防治绩效的发展和演变历程,结合国内外实践经验,找出现阶段我国污染防治绩效的短板和存在的问题。

五是以信息采集处理体系和结果运用机制为重点,重构污染防治绩效管理体系。污染防治绩效管理是政府绩效管理的重要组成部分之一,本书分别对我国政府绩效管理体系和污染防治工作体系进行系统分析,在梳理我国政府绩效管理的构成和特点的基础上,针对污染防治工作的特点,运用系统分解和重构的思路重构我国污染防治绩效管理体系。

(四) 第四篇: 我国资源绩效评估与结果导向的资源绩效管理体系研究

一是评估资源管理环境绩效水平及存在问题。构建包含管理绩效、经济绩效、社会绩效、生态环境绩效和空间开发绩效在内的评价体系,采用奥斯特罗姆的理论框架,以水资源管理环境绩效为例,识别影响资源管理环境绩效的制度与管理问题,为重构我国环境绩效管理体系提供方案。

二是结合我国各省水资源管理环境绩效评估结果,提出我国水资源环境绩效管理体系重构的七大对策建议,包括必须重视完善水资源规划的层级和流程,建立法定的水资源使用权制度,建立智能化水资源及用户端监测计量系统,强化水资源环境绩效责任机制、建立明晰的多层级水资源行政管理体系等。

(五) 第五篇: 环境绩效管理的标准化流程设计

一是分析我国环境绩效管理流程建设现状。通过梳理我国现有绩效管理流程体系建设的发展脉络,结合环境绩效管理流程结构与特征,分析我国环境绩效管理流程体系存在的主要问题。

二是构建我国环境绩效管理标准化流程设计方案。设计保障我国环境绩效管理标准化流程体系方案,以及保障其运行的组织体系和制度体系,并要求增强多元监督和公众参与流程再造,增强制度刚性流程再造,增强能力建设流程再造等方面。

二、研究框架

本书研究总体框架及各篇章间的关系如图 1-6 所示。

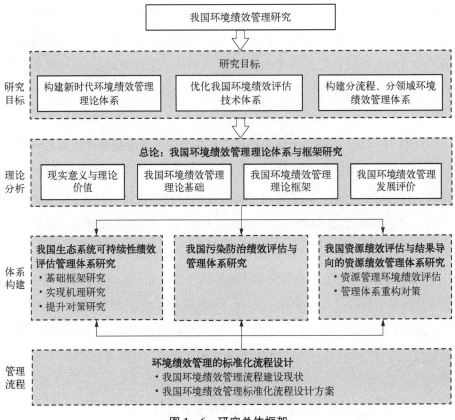

图 1 - 6　研究总体框架

第三节　研究思路和研究方法

一、研究目标

(一) 构建符合新时代要求的环境绩效管理理论体系

科学厘清环境绩效、环境绩效管理的概念内涵,分析中国特色社会主义生态文明新时代下环境绩效管理新内涵与新特征,分析我国环境绩效管理体系的演进趋势与特征和当前环境绩效管理体系存在的问题,并从环境绩效管理理论基础、环境绩效管理目标体系、环境绩效管理流程设计等方面构建环境绩效管理理论体系。

(二) 优化我国环境绩效评估技术体系

充分借鉴国外理论研究与实践成果,建立接轨国际、符合中国国情的环境绩效动态评估技术体系,为环境绩效动态评估提供定量化的管理工具,并对我国环境绩效进行全面定量评价,研究环境与经济、社会行为之间的相互作用与影响,识别环境结果与预期目标之间的差距,找出环境政策、环境管理的薄弱环节(董战峰,2016),为构建科学化、长效化、制度化的环境绩效评估制度提供技术支撑,为政府对环境、经济政策决策提供科学依据。

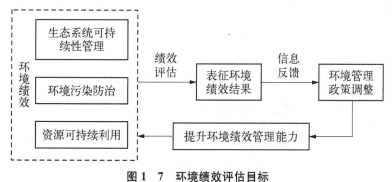

图1－7　环境绩效评估目标

资料来源:在董战峰等(2016)基础上修改。

(三) 构建分流程、分领域的环境绩效管理体系

通过对各环境绩效领域的评估和研究,建立符合中国国情的环境绩效管理模式。基于 PDCA 理论,将国内外环境绩效管理现状理解为环境绩效管理体系设计的基石,通过重新设计、整合,构建基于 PDCA 理论的政府环境绩效管理模型,以及利益相关者参与、有效激励、信息反馈、环境绩效响应的环境绩效流程管理体系。同时,从环境绩效管理各领域入手,构建生态系统可持续性管理、环境污染防治、资源可持续利用三个子系统各具特色的环境绩效管理框架体系。

二、研究思路

本书首先基于环境管理学、公共管理学、人口资源环境经济学等学科基础,以委托—代理理论、PDCA 理论、多中心理论、政府再造理论等为理论基础,总结国内外环境绩效管理理论研究与实践案例,通过理论模式推演与案例实证分析相结合、定性分析与定量评估相结合、历史分析与现实和未来预警分析相结合的方法,构建环境绩效管理体系框架。其次,将环境绩效指标体系框架实现生态环境发展、经济发展、产业发展、社会发展的有机结合,从生态系统可持续性管理、污染防治、资源可持续利用等方面分主题构建环境绩效指数和环境绩效参数评估。再次,通过描述中国环境管理与环境绩效管理进展与问题,揭示中国环境绩效评估结果与环境管理相脱节的深层次原因,探索构建利益相关者参与、信息反馈和目标调整相结合的环境绩效管理流程。

(一) 环境绩效管理主体体系构建需以形成多方制衡机制为核心

针对当前环境绩效管理研究理论体系缺失,本书对环境绩效管理相关内涵进行阐述,从委托—代理理论、PDCA 理论、多中心理论、政府再造理论等分析环境绩效管理的理论基础;基于 PDCA 理论,构建环境绩效规划机制、环境绩效实施机制、环境绩效评价机制和环境绩效反馈机制的闭环环境绩效管理系统;从环境绩效管理内容,构建资源可持续利用、环境污染防治、生态系统管理、环境管理能力四个子系统各具特色的环境绩效管理体系;以多中心理论为基础,构建政府、企业、社会组织、社会公众四位一体的环境绩效管理主体体系。

(二) 生态系统可持续性绩效管理框架构建需以形成责权明晰机制为核心

开展生态系统可持续性绩效评估管理,需要厘清生态系统保护空间单元产权,构建清晰的生态系统保护空间规划体系,加强绩效评估和用途管制,为

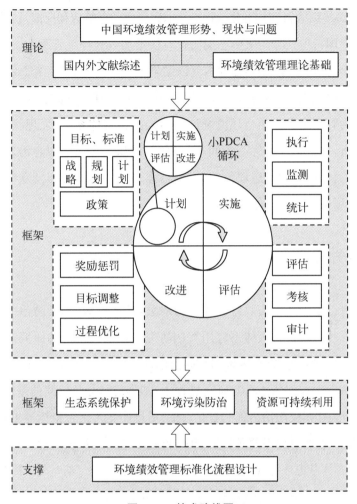

图 1 - 8　技术路线图

此,本书提出了构建产权制度、空间规划和绩效考核管理于一体的生态系统可持续性绩效评估管理框架。首先,产权制度明晰管理权责,合理的产权制度可以明确界定行为主体对生态资源的所有权和使用权,以及在自然资源使用中获益、受损的边界和补偿原则。其次,空间规划明确管理边界,为开展生态空间用途管制打下关键基础。再次,绩效考核提升管理效率,生态系统具有明显的空间差异和类型差异,需要建立差异化绩效考核机制,根据不同生态空间的功能定位提出差异化的考核指标、考核目标和绩效管理机制。

(三) 环境绩效管理标准化流程构造需以形成动态响应和反馈机制为核心

基于中国特色社会主义生态文明新时代更加重视环境管理的统一性等特征,本书结合我国实际,创新性地构建以结果为导向的污染防治绩效管理组织架构和标准化流程、污染防治绩效管理的动态响应和反馈机制,使环境绩效评估更好地为管理服务。结合环境统计与污染源普查体系,加强现状与目标间的差距分析,加强组合指标与中间指标研究。同时,运用多中心治理理论、公共价值理论、政府流程再造理论等,提出增强多元主体监督与公众参与、增强制度刚性、增强能力建设的环境绩效管理流程再造方案。

三、研究方法

本书将以中国环境绩效管理体系为对象,开展资源、污染防治绩效、生态系统管理现状与绩效管理体系应用案例研究。在指标体系的研究过程中,遵循可统计、可监测、可考核、因地制宜的指标选择原则,加强指标体系的逻辑性与系统性考虑。在评估体系的研究过程中,加强现状与目标间的差距分析,通过统计分析强化污染防治措施的量化评估,尽可能完善组合指标与中间指标以衔接逻辑链。在管理体系的研究过程中,借鉴参考其他系统的动态响应和反馈机制,同时充分考虑环境管理中的响应滞后性以及范围广、难度大等特点。

(一) 环境绩效管理理论研究方法

一是对奥斯特罗姆公共治理理论进行梳理,探求环境绩效管理的理论基础;并运用委托—代理理论分析环境绩效管理中政府、企业、社会公众、社会组织等多主体的多重委托—代理关系。二是运用多中心治理理论分析环境绩效管理的利益主体、责任主体、治理主体,为构建多元共治的环境治理体系提供基础。三是运用 PDCA 理论为环境绩效管理流程的科学化设计服务,并将 PDCA 模型与环境绩效评估相结合,深入分析每个环节存在的问题。四是运用政府再造理论分析环境绩效管理变革、重构、改革与创新,提出提升环境绩效管理绩效水平的策略。

（二）环境绩效评估研究方法

一是综合应用文献调研法、专家咨询法、层次分析法、相关分析法等多种统计分析方法，建立环境绩效评估共性及特性指标库，通过理论分析、比较分析等筛选出与环境绩效评估无直接关联的指标，对内涵类似的指标进行合并，构建环境绩效评估指标库，综合确定我国环境绩效评估体系，并通过实证研究对指标体系进行校正。

二是对数据包络分析、层次分析法、熵值法等各种评估分析方法进行对比，选择层次分析法（权的最小平方和法），从生态系统可持续性、环境污染防治、资源可持续利用三方面构建环境绩效评估体系，对我国环境绩效进行综合评估；选择数据包络分析法、熵值法等对污染环境绩效和资源管理绩效水平进行评估。

三是引入社会网络分析（SNA）方法评价和分析污染防治绩效的空间联系。目前对污染防治绩效空间关联性分析的研究较少，为考量区域联防联控机制下政府污染防治绩效的空间关联，本书引入社会网络分析法（SNA）和引力模型对城市群大气污染防治绩效的空间关联性进行分析。

（三）文献调研与数据收集方法

一是全面收集环境绩效管理领域的理论与实践研究理论、方法、案例等文献和研究报告，通过文献分析了解环境绩效管理研究的薄弱环节，明确我国政府环境绩效管理的重点领域。

二是收集全国、各省市经济社会发展数据，获取环境绩效管理相关数据，表征全国环境绩效管理评估指数水平。

三是集中选择云南、贵州、重庆、湖北、江苏、上海、浙江、内蒙古、青海等全国不同类型区域进行实地调研，与当地环境管理部门、企业等进行访谈，了解各地环境管理政策、现有环境绩效管理体系存在不足等。通过访谈、书面问卷等多种形式，对相关专家学者、政府官员、企业、社会组织、社会公众等进行抽样调查，以提升环境绩效管理评估体系的科学性。同时，对温哥华、墨尔本、柏林、汉堡、华盛顿等进行国外调研，了解国外环境管理经验模式。

表 1-1　　　　　　　　　　本书前期研究主要调研情况

调研时间	调研地点	调 研 内 容
2014 年 6 月	内蒙古呼和浩特	与内蒙古环保厅等多部门进行座谈,了解内蒙古环境绩效管理、生态系统保护、环境污染治理等的现状、困难与政策需求
2016 年 3 月	澳大利亚墨尔本	与墨尔本流域管理局(Goulburn Broken Catchment)、莫纳什大学(MU)、塔斯马尼亚大学(UTAS)、萨默维尔二级学院(SSC)等科研机构进行座谈,了解澳大利亚水环境管理经验与模式
2016 年 5 月	云南昆明、昭通	与昆明、昭通(昭通市、彝良县、水富县)的环境、水务、林业、建设等部门进行座谈,了解长江经济带上游地区环境绩效管理的现状、困难与制度创新需求
2016 年 9 月	加拿大温哥华	对亚太基金会、Center for Dialogue 等机构进行访问,了解加拿大城市绿色低碳发展和生态城市、生态区管控等经验
2016 年 9 月	华盛顿	对 World Watch(世界观察)、WWF 驻华盛顿办公室等机构进行访问,学习城市可持续发展经验
2016 年 11 月	青岛	对青岛世园集团进行调研,就黑水、灰水与餐厨生活垃圾等分离收集与循环利用进行调研
2017 年 4 月	柏林、汉堡	前往德国柏林、汉堡等城市与德国艾伯特基金会、德国能源智库 Agora Energiewend、德国波茨坦高等可持续研究所、汉堡港口大学、德国汉堡市水务公司等进行访问,了解德国能源与气候变化、环境市场建设、城市水环境管理、城市生态屋顶、雨洪管理等经验模式
2017 年 3 月	澳大利亚霍巴特市	对澳大利亚塔斯马尼亚州关于清洁能源的市场化交易与绿色化利用、分散式能源上网的政策制定等进行调研
2017 年 6—7 月	湖州、安吉、德清	与湖州市、安吉县、德清县生态文明办、环保局、水务局就"两山论"、南太湖水环境治理、城市河道治理、城市生态建设、农村环境治理等进行座谈
2017 年 6 月	武汉、宜昌、重庆	对湖北社会科学院、三峡大学,以及湖北省、宜昌市环保、水务、规划、建设等部门对长江中游环境绩效管理现状与问题进行调研,以及对重庆社会科学院、长寿化工园、重庆工商大学等进行调研,了解长江经济带上游生态系统保护、化学工业布局、港口布局等现状与问题

第二章 环境绩效管理理论研究进展

环境绩效是政府为实现环境目标所采取的生态系统建设、环境污染防治、资源可持续利用的环境管理行为的效果;环境绩效从内涵上包含生态系统可持续性绩效、环境污染防治绩效、资源可持续利用绩效,而环境管理流程是三项绩效的方法基础。现有研究表明,环境绩效管理取得较大进步,但环境绩效管理体系依然有待优化。

第一节 国内外环境绩效管理研究进展

一、国内外环境绩效管理研究概述

本书以 Web of Science 数据库为依据,以"environment performance"+"government"为主题,筛选出"Web of Science 核心合集"文献,共检索到英文文献 4 775 篇;基于中国知识网(www.cnki.net)数据库和"环境绩效"的标题,共搜索了 724 篇与环境绩效相关的期刊文章。总体上,国外对环境绩效管理研究起步较早,最早可追溯至 1967 年,从 1990 年以后开始快速增长;而国内研究最早可追溯至 1999 年,仍然处于跟随研究,相关理论、方法仍然以借鉴、引用为主。

从研究领域来看,国外文献主要聚焦于环境科学、环境经济、环境工程、环

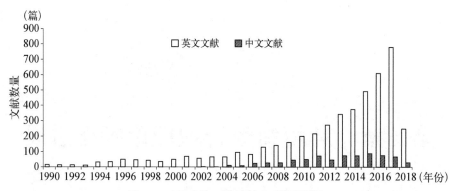

图 2-1 国内外环境绩效文献数量增长

注：中文文献为中国知网所有检索文献，英文文献仅统计 1990 年以后的文献，检索时间为 2018 年 6 月 19 日。

境制度、能源、公共环境与健康等领域；国内文献主要研究环境绩效理论（理论内涵、环境绩效管理经验、环境绩效意义和必要性）、不同领域的环境绩效（企业环境绩效、环境绩效审计等）、环境绩效评估体系（指标体系）、环境绩效评估方法（数据包络分析、平衡计分卡、层次分析法）等。国外研究领域相对较广泛，并更多涉及环境绩效管理与社会经济发展，而国内环境绩效研究仍然以环境绩效评估为主，较少涉及如何构建更科学的环境绩效管理体系，以及如何实现环境绩效管理与经济社会协调发展等。

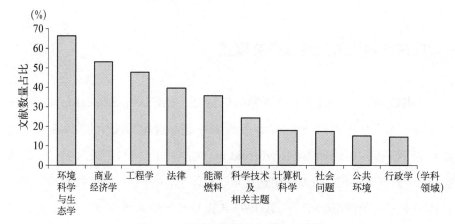

图 2-2 国外环境绩效文献领域分布

注：部分文献可能涉及多个领域，各领域文献数量占比之和超过 100%，检索时间为 2018 年 6 月 19 日。

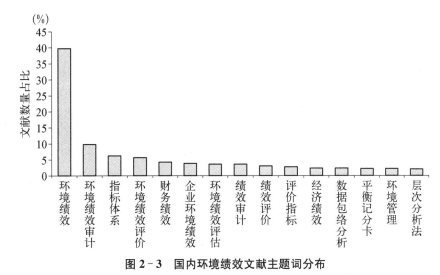

图 2-3　国内环境绩效文献主题词分布

注：部分文献可能包含多个主题词，各主题词文献数量占比之和超过 100%，检索时间为 2018 年 6 月 19 日。

鉴于以上分析，本书主要从国内外环境绩效管理研究的起源与发展、国内外典型环境绩效评估体系、环境绩效管理文献对环境绩效评估方法进行审核。

二、国内外环境绩效管理研究起源与发展

20 世纪 60 年代开始，环境问题受到学术界的普遍重视，但对于环境绩效的系统化研究是从 20 世纪 80 年代全面开始的。1982 年，人类环境问题特别会议通过了《内罗毕宣言》，提出只有在人类生活的不同区域采用全面系统的管理方法，才能实现环境无害化，使人类社会得到可持续发展；而要实现这一目标，建立环境管理与环境评价制度尤为重要。1980—1988 年，英国政府制定了一套较为完整的环境指数系统，评估人类活动对环境造成的影响，这也被视为最早提出整体测评环境绩效的指标体系 20 世纪 80 年代末，人类逐渐认识到生产行为的潜在环境风险，为了降低环境危害发生的概率，环境风险评估越来越多地被引入环境绩效管理，最常见的是评估人类健康和生态风险。20 世纪 90 年代，环境绩效管理与评估研究逐渐兴起。1991 年经济合作与发展组织（OECD）环境绩效评估

项目启动。1994 年,国际标准化组织(ISO)制定了环境绩效评价的国际标准,该标准逐渐被一些国家、企业、社会组织采用,对于提升环境绩效管理水平发挥了积极作用。1990 年以来,国际会计与报告标准政府间工作组(ISAR)对企业环境绩效进行了研究。2006 年,耶鲁大学环境法和政策研究中心(YCELP)公布了《世界环境绩效排名 2006》,并于 2008、2010、2012、2014、2016 年进行了持续研究,该研究对世界各国政府环境绩效管理发展提供了重要支撑。

国内对环境绩效的研究始于 20 世纪 90 年代末。与国外环境绩效理论研究相比,国内学者主要关注国外环境绩效理论的引入,介绍国外环境绩效评价指标与方法、环境绩效概念及内涵分析,以及对一些区域环境绩效指标的设定等,随后逐步发展至环境绩效管理体系的优化等方面。我国学者早期对国外环境绩效评价、方法和历史发展等进行大量介绍,ISAR 的三份报告(钟朝宏,2008)、GRI 的《可持续发展报告指南》(刘丽敏等,2007)、CICA 的《环境绩效报告》和日本、英国、加拿大等国家发布的相关规范(陈静等,2006),以及经济合作与发展组织(OECD)和大湄公河此区域(GMA)的环境绩效评估体系(曹东等,2008)等一系列成果陆续被引入国内学界。同时,我国学者也对环境绩效的内涵、外延与评估开展了大量研究。在环境绩效评估方面,学者们对指标选取原则、评估方法进行了探讨,除了定性研究方法以外,模糊综合评价等定量方法适用性也较强(袁广达,2008)。在环境绩效实证研究方面,部分学者从国家、省级尺度对资源环境绩效进行了评估,如汪升(2013)对 2000—2010 年中国省级层面资源环境总体绩效及其区域差异、时间变化和空间演化。刘佳(2014)等从环境与资源开发利用、生态环境健康、生态保护与环境治理三方面对天津市环境绩效水平进行了定量评价。在小尺度环境绩效评估方面,也有学者对中国生态工业园区环境绩效(田金平,2012)、部分流域河段环境绩效研究(张泽玉,2006)、典型城市水环境绩效(马涛,2011)等进行了研究。

我国通过引入国外政府绩效管理研究并应用于中国实践取得积极成效,对我国政府绩效管理普及、推动政府环境绩效试点工作以及提升政府绩效管理水平等方面起到了重要作用。但环境绩效管理理论研究还有待进一步强化,这些理论目前不能完全指导我国环境绩效管理试点工作,表现为:一是理论研究滞后于实践,缺乏对实践的科学指导;二是适应中国特色的政府环境绩效管理基本框架还非常匮乏;三是研究内容还有待于向体制机制、管理模式研究等领域进一步深入拓展;四是在研究方法上多侧重于"是什么"的定性研究,对工作机制、规章制度、管理模式等较缺乏,也较少通过实地调查、案例研究、定量模型等对政府环境绩效管理的内在机理和影响因素进行深入研究。

三、国内外典型环境绩效评估体系

环境绩效管理是环境管理框架下的管理思想和管理模式。环境管理系统研究的目的是将环境绩效管理纳入整体环境管理结构和系统。环境管理系统是整个管理系统的组成部分,包括环境政策的制定,实施、审查和维护所需的组织结构,以及计划、活动、职责、操作实践、程序、流程和资源。IOS 14001是标准化了的环境管理体系,为很多企业、地区及国家政府提供了环境管理体系的思路和参考流程。环境绩效评估是环境绩效管理的核心和关键问题,环境绩效评估指标体系的构建是环境绩效评估的基础。

国际上许多机构与学者开展了大量环境绩效评估研究,耶鲁大学等自2006年开始发布全球EPI报告,经济合作与发展组织开展对开展国别环境绩效管理水平评估(刘丽敏,2007)。在中国环境问题频发的现实压力下,众多学者对中国政府环境绩效评估的内涵、评估方法、指标体系等进行了探索(董战峰,2018)。

表 2 - 1　　国内外典型环境绩效评估体系

指标体系	提 出 者	指 标 体 系 内 涵
EPI 指数	耶鲁大学和哥伦比亚大学(2002)	包含环境健康、空气质量、水资源、生物多样性和栖息地、生产性自然资源和可持续能源等6大类别中的16项指数
资源绩效评估指标体系	世界银行(1999)	包含水污染(增加水供应量、改善水质、改善水管理)、土地利用两个领域,各领域包含结果指标、影响指标两类

续　表

指标体系	提出者	指标体系内涵
欧盟环境署资源绩效评估指标体系	欧盟环境署（2005）	主要包括水资源、能源，指标分类代表 DPSIR，即驱动力、压力、状态、冲击与响应
南阿尔伯塔流域环境绩效管理指标体系	南阿尔伯塔环境局（2008）	包含土地、水量、水质三大领域，各领域包含状况指标、压力指标
OECD 指标体系	OECD（1991、2007）	涉及水质管理和水资源管理，包括：水质挑战、处于压力下的水资源、经济手段的使用、私人部门参与供水服务、大规模区域调水、平衡城乡、产业间水供应
水贫乏指数（WPI）	英国生态与水文研究中心（2002）	WPI 包括 5 个分指数（component），分别为：水资源（resources）、取得水的途径（access）、取得用水的能力（capacity）、水的使用（use）、与水有关的环境（environment）。每个部分均由 2—6 个指标组成
新西兰可持续发展指标体系	新西兰政府（2003）	包含建筑环境、空气质量、生物多样性、土地与土壤、自然资源储存和流通、水质等 5 个类别
联合国可持续发展委员会指标体系	联合国可持续发展委员会（1995）	在社会、经济、环境、制度四大系统的概念模型和"驱动力—状态—响应"（DSR）模型基础上，提出以可持续发展为核心的指标体系框架，包含 142 个指标
环境可持续性指标（ESI）	耶鲁大学（2000、2002、2005）	包含环境系统、减轻压力、减少人类损害、社会和体制能力、全球参与度等 5 个类别，21 项指标，76 个变量
ISO14031 环境绩效评价标准	国际标准化组织（1994）	提供了一个"环境绩效指标库"，包括环境状态指标（ECIs）、管理绩效指标（MPIs）、操作绩效指标（OPISs）
生态效益评价标准（WBCSD）	世界可持续发展企业委员会（2000）	全球第一套用于企业的环境绩效评估标准；生态效益=产品或服务的价值/环境影响；包含产品或服务的价值、创造产品或服务的过程中对环境的影响、产品或服务的使用过程中对环境的影响
中国环境绩效指标体系	环保部环境规划院（2008）	包含环境与健康、生态环境保护与管理、资源与能源的可持续利用、环境治理能力等 4 个类别
云南省环境绩效评估指标体系	曹颖（2006）	包含水资源、水污染、土地退化、废弃物管理、生物多样性、森林资源、自然灾害等七个方面

续　表

指标体系	提出者	指 标 体 系 内 涵
中国省级环境绩效评估指标体系	原环境保护部环境规划院	与国际接轨、符合中国国情的环境绩效评估体系,包含用水安全、生态系统活力、经济可持续发展三大领域
地方政府环境保护绩效评估状态系统指标	李凌汉等(2015)	将环境状态分为环境健康(环境疾病负担、水、大气、固体废弃物等对人的影响)、生态系统健康(大气、水等对生态系统的影响、生物多样性和栖息地保护、林业、固体废弃物管理)等四个类别
生态文明建设绩效评估体系	祝光耀、朱广庆(2015)	生态文明建设水平指数、生态文明建设差距指数、生态文明建设进步指数
生态城市环境绩效评估指标	蔡云楠、刘琛义(2015)	土地绩效、水环境绩效、大气环境绩效、生物多样性绩效等四个方面
国家级新区环境绩效评估指标体系	李明奎、石磊、谭雪(2016)	包含产业效益(经济、产业)、功能完善(城市化、功能便捷)、资源利用、环境保护(环境管制、污染治理)等四个方面
基于环境质量管理的城市综合环境绩效评估研究	翁智雄、葛察忠、程翠云等(2017)	从环境健康(空气、噪声、卫生、废物)、生态保护(绿化、土地)、资源与能源利用、环境治理(污染物、减排、管理、产业结构)等四个方面构建指标体系

注:根据刘丽敏等(2007)、董战峰等(2018)进行补充完善。

四、环境绩效研究方法

环境绩效管理研究方法的应用水平在一定程度上反映了环境绩效管理理论、学科或研究领域的发展程度。国内学者通过借鉴国外研究方法以及引入相关学科研究方法,使得环境绩效管理研究方法逐步深入且方法越来越多样。本研究以中国期刊全文数据库为入口,以"环境""绩效"为篇名,来源类别选择"核心期刊"和"CSSCI",共检索出 1 958 篇文献,[①]通过对文献进行分析,筛选出研究方法类相关文献(包含对研究方法进行理论探讨、运用研究方法进行实证检验等),并对文献按照引用频次剔除次数为 1 次及以下的文献,共获得文

---

① 检索时间为 2018 年 7 月 1 日。

献117篇。① 从研究频次来看,理论研究文献共42篇,占35.90%,主要是对指标体系构建与建模进行探讨,以及对研究方法进行系统梳理总结形成的综述类文献或对环境绩效管理方法与政策选择进行论述,也有部分研究对环境绩效管理进行国别间(或国外方法介绍)、不同企业样本间的比较研究;实证研究类文献75篇,占64.10%,其中DEA法(20篇,17.09%)、层次分析法(12篇,10.26%)、模糊综合评价法(12篇,10.26%)排名前列,其次为回归分析法(6篇)、主成分分析法(4篇)、平衡计分法(3篇)、环境费用法(2篇)、Topsis法(2篇,包含Topsis方法与主成分分析法相结合运用的研究)、聚类分析法(2篇)、熵权法(2篇),以及模糊综合评价法、突变级数法等9种其他方法。总体上,环境绩效管理研究方法呈现出多样化、综合运用的特征,例如DEA与BP(反向传播算法)的结合、Topsis法与主成分分析法结合等。环境绩效研究方法的不断完善为环境绩效管理研究得出更为科学的结论提供了方法支持。

表 2 - 2　　　　　　　　　　环境绩效研究方法统计

类型	方　　法	频数	频率(%)	类型	方　　法	频数	频率(%)
理论研究	指标体系探讨	22	18.80	实证研究	神经网络分析	2	1.71
	理论分析	14	11.97		聚类分析法	2	1.71
	比较研究	6	5.13		熵权法	2	1.71
实证研究	DEA法	20	17.09		条件评估法	1	0.85
	层次分析法	12	10.26		物质流分析法	1	0.85
	模糊综合评价法	12	10.26		突变级数法	1	0.85
	回归分析	6	5.13		生命周期法	1	0.85
	主成分分析法	4	3.42		挣值法	1	0.85
	平衡计分法	3	2.56		条件价值评估法	1	0.85
	环境费用分析法	2	1.71		五性雷达图分析法	1	0.85
	Topsis	2	1.71		问卷调查法	1	0.85

资料来源:根据中国期刊全文数据库检索统计。

---

① 由于文献筛选标准难以做到十分精确,故文献数量仅作参考,以期通过有限样本反映环境绩效管理研究方法概况。

五、研究述评

(一) 环境绩效评估科学性、持续性较为欠缺

环境绩效评估作为一种有效的环境绩效管理工具受到大量学者的关注与实践，但由于环境绩效本身概念的宽泛，环境绩效评估的内涵和实证研究还存在许多问题。首先，目前的学术界对生态效率、环境效率、环境绩效管理效率和环境管理绩效的概念没有区别不同视角、不同认识水平、不同立足点，环境绩效概念也存在偏差，这导致对环境绩效评估难以统一，这影响了环境绩效评估体系与政府环境管理体系的整合（董战峰，2013）。其次，环境绩效评估实证研究设计领域较为局限，目前主要聚焦在资源能源绩效、区域或流域水环境绩效等领域，除了国家和省级的研究外，对省级以下环境绩效评估的研究相对较少。再次，环境绩效评估作为一项相对性评估，部分学者或绩效管理者在评估中选取指标具有一定主观性，或者由于缺乏数据而放弃某些指标，这会影响评估系统的科学性和评估结果的合理性。最后，目前对环境绩效评估大多是部分学者从时间序列、空间尺度对不同地区进行对比研究，但较少形成持续性的环境绩效评估制度，难以通过长期跟踪环境绩效主要限制因素，提出针对性的建议（张军莉，2015）。

(二) 环境绩效评估结果未能有效促进环境绩效管理工作

中央和地方政府在建立环境绩效评估指标体系和配套的监测、统计、考核体系方面已经做了大量工作，但是评估结果未能被有效利用以促进环境管理工作，结果评估与过程管理脱节，没能形成一个从确立目标，到评估绩效，再到改进绩效和追求更高目标的完整的闭环流程。目前，环境绩效管理中评估结果的运用方式单一或者说评估结果的利用率太低，奖惩往往成为绩效评估结果利用的唯一形式；评估没有和领导决策、预算安排、跟踪辅导、组织学习、流程再造等结合起来，难以通过事前、事中和事后的动态监督与反馈机制促进员工个人和组织整体的能力提高。就中短期而言，由于绩效评估只能发挥事后

监督的作用,未能发挥事前、事中矫正的作用,导致很多资源环境问题平时未得到较好控制,临到考核期末就形成严峻事态,不得不借助拉闸限电、关停工厂甚至中断居民供暖等极端手段来应对考核。就长期而言,由于绩效评估结果未能被用来促进环境管理体系的能力建设,在很多环境领域,阻碍了长效机制的建立,导致诸多顽症迟迟不能克服,如农村环境问题、湖泊(水库)富营养化、近岸海域污染、细颗粒物污染。由此可见,片面强调结果评估而过程管理薄弱的环境绩效管理体系是不完整的(黄爱宝,2010)。

(三) 缺乏对环境绩效管理制度体系的探讨

目前对政府环境绩效管理的研究主要以环境绩效评估、环境绩效审计为主,我们通过对中国期刊全文数据库以"环境绩效"+"政府"为篇名进行检索,共获得 68 篇期刊、硕士及会议论文,其中涉及指标体系与评估、环境绩效审计的文献分别为 18 篇和 41 篇,而探讨环境绩效管理模式与政策的文献仅 3 篇。环境绩效管理是不同行政级别、不同部门、部门内部之间通过绩效计划拟定、计划实施、绩效评估、绩效反馈、绩效改进等活动。但大多数地方和部门认为,环境绩效管理是建立评估指标体系、实施绩效评估,并将环境绩效评估与环境绩效管理等同,忽视了环境绩效实施、绩效反馈、绩效改进等环节,且较少将其纳入绩效管理实际工作中。同时,与环境绩效实施、绩效反馈、计划改进等环节相适应的各项制度措施、工作机制尚未完全建立。为此,我国环境绩效管理应跳出简单做环境绩效评估的工作方式,而将环境绩效管理工作重点放在如何构建环境绩效管理流程设计、如何建立环境绩效管理工作制度体系等上来。

第二节　生态系统可持续性绩效
评估研究进展

20 世纪中期以来,世界人口增长迅速,国际政治相对稳定,经济发展迅速,也带来诸多生态环境问题,包括全球变暖、空气污染、河流及海洋污染、土地沙漠化、水土流失、各类生态系统功能受损等。这些问题对人类社会的可持续发展构成严峻挑战,世界各国学者加大了对生态系统管理的研究工作,从而使得生态系统管理的相关理论和研究方法发展迅猛。

生态系统管理的落脚点在于生态系统,需要对生态系统有深入的研究,才能制定相应的管理措施。生态系统从微观看,包括单独的生物个体、生物种群以及生态学过程;从宏观看,生物体都是相互依存的,生态系统具有区域性、全球性。在生态系统相关的理论发展的同时,对森林、草原、湿地、江河湖海的管理问题也逐步得到重视,表明生态系统管理已经逐步发展成为独立的学科。随着海洋污染、全球变暖等区域性、全球性生态环境问题的出现,生态系统管理也开始关注区域及全球生态环境,研究人类社会如何实现永续发展。目前,生态系统管理涉及生态学、地理学、资源环境学、经济学以及社会学等学科,是自然科学以及人文科学相融合的新型学科,国内外学者对生态系统管理进行了大量的研究。

一、国外生态系统管理研究

从国外学者对生态系统管理研究的进程来看,生态系统管理大致经历了以下两个阶段:

(一) 生态系统管理早期阶段(20世纪30—70年代)

早在中国周代,就曾有过对生态系统管理方面的论述:"早春三月,山林不登斧,以成草木之长。夏三月,川泽不入网罟,以成鱼鳖之长。"而在19世纪60年代,Marsh 在 *Man and Nature*(《人与自然》)中也对英国管理森林资源的相关生态效果进行了论述。但是在人类早期的发展阶段,对生态系统的理论认识不足,对生态系统的相关管理理论仍然停留于表面。

1930—1950年,学者开始对生态系统的概念进行探讨,即什么是生态系统,其构成如何。Tansley(1935)对生态系统进行了研究,认为生态系统是在某一空间范围内,由相应的生物与环境及其相互作用关系共同构成,具有特定的结构以及功能。Leopold(1949)对生态系统进行了论述,他认为应该强调生态系统管理的整体性,并应使得生态系统各组成要素维持良好的状态。同时,地方政府以及部分学者也开始了一些项目研究,对生态系统管理进行实践。如1932年,美国提出的"综合自然圣地计划",保护生态系统以及特殊生物种群是该计划的主要目标,因而提出在自然保护区的管理过程中,应该建立核心保护区缓冲带,从而避免人类活动对生态系统造成过大负面影响;1935年,Wright and Thompson指出1872年美国建立的黄石国家公园没有考虑到生态系统完整性,需要扩大公园规模,从而能够维护处于食物链顶端大型哺乳动物的生存空间;1950年,美国又提出了实施"自然圣地目录"的建议(Grumbine,1994)。

1950—1970年,学者对生态系统的研究进一步深入,表现为研究尺度的变化,学者从初期的关注生物种群的研究向森林、草原、流域等生态系统转变。Walter(1960)认为生态系统是一个整体,对生态系统进行管理需要统筹考虑。随着全球范围内生态环境的恶化,国际生物学计划(IBP)推动了生态系统管理的研究进程,其将生态系统功能以及生态系统的经济价值作为研究重点,从而为生态系统管理提供决策依据(Lickens et al.,1977)。Caldwell(1970)认为现有的公共土地管理政策存在缺陷,应当在制定公共土地管理政策时考虑生态系统的因素。随后,1971年,联合国教科文组织发起"人与生物圈计划"(MAB),强调人类社会发展过程中生态环境的重要性,极大地推动了生态系统管理的相关研究。

(二) 生态系统管理发展阶段(20世纪80年代以来)

在经历了全球范围内对生态系统管理的理论研究以及相关有益的探索之后,生态系统管理的概念逐渐清晰,理论体系逐步形成。Craighead对美国黄石国家公园大灰熊的种群进行研究后,发现现有的黄石公园覆盖范围不足以维持大灰熊种群的生存需求,需要扩大公园的覆盖范围,该研究为生态系统管理的定界问题,即划定某一生态系统范围时应该满足维持食物链顶端哺乳动物的栖息地要求(Grumbine,1994)。采用生态系统管理的理论和方法对土地进行管理的思想开始得到了决策者的支持,关于生态系统管理的研究开始关注时间、空间方面的复合维度。Agee and Johnson(1988)对生态系统管理的框架进行研究,认为生态系统管理包括适当的边界、明确的目标、管理效果的监测、公众参与、部门之间的协调及其相互作用关系。全球纷纷开始对生态系统管理进行实践探索,1980 年,出现了"世界自然资源保护大纲";1984 年,自然和自然资源保护联盟(IUCN)建立;1991 年美国生态学会提出了"可持续生物圈建议",美国农业部森林局提出了"关于自然森林系统管理的新设想"。在众多的生态系统管理理论及实践中,生态系统管理首先承认生态系统具有动态特征,其是处于一种不断变化的动态过程之中,当代人有责任保护后代人利用生态系统的权利。越来越多的学者认为对生态系统进行管理是十分必要的,并且合理地对生态系统进行管理能够保护生态系统的完整性,同时有利于人类社会经济的可持续发展(Grumbine et al.,1994;Wood,1994)。

然而,也有学者对生态系统管理的相关理论提出了质疑。Ludwig et al.(1993)对科学研究对生态系统可持续性的贡献提出质疑,他认为依据科学数据对生态系统进行管理本身并不科学,因为科学研究难以将自然生态系统过程的时空特征、不同因素复杂的相互作用关系完全地考虑进来,因而生态系统对相应的管理措施并不一定能够达成预期的效果,政策决策者做出的决策受到不可预测的因素所制约。因此,现有生态系统研究具有局限性,人类并不能完全认识生态系统,在生态系统的开发与保护过程中要保持谨慎态度。

Ludwig et al.(1993)的研究在学界引起了巨大的反响,越来越多的学者关注于生态系统科学与可持续性的相关研究。Grumbine et al.(1994)对生态系统管理进行了研究,对生态系统管理的概念、发展、框架以及主要热点问题进行了梳理,他认为生态系统管理是采用将社会、政治、价值观以及生态科学相融合的生态管理方式,其目标是保护生态系统的整体性,他认为当前生态系统管理产生的原因和背景在于人类社会发展与自然生态环境之间的矛盾开始激化,而对生态系统管理学者关注的最为广泛的热点问题主要包括生态学的边界、生物多样性的等级关系以及生态学的完整性等。Haeuber and Frankin (1996)对生态系统管理的研究做出了展望,对生态系统管理涉及的管理尺度、管理模式以及问题解决方法等进行了讨论。Costanza and Neill(1996)对生态系统管理的可持续性进行了探讨。Naiman et al.(1996)则对淡水生态系统管理的相关问题展开研究。

从国外学界对生态系统管理的研究可以发现:生态系统管理的产生是由于生态环境急剧恶化,社会发展受到极大限制,人们急切要求转变对待生态系统的思维模式、管理模式,即由传统的资源管理模式向生态系统管理模式转变。而生态系统管理涉及的学科众多,不同学者自身的专业背景、所研究的问题各不相同,因而对生态系统管理的定义也有所差异,并且也未形成公认的、统一的生态系统管理的定义。

二、国内生态系统管理研究

20世纪90年代后期,我国学者开始关注生态系统管理的研究。赵士洞、汪业勖首先展开了对生态系统管理相关问题的研究,任海等也对生态系统管理的基本问题进行了探讨。学者对生态系统管理研究后认为,生态系统完整性是评判生态系统管理的重要指标。生态系统完整性包括健康、弹性或恢复力、潜力等(吴锡麟等,2002)。于贵瑞(2001a,2001b)对生态系统管理进行了研究,论述了生态系统管理的整体框架,认为生态系统管理最重要的一点在于要保证生态学的完整性。生态系统管理要求把长时间的可持续性作为基本价值观,而不是仅仅解决当前问题,应该注意解决代际间的可持续性。对于生态系统的管理,要针对不同的生态系统类型,进行不同的管理。自然界的生态系统类型和具体的管理目标差异性巨大,但维持生态系统产品和服务功能的可持续性则是其共同目标。

随着生态系统管理理论在我国不断发展,我国学者提出了将自然系统、经济系统和社会系统纳入一个框架之内,进而产生了复合生态系统的概念。马世骏、王如松(1984)提出了复合生态系统的概念,将人类的因素纳入生态系统的研究范畴,从而提出可持续发展的思想,强调了生态工程的重要性。郝欣、秦书生(2003)也对复合生态系统进行了研究,强调复合生态系统是以人为主体,对构成复合生态系统的各要素之间的关系进行了分析。石建平(2003)认为复合生态系统是以自然生态系统为基础,与人类社会相融合、相互作用的复杂系统。叶文虎(2005)认为生态系统各要素之间是相互依存的。秦书生(2008)分析了复合生态系统的五个重要特征。王如松、欧阳志云(2012)研究了社会—经济—自然复合生态系统与可持续发展之间的关系,认为人类社会就是一个复合生态系统,包括自然子系统、经济子系统、社会生态子系统。三个子系统之间的生态耦合关系和相互作用机制决定了复合生态系统的发展与演替方向。

近年来,生态系统管理的理论研究向应用研究转变。如王琪、赵海(2014)基于复合生态系统管理理论对渤海环境管理的适用性,提出了渤海环境管理的路径,管理路径包括培育人是渤海复合生态系统一部分的管理意识、在总框架指导下开展分区联合行动、采取适应性管理方式、强化部门间协调、增强公众参与等五个方面,将复合生态系统理论应用到渤海环境的管理工作中,有利于提高渤海环境管理工作的效率,改善渤海生态环境,提高人们的生活质量,为区域社会经济发展注入新的活力。贾举杰等(2017)对阿拉善荒漠复合生态系统管理的研究。谢方、徐志文(2017)对乡村这一复合生态系统进行研究,认为乡村是集自然、社会、经济为一体的三重复合生态系统,各子系统相生相克、相辅相成,乡村建设要遵循系统间的耦合关系及系统要素的循环规律。

三、对生态系统可持续性绩效管理的启示

目前,国内外学者对生态系统管理方面开展了丰富的研究,自然界的生态系统类型以及所需要管理的具体目标多种多样,因而并没有形成一个固定的

生态系统管理标准范式。但是适用于所有生态系统管理的一个总体目标就是要维持生态系统产品和服务功能的可持续性。

基于上述生态系统管理所要实现的基本要求,我们对现有生态系统管理进行审视,即作为政府管理者应该采取何种管理才能达到上述目标。生态系统管理是一个庞大的系统工程,它要求自然科学家、社会科学家和政治家的合作,需要自然科学家对生态系统内部复杂的生态学机理以及影响生态系统的演替、不同生态系统之间的作用关系等有深入研究,需要社会科学家以及政治家对生态系统与人类关系进行研究并制定合理的制度体系。

从国内外学者对生态系统管理研究的进展情况来看,对生态系统管理的可持续性绩效进行评价就是要对政府的生态系统管理进行评价,评价包含但不限于以下几个方面:(1)对生态系统管理目标可持续性、明确性和可操作性的评价;(2)对生态系统复杂性和系统内各要素相互作用关系了解的程度,对生态系统相关数据的收集以及相关动态变化情况的了解程度;(3)对生态系统管理时空边界的划定情况以及对生态系统管理等级分类情况;(4)对生态系统管理的生态、经济和社会信息的分析情况以及在此基础上制定的生态系统管理的政策、法律法规情况;(5)对生态系统管理的近期、中期、长期规划情况以及针对规划进行的生态系统管理财政预算情况;(6)对不同管理部门生态系统进行管理的协调情况以及政府管理与社会公众意见的协调情况;(7)对自然科学家视角下的生态系统、社会学家视角下的生态系统管理的研究进展情况,以及研究成果对政府管理生态系统政策法规的修正情况。

第三节　污染防治绩效评估与管理研究进展

污染防治是环境绩效管理不可或缺的重要内容,为此,有必要对其绩效评估和管理体系展开研究并具体运用实施。其中,绩效评估的主要功能体现在对绩效管理体系的引导和控制方面,而绩效管理主要是运用绩效评估指标和结果,通过计划、实施、评估和改进等步骤进行更为系统的管理。总体上,污染防治绩效相关文献可分为污染防治绩效评估体系和污染防治绩效管理体系两方面内容。

一、污染防治绩效评估体系的代表性研究

系统全面的污染防治绩效评估体系,是污染防治绩效管理体系建立的前提和基础,而污染防治绩效评估指标体系的构建又是污染防治绩效评估的核心和关键。污染防治绩效评估是对具体的污染防治措施和政策实施后,对所取得实际效果进行监测和评价的过程,其中包括评价指标的选择和确定,数据的采集和分析以及根据污染防治绩效战略目标进行评价,判断最后所取得的实际效果与计划取得目标值之间的关系和差距(董占峰,2013)。

(一) 污染防治绩效评估指标及方法体系的代表性研究

绩效评估指标体系是根据政府或其相关部门的价值导向和战略目标而设定的,它和一定的奖惩、激励、辅导等措施配合使用,促使相关部门或人员不断提高为人民服务的水平,在整个政府绩效管理中发挥着关键作用。污染防治绩效指标体系的选择,可以从绩效评估指标体系技术的发展和不同环境要素(水、大气、土壤、固体废弃物)污染防治绩效评估指标体系进行分类研究。

1. 绩效评估指标体系研究方法的沿革

目前,关于政府绩效指标体系的研究方法有了长足发展,涌现出平衡计分卡、关键绩效指标法和绩效棱柱模型等常见方法。彭国甫等(2004)提出平衡计分卡(BSC,Balanced Score Card),该方法注重因果关系链,主要追求组织发展的平衡性和可持续性,但是也有一定片面性,因为其只考虑了顾客层面,忽视了对绩效产生重要影响的其他利益相关者。顾英伟、李娟(2007)提出关键绩效指标(KPI,Key Performance Indicator)法,主要用于政府组织评价和判断

具体战略决策的实施效果。英国安迪·尼利提出绩效棱柱模型(Performance Prism),其主要特点在于绩效评估和管理应当秉承和贯彻利益相关者的具体理念价值。倪星和余琴(2009)结合三种模式各自的优点,并整合绩效棱柱中利益相关者的理念来确定组织的整体战略与总目标,构建出一个绩效指标设计的综合框架。

2. 具体污染防治绩效评估指标体系的代表性研究

(1)水污染防治绩效评估指标。王丽、王燕云(2013)运用层次分析法对区域水环境绩效审计进行评价。孙晗、唐洋(2014)基于 PSR 框架提出水污染防治绩效评价指标体系,并将其运用到水污染防治绩效管理中。毛雪慧、黄凌等(2015)采用层次分析法及综合指数法,构建了河流健康评价指标体系并赋予指标权重。通过以上分析,可得知目前水污染防治评价指标体系存在以下问题:一是效果评价重视程度不足,大多侧重资金评价;二是指标体系不完备;与水环境评价指标结合程度有限。

(2)大气污染防治绩效评估指标。2012 年,环保部颁布了环境空气质量指数(AQI),但这些指标较为单一,并不能进行综合、多角度的大气环境治理绩效评价。2014 年,国务院发布的《大气污染防治行动计划实施情况考核办法(试行)》,这是较为全面的进行大气污染治理绩效评价的有益探索,但未说明选择这些考核要素的理论依据,同时也缺少考核要素之间的相互关联分析。李春瑜(2016)对 2011—2013 年的大气环境治理绩效进行了实证分析,通过采用主成分分析法构建了基于 PSR 模型的大气环境治理绩效评价指标体系。通过对以上指标的分析得出,应当完善大气环境绩效考评方法、扩大大气环境治理重点区域范围、实现大气环境综合系统治理。

(3)土壤污染防治绩效评估指标。王佳(2013)从场地土壤、周围环境、污染因子等方面提出 10 个指标进行分析。邱孟龙等(2015)基于 PSR 框架提出东莞市耕地土壤评价指标体系。王夏晖等(2016)通过 DPSIR 模型,根据地市和县级行政区的不同,分别提出土壤污染防治评价的指标体系。

(4)固体废弃物绩效评估指标。龙姮(2016)在我国及北京市固体废物环境绩效评价现状的基础上,通过参考与固体废物评价相关法律法规、标准等,将环境绩效审计评价指标体系分为三层,提出20多项评价指标。

从现有研究来看,污染防治绩效的研究主要有以下特点:一是评估指标较为成熟,大多基于因果关系PSR模型构建。环境绩效评估开发的绩效指标体系相当多,其中,对因果关系框架的研究较为广泛和深入,它是基于指标间的因果关系而建立的指标选取框架。最为典型的是以很多学者提到的PSR模型(压力—状态—响应模型),随后欧洲环境署(EEA)等研究机构提出了与PSR模型相类似的DPSIR(驱动力—压力—状态—影响—响应)因果框架,同样用于构建环境绩效指标体系。2000年,澳大利亚和新西兰提出了CPR模型,包括状况—压力—响应,用于构建环境状况指标体系。这些模型均被学者分别运用在水、大气、土壤、固体废弃物等污染防治绩效评估指标中。二是污染防治绩效评估方法较多,多种方法的综合应用为主要研究方向。关于环境绩效管理的研究方法也有很多种,包括上文提到的模糊综合评价法、层次分析法、DEA数据包络分析法、BP人工神经网络法等,而且表现出多种研究方法相互结合的趋势。因为通过这些方法的不断结合与完善,才能更全面、更准确地从多个角度进行系统性研究,从而得到更加合理、更加有说服力的科学结论,也为污染防治绩效评估和管理体系的发展和研究指明方向。

(二) 污染防治管理绩效评估体系代表性研究

污染防治管理绩效评估,是对污染防治管理措施、政策、制度和机构等绩效评估,主要包括对环境法规政策的科学性和合理性评估、对污染防治管理机构的设置和工作效率评估、对污染防治规划的科学性和合理性评估,以及对污染防治投资项目的经济型、效率性和效果性评估。

1. 环境法规政策的科学性和合理性评估

我国环境法的立法后评估在实践层面已经有所展开,全国人大环境与资源保护委员会从2008—2010年先后对环境、水、大气、固体废物、环境噪声污染防治等相关法律进行了全面的梳理和评估,形成了一系列论证报告(袁曙宏,2013)。对于环境法立法后评估,刘琦(2017)提出从五个方面来完成其效果评估:环境执法效能的评估、制度落实程度的评估、环境影响的评估、社会影响评估、经济影响评估等。此外,中国政法大学王灿发教授组织专家,分别在 2016 年和 2017 年对 2014 年新修订、2015 年生效的《环境保护法》的实施情况,进行了以下几个方面的评估:评估对新《环境保护法》贯彻宣传情况,评估重点环境管理制度和管理措施的实施情况,评估企业环境守法情况等,并得出公民对环境知情权的关注度较低、对环境立法的参与度不高、参与建设项目环评的有效度低、环境与公民身体健康的关联性急需开展研究等结论。

2. 污染防治管理机构的设置和工作效率评估

污染防治管理机构根据环境要素的不同,其基本设置也是多种多样,以下主要选取比较有代表性的管理机构进行工作效率评估方面的文献梳理,主要包括大气污染防治区域协作机制,与区域协作相关的城市群污染防治机制,区域环境保护督察机构,以及河长制等。

(1) 大气污染防治区域协作机制及工作效率评估。大气污染区域协作机制是指不同行政辖区内,协商共治区域内的大气污染。该机制的实施,对于解决跨区域大气污染防治,起到一定积极作用。无论是美国加州的"南海岸区域空气质量管理局",还是欧盟的"区域空气质量管理委员会",以及我国在不同区域分别成立的大气污染防治协作小组,其大气污染治理效果都有显著改善(李庆瑞,2016)。但是,陈敏君(2015)指出,区域大气污染联防联治易使各级地方政府更易于选择"搭便车",使得各地方政府参与大气污染防治的积极性大打折扣。因此,可考虑加强对地方政府实施区域大气污染协同治理的绩效评估。

(2) 城市群污染防治绩效评估与管理。城市群是一种在地理位置上毗邻或接近、产业结构上互补或相似的多个城市之间相互联合发展经济的一种发展模式。但是,与城市群经济发展随之而来的还有越来越严重的环境污染问题,例如严重的雾霾天气等(汪克亮,2017)。由于城市群区域内的人口密度、经济规模、能源需求,随着城市群的发展而越来越大,在此过程中极易出现复合型污染的趋势,更加剧了污染状况。另外,城市群的研究与发展是一个复杂科学问题和漫长过程,是一个自然过程,不能违背客观规律。黄金川(2015)对中国 23 个城市群进行定量类型划分,为中国城市群的空间格局优化提供科学依据。王振波等(2017)提出了"分层跨区多向联动",协同多个省市行政区的跨区横向联动管治方式及多向联动机制。通过该模式实施,城市群的空气质量显著改善。

(3)区域环境保护督查机构工作效率评估。环保部自 2002 年以来根据地理位置分布先后组建了六大环境保护督查中心,作为环保部的派出机构,主要负责核查污染减排措施落实情况,监督地方政府环境执法情况,同时也在处理跨省区域、流域等重大环境纠纷方面作用显著。刘奇等(2018)等对中央环境督察管理绩效进行分析,提出明确中央环境保护督察的体制机制、提高中央环境保护督察的规范性等相关建议。

(4)河长制工作效率评估。沈满洪(2018)对河长制进行绩效分析,认为河长制的实施,虽然出现经济生态化和生态经济化的趋势,但也呈现出"不惜代价治水"的高成本问题。有学者从环境法的角度对河长制的环境绩效进行一定思考,如刘超(2017)认为,河长制应当是一种对现行水资源管理体制的升级与补充,而不是简单粗暴的否定与替代。河长制应切实解决行政负责人作为河长时,在具体管理中产生的权利争夺和相互推诿等问题,从而来协调解决水污染防治的其他重大问题。

3. 污染防治规划的科学性和合理性评估

环境保护规划评估与考核是及时掌握规划实施进展、督促各方实施规划,以及保障规划顺利实施的重要手段和措施。王琪提出应用层次分析法进行环境污染防治规划的绩效评估,通过新型定性分析与定量相结合的分析方法应用在环境污染防治规划中,为污染防治工作提供基础保障。王钉等(2017)认为,环境规划评估指标体系的建立有利于系统有效地分析和评估环境规划实施效果和问题。通过分析定性评估、定量评估、层次分析法、逻辑框架法等评估方法,并实证分析环境规划评估指标体系的建立。在综合运用多种分析方法的基础上,完善指标体系的评估,达到最终目的。

4.污染防治投资项目的经济性、效率性和效果性评估

目前,北京、青海已建立了省级污染防治项目绩效评价指标体系。孙宁等(2015)构建了污染防治项目的15个绩效评价指标,并对不同类型的污染防治项目提出个性化的污染减排指标体系,提出单一项目和多项目的绩效分析内容;另外,根据近年来污染防治项目绩效评价制度的建设现状,提出切实将绩效全过程管理思想纳入污染防治项目全过程管理中。

二、污染防治绩效管理的代表性研究

环境绩效管理以环境管理为基础,通过对环境管理的各个组成部分进行定性与定量分析,在确定指标体系的情况下进行绩效评估,根据评估结果对环境管理规划与内容进行改进和修正,并进一步运用到环境管理中。作为环境绩效管理的重要内容,学者对污染防治绩效管理的研究主要包括以下几个方面:

(一) 信息采集、数据共享与评估

污染源信息与数据来源的准确全面,分析与处理过程的科学严谨,是污染防治绩效评估体系建立的前提。常杪(2015)认为大数据处理技术的发展,可实现及时、准确地监测和收集与环境污染防治绩效评估与管理相关的各种数据和信息。杨润美(2015)等提出推进各层级、各部门间的数据整合和数据共享。唐斌(2017)提出健全评估的大数据应用机制,建立政府信息在线数据库,全面推行政府信息电子化、系统化管理,方便获取污染防治绩效评估和管理信息。

(二) 监管和约束体系

1.污染源监测

污染源管理关注的重点是排放污染物对环境的影响。李元实(2015)提出

构建污染源全生命周期环境管理体系,促进环评和排污许可两项制度对污染源的融合管理以及运用大数据和云计算技术建设全国污染源信息平台。王军霞等(2014)指出,我国应以排污许可证制度为载体,明确和固定污染源监测要求。陈斌(2016)等提出环境监测社会化理论,引导环保监测机构重点强化环境监测网络运行管理、监测数据质量控制及汇总分析等职能,确保监测市场有序开放、公平竞争、风险可控。

2. 污染物排放标准制度

污染物排放标准是一种具有强制执行力的环境标准。污染防治绩效管理的监管和约束离不开科学、合理、明确的污染物排放标准。我国污染物排放标准制度包括两方面:一是污染物排放标准的制定和修改,汪劲(2011)提出,由于起草单位与制定部门之间的利益关系使得公众的知情权和参与权在污染物排放标准制定和修改的程序中难以保障;二是污染物排放标准的实施,主要依据各种法律文件上的规定。汪劲(2007)、吕凯(2012)介绍了污染物排放标准在行政执法中使用的情况,两高在相关司法解释①中对排放标准在认定刑事责任上作用有着明确的规定。

3. 环境应急监测与响应

2003 年以来,我国环境应急管理事业经历了从无到有的发展历程,特别是2018 年 3 月应急管理部的组建,是我国应急管理体制的重大变化。袁懋(2017)指出,开展突发环境事件应急监测,要通过相应的应急监测方案及监测方法及时准确监测,为突发环境事件应急决策提供依据,并确定突发环境事件应急监测程序。我国学者对美国的环境应急管理制度进行分析,并为我国环境应急管理工作提供借鉴。周圆(2017)指出,美国设立了比较完善的应急管理法律法规,建立了多层级应急管理系统,为环境应急响应工作制定了清晰的工作流程,还设立了超级基金,有助于有效解决应对环境突发事件的资金来源问题。于文轩(2018)提出,我国应当借鉴美国横纵协同的机构设置、有机协调

---

① 最高人民法院、最高人民检察院《关于办理环境污染刑事案件适用法律若干问题的解释》第 5 条、第 6 条、第 8 条。

的法规体系和高效运行的法律机制;同时,应着重完善环境应急管理立法,为环境应急管理提供良好的法制环境和较为充分的法律制度资源。

4. 公众生态环境满意度调查

近年来,公众环境满意度成为政府环境绩效评估和管理的重要参考因素之一。唐斌(2017)对湖南省的公众生态环境满意度进行调查,并对公众对政府生态环境保护和建设工作的满意情况进行调查分析。主要通过分层抽样确定湖南省 14 个市州发放的问卷数,采用因子分析法对湖南省公众环境满意度进行分析,最后得出结论:公众对湖南省生态环境的满意度并不高。梁军凤(2015)提出提高居民环境质量满意度的建议,包括加强社会群众对于环境污染方面的认识以及政府不断提高管理工作质量等。

(三) 污染防治绩效管理的制度保障研究

1. 污染防治绩效管理的法律保障

立法、执法和司法保障,是污染防治绩效管理体系的法制保障,污染防治绩效管理法律保障相关研究主要包括:(1) 立法保障。目前为止,我国污染防治绩效评估,乃至整个环境绩效评估均没有相应的法律、法规作为制度保障,难以系统地在污染防治绩效管理各部门中推进绩效评估和管理工作,难以相互比较和进行经验交流。(2) 执法保障。蓝艳(2016)指出,我国应充分借鉴别国先进经验,构建符合国家治理需要的综合执法体系,进一步加大区域联防联控力度,抓紧建立环境执法官制度,形成环境执法全覆盖。李爱年(2016)提出"环境执法生态化",即执法理念和目标的生态化、执法权配置生态化以及执法方式生态化理念。(3) 环境司法。杨朝霞(2016)指出,当前在我国的生态文明法治体系中,司法"怯场"和缺位的问题特别突出,亟待破解。环境司法专门化和环境资源权利化是环境司法的两大法宝,二者齐头并进,可真正实现环境司法的主流化。吕忠梅(2017)指出,中国的环境司法具有专门化与普通化两种基本形态,既遵从民事、刑事、行政三大领域诉讼法规定的程式,又对特别程序具有一定需求。未来中国环境司法的发展对于完善与丰富我国的司法理论、司法体系、司法价值等具有重要意义。

2. 污染防治绩效管理的制度保障

污染防治绩效管理的顺利进行,离不开污染防治绩效管理的制度保障,以下主要以比较典型的制度,如排污许可证制度与污染物总量控制制度,环境污染第三方治理制度、排污权交易制度为例进行文献梳理。

(1)排污许可证制度与污染物总量控制。屈健(2018 年)提出将总量控制与改革中的排污许可制相融合,将总量指标与环境质量改善挂钩,并加强日常监管,实现污染源排放的浓度、总量双达标。苑鹏飞(2018)提出,排污许可证制度相关内容的建立,可以切实保障污染源总量控制与减污减排工作的可持续发展。

(2)环境污染第三方治理。环境污染第三方治理模式,是由专业污染治理企业,作为独立第三方,承担应由污染排放者承担的环境污染治理任务,并从中获取治理收益的社会化治理模式。刘超(2015)指出环境污染第三方治理可以吸纳广泛社会主体参与环境污染防治,但环保部门污染防治责任的承担不能因此而懈怠或避免。曹莉萍(2017 年)认为唯有公平的绩效共享机制和严格奖惩的信用机制才能激发第三方治理主体的参与积极性。

(3)排污权交易制度。马歆(2011)认为排污权交易比单纯的行政强制和环境税约束更有优势,尤其在市场效率和灵活性方面,而且还不会降低整个社会的污染物排放效果。但是该研究仅停留在理论层面,并未涉及我国的具体实践。文云飞(2015)利用 2002—2013 年省级污染面板数据,对排污权交易的减排效果进行评估,得出结论:在排污权减排机制及实现排污减排作用的理论方面,我国的研究相对较多,但是实证方面评估排污权交易减排效果的研究相对不足。

三、现有研究存在的不足

(一)污染防治绩效评价指标单一零散,缺乏系统科学的指标体系

我国目前进行的污染防治绩效评价工作,大多停留在对水、大气、土壤、固

体废弃物等单项指标、单一环境要素进行考核的阶段,缺乏系统全面的评价指标体系。污染防治绩效评价指标旨在把污染防治取得的治理成效,从抽象笼统的概念层面转换为具体的、可量化、可对比的数据和相关信息,并且帮助决策者更全面地识别和判断在一定时期内所采取的为保护环境、治理污染、改善生态所付出的努力是否取得了预期的成效;同时,对于不足之处进行一定的修正和调整,为制定更为科学合理的环境污染防治法规和政策奠定基础。因此,制定和实施一套符合我国目前环境绩效管理现状,并且具有可操作性、科学性的污染防治绩效评价指标具有重要研究意义,同时也是本书研究的重要目的之一。

(二) 污染防治绩效评价定量和分析的研究不足

定性与定量分析是污染防治绩效分析和评价的重要方法和手段,二者对于绩效评价的结果同样重要。但是,目前我国的污染防治绩效评估更多的是定性的描述和分析,缺少与之相关的定量描述和定量分析。究其原因,环境污染防治信息的缺失,导致无法对环境压力进行量化,也不能衡量具体的环境管理政策是否取得了进步以及取得了何种程度的进步,同时对污染防治绩效管理政策、机构、规划等的评估也缺乏内在体系和统一标准。因此,本书将致力于以事实为基础,通过以数据为准绳的评价标准来分析污染防治绩效评估和管理,以期建立以科学严谨的数据和系统全面的指标为基础的污染防治绩效评价指标体系。

(三) 以城市群为主的污染防治绩效评估和管理研究不足

城市群污染防治绩效管理,不仅仅是对大气污染联防联控的有效补充,更为污染防治绩效管理提供新的管理思路。虽然目前已对京津冀及周边地区、长三角等重点区域出台大气污染防治配套实施方案,但也仅局限于局部绩效管理网络的形成与演变,并未形成国家层面大气环境治理绩效管理的空间网络体系,本书在系统分析城市间和城市群间大气环境治理绩效关联性的基础上,提出针对环境治理绩效空间联系水平不同的城市群,分类制定污染防治协作模式,同时建立国家层面大气环境治理绩效管理网络,以大气环境治理绩效空间联系紧密的城市所构成的城市群为重要抓手,推进京津冀、长三角地区、武汉及其周边、成渝城市群等不同规模的城市群环境治理绩效管理的网络化发展,在实施环境管理绩效考核评价时,应将待考评的城市纳入城市群网络结构中,除考评其自身环境治理绩效外,还要系统考虑该城市与其所处城市群内其他城市之间的治理绩效空间溢出效应,实施综合绩效考评,形成全国大气环境治理一盘棋。

(四) 有关环境污染防治绩效管理的系统性研究相对匮乏

环境绩效管理是一项艰难的任务,也是一个系统工程,必须建立在完善的环境绩效评估体系的基础上,利用环境绩效评估结果来做出环境管理制度安排和实施的一系列措施、机制和技术,同时又对环境绩效评估体系产生影响,提高环境绩效评估技术水平,从而形成完整的环境绩效管理体系。已有文献和资料明显对污染防治绩效管理体系和污染防治管理的具体衔接和融合缺乏必要分析与讨论,本书将有助于以上研究的不足,针对环境绩效管理提出可操作的组织框架和制度框架,为污染防治绩效管理体系的构建奠定基础。

(五) 有关环境污染防治绩效管理反馈、修正及改进方面研究的缺失

污染防治绩效评估体系主要包括污染防治绩效规划、实施、监测、评价、反馈和修正,而目前已有文献中,对污染防治绩效管理反馈和修正体系的研究明显不足。污染防治绩效反馈和修正是污染防治绩效管理的重要环节。其中,污染防治绩效反馈,通过具体评估指标和数据,以报表或者面谈的方式,将污染防治绩效评估的结果与具体内容,反馈给被评估的政府组织及其部门,通过进一步的评估、判断和面谈,使污染防治绩效管理部门认识到目前绩效考核管理措施与方法的优势与不足,为其改进和修正绩效评估和管理提供保证。污染防治绩效改进是绩效管理的重要环节,总结绩效计划、目标、指标在执行落实过程中出现的问题,环境污染防治管理部门有针对性地制订绩效改进计划,有效地

推进环境污染防治的绩效改进工作。因此,本书将对污染防治绩效反馈和修正方面进行一定探讨和研究,以期完善我国污染防治绩效评估和管理体系。

第四节　水资源绩效评估与管理研究进展

现有研究中,直接针对"水资源管理环境绩效"的专题研究较少,本书对与"水资源管理环境绩效""水资源管理环境绩效的制度影响因素""水资源管理体系"相关的国内外研究进行了梳理,发现现有研究存在水资源管理环境绩效指标评价的结果导向不明确、对影响水资源管理环境绩效的制度因素论证不充分、水资源环境绩效管理体系的研究滞后于实践等问题。其主要原因在于水资源管理是一个复杂的跨学科的研究,不同学科使用完全不同的框架、理论和模型来分析复杂水资源管理的环境绩效及其影响因素,因而需要夯实研究的理论基础。

一、国内外研究现状

以"水资源管理环境绩效"作为关键词进行检索,未能搜集到能够与其精确匹配的文献。若放松检索条件,在国内学者的研究中能够模糊匹配的文献的关键词主要集中于"水资源管理绩效"(王亚华,2012;潘护林,2012;徐鸿,2016;刘秀娟,2012;吴丹,2014)、"水资源绩效"(杨骞,2015)、"水资源管理制度绩效"(刘建国,2012;马文学,2012;王万山,2008;郑通汉,2004;周玉玺,2006)、"水资源管理政策绩效"(任珩,2014;张家瑞,2017;郑方辉,2012)、"水资源利用绩效/效率"(沈满洪等,2015;马海良等,2012;钱文婧,2010;刘才志等,2009)、"水部门绩效"(刘建国,2017;楚永生,2008;张陆彪,2003)等。国外学者的研究大多集中于"Water Sustainability"。

(一) 有关"水资源管理环境绩效评估"的研究

近年来,水资源管理环境绩效评估越来越引起学者关注,成为一个研究热门领域。政府环境绩效评估的概念起始于欧美发达国家,目的是基于目标结果设计一套指标体系和评估方法,对政府或者某一具体部门的业绩进行客观评价,分析各指标的完成情况,以期找到政府管理中存在的不足,为下一阶段政府或部门工作提出对策建议,使得管理人员能够清晰地认识和理解组织机构的战略目标和成果。大量学者的研究认为指标是一种有效的工具,可为政策制定者监测资源环境管理进展和实施绩效提供信息支持(Pires et al.,2016;Derek et al.,2016;Alibegovic et al.,2008 等)。地区层面环境绩效评估的方法比较显著地集中于两类:一类是通过指标体系的构建进行绩效评估,一类是通过 DEA 模型的构建进行评价,这两类目前有非常多的研究成果涌现。

表 2-3　国内外学者通过指标构建对区域水资源管理环境绩效评估一览

机构及学者	应用层级	主　要　指　标
经济合作与发展组织环境绩效评估体系	国家层面	逻辑模型:PSR 框架 指标构成:包含环境状况、环境政策实施、可持续发展的关键问题、环境与其他部门政策一体化、国际合作等 50 个指标
亚洲开发银行大湄公河次区域环境绩效评估体系	国家及省级	针对不同区域特点确定本区域环境优先关注领域;如云南省:土地退化、生物多样性、森林资源、内陆水污染、废弃物管理、水资源、自然灾害共 7 个Ⅰ级指标
耶鲁大学、哥伦比亚大学联合开发环境绩效指数 EPI	国家	2016 年包含健康影响、空气质量、水和环境卫生、水资源、农业、森林、渔业、生物多样性和栖息地、气候与能源 9 个政策领域共 20 个指标
欧盟环境署(EEA)环境绩效指标	国家	空气污染与臭氧耗竭、生物多样性、气候变迁、土地生态、废弃物、水、农业、能源、渔业、运输等 37 个指标
英国生态与水文研究中心(CEH)"水贫乏指数"(WPI)	国家	水资源、取得水的途径、取得用水的能力、水的使用、与水有关的环境 5 个一级指标
世界银行项目绩效指标	项目	IOOI 框架,结果指标和影响指标

机构及学者	应用层级	主　要　指　标
南阿尔伯塔流域环境绩效管理	流域	土地、水量、水质
中国科学院资源环境综合绩效指数	国家及省级	9种资源消耗和污染物排放指标
许亚宣等（2016）中原经济区城市资源环境绩效指标体系	城市	水土资源、能源、环境质量和污染物排放及治理水平等4个Ⅰ级指标33项指标
吴丹、王亚华（2014）中国七大流域水资源综合管理绩效	流域	指标构成：生态环境绩效、经济绩效、社会绩效评价方法：动态评价模型
吴丹等（2014）流域地方政府水环境保护绩效考核指标	流域地方政府	水质控制与水污染防治、水资源开发利用、水环境治理与水生态修复、水环境监测与投资管理
潘护林（2014）水资源综合管理绩效指标体系	甘州区	指标构成：环境持续性、社会公平性、经济效率效益、水管理组织效能
魏光辉（2018）全国水资源可持续利用评价	全国	逻辑模型：PSR 指标构成：压力（供需压力、人口压力）、状态（资源状态）、响应（政策管理：人均GDP、工程技术：污水处理率）
韩美等（2015）水资源可持续利用评价	黄河三角洲	逻辑模型：DPSIR 指标构成：响应（建成区绿化率、人均耕地、节水灌溉面积比率）
刘建国（2012）水制度绩效评估	干旱流域	指标构成：水法、水政策、水行政
刘建国（2017）水部门绩效评估	张掖市	指标构成：物质绩效、金融绩效、经济绩效、公平绩效

资料来源：笔者收集。

近年来，数据包络分析（DEA）大量运用到水资源管理环境绩效的评价中，DEA模型是一类有着西方经济学基础的线性规划运筹学模型。它有两个基本模型：CCR模型和BCC模型。CCR模型测量的是决策单元的整体效率，而BCC模型测量的仅是技术效率。与其他方法比较，该方法不需要预先对指标的权重进行确定，指标的权重在使用该方法过程中内生而得。

表 2－4   国内外学者运用 DEA 方法对区域环境绩效评估

学 者	评价对象	投 入	期望产出	非期望产出
沈满洪等	省级			
王群伟等	省级	资本、劳动力、能源	GDP	二氧化碳排放
杨斌	省级	土地、水、能源等资源、废水、废气、固废	GDP	
王兵等	省级	资本、劳动力、能源	GRP	SO_2/COD
曾贤刚	省级	土地、水、能源等能源消耗及人力、资本	GDP	废气、废水、固废
王思旭等	省级	耕地、建设用地、用水、能源消费、污染物排放指数、碳排放量	GDP	
刘炳泉等	省级	土地、水、能源、固废、废气、废水	GDP	
李海东等	省级	能源消耗量、就业人员、固定资产折旧、用水总量	GDP	综合环境指标
宋马林	省级	资源消耗率、固定资产投资、劳动力	GDP	废水、废气、固废
齐亚伟	省级	劳动力、资本存量、能源消费	GDP	COD/SO_2
刘巍、田金平等	生态工业园区	综合能耗、新鲜水耗、废水产生量、固废产生量、COD 排放量、SO_2 排放量	工业增加值	
杨文举	省级工业	工业增加值	工业废水、工业废气、工业固废	

资料来源：笔者收集。

(二) 有关"水资源管理环境绩效的制度影响因素"的研究

尽管对水资源管理环境绩效相关的评估评价是现有研究的热点领域,但从研究完整性和实践需要出发,绩效评估并不是目的,从绩效评估中发现短板问题并提出解决方案才是研究的重点所在。

现有研究发现水资源管理制度与水资源管理环境绩效存在密切关系。如有观点认为,现实中的水资源不合理利用问题表面上看来是人与自然的不和谐问题,但其实质是人与人关系的不和谐问题,所以我们需把制度建设作为根本的切入口,为水资源的可持续利用提供制度上的保证。我国水资源问题的基本原因是存在制度瓶颈,必须通过制度创新,加大制度供给力度(郑通汉,2004)。所谓"水制度"是指立足于解决水资源、水环境和水生态问题的水规制法律与政策,新时期狭义水制度建设的重点为"有偿使用和生态补偿制度"(沈满洪,2017;谢慧明,2017)。此外,还包括水资源保护方面的水资源论证和取水许可制度、水环境治理方面的水功能区分级分类管理制度、水资源水环境承载能力监测预警机制和国家水资源监察制度等(刘建国,2011;陈雷,2015)。

在论证水制度对水资源管理环境绩效的影响时,有定性和定量两类方法。由于水资源统计数据本身获得的难度,以及长时间序列水资源数据的不稳定性,在定量研究中难以通过建立标准的计量经济学模型进行模拟、验证。往往是通过调查问卷、专家打分等方法获得部分数据。实证研究方面,现有研究主要是从中观(地区、流域)及微观(企业或农户、用水协会)层面量化研究主要水资源管理制度或政策对水资源管理环境绩效的作用或影响。

中观层面,中国水规制强度在省级层面的分布因制度而异,会影响到制度实施的效果(沈满洪,2017;谢慧明,2017)。水部门的综合绩效受到不同水部门调水(水交易)顺利程度、各类用水户参与度等因素的影响,需要进一步推动水权改革和提高水资源交易水平(刘建国,2017)。提高水污染防治收费政策征收标准,可促进企业和居民提高用水效率,有助于提高水污染防治政策绩效(张家瑞,2016)。农田节水灌溉面积、水费、渠衬长度和农灌投资对西部地区农业节水绩效具有正向影响(李文等,2008)。

微观层面,公有产权利益排他性不足,在某些情况下无法产生内在利益的激励作用,导致外资水务企业的经营绩效优于国有及国有控股企业(陈君君等,2009)。社会信任和组织支持能有效提升农户参与水管护绩效,对破解小农户水资源自主治理提供了新的思路(杨柳等,2018)。对用水协会的研究表明,用水协会参与农户数、组建边界、协会主要领导人产生方式、用水工程产权、灌溉设施完好率、灌区规模对其绩效有显著正影响(周利平等,2015、2016)。与此相对照,有学者则认为灌溉费用、水费比例和灌区变量对甘州区农民不愿意加入用水户协会有正向影响(秦宏毅,2014)。

对水权制度的关注由来已久,早在21世纪初,就有学者提出水权制度是我国水资源管理的基石,是水资源管理制度改革的突破口,明确水资源使用权的形式和内容对水权制度构建和实现水资源市场配置的意义最为重要(窦明等,2014)。明确水资源产权归属并进行有效的市场化配置是水资源现代化治理的核心内容(吴凤平等,2015),应建立包含基于水资源总量的初始水权分配、基于水效率的用水权交易、基于水域纳污能力的排污权交易、生态环境用水权的水权分配与交易制度(左其亭,2014)。王亚华等(2017)按照"流域—省份—市区—行业"层级结构进行了流域初始水权分配的探索。

西部内陆河流域水资源管理在着眼于立法保护的基础上,不仅要考虑用水制度建设和水权制度创新,也要考虑价格作为经济杠杆在内陆河流域水资源管理中所起的调节作用(王建民,2014)。引入惩罚性赔偿制度,征收惩罚性赔偿,提高损害赔偿额,作为经济手段,能够参与经济杠杆的作用。巨额赔偿作为一种管理手段,对于现代水资源管理的事后处理处置以及责任划定和赔偿有着较大的积极意义(许君清等,2016)。

还有一些学者针对不同地区不同的水资源禀赋,设计了能够提高水资源管理环境绩效的不同的制度组合。例如一种方案是:对于少水地区采用取水总量控制制度—有偿使用—水权交易耦合,对于中间地区采用水量控制的有偿使用—水权交易耦合,对于多水地区采用水资源有偿使用—水权交易耦合(沈满洪,2017)。另一种方案是:对于缺水地区采用高水价—高水权交易价格—强力度宣传政策组合,对于丰水地区采用高水价—低用水补贴—技术进步政策组合。

(三) 有关"水资源管理体系"的研究

现有的有关"水资源管理体系"的研究成果非常有限,也有一些零星的概念出现,如现代水资源管理体系(鲁峰,2015)、可持续发展的水资源管理体系(刘永胜,2015;李登亮,2017)。个别学者强调以水权为核心建立水资源管理体系,认为水权的管理和运用对于提高水资源短缺和防治水污染效率是切实有效的(张文斌等,2008)。建立与水权控制指标相适应的水资源管理体系需要落实最严格的水资源管理制度,加大对水资源管理的投资力度,推进节水型城市建设(刘永胜,2015;李登亮,2017)。

国外学者更关注"水资源综合管理"(integrated water resource management, IWRM)。IWRM被认为是在可持续性框架内连接自然和社会经济过程,基于自然的解决方案的一个很好的例子(Hazbavi & Sadeghi, 2017; Pires 等, 2017)。IWRM考虑与土地利用规划和社会经济发展相关的水管理问题,同时促进对自然过程和资源的保护(Global Water Partnership, 2017; Liu, Gupta, Springer, & Wagener, 2008; Mitchell, 2005)。根据联合国经济和社会事务部(UNDESA)的研究,水对于推动经济和社会发展以及维护自然环境的完整性至关重要(GWP, 2017)。他们还警告说,不能孤立地考虑水问题,水管理的传统分散方法已不再可行。UNDESA认为,IWRM方法是"有效,公平和可持续地开发和管理全世界有限水资源的前进方向"。尽管得到了UNDESA、GWP和其他著名的水资源研究机构的支持,但IWRM框架尚未得到普遍接受。例如,一些人认为缺乏明确性和无法指导实施会妨碍其实用性(Biswas, 2008)。一般而言,对IWRM文献的回顾揭示了该过程的两个缺点:(1) 缺乏系统方法;(2) 有限的实施实践(Biswas, 2008; Giordano & Shah, 2014; Jeffrey & Gearey, 2006)。

二、国内外研究述评

上文国内外相关研究为本书对水资源管理环境绩效的研究提供了理论和

经验支持,但该领域仍存在较大的研究空间,主要表现在:

(一) 水资源管理环境绩效指标评价的结果导向不明确

经过长期的理论研究和实践应用,水资源管理环境绩效相关的评价方法体系已经较为成熟,理论界和实践领域较多采用关键绩效法。同时,理论界更广泛地采用数据包络法量化衡量决策单元的水资源利用效率。还有个别学者探索了其他方法,如生态足迹法、标杆管理法(周海炜,2018)等,但只是一些零星的探索,没有得到关注和呼应。现有研究主要存在以下不足:一是指标体系的逻辑模型的结果导向不明确。所谓逻辑模型(Logic Model)是指能够描述项目资源、行动、产出和效益的逻辑关系,能够清晰地反映系统如何运作以及如何实现目标,并识别关键的影响因素,反映实际与目标之间的差距。现有研究除了采用 PSR、DPSIR 等因果关系模型外,其余较多的水资源管理环境绩效评估指标选取较为随意,指标与指标之间的缺乏相互之间的逻辑关系。二是结果导向的指标以产出指标为主,缺乏效果指标。产出指标是指管理活动的直接要求或结果,如最严格水管理制度明确规定红线指标,可视为产出指标。效果指标是指管理活动产生的影响,如对社会、生态环境和空间开发等经济社会生活产生的影响。而这些本应该是绩效应包括的内容(周志忍,2017),通过对效果指标的重视,并将其纳入环境绩效的分析评价,对于将水资源管理与经济社会发展的状况联系起来是十分必要的。

(二) 对影响水资源管理环境绩效的制度因素论证不充分

现有研究的关注点较多地集中于水资源管理环境绩效的评价,而对于后续的影响水资源管理环境绩效的制度因素分析和论证不充分。主要表现在:第一,对影响水资源管理环境绩效的制度因素缺乏系统认识,往往对特定区域或特定领域的某个制度因素进行定量或定性的分析,识别的制度因素显得比较分散。第二,就分析水资源的相关制度问题而分析问题,较少通过水资源管理环境绩效与制度因素之间的互动关系来判断和识别存在的问题。

(三) 水资源环境绩效管理体系的研究滞后于实践

前文所述,无论国内外,对水资源管理体系的研究都非常有限,至于有关"水资源环境绩效管理体系"的研究,就根本无法检索到可以直接匹配的文献。水资源环境绩效管理体系研究的难点在于理论体系众多,同时具有较强的实践性,导致水资源环境绩效管理体系研究的复杂性。但各国、国际组织及非政府机构通过实践探索开发出了各自的带有环境绩效管理性质的水资源环境绩效管理体系,并应用于实践。对澳大利亚、美国等国水资源管理过程的研究可以发现,各国水资源管理过程实质上是一个水资源环境绩效管理的过程。主要表现为:在水资源规划的框架和流域管理框架下,确定生态环境用水目标及可分配水量目标,基于绩效指标的监控和分析,对水量进行分配,在此基础上进行水权交易。同时,水量分配是按年度开展的,不同地区的年度水量存在一定的不同,年度水量分配可视作水资源环境绩效的一个检查、纠正的过程。因此,本书在充分借鉴国际水资源管理先进国家有关水资源环境绩效管理经验的基础上,为重构我国水资源环境绩效管理体系提供借鉴。

第五节　国内外环境绩效管理流程研究进展

一、环境绩效管理的理论综述

对于环境绩效管理的理论探索需要从其管理流程整个循环的每个环节进行分析,寻找其背后的理论支撑。从现有的理论演进来看,本书认为环境绩效管理的理论基础包括:公共价值理论、社会资本理论、多中心治理理论以及政府流程再造理论。综合这些理论的观点可以看出,一个好的绩效管理体系应当具有管理循环的五个特征:(1)整合功能,将多层次、多维度的管理目标和多主体的力量整合起来。(2)对于被考核、被管理的对象,不增加额外的负担,即平时的工作流程或过程中直接产生、录入、保存绩效信息,不需要在检查、核查阶段额外为收集信息付出成本或精力。(3)绩效考核或管理的结果,通过反馈能促进个体的学习。(4)绩效考核或管理的结果,通过反馈能起到计划辅助作用(帮助优化下一轮工作的计划)。(5)以适当方式引入公众参与、外部责任机制,多元主体既保证了信息来源多元,也以彼此之间相互制衡保证绩效管理的公平(周志忍,2009)。

表 2-5 绩效管理与绩效评估的联系和区别

绩 效 管 理	绩 效 评 估
一个完整的绩效管理过程包括计划、监控、评估、反馈、改进等一系列环节	管理过程的一个环节,绩效管理的关键环节
注重绩效信息的沟通、反馈与改进以及绩效目标的达成	注重绩效的测量、考核和评估
伴随管理活动的全过程	绩效管理过程的特定时期、特定事件
具有战略性、前瞻性	相对滞后性
组织结构、职能、业务流程再造	侧重于事后结果的评估

资料来源:伍彬:《政府绩效管理:理论与实践的双重变奏》,北京大学出版社 2017 年版。

(一) 公共价值管理理论是环境绩效管理目标指导的理论基础

环境绩效管理作为政府绩效管理的一部分,也是由绩效指标设定、绩效跟踪和辅导、绩效结果的评估、绩效状况反馈和改进等诸多环节组成的一个完整过程(陈家浩,2011)。其中,绩效评估指标体系的设置是整个绩效管理体系的关键环节,它要契合政府的价值导向和战略目标。是否善于运用绩效评估的结果来激励和引导政府部门相关岗位上的工作人员,以达到持续改进该部门工作,更好地服务其价值导向、实现其战略目标的目的,也就是说能否形成一个从确定目标,到评估绩效,再到改进绩效和不断追求更高目标的闭环流程,对于整个绩效管理而言至关重要(王晟、符大海,2010)。而"公共价值"作为新的政府绩效管理的价值导向,马克·莫尔(Mark H. Moore)在其专著《创造公共价值:政府中的战略管理》(1995 年)中就正式提出,公共管理的终极目的就

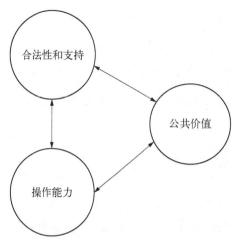

图 2 - 4 莫尔(Moore)战略三角模型
资料来源：Moore (2008)。

是创造公共价值，并建立"战略三角模型"，清楚表示公共价值在三角因素当中的地位及运行关系(图 2 - 4)；从莫尔的战略三角模型可以看出，他认为公共价值体现在合法的环境下通过有能力的实施运行从而能够实现的战略目标当中。这也为环境绩效管理体系的构建与完善提供了理论创新的线索。

之后，反映公民偏好、集体表达、政治协调的公共价值管理理论与后新公共管理理论的理论元素整合后，从价值和工具两个层面回应了新公共管理的困境，并形成新公共行政学研究范式。同时，戴维·H.罗森布鲁姆(2012)认为应重视被赋予任务属性的公共价值在绩效导向公共管理中的重要作用。包国宪(2013)对以公共价值为基础的政府绩效管理的源起、研究问题、理论框架、学科体系构建等问题进行了分析。樊胜岳等也从公共价值角度构建了过程与结果相结合的生态建设政策绩效评价指标体系。

因此，本书认为公共价值理论的指导有助于包括环境绩效管理在内的政府绩效管理概念、模型和方法的探索与发展，基于公共价值的运行路径，政府环境绩效管理公共价值链得到构建，如图 2 - 5 所示，在政府环境绩效管理过程中，基于公共价值的管理注重公共偏好即公共价值愿景，围绕公共偏好制定实施环境绩效管理目标，通过评估技术、监控和反馈流程等因素落实环境绩效管理目标，最终取得生态环境公共价值的实现。

受国外政府绩效管理价值导向变化的影响，我国政府环境绩效管理过程也更加规范化、系统化。进入 21 世纪，我国学者倪星就认为整个政府绩效管理的过程将呈现出六个趋势，其中，公民导向的价值取向与我国目前环境绩效管理的目标——以人为本、全面协调可持续的科学发展导向相吻合。这个目

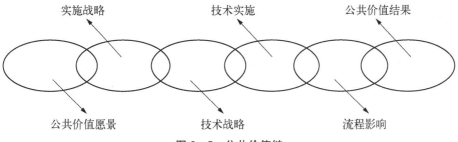

图 2 - 5 公共价值链

资料来源：AI - Raisi Ahmad N., AI - Khouri Ali M., "Public Value and ROI in the Government Sector", *Advances in Management*, 2010, 3(2): 37。

标不是片面强调经济发展和效率因素,而是要努力满足包括环境需求在内的民众多元化新需求以追求其福利最大化,并且要在不同利益群体的环境权益之间实现公平。

(二) 社会资本理论是构建环境绩效监控反馈机制的理论依据

社会资本理论是经济学和社会学研究内容和方法的创新,其以信任机制为核心,强调基于信任的合作是政府和公民之间产生共同行为准则的重要保证,这些准则最终会上升为社会资本的规范(杨超、凌学武,2006)。将这一理论运用到生态环境绩效管理领域时,社会资本通过参与培训公民学习政府环境绩效管理的技巧,增强公民参与政府环境管理意识。而政府环境绩效管理的基本目标就是提高政府环境管理效率和效果,这一目标与社会资本的资本属性相统一。而社会资本所强调的信任、规范、以人为本等要素与环境绩效管理的效果目标相一致。因此,从社会资本理论视角来考察社会资本与环境绩效管理之间的关系,是一个全新的分析视角。

(三) 多中心治理理论是创新环境绩效模式与管理体系的方法论

以往对于生态环境保护这一类公共事物主要有两种解决之道：一是产权私有化;二是政府统一管理。但是,前者存在私有界定难和搭便车行为;后者同样会存在政府"失灵"问题,即政府工作的低效和政府工作人员的寻租行为。

因此,埃莉诺·奥斯特罗姆提出了另一种思路——多中心治理,即形成自治组织和治理公共事物的制度理论。她认为在市场这只"看不见的手"之外,还存在公共领域的"看不见的手",市场自发秩序和国家主权人为秩序之外,存在着社会运转的多中心秩序,反对政府治理权力的垄断和扩张(迈克尔·麦金尼斯、埃莉诺·奥斯特罗姆,2000),从而论证了由国家、市场和公共领域组成的多中心公共管理的现实与理论必要性和治道之法。多中心治理为公共事务提出了不同于传统官僚行政理论的治理逻辑。从研究方法看,多中心是公共事务治理问题的新方法,它将宏观和微观要素连接起来,分析其对治理绩效的影响,从而提出操作、集体和宪法三个层次的制度分析框架。与传统的治理理论相比,多中心治理有明显的三个优点:一是提供多种更合理的选择、减少搭便车行为;二是可以避免公共服务或公共产品提供的不足或过量;三是有利于提高公共决策的民主性。

基于多中心治理理论具有较多的优点,我国学者认为地方政府应在大部制改革策略中加快综合管理模式和管理工具的创新,运用组织同构、异构策略,构建多中心的网络化治理结构,促进公民参与公共服务管理和评价的途径(李瑞昌,2008)。也有学者从政府绩效管理模式视角分析了管理型政府绩效评估模式的缺陷,认为政府绩效评估模式要向服务型政府模式转变,评估主体要由"单中心"向"多中心"转变,评估指标的选取要体现服务导向和公正价值取向,评估指标要指向公共服务的提供和均等化供给(马全中,2012)。而国外学者,盖伊·彼得斯(2001)在新公共管理运动实践基础上对政府未来治理模式进行探讨,从理论上讲,这四种模式存在各自的问题和缺陷,甚至相互冲突,但都做出了各自的解释,并提供了解决问题的分析途径(表2-6)。从实践层次看,一般公共服务的政府绩效管理已经实践了四种模式,而政府环境绩效管理模式,包括绩效评价模式也需要在这种模式的基础上进行组合和创新,从而创新和完善我国环境绩效管理体系。

表 2 - 6　　　　　　　　四种模式解决基本问题所提供的方法

	市　场	参　与	解　制	弹　性
协调	看不见的手	由下而上	管理者的自我利益	改变组织
错误的发展和改正	市场信号	政治信号	接受更多的错误	错误无法制度化
公务员制度	以市场机制取而代之	减少层级节制	解除管制	采用临时任用制度
职责	通过市场	通过顾客的抱怨	通过前后控制	没有明确的建议

资料来源：［美］盖伊・彼得斯：《政府未来的治理模式》，中国人民大学出版社 2013 年版。

(四) 政府流程再造理论是环境绩效管理过程改进的理论基础

为了在组织机制上保障政府绩效管理的公共价值导向，国内外越来越重视基于政府流程再造（Government Process Reengineering，GPR）的绩效管理过程改进，最早在 1992 年戴维・奥斯本和特德・盖布勒在《再造政府——企业家精神如何改变公共部门》一书中提出"政府再造"概念，并提出政府再造十大原则。奥斯本在《摒弃官僚制：政府再造的五项战略》（2002 年）一书中提出了将官僚体制和组织转型为"企业化政府"体制和组织的五大战略，其中核心战略就是确定公共体制和公共组织的目标，明确政府的核心职能就是掌舵，将那些与政府核心目标不符的政府职能予以撤销，并将与政府目标（如政策、执行等）根本不同的职能彻底分离出来，置于不同的组织当中，令每种职能都能有效达到目标；后果战略则为再造公共体制的激励机制，为绩效设定后果，建立竞争型政府。我国对于一般公共服务的流程再造理论研究起步较晚，认为 GPR 是政府内部行政体制改革的主要手段，是提高政府绩效的重要工具，并且论证了西方学者拉塞尔・M.林登《无缝隙政府：公共部门再造指南》（2002 年）一书中的政府管理观点，即将现代信息技术与政府行政改革有机地结合，对组织结构进行重组，行政流程进行优化，构建网络化组织（张万宽，2013）。

我国环境绩效管理体系的大部制改革体现在 2018 年党的十九届三中全

会和十三届全国人大一次会议审议通过组建自然资源部和生态环境部,并对这两个部门的职能定位、组织结构、业务流程进行再造。根据政府流程再造理论,这一流程再造反映了公众对于自然资源和生态环境的新需求,相应政府部门需要从环境绩效各个环节改善工作流程,提升政府的行政效率和公信力,实现政府环境绩效管理流程再造的公共价值追求。因此,我国政府环境绩效管理流程再造不是在原有流程上的修修补补,而是一场深刻的管理过程革命,包括:更新环境绩效管理目标,构建行政部门之间协调和联动机制,实现政府职能的有效整合和流程标准化设计。

(五) 理论述评

综上所述,构建我国新时代环境绩效管理体系,首先,要基于公共价值理论确定环境绩效目标,并在现代信息技术下运用社会资本理论构建无缝隙环境绩效监控、反馈机制,完善政府环保部门与企业和社会组织、官员和公众的互动机制。其次,基于生态文明建设绩效评价指标,采用多中心治理理论构建科学的环境绩效评估体系和创新管理模式,并运用绩效评估结果发现环境绩效管理过程存在的问题。再次,基于政府流程再造理论,建设网络政府、平台政府和"政府—企业—公众朋友圈"(丁元竹,2016),将上一轮环境绩效评估结果和管理过程中存在的问题在网络平台和新媒体公开,寻求多方合作解决方案。最后,根据上一轮的改进方案设定下一轮环境绩效管理目标,并在监控、反馈流程中改善上下级政府、政府和企业、政府和公众之间的关系,实现环境绩效管理流程再造,并创新和完善环境绩效管理体系。从而,提升政府环境管理服务和治理水平,实现推进国家治理体系和治理能力现代化的全面深化改革目标。

二、环境绩效管理的方法论综述

2015 年,党中央、国务院为解决我国生态环境新需求与发展不平衡不充分之间的矛盾和突出环境问题,出台了《生态文明体制改革总体方案》,明确提出了"构建充分反映资源消耗、环境损害和生态效益的生态文明绩效评价考核和责任追究制度";其中,环境绩效评价是我国环境绩效管理流程的关键环节,评价或评估更多的是对过程和结果的事后评判。但环境绩效评价并不意味着环境绩效管理的终结,而是环境绩效管理循环过程的一部分。针对环境绩效评估结果反映的问题,对相关责任人员进行奖惩、对政府环境管理工作提出并实施改进方案,是环境绩效管理"戴明环"进入下一轮良性循环的基础。

　　用正确的方法进行评估并对评估结果加以应用,是提高组织绩效的有效途径。本书梳理了国内外对于国家层面、区域层面、城市层面环境绩效评估及其结果运用的文献,主要对以下三方面相关方法论的研究成果进行综述:(1) 对环境绩效评估技术方法的研究;(2) 对环境绩效评估模式的研究;(3) 对环境绩效评估结果运用的研究。

(一) 对环境绩效评估技术方法的研究

　　借鉴西方国家实践经验,引入绩效评估对于提高政府的行政效率和节约行政成本具有重要的意义(范柏乃,2007)。近年来,构建政府环境绩效评价指标体系的技术有了长足发展,除了以往的三类环境绩效指标体系设计方法:主题框架模型、投入产出框架模型以及因果框架模型(郝春旭等,2015),还涌现出平衡计分卡、关键绩效指标法、绩效棱柱模型等指标设计方法和 360 度绩效评估方法。

　　其中,平衡计分卡是一个较为全面的体系,包括多个评估维度,并将因果关系链贯穿评估过程始终。其最大的特点是保持各维度的平衡,但是却只考虑单一主体——客户,而不考虑其他利益相关者,存在着一定的片面性(彭国甫等,2004)。关键绩效指标法是一种将战略性目标层层分解成战术目标后,对战略性目标进行监测的方法,如翁志雄等(2017)从环境健康、生态保护、资源与能源利用、环境治理等 4 个关键绩效指标开展研究,构建了包括 4 项二级指标、12 项三级指标和 26 项四级指标在内的城市综合环境绩效指标体系。绩效棱柱模型则是对平衡计分卡的改进模型,这种方法弥补了平衡计分卡只关注单一主体的缺陷,构建了一个利益相关者为中心的三维框架模型。但是,我国已有学者认为需要将主体框架模型、投入产出框架模型和因果框架模型的优点进行集成,构建出新的绩效指标设计的综合框架(倪星、余琴,2009),形成更复杂指标体系,但给实际操作中数据和资料收集、统计造成一定负担。

进入 21 世纪,国外学者 Waldman 和 Atwater(2004)利用大量的实例论证从评估主体角度来形成 360 度绩效评估和管理体系。我国学者将 360 度绩效评估和管理体系运用到政府绩效评估中,并认为 360 度绩效评价方法是一种全方面、多角度的绩效评估技术,其评估的主体视角包括上级、同级、下级、客户、自我评估等(钱金森,2015)。从整合主义的视野来看,360 度绩效评估方法应依据绩效的信息来源、评估标准、评估主体这一逻辑思路,强调"过程"与"结果"的并重,其中,评估主体涵盖政府内外的多方利益相关者,克服单一主体评估的弊端(黄俊辉,2017)。因此,需要将 360 度绩效评估方法运用在政府环境绩效评估中,形成不同主体在共性环境绩效方面全方面、多角度的绩效评价体系;而我国生态环境监测数据和已试点编制的自然资源资产负债表则是环境绩效评估的重要来源之一。

(二) 对环境绩效评估模式的研究

对于我国的环境绩效管理而言,城市层面的环境绩效评估模式有多种,如上级政府对下级政府评估、同级政府内部评估、社会评估、专家评估等(伍彬,2017),但是中国的环境绩效评估模式仍然以上级对下级、同级政府部门内部评估模式为主。由于环保工作专业性较强和民众素质局限性,环境绩效评估主体多元化存在较大难度,但仍然要在条件较成熟的环节为利益相关者参与创造各种便利。一方面,可以聘请专业的研究机构、咨询公司甚至非政府组织开展环境绩效评估;另一方面,可以让利益相关者尤其是专业能力较差的利益相关者(如普通民众、社区组织)在专家辅助下了解专业性较强的环境绩效评估过程,并对此发表意见、建议等;从而,形成区别于政府内部自身、上级主管

部门的第三方评估模式。目前国内已经形成四种第三方评估模式,包括:
(1)高校专家评估模式;(2)专业公司评估模式;(3)社会代表评估模式;
(4)民众参与评估模式。但总的来说,中国的政府环境绩效第三方评估还缺
乏立法、司法等层面的制度保障,很容易因为政府官员的好恶或去留而受到影
响。在发达国家,有一种重要的第三方评估模式是社会组织评估。社会组织
在公共服务绩效评价过程中具有中立的评估优势。我国学者葛蕾蕾(2011)认
为要让第三方评估在政府绩效管理中发挥有效作用,务必注意借助立法和司
法保障政府绩效评价主体多元化,并根据不同公共事务的性质合理配置政府
绩效评价的多种主体。但祁中山(2016)认为第三方评估绩效在制度设计、主
体能力建设、评估流程、评估结果运用等方面存在问题,政府公共服务绩效第
三方评估机制有待提升。孟志华和李晓冬(2017)认为公共服务绩效第三方评
估需要厘清主体、对象和第三方的关系,从而确立客观公正的绩效评价体系。
同时,只有对第三方评估基本流程和规范进行制度化建设和多方联动的能力
建设,最终才能构建完善的公共服务绩效第三方评估体系。引入第三方评估
机制,还能够帮助完善全方面、对维度绩效评估体系;因此,即使目前我国环境
绩效管理尚未完全引入第三方评估机制,但是环境绩效第三方评估环节成为
环境绩效管理流程中绩效评估模式创新的趋势。

(三)对环境绩效评估结果运用的研究

国内外政府绩效管理实践表明,政府绩效评估能否持续并取得实效,评估
结果运用是关键(薛刚等,2013)。其中,国外对于环境绩效评估结果运用的研
究是源于生态政治运动,西方的"绿色政府运动"(丹尼尔,2002)中的生态型政
府、国际研究机构和学者对于绿色 GDP 的核算体系进行全方位的探索(尹伟
华等,2013)。此后,1994—2012 年,联合国统计署发布并两次修订《综合环境
经济核算体系(SEEA)》,修订后的 SEEA 成为环境经济核算的国际统计标准,
成为构建环境绩效评估体系的重要准则,并被引入中国,运用到我国自然资源
资产核算研究中(程进、周冯琦,2017)。我国学者为一般政府绩效评估工作探

索建立了一系列的配套机制,使政府绩效评估真正发挥"导向牌"和"指挥棒"的作用,包括:(1) 政府绩效评估结果公开机制;(2) 评估对象对评估结果运用的参与及申诉机制;(3) 完善激励奖惩机制;(4) 健全政府绩效评估结果运用的反馈机制;(5) 健全政府绩效评估结果运用的监管机制等。

从现实来看,即使是政府一般性公共服务绩效评估结果也存在一些问题,如缺乏统一的国家标准、重物质奖励轻精神奖励、评估结果及运用情况不对外公开、结果运用情况缺乏跟踪总结、结果运用的方式或做法缺乏创新等问题(唐平秋,韦伟光,2015)。因此,有学者认为需要充分借鉴国外政府绩效管理经验,基于政府公共责任机制,政府绩效评估结果运用需要以公众评议为导向(陈巍、薛刚等,2013)。同时,通过一些激励措施,鼓励公众参与公共服务的行政问责、将政府绩效评估结果及其运用情况向公众公开、与预算安排挂钩等措施推动政府绩效评估结果的有效运用(薛刚等,2013)。在环境绩效评估方面,王磊(2017)通过对公众参与政府环境治理评估的实证分析表明,参与评估受客观效率和规范效率影响,客观效率和规范效率的提升均会促进公众对政府绩效给予更高的评价。然而,从现阶段环境绩效评估指标体系来看,许多指标数据不可得或主观因素较大,使我国环境绩效评估结果偏离实际,提出的绩效改进方案无法运用到下一个环境绩效管理循环过程中以提升政府环境绩效。

(四) 研究述评

综上所述,国内外关于环境绩效评估的方法、结果运用和模式探讨随着政府公共服务绩效评估研究的深入已经进入全面细化创新阶段。但对于政府环境绩效管理的过程管理在现有的文献中鲜有研究。唯一一篇外文文献也是我国学者 Zhou Jingkun & Yu Baochun(2011)对环鄱阳湖经济圈各市县党政领导的环境绩效管理采用简单的鱼骨分析法进行"戴明环"全过程分析。然而,就环境绩效评估讨论环境绩效管理水平是片面的,需要在基于确定的目标和公共价值导向下,从环境绩效评估的技术、模式、结果运用入手,甄别、诊断现有环境绩效管理体系中过程管理中存在的问题,提出管理流程改进方案,包括政府职能再造和相应制度化设计。目前的环境绩效评估大都是在国家层面、地级以下城市或企业层面,唯独省级层面的评估还未发展起来,而省级区域不同于国家和城市层面,具有自身的特点,能够凸显国土空间格局优化的重要性,构建可横向对比的环境绩效评估指标体系,评价出各地区政府环境绩效管理水平(肖雅,2016)。因此,本节从我国自上而下的环境绩效评估体系研究出发,分析我国现有环境绩效管理过程中存在的问题,针对问题在优化环境绩效管理流程各个环节时既要考虑对地方政府部门环境绩效管理体系的设计,也要考虑对区块环境绩效管理体系的设计,从而弥补以往环境绩效管理体系研究在这两方面不能兼顾的不足。

第三章　我国环境绩效管理的理论基础

建立科学的环境绩效管理体系是环境管理制度完善的重要手段,环境绩效管理不仅是一种管理工具,更是我国政府环境治理公共服务多元化背景下的一种制度变革。探讨环境绩效管理,有必要梳理其理论根源,从理论上分析环境绩效管理的科学基础与研究脉络,为我国构建科学的环境绩效管理体系提供理论支撑。

第一节　概念界定及相关理论基础

一、概念界定

(一) 绩效

绩效源于管理学,字面意思是"成绩"和"效果"。目前,该词广泛应用于不同的行业和领域。从其发展历程来看,其内涵和外延均得到了不断的完善与丰富。万林葳(2011)和张明明(2009)等中国学者普遍认为绩效是结果和行为的结合。同时,目标绩效和历史绩效、显性绩效和隐性绩效等概念也相继提出,并得到学者的深入探索研究。究其本质,绩效体现了是否完成了既定目标以及完成的效果如何两个层次的内容。

(二) 环境绩效

环境绩效和环境绩效评估从绩效的概念衍生而来,其理论研究和实践应用也日益受到重视。环境绩效研究在国内起步相对较晚,一些学者对环境绩效内涵做了界定,但总体尚未形成明确的定义。一些学者认为环境绩效是指特定管理对象或区域资源开发利用、环境保护治理的有形或无形效益(孟志华,2011;王金南,2009),并以环境目标实现程度作为评估基准(程亮,2009)。同时,环境绩效不仅包括环境管理活动的效果,还包括改善环境条件的投入成本,这更加反映了绩效的特征(黄爱宝,2010)。也有学者从目标、过程、结果三方面提出环境绩效的内涵,即环境绩效包含环境目标绩效、环境进步绩效、环境水平绩效,从目标、过程、结果三方面综合衡量,有助于反映现状与标杆的差距,明确今后环境绩效管理努力的方向,以及与自身历史水平相比的进步程度和其他同级行政区相比所处位置(祝光耀,2016)。

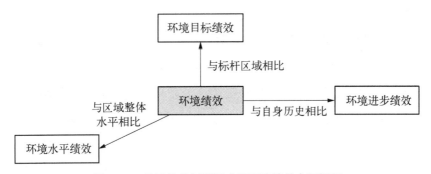

图 3-1　基于绩效判别标准的环境绩效内涵框架

上述定义大都认为环境绩效是"环境管理活动所产生的环境效果"以及"环境目标的实现程度"。基于该观点,结合环境绩效管理的流程与内容,本书认为环境绩效是政府为实现环境目标所采取的资源可持续利用、环境污染防治、生态系统建设等环境管理行为的效果。从内涵上,环境绩效包含资源可持续利用绩效、环境污染防治绩效、生态系统建设绩效,而环境管理流程是三项绩效的方法基础。

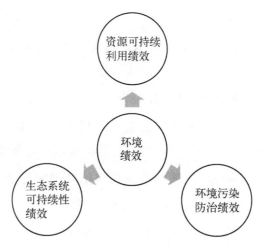

图 3-2 基于领域的环境绩效内涵框架

(三) 环境绩效管理

环境绩效管理是指以改善环境质量为目标,在实施环境政策后,对实现环境管理效果的评估和再提升的过程。其目的是实现国家和区域环境政策科学性和有效性的评估,并提出环境政策变化的总体形式,提高公众环保意识,促进公众参与和讨论,引导环境政策的健康发展(赵克强,2014)。从环境绩效管理的角度来看,包括自然资源绩效管理、环境污染防治绩效管理,生态系统绩效管理和环境管理标准化过程是其绩效管理的基础。从环境绩效管理的角度来看,它包括环境绩效目标管理、环境绩效过程管理和环境绩效结果管理;从环境绩效管理内容来看,包括环境绩效计划、环境绩效预算、环境绩效计划与标准、环境绩效目标等政策实施过程、实施效果、环境质量、可持续发展的关键问题。管理机制、制度环境、经济政策的整合,以及国际合作等环境绩效评估,包含环境绩效评估、环境绩效升级、环境绩效考核等。环境绩效改进,包括环境绩效过程改进、环境绩效目标调整等。

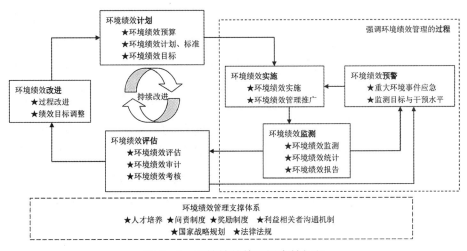

图 3-3　环境绩效管理概念性框架

二、环境绩效管理的理论基础

(一) 委托—代理理论

委托—代理理论产生于 20 世纪 60 年代后期。委托—代理关系在经济社会活动中广泛存在,它描述了一种信息不对称条件下的契约关系,是一个(些)人(Principal)委托另一个(些)人(Agent)并相应授予某些决策权的契约关系(Jensen,1976)。然而,委托—代理关系在政府公共管理中也非常普遍,国家权力归全体人民所有,但全体人民只能通过政府来行使管理国家的权力,从而在政治领域形成委托—代理关系。卢梭等社会契约派认为,人民签订契约建立国家,人民是国家的主权者,公共力量必须有一个代理人来行使权力(卢梭,2003);而全体人民便是委托人,政府是代理人(刘泰洪,2008)。同时,公共政策领域也存在着委托—代理关系,表现为中央制定政策,地方执行政策或上级部门制定政策,下级部门执行政策(定明捷,2003)。

环境污染已成为制约经济社会发展、危害公众健康的重要因素,政府需要对企业环境和治理行为进行规制,企业环境治理行为的监管是通过政府代理人——环境规制机构来实施,因此企业、政府和环境规制机构三者构成了博弈关系。同时,社会公众委托政府对环境治理进行管理,以及委托督察机构对政府环境管理行为进行管理,形成了社会公众、督察机构、政府三者的委托——代理关系。从环境规制中行为主体的多层委托——代理关系来看,政府环境监管涉及四个方面:公共、政府、环境监管机构和企业。首先,公众是环境问题的制造者和受害者,并通过环境机制的参与,通过正式和非正式渠道实现公众表达,有效监督政府和企业的环境治理措施。其次,环境保护作为公共产品或公共服务难以通过市场机制有效提供,政府需要通过制定政策、法律、制度、标准等来实施干预,并依法进行有效监督。再次,政府环境规制通过环境规制机构来实施,目前环境规制机构有些是地方政府受到上级环境规制机构和地方政府双重领导,虽然实施了省级以下环保机构监测,监测和执法垂直管理体系,但在人员、财力和人员配置方面仍然受到地方政府的极大影响。环境监管机构不仅是上级的代理人,也是下一级的委托人,缺乏自下而上的连续性和政策的执行。最后,相对于政府的环境政策和法规,不同公司的环境法规是不同的(薛红燕,2013)。

从参与环境规制的行为者的角度来看,环境规制设计的多层委托——代理关系由委托人代表——公众委托政府作为环境监管的代理人。政府委托环境监管机构对企业进行实际管理。企业可能因其自身利益而提供虚假信息或误

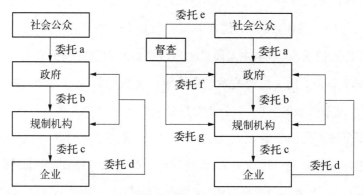

图 3-4 政府规制中多层委托——代理关系

资料来源:在薛红燕、王怡、孙菲等:《基于多层委托——代理关系的环境规制研究》(《运筹与管理》2013年第6期)的基础上修改。

注:左图为传统环境规制委托——代理关系,右图为环保问责时代的委托——代理关系。

导性信息,这增加了博弈信息的不完全性,监管机构很难积极参与环境监管。2014年5月《环境保护部约谈暂行办法》出台,宣告我国环保问责时代到来。2016年中央实行环境保护督察制度,受社会公众委托,对地方政府以及环境规制机构进行督察,这样形成了更加健全、多层的委托—代理关系体系,政府、环境规制机构的行为受到更强的约束和监督督察,这将有助于它更好地进行环境管理。

(二) PDCA 理论

PDCA循环最早由休哈特于1930年提出,后经戴明(W. Edwards Deming)博士进行完善,该理论认为,绩效管理是一个完整的循环系统,这个循环包括四个步骤:政府绩效计划制订、政府绩效管理实施、政府绩效评估、考核和政府绩效诊断提高,这四个环节的工作已经分解为四个新的小环节,形成了大环和小环互锁的情况。通过这种分解式、循环式的机制,使得绩效管理目标、标准、水平不断提高。随后该理论被运用于政府绩效评估中,政府绩效评估作为一个复杂而庞大的工程,依据PDCA循环理论也可分为四个步骤(张广军,2009;刘娟,2012)。

P——政府绩效计划制订阶段。这个阶段是政府绩效管理的起点,政府确定评估原则、评估对象、评估主题、指标和方法评估,以及将目标层分解为具体部门和组织的过程,这也是重新配合政府的具体任务、职责和职能部门的过程,是改善政府绩效管理的基础。

D——政府绩效管理实施阶段。该阶段是PDCA循环的核心环节,即根据组织实施的计划、性能管理的好坏、性能计划是否能够成功执行,以及性能目标是否能够实现。

C——政府绩效评估考核阶段。该环节是整个过程的重点,通过评估考核以确定评估数据是否有效,是否适用于对绩效评估进行评价,起到承上启下的作用。该部分包括制定评估指标和标准、选择评估主体和方法、评估活动开发和评估数据处理,以及评估绩效评估的步骤。

A——政府绩效诊断提高阶段。该阶段是PDCA循环的结束,是下一个循环的起点。通过发布反馈评估结果,将这些反馈融入运用到下一阶段的目标与行动中,以改进政府管理绩效。

PDCA 循环作为一个系统,大循环与小循环嵌套,每个 PDCA 又构成一个小循环系统,一个政府绩效管理 PDCA 循环结束后便进入下一个循环,下一个循环中政府绩效水平将上升到一个新的阶段(周云飞,2009)。近年来该理论在企业环境绩效管理中得到推广,随后在政府环境监测管理、环境规制等政府环境绩效管理中得到运用。

(三) 多中心治理理论

多中心治理是指多个权力中心参与公共事务治理和提供公共服务治理模式。由于政府和公共事务治理可能导致市场失灵,奥斯特罗姆基于长期社会调研认为,公共事务治理应建立政府、市场、社会的多中心治理模式,以克服单一治理模式的不足。该理论的核心是通过采用分层和分阶段的多元化系统来促进政府、市场和社会之间的协调系统(李平原,2014)。其重要贡献是提出加强政府、市场和社会的协调治理,通过多中心自治结构、多层次政府安排、多元化系统和公共政策安排,最大化机会主义,实现公共利益的可持续发展(Ostrom,1993)。

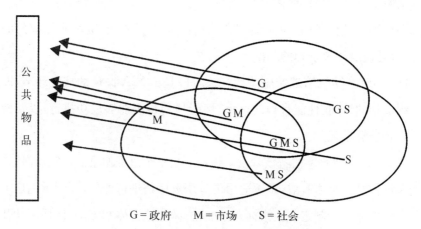

G = 政府　　M = 市场　　S = 社会

图 3-5　多中心治理模式下公共物品的供给

资料来源:李平原:《浅析奥斯特罗姆多中心治理理论的适用性及其局限性——基于政府、市场与社会多元共治的视角》,《学习论坛》2014 年第 5 期。

多中心治理理论包含以下四个方面：一是供给单位多元化，通过引入公共物品供给的多元竞争机制，使公司部门和社会组织成为公共物品供给的主体（Ostrom，2000）；二是强调自主治理，即公共治理活动中存在多个权力中心，同时参与智力活动，以获得持久的公共利益；三是治理主体互动性和整体性，即多个主体相互依赖形成网络关系，在不同公共治理目标中实现多个参与主体利益的共赢；四是分享公共责任治理机制，特别是多重治理实体承担最优公共责任，实现多中心治理体系的有效运行（李晓龙，2016）。

该理论对于环境治理问题也具有较强的适用性。环境治理实践中，如何有效实现公共利益是多中心治理的首要目标，环境治理的吸引力在于服务于整个社会，代表着最大限度的社会公共利益（于水，2005）；同时，多中心治理理论也强调多个治理实体根据不断变化的环境不断更新合作的范围和责任（李晓龙，2016）。

（四）政府再造理论

20 世纪 80 年代，经济社会快速发展、信息化水平不断提升、市场化深入推进，各国政府为了应对这些压力与挑战，为了克服政府部门的各种缺点，开展了大规模的政府再造活动（田海峰，2016），即在文化、任务、结构、程序、运作层面，有意识和有目的地通过变革、重组、改革与创新，提升政府行政效率。总体上，政府再造可概括为：提倡政府决策职能和执行职能的分离，实现服务供给多元化，借鉴私营部门管理方法，提高政府工作效率等内容（梅寒，2016）。

一是转变政府职能。美国运用政府再造理论进行政府改革，精简政府机构提高政府效率，这为政府节省了大量精力，政府更加注重制定和评估公共政策，以提高政府服务的质量和水平；同时，一些职能将移交给第三方组织，以提高公共服务的质量。

二是资源重新配置。政府流程再造的一个重要组成部分是资源重组，这与部门权力分配，功能确定和流程中的服务方法有关。政府重新设计，将实现电力、信息、人力、物力和财力等各种资源的再利用和再分配（邓崧，2011）。

三是建立高效政府。通过政府公共部门和私营部门之间的竞争打破政府对公共服务垄断的状态，不仅节省了政府精力，还通过将基础设施工程建设等职能交由私营部门竞争，进而提高政府公共服务质量与效率；同时，引入私营部门的管理方法与技术，对政府公共部门进行改革，如注重"顾客"意识，重新定位政府与社会的关系，提升服务质量。

四是建立服务政府。西方国家政府重视公民参与社会治理，通过培训来改善社会公众民主参与水平，以建立一个民主、高效的合作型政府。例如，美国建立了各种理事会和委员会，以参与政府决策和监督政府决策。同时，西方国家还重视促进政府从管制向服务角色转变，对政府职能进行重新定位。以公民为服务导向，提高英国"公民宪章运动"等公共服务的质量，反映了政府部门对公民服务质量的重视（徐元元，2013）。

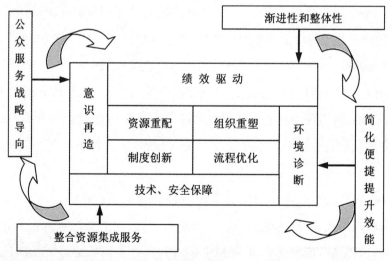

图3-6　政府流程再造的路径选择理论框架

资料来源：邓崧、刘星、张玲：《现代公共管理理论下政府流程再造的路径选择》，《社会科学》2011年第9期。

第二节 我国环境绩效管理体系理论框架

一、基于 PDCA 政府环境绩效管理体系

环境绩效管理的 PDCA 循环的基本模型如图 3－7 所示。该模型就是以 P—D—C—A 特有的四个阶段，不断循环而形成一个管理系统。这一系统由一组共同作用而又彼此独立的一系列管理环节(绩效计划与目标设定、绩效指导与强化、绩效考核与回报和绩效诊断与提升)组成。其中，环境绩效计划与目标环节主要包括环境绩效目标设定、环境绩效战略规划、环境绩效管理政策等。环境绩效指导与强化环节主要包括绩效过程资料收集与填报、绩效目标的监控与分析等。环境绩效评估与考核环节主要包括绩效评估方法、绩效评估步骤、绩效考核过程、绩效审计过程等。政府绩效反馈与改进环节主要包括定期进行绩效诊断与反馈、环境绩效目标调整、环境绩效管理过程改造、绩效诊断助推绩效能力提升等。

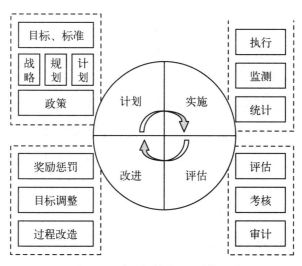

图 3－7 我国环境治理流程框架

通过上述一系列的管理环节来有效地实施绩效管理,绩效管理的目标将最终实现。同时,在这四个环节中,每一个环节从零开始,以滚雪球的方式不断循环,一阶段终点即为新循环的起点。每经历过一次环境绩效管理流程循环,环境绩效管理主体将对上一次循环进行经验总结,为下一次循环提供支撑,通过这种阶梯式和螺旋式的发展,环境绩效管理水平得以不断提升(图3-8)。

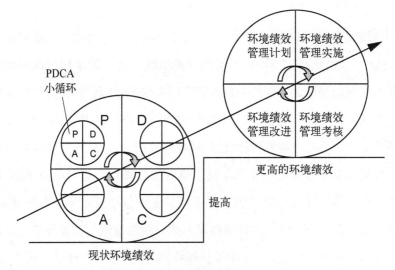

图3-8 环境绩效管理流程阶梯式演进

二、基于多元共治的环境绩效管理主体体系

环境绩效管理作为一个复杂的系统工程,关系每个社会成员的切身利益,需要区域内多方利益相关者参与其中,因此需要改变过去以政府为主自上而下的单中心环境绩效管理模式,转向政府、企业、社会组织、社会公众多中心的环境绩效管理模式。

在多中心环境绩效管理体系中,各主体是相互关联的利益共同体(图3-9),并具有统一的目标,坚持利益协调、治理合作、自觉参与的原则。在企业与政府之间,二者不再是监督与被监督的关系,而是合作的关系,企业成为环境绩效管理的主动参与者,与政府达成环境治理契约。在政府与社会公众之间,政府向社会公众宣传生态环境建设知识,提高其环境治理意识,通过激励手段,鼓励其参与环境治理;社会公众对政府环境绩效管理行为进行监督,并进行自下而上的反馈。企业和社会公众之间,企业需要采取环境友好的生产方式,对社会公众环境利益负责,而社会公众对企业生产行为和环境治理活动进行监督。企业和社会组织之间,二者不再是监督与被监督关系,社会组织利用其社会组织网络和技术创新网络帮助企业进行绿色技术创新,提升企业绿色生产绩效水平,企业为社会组织提供支持。社会组织和社会公众之间,社会公众通过参与相关组织,利用组织力量维护自身环境权益,并响应政府环境政策,而社会组织利用其社会网络和广泛影响力向社会公众普及环保知识。政府与社会组织之间,二者互补,政府发挥监管以及政策、规划、目标制定职能,而社会组织发挥协调和监督职能(汪泽波,2016)。

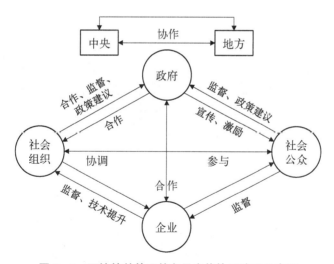

图 3-9　环境绩效管理的多元主体协同治理示意图

与传统单中心环境绩效管理模式相比,多中心环境绩效管理模式具有治理主体平等结构,政府职能不再是控制监管,而是通过引导和协调制度供给激发各主体的活力,使各环境治理主体共同、平等参与,这种平等的治理结构更有利于激发各主体合作进行环境治理的积极性。因为环境绩效管理体系越平等,各主体参与环境绩效管理的积极性越强。同时,在多中心环境绩效管理模式下,多元治理主体以共同利益为目标,相互支持、相互补充,构成系统性、整体性的治理结构(俞海山,2017)。

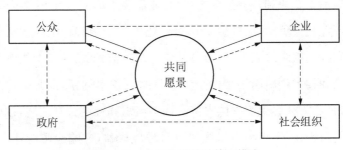

图 3‑10　合作环境绩效管理模式

第四章　我国环境绩效管理发展评价与提升

改革开放以来,我国环境绩效管理各项工作持续推进,法律法规不断完善,环境绩效管理更加注重改善环境质量,更加注重最严格的制度建设,更加强调环境保护多元共治,更加凸显环境保护问责机制,环境绩效管理体系不断完善。

第一节　改革开放以来我国环境绩效管理体系的演进

随着对环境保护问题认识的不断深入,中国也积极尝试将各种先进的管理工具应用于环境管理实践中。为了科学评估环境保护成效,将环境绩效管理工具引入环境管理实践,对科学确定各地区环境保护目标、明确环境保护任务、考核环境管理过程具有重要作用。改革开放以来,我国环境绩效管理经历了三个阶段。

一、环境绩效管理起步时期(1979—1991 年)

改革开放后,随着国家发展战略转变,环境保护法规、政策制度和环境绩

效管理建设也进入起步阶段。该时期总体表现出以下特征(周宏春,2009):

(一)环境法律法规不断建立

第二次全国环境保护会议提出环境保护是我国一项基本国策,这开启了我国环境保护视野的新篇章。1979—1991 年,我国制定并颁布了 12 部资源环境法律、20 多件行政法规、20 多件部门规章,累计颁布 127 件地方法规、733 件地方规章以及数以千计的规范性文件,初步形成了环境保护的法律法规体系(张坤民,2005)。第三次全国环境保护会议确立了环境保护的"三大政策"和"八大制度"。会议同时提出"经济建设、城乡建设和环境建设同步规划、同步实施、同步发展"和实现"经济效益、社会效益与环境效益的统一"的"三同时、三统一"环保目标,并提出了"努力开拓有中国特色的环境保护道路"的意见。

(二)环境保护成为政府管理的重要内容

1982 年,环境保护作为单篇在国民经济和社会发展计划中提出。1983 年,环境保护被写入政府工作报告。1984 年,成立国务院环境保护委员会(曲格平,2007)。1984 年年底,城乡建设环境保护部下设独立的国家环境保护局,但仍归建设部管理;1988 年,国家环境保护局独立,作为国务院直属机构,负责全国环境保护规划和监督管理等各项工作。

(三)政府环境绩效考核开始进行

20 世纪 80 年代末,中国政府的环境绩效评估启动。面对工业生产活动和人口增长带来的环境压力,中国一些城市开始实施政府环境保护评估体系,由市长负责城市环境的质量,以量化形式全面评估环境质量、污染防治、环境建设和环境管理,作为对任期内环境绩效的重要评估依据,在我国城市环境综合治理中发挥了重要作用。

总体上,该时期环境保护成为政府工作的重要内容,但对于环境绩效的管理仍然不健全不成熟,处于起步阶段。

二、环境绩效管理转型时期(1992—2012 年)

在环境压力日益加剧的推动下,1999 年,原国家环保总局颁布了《县(市)党委、政府领导班子环境保护工作绩效评估暂行办法》(周景坤,2010),其评估的主要目标是县(市)党委和政府领导班子对该地区环境保护工作的有效影响。该方法将评估指标分为五个方面,即环境质量、污染物排放达标与总量消减、生态与环境建设、环境管理、综合决策与环保要事,并包含 31 个具体指标。"十一五"期间,我国对原有城市环境综合治理指标进行了修订,将原来的五项内容缩减为四项内容,指标减少至 20 个,使得城市环境综合指标更好地反映了环境质量的整体性和互动性,这对于加强城市环境综合治理发挥了积极作用。为了更好地促进地方政府保护环境,国家环保总局将环境保护指标纳入地方政府年度绩效评估体系中,并于 2005 年在浙江、四川、内蒙古开展了试点工作,随后许多地方政府都在本地区政府绩效评估体系中纳入了环境指标。2011 年 8 月,环境保护部制定了《污染减排政策实施绩效管理实施方案》,明确了绩效管理目标、评估指标体系和评估方法,以及评估结果应用。

在中央大力推动下,我国许多地方都将生态环境保护作为体现地方政府领导政绩的重要方面,将环境质量指标作为年终政府部门绩效评估指标中的一个部分进行考核,或者制定生态文明城市综合指标体系,考核城市环境与生态文明水平(闫天池,2010);其普遍做法是将环境指标纳入地方政府绩效指标之中,作为一项重要内容考核地方政府主要领导的工作业绩。例如山东省于 2001 年制定的党政领导干部业绩考核体系中涉及环境保护的指标体系,2003年,山东省环保局下发了《生态市、生态县(市)建设规划编制工作指导意见》,要求明确政府各部门在完成规划任务方面的职责,并制定相应的考核和奖惩办法,以保证规划各项任务的完成。自 2000 年以来,重庆建立了党政领导环境绩效评估体系,并将环境保护纳入市委重大决策事项,有效解决了许多影响经济社会发展和群众生活的环境问题,并为地方政府绩效考核提供了有益经验。在该考核制度中,党政一把手的工作职责是研究部署环保工作,召开专题研究解决环保重大问题,协调各方利益关系,督促检查环保目标任务完成情况,通过该制度的实施,实现了环境质量较好改善。浙江省从2005年开始,将环境指标纳入政府绩效指标之中,在环境保护绩效评估方面取得了良好效果,经济发展与生态环境相互协调的可持续发展模式逐步推进(周宏春,2009)。

上海市在建立环境绩效评估,特别是跟进的奖惩措施以及对地方政府及党政官员的激励作用方面做出了探索。在2011年国家环境保护部环境规划院与联合国环境署(UNEP)开展的中国"十一五"污染减排政策绩效评估项目中,上海市作为试点城市,建立了符合自身特点的环境绩效评估体系,并进行了相应的评估,评估结果作为相关政策制定的参考。在世博会圆满结束后,上海和联合国环境规划署(UNEP)联合开展了世博会后的评估,对世博当中的环境创新政策逐一详细评估,为"十二五"环境政策的制定提供有益参考。目前,上海实施了四轮三年环保行动计划。每一轮的工作计划都作为相关责任领导的考核要求之一,坚持"三重三评",即坚持重治本、重机制、重实效,坚持社会评价、群众评判、数据评定,并且坚决执行环境问题的"一票否决"制。

总体上,该阶段我国环境绩效考核不断深入,中央和地方在环境绩效考核方面进行了积极探索实践,但该时期的环境绩效考核尚未实现制度化,完善的环境绩效管理体系也尚未形成。

三、环境绩效管理深化发展时期(2012年至今)

党的十八大以来,以习近平同志为核心的党中央大力推进生态文明建设,环境绩效管理制度改革进程加快,成效十分显著。总体上,该时期环境绩效管理表现为以下特征:

（一）环境绩效管理法制化制度化

2014 年 4 月 24 日，十二届全国人大常委会修订了《环境保护法》，新《环境保护法》提出国家实行环境保护目标责任制和考核评价制度，考核结果应当向社会公开。2015 年 5 月，中共中央、国务院出台《关于加快推进生态文明建设的意见》，提出"健全政绩考核制度"，要求建立体现生态文明要求的目标体系、考核办法、奖惩机制，完善政绩考核办法，实行自然资源资产和环境责任离任审计等，建立领导干部任期生态文明建设责任制等。随后出台《党政领导干部生态环境损害责任追究办法（试行）》，标志着环境绩效管理进入实质问责阶段。总体上，该时期基本建立了系统完整的生态文明制度体系，包括完善的法律法规、标准体系、损害赔偿制度、责任追究制度、政绩考核制度等。

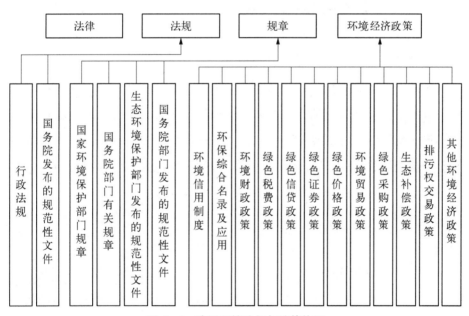

图 4 - 1　我国环境法规与政策体系

资料来源：根据生态环境部网站整理。

（二）多元共治推进环境绩效管理

长期以来，中国的环保工作主要依靠政府监管从上到下推动，市场角色和公众参与有限。为此,党的十八大以来增强环保力量,促进多元共治推动环境绩效管理成为该时期的重要特征。

首先,政府在环境绩效管理中的作用得到充分发挥。党的第十八大以后逐步建立健全环保目标体系、考核办法、问责制、管理制度等,形成了各级政府的决策和责任制。"十三五"规划提出实施省以下环保机构监测监察执法垂直管理,使地方环保监督权与地方利益分离,它不仅可以加强监管力度,还可以打破分散管理方式,实现跨区域和流域的综合治理模式,更好地发挥政府在环境保护方面的作用。

其次,公众参与与社会监督机制不断建立。新的《环境保护法》明确规定了"公众参与"原则。《关于加快推进生态文明建设的意见》提出完善公众参与制度,及时准确地披露各类环境信息,扩大公开范围,保护公众知情权,维护公众的环境权益。2015 年 9 月,《环境保护公众参与办法》出台,进一步完善了公众参与和监督环境保护的渠道。它为公众提供了一个监督环境绩效管理的业务实施方案。2013 年以后,中国制定了《关于加强对环保社会组织引导发展和规范管理的指导意见》,规范和引导社会组织发展。截至 2016 年年底,全国环保民间组织达到 6 444 个,全国 1/10 的环保社会组织具备环境公益诉讼资格;2016 年,环保部 12369 环保举报热线受理数量达到 18 万件,是 2014 年的 160 倍,环保组织成为公众参与环境绩效管理的重要力量(夏光,2018)。

(三)强化环境保护问责机制

党的十八大以来,环境保护问责机制不断强化,环保绩效纳入官员绩效考核,环境责任评估和问责制度迫使绩效考核机制发生变化。地方政府工作的重点从"唯 GDP 论"向强调环境保护转变。新《环境保护法》提出要重视问责,将环境保护问责制度化、机制化。2014 年 5 月,《环境保护部约谈暂行办法》颁布实施,宣布了中国环保问责时代的到来。随着环境绩效管理被纳入官方绩效评估,环境绩效评估的范围包括党委领导和政府领导,评估时间也几近终身调查。随后,《关于开展领导干部自然资源资产离任审计的试点方案》《党政领导干部生态环境损害责任追究办法》等提出了"党政同责"、领导干部自然资源资产的离任审计等规定。

2015 年 7 月,《环境保护督察方案(试行)》通过。自 2016 年 1 月中央环保督察在河北省启动试点以来,中央环保督察工作已覆盖全国 31 个省份,重点对贯彻党中央决策部署、解决突出环境问题、落实环境保护主体责任等情况进行督察。截至 2017 年年底,中央环保督察接受了 13.5 万多人的投诉,共报告 1 518 起案件,对 18 448 名党政领导干部和 18 199 人进行约谈和问责。各地区也有针对性地出台或修订生态环境保护政策法规、制度标准等 240 余项,31 个省份均出台环境保护职责分工文件、环境保护督察方案及领导干部追责实施办法等。

总体上,党的十八大以来我国环境绩效考核与问责体系目前初步形成 1 个核心责任+1 个管理载体+3 个督查层面+8 种传导机制的环境绩效管理体系。1 个核心责任是指党政同责,1 个管理载体是指国家或省级层面的环保约谈,3 个督查层面是指中央环保督察、专项督查、例行督查,8 种传导机制是指利用惩罚性手段保证环境绩效管理的有效实施(翁智雄,2017)。

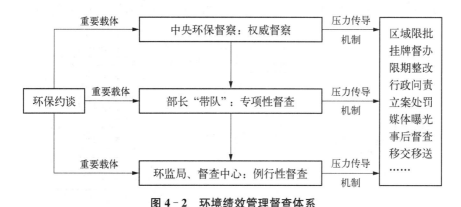

图 4-2　环境绩效管理督查体系

资料来源:翁智雄、程翠云、葛察忠等:《我国环境保护督察体系分析》,《环境保护》2017 年第 10 期。

第二节　我国环境绩效评估

一、政府环境绩效评估模型框架

我国现有政府绩效评估结论不能很好地被社会公众认可的重要原因就是政府绩效评估指标设置不合理。环境绩效指标选取不能盲目根据环境问题而抽象出几个反映环境恶化程度的指标，以描述环境状况。绩效评估有两种思路：一种是自上而下模式，即先确定概念框架，从理念上选取指标选择分析框架；二是自下而上模式，即通过梳理大量指标体系，选取其中较为常用的指标。本研究实行自上而下与自下而上相结合的思路。

（一）指标框架

目前较为普遍的环境绩效指标框架有主题框架、影响框架（IOOI 框架）、表征自然资源消耗框架、因果框架和数据包络分析框架模型等。本研究选择较为常用的主题框架，作为环境绩效评估中普遍使用的绩效模型，环境指标主

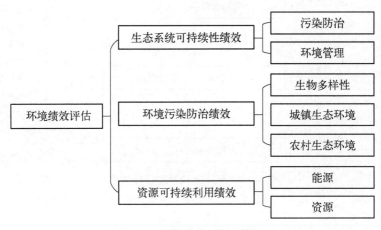

图 4 - 3　环境绩效指标主体框架

体框架的思想来源于关键指标法(Key Performance Indicators，KPI)。作为一个综合概念，环境绩效包括几个环境子系统(如环境污染、生态系统、资源、大气、水、土壤、生物多样性等)，为此本研究依据环境绩效、环境绩效管理内涵，从资源可持续利用绩效、环境污染防治绩效、生态系统可持续性绩效三方面构建环境绩效评估体系。

(二) 指标体系

本研究以经济合作与发展组织指标体系、EPI 指数、联合国可持续发展委员会指标体系，以及中国环境绩效评估—资源绩效指标、生态文明建设绩效评估体系等国内外较权威的环境绩效评估指标体系为基础，对每种指标体系所涉及相关指标进行梳理，筛选出与环境绩效评估无直接关联的指标，对内涵类似的指标进行合并，设立环境绩效评估指标库，包含生态系统可持续性、环境污染防治、资源可持续利用三大类(表 4-1)。进而，本研究构建"环境绩效评估指标体系"(表 4-2)。

表 4-1　　　　　　　　　　　环境绩效评估备选指标

类别	具体备选指标
生态系统可持续性	森林覆盖率(A1)；单位面积森林蓄积量(A2)；自然湿地覆盖率(A3)；生态保护区占国土面积比例(A4)；耕地保有量(A5)；地表不透水面积(A6)；城镇人均公园绿地面积(A7)；鱼类资源过度捕捞量(A8)；农村卫生厕所普及率(A9)；生态恢复治理率(A10)；稳定或增长的重点物种数量(A11)；重特大环境污染和生态破坏事件发生次数(A12)；人均生态足迹(A13)；生态系统服务价值(A14)；每百万人中的自然保护组织成员数(A15)；日人均生活耗水量(A16)；农药使用强度(A18)；化肥施用强度(A19)；水土流失治理面积占国土面积比例(A20)；植被覆盖指数(A21)；生物丰度指数(A22)
环境污染防治	城镇污水集中处理率(N1)；地表水优于Ⅲ类水质的比例(N2)；饮用水水源地水质达标率(N3)；人均水资源总量(N4)；地表及地下水年取水占可利用水比(N5)；城镇生活垃圾无害化处理率(N6)；工业固体废物综合利用率(N7)；秸秆综合利用率(N8)；规模化畜禽养殖场粪便综合利用率(N9)；环境空气质量优良率(N10)；城市声环境达标率/区域环境噪声平均值(N11)；土壤环境质量指数(N12)；化学需氧量排放强度(N13)；氨氮排放强度(N14)；二氧化硫排放强度(N15)；氮氧化物排放强度(N16)；降水 pH 值年均值(N17)；化肥施用强度(N18)；绿色税收体系(N19)；环境保护投资占 GDP 的比重(N20)；用于环境保护的 R&D 经费支出(N21)；公众对环境的满意率(N22)；生态文明宣传教育普及率

类别	具体备选指标
环境污染防治	(N23);参与志愿活动的人口比例(N24);绿色出行所占比例(N25);绿色营运车辆占有率(N26);PM10年平均浓度(N27);二氧化硫年平均浓度(N28);二氧化氮年平均浓度(N29);空气质量达到二级以上天数占全年比重(N30);环境事故发生指数(N31);环保机构人员占地区总人口的比重(N32);环境信访比重(N33)
资源可持续利用	单位GDP能耗(C1);单位GDP碳排放(C2);非化石能源占一次能源消费比例(C3);可再生能源使用率(C4);单位GDP用电量(C5);单位GDP新鲜水耗(C6);可更新能源的消费份额(C7);单位GDP能耗降低率(C8);人均水资源量(C9);人均耕地面积(C10);人均林地面积(C11);单位GDP新鲜水耗(C11);水资源缺乏指数(C12);单位工业增加值新鲜水耗(C13);工业用水重复利用率(C14);城市再生水利用率(C15);工业固体废物综合利用率(C16)

资料来源:根据国内外环境绩效评估相关指标体系整理所得。

表4-2　　　　　　　　　　环境绩效评估指标体系

目标层	领域层	因素层	指　标　层
环境绩效	生态系统可持续性绩效	生物多样性	森林覆盖率
			自然保护区面积占国土面积比例
			造林面积总面积比例
		城镇生态环境	人均公园绿地面积
			建成区绿化覆盖率
		农村生态环境	化肥施用强度
	环境污染防治绩效	污染防治	工业二氧化硫排放强度
			单位工业增加值废水排放量
			生活垃圾无害化处理率
		环境管理	环境治理投资占GDP比重
			环境事故发生指数
			环保机构人员占地区总人口比重
			工业污染治理投资强度
	资源可持续利用绩效	能源	单位GDP能耗
			清洁能源使用率
		资源	单位工业增加值水耗
			人均水资源量

(三) 数据无量纲化

为了使数据具有可比性,在决策矩阵中,对于正向指标,采用以下公式进行标准化:

$$X_S = \frac{X - V_{min}}{V_{max} - V_{min}}$$

对于负向指标,采用如下公式:

$$X_S = \frac{V_{max} - X}{V_{max} - V_{min}}$$

(四) 确定指标权重

传统的层次分析法存在许多问题,有较大的主观性和随意性。本研究在互补判断矩阵排序理论基础上,将互补判断矩阵作为层次分析法的判断矩阵,权的最小平方方法避开了一致性检验,它用一个简明的解析式 $W_\theta = \dfrac{C^{-1}e}{e^T C^{-1} e}$,直接求出 W_θ 的方法;该方法具有很好的可操作性与实用性。

该方法的基本原理是:对判断矩阵(非一致矩阵) $A = (a_{ij})_{n \times n}$ 在约束条件 $\displaystyle\sum_{i=1}^{n} W_i = 1$ 下,用函数 $J = \displaystyle\sum_{i=1}^{n}\sum_{j=1}^{n}(w_i - a_{ij}w_j)^2$ 的极小化解 $W_\theta = (w_1, w_2, \cdots, w_n)^T$ 作为排序权向量,其解析表达式为 $W_\theta = \dfrac{C^{-1}e}{e^T C^{-1} e}$。 根据各评价指标 a_j 的重要性,将其进行两两比较得出判断矩阵:

$$A = \begin{bmatrix} a_{11} & a_{12} & \cdots & a_{1n} \\ a_{21} & a_{22} & \cdots & a_{2n} \\ \vdots & \vdots & & \vdots \\ a_{n1} & a_{n1} & \cdots & a_{nm} \end{bmatrix}$$

$$
C = \begin{bmatrix}
\sum_{i=1}^{n} a_{i1}^2 + n - 2a_{11} & -(a_{12}+a_{21}) & \cdots & -(a_{1n}+a_{n1}) \\
-(a_{21}+a_{12}) & \sum_{i=1}^{n} a_{i2}^2 + n - 2a_{22} & \cdots & -(a_{2n}+a_{n2}) \\
\vdots & \vdots & & \vdots \\
-(a_{n1}+a_{n2}) & -(a_{n2}+a_{2n}) & \cdots & \sum_{i=1}^{n} a_{in}^2 + n - 2a_{nn}
\end{bmatrix}
$$

$$
e = (1,1,\cdots,1,1)^T
$$

通过该方法可得到各项指标的权重如下：

表 4 - 3 环境绩效评估各项指标权重

目标层	领域层	指 标 层	权 重
环境绩效水平	生态系统可持续性绩效 0.4	森林覆盖率	0.367 3
		自然保护区面积占国土面积比例	0.103 1
		造林面积总面积比例	0.183 7
		人均公园绿地面积	0.108 1
		建成区绿化覆盖率	0.156 1
		化肥施用强度	0.081 8
	环境污染防治绩效 0.4	工业二氧化硫排放强度	0.102 0
		单位工业增加值废水排放量	0.195 8
		生活垃圾无害化处理率	0.064 8
		环境治理投资占 GDP 比重	0.207 4
		环境事故发生指数	0.207 4
		环保机构人员占地区总人口比重	0.108 1
	资源可持续利用绩效 0.2	工业污染治理投资强度	0.114 5
		单位 GDP 能耗	0.481 5
		清洁能源使用率	0.278 0
		单位工业增加值水耗	0.177 6
		人均水资源量	0.062 8

二、我国环境绩效评估结果分析

　　从中国环境绩效评估来看,总体上呈现出较大的波动变化。2007 年,福建、海南、浙江、江西、陕西等排名各省份①前列,且环境绩效指数较为接近,均在 0.52—0.55 之间,排名较低的省市为甘肃、重庆、山西、贵州、新疆等,绩效值为 0.43 以内。而 2016 年,上海、福建、海南、江西、吉林等位居前列,其环境绩效值在 0.51 以上,宁夏、甘肃、山西、新疆等位列最末。从各省市环境绩效平均值来看,2007 年环境污染防治绩效(0.519)和资源可持续利用绩效(0.499)相对较高,而生态系统可持续性绩效(0.379)较为落后,2016 年,资源可持续利用绩效(0.511)和生态系统可持续性绩效(0.408)保持上升,而环境污染防治绩效(0.452)有所下降,但在两个年份的生态系统可持续性绩效均相对较低,即中国各省市环境绩效主要来源于资源可持续利用和环境污染防治。近年来,资源可持续利用水平不断上升,而环境污染防治压力依然巨大,生态系统可持续性是环境绩效的短板。

表 4 - 4　　　　　　　　　　环境绩效评估各项指标权重

省　份	2016 年				2007 年			
	环境绩效指数	生态系统可持续性绩效	环境污染防治绩效	资源可持续利用绩效	环境绩效指数	生态系统可持续性绩效	环境污染防治绩效	资源可持续利用绩效
北　京	0.505	0.345	0.513	0.66	0.483	0.355	0.511	0.654
天　津	0.436	0.185	0.509	0.574	0.482	0.245	0.506	0.6
河　北	0.419	0.352	0.497	0.396	0.427	0.296	0.533	0.478
山　西	0.344	0.291	0.405	0.328	0.406	0.249	0.528	0.476
内蒙古	0.440	0.49	0.414	0.431	0.462	0.417	0.486	0.536
辽　宁	0.421	0.374	0.429	0.498	0.506	0.418	0.569	0.555

　　① 省、自治区、直辖市统称为省份。下同。

省　份	2016 年				2007 年			
	环境绩 效指数	生态系统 可持续 性绩效	环境污 染防治 绩效	资源可 持续利 用绩效	环境绩 效指数	生态系统 可持续 性绩效	环境污 染防治 绩效	资源可 持续利 用绩效
吉　林	0.510	0.416	0.504	0.570	0.503	0.378	0.505	0.590
黑龙江	0.441	0.378	0.491	0.467	0.452	0.350	0.570	0.421
上　海	0.591	0.444	0.663	0.631	0.516	0.415	0.654	0.530
江　苏	0.446	0.289	0.503	0.648	0.475	0.358	0.559	0.545
浙　江	0.507	0.506	0.453	0.616	0.536	0.500	0.544	0.590
安　徽	0.451	0.344	0.471	0.624	0.431	0.315	0.521	0.481
福　建	0.560	0.629	0.464	0.616	0.549	0.597	0.515	0.522
江　西	0.511	0.574	0.380	0.648	0.526	0.548	0.506	0.522
山　东	0.445	0.329	0.526	0.516	0.493	0.376	0.549	0.553
河　南	0.402	0.276	0.466	0.528	0.430	0.268	0.536	0.541
湖　北	0.426	0.373	0.406	0.574	0.453	0.384	0.508	0.479
湖　南	0.475	0.450	0.453	0.568	0.452	0.396	0.497	0.473
广　东	0.500	0.572	0.470	0.619	0.522	0.507	0.512	0.572
广　西	0.483	0.487	0.428	0.585	0.423	0.418	0.396	0.486
海　南	0.516	0.529	0.466	0.590	0.544	0.574	0.535	0.502
重　庆	0.445	0.463	0.391	0.520	0.420	0.283	0.536	0.463
四　川	0.425	0.413	0.395	0.509	0.474	0.391	0.552	0.485
贵　州	0.468	0.409	0.419	0.431	0.389	0.232	0.513	0.456
云　南	0.443	0.475	0.403	0.461	0.496	0.414	0.495	0.461
西　藏	0.467	0.477	0.459	0.584	0.447	0.462	0.461	0.391
陕　西	0.433	0.468	0.330	0.567	0.525	0.429	0.481	0.603
甘　肃	0.359	0.249	0.436	0.423	0.421	0.157	0.468	0.457
青　海	0.456	0.460	0.553	0.202	0.435	0.487	0.509	0.304
宁　夏	0.377	0.355	0.463	0.250	0.451	0.305	0.485	0.473
新　疆	0.283	0.252	0.356	0.201	0.363	0.225	0.548	0.270
平均值	0.451	0.408	0.449	0.511	0.467	0.379	0.519	0.499

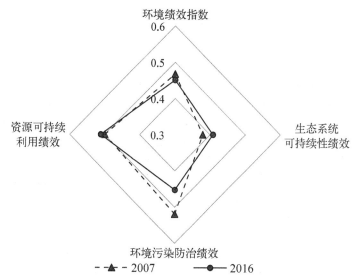

图 4‐4 2007—2016 年我国各省份环境绩效各领域评估指数平均值

从中国环境绩效评估结果的空间分异来看,2007 年环境绩效水平较高的地区主要分布在东南沿海地区和陕西、辽宁等地,东南沿海地区自然生态环境良好、环境质量优良,经济发展水平较高,对生态环境保护的投入力度也较强,而西北地区(新疆、甘肃、青海)、华北地区(河南、河北),以及安徽、广西、重庆等环境绩效水平相对较低。2016 年,东南沿海地区环境绩效水平依然位于前列,北京、内蒙古、吉林、西藏环境绩效也保持较高水平,从中央环保督察组的督查结果来看,东南沿海地区、北京、西藏等尽管存在部分地区环境问题突出、海洋开发保护不合理、生态退化等生态环境问题,但总体反馈结果相对较好,而西北地区和华北地区依然是环境绩效评估水平的"洼地"。

从 2007—2016 年各省份环境绩效水平排名来看,上海、福建、海南、江西、浙江始终均处于前列,贵州、广西、重庆、青海、西藏、安徽、上海等地环境绩效水平进步较快,而陕西、辽宁、四川、天津、宁夏等出现了明显退步,均出现了 8 名以上的下滑。

对于资源可持续利用绩效,北京长期位居首位,其在产业结构转型,节能、

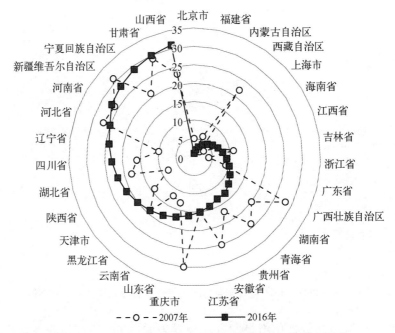

图4-5 2007—2016年我国各省市环境绩效水平排序变化

节水方面取得了显著成效,江西、江苏、上海从2007年的中游地区上升至2016年的前四,江西发展生态型工业和建设两型社会,江苏、上海经济发展水平相对较高,节能降耗取得了明显进步。而新疆、宁夏、青海、山西、河北等位居末位,这些地区均位于煤炭主产区,能源利用效率和非化石能源占比远落后于我国其他地区。

对于环境污染防治绩效,上海、福建、重庆、江西位居前列,上海因单位产值废气、废水排放等指标表现较好,环境绩效指数始终位列首位。而陕西、新疆位居最末,其由于污染型工业占比较大,导致环境污染较严重。重庆、贵州、内蒙古等出现了较大幅度退步。

对于生态系统可持续性绩效,福建、江西、广东、海南稳居前四,重庆、内蒙古、贵州、云南等生态系统可持续绩效指数进步明显,而天津、甘肃、新疆等位居末位,辽宁、江苏等出现了较大幅度退步。

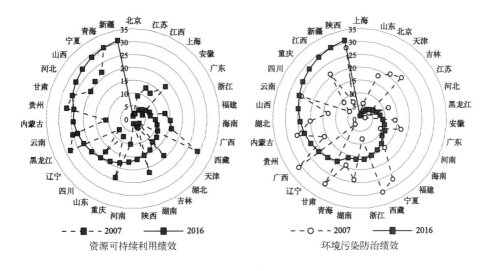

资源可持续利用绩效

环境污染防治绩效

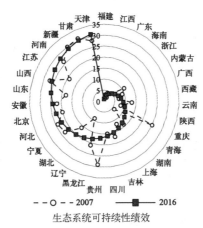

生态系统可持续性绩效

图4-6　2007—2016年我国各省市环境绩效水平分领域排序变化

第三节　我国环境绩效管理体系存在的问题

一、生态系统保护是环境绩效管理的短板

从我国环境绩效评估来看,各省份生态系统可持续性绩效平均值总体落

后于资源可持续利用绩效和环境污染防治绩效,其中,各省份资源可持续利用绩效、环境污染防治绩效分别为0.511和0.476,而生态系统可持续性绩效仅为0.393,其中东、中、西部地区生态系统可持续性绩效平均值分别为0.403、0.388、0.378,总体均处于较差水平,反映出各省份长期以来环境绩效管理主要关注能源资源可持续利用和环境污染防治,而忽视生态系统修复与保护。根据反馈督察结果,有半数以上省份在自然保护区、海洋等进行违法违规建设,以及对巢湖、长江、洞庭湖、鄱阳湖等河湖和东南沿海海洋等生态敏感区、重要生态功能区保护不力。东部地区主要是生产活动对河湖、海洋的破坏,围海填海、破坏岸线问题突出,中西部地区主要是在自然保护区或禁止开发区违规审批、违规建设一批旅游、畜禽养殖、房地产、矿产开发等项目;只开发、不修复现象多见,局部生态系统遭到破坏,生态功能退化。同时,以前环境管理部门也主要强调环境治理(如各地区环境部门挂牌为环境保护部/局/厅),而忽视生态建设,2018年4月生态环境部成立,这将推动各省市增强对生态系统保护的重视。

表4-5 中央环保督察反馈督察情况中主要省份生态系统管理问题

省 份	生态系统管理问题
内蒙古	生态环境依然十分脆弱,部分区域生态退化问题依然严重,水资源、矿产资源和草原的保护与利用矛盾依然突出
河 南	局部地区生态破坏较为严重
黑龙江	自然保护区违法违规开发建设问题严重
宁 夏	部分国家级自然保护区生态破坏问题突出
广 西	局部地区生态破坏和环境风险问题不容忽视
江 西	稀土开采生态恢复治理滞后
云 南	对生态环境保护工作要求不严、自然保护区和重点流域保护区违规开发问题时有发生
陕 西	重点生态区域环境破坏较为严重
重 庆	自然生态和饮用水水源保护有待加强

续 表

省 份	生态系统管理问题
甘 肃	生态环境恶化趋势尚未得到根本遏制,祁连山等自然保护区生态破坏问题严重
湖 南	洞庭湖区生态环境问题严峻
海 南	海域岸线自然生态和风貌破坏明显、部分自然保护区管护不力
青 海	生态优先的观念树立得还不够牢固,保护为发展让路的情况依然存在;自然保护区违规旅游开发问题突出,生态修复进展迟缓
浙 江	海洋生态环境损害和污染依然突出
四 川	部分领域生态环境问题突出(自然保护区环境问题多见)
西 藏	部分领域开发建设活动环境管理还较为粗放
新 疆	有的地方存在损害生态环境问题(如艾比湖国家级自然保护区核心区开挖沟渠)

资料来源:根据中央环保督察组反馈督察情况整理所得。

二、中央要求与地方推进不力存在显著矛盾

首先,中共中央、国务院为中国特色社会主义生态文明建设做了总体部署,但地方政府在贯彻落实国家战略上与中央要求有较大差距。以中央环保督察组通报结果为例,截至 2017 年年底,中央环保督察已公布反馈督察情况的 26 个省份中有 24 个省份存在环保执行与中央要求有较大差距;地方政府落实国家部署存在薄弱环节、环保压力存在逐级衰减、考核问责不够到位、环保工作放松要求降低标准,以及环保不作为、乱作为、不担当、不碰硬的情况十分突出,甚至违法建设、干预环境执法、为违法企业出具虚假证明等严重违规问题,这是当前打赢污染攻坚战最迫切需要解决的问题。尽管中共中央、国务院在污染防治等领域做了相关部署,并形成了一系列制度方案,而目前更多的是中央自上而下推进,地方政府执行存在逐级衰减,地方政府在现行考核和晋升机制下,更多的是被动接受上级要求,缺乏主动推

进环保的意识和动力。同时,当前地方政府违规成本较低,使得环境污染问题屡禁不止。

其次,近年来我国环境质量总体趋于好转,但与人民日益增长的美好生活需要仍有较大差距。据中央环保督察反馈结果,26 个省份中有 17 个省市存在该问题,人民群众对当地黑臭水体、工业污染、大气环境污染等突出环境问题反映强烈,其中 12 个省份水环境问题突出,5 个省份大气污染严重(主要为北方省份);部分地区居民多次投诉,但地方政府只说不干、不予落实而引发矛盾激化和群体性事件,这严重影响了政府的公信力。党的十九大报告指出,必须坚持以人民为中心的发展思想,而优美生态环境是满足人民日益增长的美好生活需要的重要方面。为此,必须要将打赢污染攻坚战作为决胜全面建成小康社会、进而全面建设社会主义现代化强国的重要内容。

再次,经济发展与生态环境保护矛盾在地方政府依然存在。该问题成为各省份的普遍现象,已公布反馈督察情况的 26 个省市中有 15 个省份表现为发展方式粗放、环保让位于发展、发展不足与保护不够并存等问题,这成为全国普遍存在的问题,东、中、西部分别有 3 个、5 个、7 个省份出现该问题,尤其是中西部地区重发展、轻环保问题明显,部分地区追求一时经济增长,"城进湖退"、顶风出台阻碍环境执法的政策等。

三、缺乏科学规范的政府环境绩效评估体系

构建科学、可操作、适应性强的指标体系对于指导和考核全国各地生态环境管理具有重要作用,并发挥着制度设计、政绩考核、舆论导向等作用。目前,我国政府环境绩效评估体系依然存在以下问题:

一是国家尚未出台统一规范的环境绩效评估体系。目前仅有国家环保部出台的《国家生态文明建设试点示范区指标(试行)》、国家发改委等联合发布的《绿色发展指标体系》《生态文明建设考核目标体系》等相关评估体系,对于环境绩效管理的内涵界定仍不明晰,导致政府环境绩效评估体系参

差不齐，实践中各地区为了凸显自身实际需求或者体现地方政府领导意志，大多数在已有指标体系上进行修改形成自己的评估体系，这使得评估体系变得五花八门，全国几乎难以找到完全一致的政府生态文明建设评估指标体系。尽管评估体系需要考虑适用性、地方性等，但没有统一的标准依据而主观人为地构建指标体系，则使得政府环境绩效评价体系失去了科学性。

二是环境绩效评价与原有评价体系缺乏有效衔接。国家发改委等部门联合发布了《生态文明建设考核目标体系》等指标体系，但由于出台时间较短，各地在生态文明建设实践中的参照标准也各式各样，甚至仍然参照环保部制定的生态省、生态县建设指标体系（2007 年）、生态文明建设（城镇）指标体系（2009 年）等原有指标体系。由于原有指标体系评价对象、评价目标不同，各指标体系侧重点也有所差异，或侧重生态建设、或侧重生活水平、或侧重城镇建设等，用这些指标体系指导政府环境绩效评估会造成偏差，不利于各地区开展生态文明建设（乔永平，2015）。

三是评估体系的科学性有待提升。评估指标体系设计不够合理，进而导致评估结果认同度受到影响等，表现为：指标体系通常来源于政府部门或学者"闭门造车"构想出的方案，或者中央等高层级政府部门构建出环境绩效评估体系，而省、市、县级政府等绩效评估服务部门和实务部门较少参与指标体系设计，以及地方政府现实情况差异巨大，导致上级政府设想的环境绩效评估内容与地方政府现实需求不匹配，指标体系设置缺乏对公民权利的考虑，影响评估结果的科学性。

四是环境绩效评估体系指标设计存在偏颇。长期以来，地方政府绩效评估体系存在重环境指标、轻生态建设，重经济指标、轻生态环境，重客观评估、轻主观评估等问题。首先，我国环境绩效管理评估体系中，环境质量指标占据主要部分，如《生态文明建设考核目标体系》23 项指标中，仅有森林覆盖率、森林蓄积量、草原综合植被覆盖度等 3 项生态建设指标。其次，地方政府 GDP 论英雄现象较为普遍，随着国家对生态文明的日益重视，这种现象有所改变，生态环境在政府绩效考核中的权重也进一步提高,环境绩效与官员晋升逐渐挂钩,环境绩效与官员晋升呈"倒 U"型曲线,依据环境绩效对官员晋升"一票否决"的效应显现,政府治理逐渐更加重视社会公众的民生、环境需求。再次,现有评估指标偏重客观评估、忽视主观评估。由于政府行为的产出大多为无形的服务,部分产出效果难以准确度量,如社会公众素质提升、社会公平程度、居民生态需求满足等;而 GDP 等经济评估指标忽视了许多不可量化的政府绩效,因而导致政府行为更加侧重于那些能够快速取得看得见成效的领域,忽视本应由政府提供但被边缘化的领域,如环境保护、生态系统健康、社会民生福祉等(王冬欣,2013)。

四、环境绩效评估过程缺乏自下而上的群众需求响应

环境绩效管理作为一项复杂的系统工程,涉及经济社会发展各方面、各种利益相关方价值诉求,为此需要自上而下开展顶层设计,需要站在国家层面总揽全局、统筹兼顾各方利益,提出生态文明建设战略布局。党的十九大报告指出我国社会主要矛盾已经发生转换,并提出坚持以人民为中心的发展思想,不断促进人的全面发展、全体人民共同富裕;为此,要永远把人民对美好生活的向往作为奋斗目标,环境绩效管理中也需要重视响应人民需求,重视基层群众参与,实现生态文明建设的共建共享。同时,还需要考虑企业、社会公众的自主性,将基层价值取向和利益诉求融入环境绩效管理工作中,形成顶层设计—基层参与的合力(祝光耀,2016)。然而,指标设计上,当前政府环境绩效评估主要以国家和地方政府行为和利益需求为主,指标设计较少吸引社会公众参与,较少考虑社会公众生态环境需求;评估实施与考核上,主要以上级部门考核、行政控制等手段为主,较少采用社会公众反馈评估。为此,我国环境绩效管理评估需要更多融入基层价值取向,充分调动社会公众积极性,实现共建共享。

表 4 - 6　　　　　　　　环境绩效的自上而下评估与自下而上响应

内容＼主体	自上而下评估	自下而上响应
主　　体	政府	社会公众
价值取向	单一	多元
优　　点	系统性、宏观性，从全局角度对生态文明建设进行统筹规划	分区、分类指导建设，融入社会公众价值取向，充分调动社会公众参与

资料来源：祝光耀、朱广庆：《基于分区管理的生态文明建设指标体系与绩效评估》，中国环境出版社 2016 年版。

五、政府环境绩效评估激励和约束作用不足

政府环境绩效管理既需要严格的约束机制，也需要多种形式的激励机制，现行环境绩效评估存在考核激励作用需要加强、强制约束作用有待提升、社会监督约束作用相对缺乏等问题。

首先，政府绩效评估中生态环境建设指标的权重相对较低。虽然地方政府将生态效益、环境治理和资源消耗等指标纳入政府绩效评估体系，但其指数权重相对较低。经济发展指标仍占据主导地位，如：《河南省市县经济社会发展目标考核评价工作办法》规定全省 18 个省辖市和 106 个县（市）中，人均GDP 在 4 万元以上的郑州等相对发达城市"生态环境和可持续发展能力"指标权重仅占 18％，人均 GDP 为 3 万元以下的城市权重仅占 16％，经济规模质量效益指标权重均高达 50％；[①]《河南省省直管县（市）经济社会发展考核评价办法》中"生态环境和可持续发展能力"指标权重仅占 15％，经济规模质量效益指标权重高达 56％，[②]生态环境在政府政绩考核中处于边缘位置。

其次，政府的环境绩效评估结果约束力相对较弱。一方面，政府绩效评估

[①]　中共河南省委办公厅、河南省人民政府办公厅：《河南省市县经济社会发展目标考核评价工作办法》，http://www.hndrc.gov.cn/ar/20150917000034.htm。

[②]　河南省人民政府办公厅：《河南省省直管县（市）经济社会发展考核评价办法》，http://www.henan.gov.cn/zwgk/system/2017/05/15/010719415.shtml。

普遍存在重激励、轻处罚,但激励效果不足的现象;由于激励方式单一,地方政府通常将评估结果直接与奖金挂钩,但晋升等激励措施较弱。另一方面,约束效力不足引致责任追究落实不到位。现实中通常出现重奖轻罚、评估结果形式化,与安全生产实行"一票否决制"相比,建设生态文明的责任追究往往雷声大、雨点小,难以引起地方政府的重视。《国家环境保护"十二五"规划》首次将环境保护纳入地方政府绩效评估中,并实行环境保护一票否决制,环境目标责任制为代表的生态文明体制改革有序推进;云南、广西、湖南、阜阳、十堰等省、市政府也出台了实施环境"一票否决制"的措施。

再次,政府环境绩效评估信息缺乏社会监督。由于信息披露平台和公开范围有限,即以内部通报抄送等形式为主,评估结果面向社会公众公开较少;全国大部分地区在政府网站、移动互联网等渠道未设置生态文明建设评估的公开信息,社会公众难以了解当地政府环境绩效水平,公众也很难通过社会监督反馈评估结果,以促进地方政府改善环境绩效(唐斌,2017)。

六、环境绩效考核重视结果忽视过程

国家和地方对政府环境绩效考核做了大量探索,但现有成效依然存在诸多不足。目前环境绩效考核多采用现状数据与目标值的差距作为评估依据,这种评估方式一定程度上能反映环境绩效水平,但这种偏重于结果的评估方式,往往忽略了评估地区与历史水平相比所反映出的环境绩效进步程度,以及与同类地区相比的先进程度。为此,这种注重结果、忽视过程,重视绝对数据、忽视增长数据的评估方式会导致政府环境绩效的马太效应,即生态环境条件好、生态文明建设投入条件好的地区具有先发优势,而生态环境较差、生态文明建设投入能力较低的地区难以实现赶超。为此,应探索更为全面有效的政府环境绩效评估体系,即应更加重视衡量环境绩效与所在区域整体水平相比的先进程度,应更加重视与过去生态文明建设的进步程度,应更加重视与设定目标相比的完成程度,只有充分发挥政府环境绩效评估这把"衡量尺",才有助于引导国家和地方政府形成正确的政绩观,更好地推进环境绩效管理工作水平提升(汪涛,2017)。

七、绩效评估信息管理机制不健全

政府环境绩效评估的重要依据是评估信息的真实性,这与客观、公正和准确的评估结果有关。实际上,在政府绩效评估方面存在客观测量缺乏信息,主观数据信息虚假报告,生态文明建设过程信息不准确等问题主要表现为以下三个方面:

一是客观信息缺失。我国环境空气质量、水环境质量、土壤监测质量等存在检测方法不科学、标准不统一、环境质量控制体系不健全等问题。同时,由于缺乏设备、技术、人才、资金等,以及自动监测设施的运行和维护,地方政府在环境管理数据监测统计时存在数据不准确、监测数据审核不规范、监测技术水平相对较低等问题,导致监测数据缺失或缺损,无法准确反映政府环境绩效管理水平。由于权威数据缺失或不足,生物多样性、单位 GDP 碳排放强度等衡量政府环境绩效的指标未能纳入评估体系中(严耕,2011);或者由于数据不完整,统计口径差异较大,用替代数据进行评估,这导致评估结果准确性不够。

二是主观性信息数据存在虚假填报。部分数据统计部门担心数据对本部门地位、利益、社会影响造成影响,而不愿意向上级部门或社会公众公开不利于本部门或本地区的信息,或者提供不真实的数据、虚假填报、捏造数据、数据注水等。据统计,2015 年,我国污染源自动监测设备有 2 685 台存在异常操作或弄虚作假。2016 年上半年,环境保护部通报了 8 起典型污染源自动监测设施和数据弄虚作假事件。

三是生态文明建设过程中的信息失真。我国环境绩效信息多为层层上报,信息收集过程缺乏有效监督和检验,信息上报涉及层级越多,信息处理失真的可能性越大,其真实性就会受到影响,环境绩效信息的质量难以得到保证。

表 4 - 7   2016 年上半年污染源自动监控设施及数据弄虚作假案例

类　型	案　　　例
责任方为社会化运行维护单位的案件	杭州旭东升科技有限公司篡改数据采集仪程序,致使污染物处理设施不正常运行案
	杭州安控环保科技有限公司未按技术规范进行日常运行维护操作,伪造运行维护记录案
责任方为污染源企业的案件	浙江龙达纺织品有限公司污染源自动监控数据弄虚作假案
	浙江征天印染有限公司人为故意逃避自动监控设备监管,超标排放污水案
	长业水务有限公司员工人为干扰污染源自动监控系统案
	秦皇岛索坤玻璃容器有限公司人为故意损毁大气污染物排放自动监控设备案
	巨野县三达水务有限公司私接暗管,人为干扰污染源自动监控系统案
	日照市城市排水有限公司擅自修改自动监控设备参数案

资料来源:国家环境保护部:《关于 2016 年上半年查处污染源自动监控设施及数据弄虚作假情况的通报》,http://www.zhb.gov.cn/gkml/hbb/bgth/201607/t20160714_360730.htm,2016 - 07 - 02。

第四节　我国环境绩效管理体系优化提升策略

环境绩效管理体系是政府环境绩效管理的重要支撑内容,构建科学的环境绩效管理体系,对于引导和推动各级政府切实推进环境绩效管理、提升环境绩效管理水平将起到"指挥棒"的作用。为此,有必要总结当前环境绩效管理问题与短板,推动环境绩效管理体系创新与发展。

一、强化环境绩效管理体系的地位

(一) 强化环保督察考核地位

首先,自上而下的环保督察对于端正地方政府环境管理态度、推动生态文明建设形成共识发挥着重要作用,为此应继续完善中央、省市两级环保督察机制,强化环保督察的效力,明确环保督察重点,对地方党委、政府高度重视,群众反映强烈,环境保护不作为、缓作为、乱作为等行为进行重点督察。其次,强化环境考核问责制度,对于环保督察中出现严重问题的,应追究当地党政干部责任,将污染防治纳入各级政府目标管理范围,考核结果作为各级党政干部综合考核评价重要依据,对于环境考核不达标的实行干部晋升"一票否决制"。再次,强化环保督察整改的严肃性,压实环保责任,各省市纪委会同组织部、环保部门开展调查,对于环保督察整改不到位的,对责任干部予以严肃问责查处甚至采取免职处分。最后,建立环保督察整改长期跟踪机制,避免"发现有问题—整改见成效—放松又反弹"的循环,实现污染防治从"一时美"变为"长久美"。

(二) 加强环境法制体系建设

我国已经基本形成了环境保护法律法规体系及其执行系统,但现行环境法治多为管企业,较少涉及管领导干部。首先,应加强环境法制建设,坚持依法进行环境绩效管理,使环境法律法规成为环境管理的利器,对地方政府、地方环保部门不严、不依法执法的行为予以严肃惩处,用最严格制度最严密法治为环境绩效管理保驾护航,让环境法规制度成为刚性约束和不可触碰的高压线。其次,继续健全环境法律体系,加快推进污染防治、环境影响评价、环境税、环境管理、环境监测等法律法规修订,严格环境执法监管,推进环境行政执法与刑事司法衔接,强化公民环境诉权等司法保障,推动建立系统完备、高效有力的环境法制体系,使守法成为常态,这既是依法治国的必然要求,也是环境绩效管理的改革方向。再次,围绕人民群众关心、环境影响较大的案件,各级检察机关采取督办、参办方式对下级院办理干扰多、阻力大、复杂疑难案件提供业务指导,适时会同公安、环保、林业、国土等部门联合督办重大疑难案件。

二、完善环境绩效评估考核制度

完善的环境绩效评估制度应包括考核目的、考核主体、考核指标、考核方法、考核结果运用等内容,即分别回答为什么考、谁来考、如何考、结果如何运用等问题。

(一) 科学确定考核指标,实行分区管理

政府环境绩效评估体系具有导向作用,反映地方政府环境绩效管理方向,是环境绩效管理的指挥棒。长期以来,地方政府绩效考核过度强调经济增长,资源过度集中在经济领域,也造成生态环境退化、资源消耗的代价。《关于改进地方党政领导班子和领导干部政绩考核工作的通知》强调,政绩考核应把生态文明建设作为评价考核的重要内容。为此,一方面应增加生态环境质量、生态文明制度、生态环境建设等领域的指标,增加指标权重,强化指标约束;另一方面应结合各地区发展水平、生态环境条件等,实行分区管理的环境绩效管理考核指标体系,对于重点生态功能区应突出生态环境建设等领域指标,淡化甚至不考核 GDP、工业总产值等指标。

(二) 制定合理的考核周期,实行定期考核

环境绩效管理是一个长期性的过程,需要制定阶段性目标,进行阶段性定期考核。为此,需要合理制定评估考核周期,实行短期、中长期考核相结合的方式。《生态文明建设目标评价考核办法》要求实行年度评价、五年考核,在地方政府考核中,一方面应实行年度考核,总结上年环境绩效管理成效与存在问题,并制定整改完善措施;另一方面,应以国民经济发展规划为基础,综合考虑地方政府领导任期与考核周期,全面评估领导干部任期内环境绩效管理水平。

(三) 扩大考核主体范围,构建多元考核体系

在以政府为主导的环境绩效考核模式下,积极吸纳多层级部门、第三方机

构、社会群众等进入考核主体,并把人民满意度、获得感作为政府环境绩效考核的重要内容,并将考核评估结果向社会公众公开,提高评估考核结果的准确性、客观性。同时,积极贯彻和听取上级政府部门的考核评估意见,并对问题进行积极整改落实;还应积极引入具有客观、公正和具有较强公信力的专家学者、第三方机构参与政府生态文明建设绩效评估,增强评估结果的科学性、客观性、公正性等。

三、健全环境绩效评估信息共享机制

长期以来,不同行业、部门、地区的环境绩效管理数据相互孤立,造成资源浪费与重复建设,影响政府行政效率;同时,现有环境管理信息平台、技术规范标准尚有待完善,导致生态文明建设绩效管理信息化程度较低。为此,需要加强建设统一的环境绩效管理平台和信息共享机制。

(一) 加快建设统一开放的生态文明信息管理平台

建议国家生态环境部牵头建立生态文明建设统计制度,加快编制全国自然资源资产负债表,建立自然资源、生态环境、生态经济等基础数据平台。加快建立环境绩效管理大数据平台,统一数据编码、数据标准、数据格式,建立"部门—大数据平台—部门"的公共云平台,做好环境绩效管理数据采集、开放、共享、标准化工作,加快推进数据整合,实现部门间、层级间数据互联互通。加快建立政府信息在线数据库,并将生态建设、环境质量等信息纳入其中,推行政府信息电子化、系统化管理,社会公众可实时、便捷获取相关信息。

(二) 完善信息公开与共享机制

加快建立统一的环境绩效管理信息发布机制,规范信息发布内容、程序、渠道、权限等,及时、准确发布生态环境监测数据,保障社会公众知情权。在《中华人民共和国政府信息公开条例》的基础上,加快研究制定《环境绩效管理信息公开条例》，做到数据公开共享制度化、法制化。加快建立健全信息公开共享管理体系，建立国家—省（自治区、直辖市）—地市三级联动数据中心，制定数据共享服务机制，形成环境绩效管理信息共享网络。

四、强化环境绩效管理公众参与

（一）强化环境社会公众监督

首先，鼓励生态环境领域社会组织的发展，发挥其监督、研究、宣传、交流等作用，建立完善环境公益诉讼制度，鼓励社会组织提起环境公益诉讼，维护生态环境公众利益。其次，各级政府必须通过政府网站、微信公众号、微博等多种渠道向社会公众公开环境整改方案，接受社会公众监督，对于整改不到位等情况，社会公众可直接向上一级政府反映。再次，通过网站、微信、微博等建立多渠道、全方位的环境公众监督平台，营造全民参与、多元共治的环境管理氛围。最后，进一步加大政府信息公开力度，畅通公众环境信息渠道，鼓励社会公众实行有奖举报，对于属实举报的，地方政府需积极反馈和改进，以看得见的成效兑现承诺，取信于民。

（二）培育环境社会管理力量

首先，推进环境绩效管理从行政手段、计划手段为主转向经济手段、法律手段，从微观、直接管理转向以政策制定、提供服务、强化监督为主的宏观和间接管理。其次，将环境治理、资源配置等转给市场，将社会服务职能转给中介组织，积极发展第三方治理和环保中介组织，使其成为沟通政府与企业环境管理的桥梁和纽带。再次，加快建立独立的第三方党政环境绩效评估制度，充分发挥环境社会治理作用，对中央环保督察的结果进行经验梳理总结，引入社会力量，建立独立于政府、企业的环境监测与评价体系，依托独立的第三方机构开展地方党政环境绩效评估，为环保督查提供横向技术支撑。

五、加强环境管理科技支撑

首先，以平台化为支撑建设一批生态环境保护科技研发与转化平台，以国际化为要求深入加强环保科技国际合作交流，以产业化为目标积极推进环保科研成果产业化，以规范化为要求全面深化科技体制改革，以信息化为手段提升环境绩效管理信息化基础设施与管理水平。其次，加强"互联网＋"、虚拟化、人工智能和云计算等先进信息技术在环境绩效管理中的应用，强化环境数据挖掘与数据分析能力，提升环境绩效管理信息化与智慧化水平。再次，把握环保科技的人民性，环保科技以满足人民参与环境共治与环境绩效管理需求为目标，为解决人民面临的突出环境问题提供科技支撑。

第二篇　生态系统可持续性
绩效评估管理体系

生态安全已成为我国国家安全体系的重要组成部分,生态安全关键在于生态系统的健康和完整。因此,生态系统在维护地区生态平衡和国家生态安全中起到重要作用,维护国家生态安全首先需要维持生态系统稳定与安全,生态系统可持续性管理日益得到重视。基于探索生态系统可持续性绩效评估管理、提高生态系统保护绩效的目的,本篇重点从三个方面开展研究:一是生态系统可持续性绩效管理的基础框架研究。基于生态系统可持续性绩效管理相关的概念和内涵,论述了"三位一体"的生态系统可持续性绩效评估管理框架,即产权制度明晰管理权责、空间规划明确管理边界、绩效考核提升管理效率。二是生态系统可持续性绩效管理的实现机理研究。包括产权制度在生态系统可持续性绩效管理中的作用、空间规划对生态系统可持续性绩效管理的支撑作用、差异化考核管理在生态系统可持续性绩效管理中的作用。三是生态系统可持续性绩效管理的提升对策研究。从法制建设、信息监测平台、绩效评估体系、评估监督机制、分级分类绩效管理等方面提出健全我国生态系统可持续性绩效管理体系的保障政策。

第五章　生态系统可持续性绩效评估管理理论框架

2015 年，国家安全委员会明确将生态安全纳入国家安全体系，生态安全正式成为国家安全的重要组成部分，生态安全关键在于生态系统的健康和完整，因此，生态系统在维护地区生态平衡和国家生态安全中具有不可替代的重要功能和作用，维护国家生态安全首先需要维持生态系统稳定与安全，生态系统管理工作在我国日益得到重视。我国生态系统类型多样，但生态环境整体比较脆弱，全国中度以上生态脆弱区域占陆地国土空间的 55%，其中极度脆弱区域占 9.7%，重度脆弱区域占 19.8%，中度脆弱区域占 25.5%。① 经过多年的环境治理和生态系统保护修复工作，全国部分生态系统功能有所改善，但生态退化、水土流失等主要生态问题依然突出，生态安全形势依然严峻，生态系统管理行为中不同程度存在成效过低等问题。为解决生态系统可持续性管理行为中不同程度存在的重建设轻成效、重投入轻产出等问题，在提升生态系统质量和稳定性的过程中需要引入绩效管理理念，建立绩效导向的生态系统可持续性管理考核模式，这也是我国加快推进生态文明绩效评价考核和责任追究制度的核心和关键。

生态系统可持续性绩效管理是绩效管理理念在政府生态系统可持续性管

---

① 国务院：《全国主体功能区规划》，http://www.gov.cn/zhengce/content/2011-06/08/content_1441.htm。

理中的应用,关注的是提升政府生态系统可持续性管理成效。当前生态系统可持续性管理内容已从扩大生态空间保护面积转向提升生态系统服务功能,开展生态系统可持续性绩效评估管理需要厘清生态系统保护空间产权体系,以界定不同责任主体的权责归属;强化空间规划支撑,明晰生态系统可持续性绩效评估管理的空间边界;加强生态系统可持续性绩效考核管理,提出差异化的考核指标、考核目标和绩效管理机制,以提升生态系统可持续性绩效管理效率。

<h2 style="text-align:center">第一节 生态系统可持续性
绩效评估理论内涵</h2>

生态系统可持续性绩效管理是在我国生态文明体制改革的大背景下,将绩效管理理念应用于生态系统管理,重点是对生态系统管理政策实施过程及所取得的效果进行评估和再提高。

一、开展生态系统可持续性绩效管理的重要性

当前我国生态文明建设进入新时代,开展生态系统可持续性绩效管理研究,对提高生态系统管理成效、维护国家生态安全具有重要意义。

(一)生态系统可持续性绩效管理是维护国家生态安全的前提条件

新时期的国家安全体系涉及政治、经济、文化、社会、生态、资源等多个重要领域,其中生态安全是具有重大影响的安全领域,同时也是其他安全领域的基础。我国幅员辽阔,生态类型多样,但生态环境脆弱区占国土面积比重达到60%以上,脆弱的生态系统极易受到不当开发活动影响而产生负面生态效应,从而给国家生态安全造成威胁。因此,维护国家生态安全的前提条件是具有

较为完整、稳定性较高的生态系统,确保国家或地区具有保障经济社会可持续发展的自然基础和载体。

近些年来,我国积极推进生态文明体制改革,逐步建立完善生态系统保护制度体系,取得了明显成效。党的十九大报告进一步部署了加大生态系统保护力度的改革措施,统筹山水林田湖草系统治理,实行最严格的生态环境保护制度,我国生态系统可持续性管理将迎来新的发展阶段。一方面,生态系统管理体系建设是维护生态安全的基石,为加大生态系统保护力度提供制度保障,规范管理行为;另一方面,需要提升生态系统管理成效,实现生态系统管理效益最大化,这就要求加强生态系统可持续性绩效管理。

生态系统可持续性绩效管理对维护国家生态安全的作用体现在三个方面:一是奖惩激励,追究未达到生态系统可持续性绩效管理目标的责任主体,奖励生态系统保护成效优异的责任主体,提高生态系统保护主体的积极性和责任感;二是调整目标,根据绩效评估结果,对生态系统保护目标进行动态调整,使之与生态安全目标保持高度契合;三是改进过程,根据绩效评估结果与维护生态安全目标间的差距,改进管理行为,提升生态系统保护效果。

(二) 生态系统可持续性绩效管理是响应生态空间重构的有效举措

长期以来,我国生态系统保护的空间体系混杂,国家自然保护区、国家风景名胜区、国家重点生态功能区、国家地质公园、国家森林公园、国家湿地公园、水利风景区等各种名号交叉重叠,生态空间体系混乱不清。而且为数不少的生态保护空间相互孤立,缺乏生态廊道连接,各类生态空间呈破碎化,生态系统的整体格局被破坏。现有的生态系统管理经常将生态空间视为一个均质整体,管理要求和管理方法一刀切,没有突出生态功能的空间差异。不同称号的生态空间的保护职责一般分散在不同的管理部门,在保护过程中不可避免地存在部门分割、职能交叉、权责不一等现象,但生态系统具有整体性特征,因此现有的管理模式容易产生冲突和推诿现象。

鉴于当前生态系统保护空间体系存在的问题,党的十九大报告指出,建立以国家公园为主体的自然保护地体系,表明我国生态系统管理的空间单元将发生巨大变化,生态空间重构是未来一个时期我国生态系统管理的重要组成部分。在我国生态系统管理空间单元发生重大变革的当下,开展生态系统可持续性绩效管理是积极响应生态空间重构的有效举措。一方面,通过明确各级管理主体的权责边界,推进完善自然保护地产权制度,有助于解决生态系统管理空间单元的多头管理问题;另一方面,新的自然保护地生态空间体系形成后,需要配套响应的绩效管理制度,提升自然保护地生态空间管理成效。

(三) 生态系统可持续性绩效管理是补齐生态保护短板的关键环节

与污染物排放造成环境质量即时下降和人类健康直接损害不同,生态系统由于其层次性、系统性和完整性的自然特征,其演变过程与服务功能的体现需要一定的空间范围与持续周期,人类活动对生态系统的影响也需要一定的时间周期才能显现出来。因此生态系统的退化或改善效益具有系统性、持续性、隐蔽性的特征,并且在超过一定阈值后,可能产生不可逆转的损害。据耶鲁大学等研究机构对全球国家环境绩效指标在过去 10 年的演变评估结果,环境健康方面的改善远远超过生态系统生命力的改善。由此可见,相对于环境质量的提升,人类社会对生态系统的保护存在不足。

近年来,我国不断加大生态治理力度,部分生态系统功能有所恢复,但主要生态环境问题依然突出,土地退化、生物多样性减少、水土流失等问题仍不同程度地存在,生态安全形势依然严峻。根据全国生态环境 10 年变化(2000—2010 年)调查评估结果,我国生态环境仍然脆弱,生态系统质量和服务功能低。世界自然基金会发布的《中国生态足迹报告 2012》显示,我国生态足迹增加的速度是生物承载力增长速度的 2 倍以上。[①] 为解决生态系统管理行为中的重建设轻成效、重投入轻产出等粗放式管理问题,需要构建生态系统可持续性绩效管理模式。我国生态系统可持续性绩效管理是生态

---

① 默非:《我国"十二五"生态环境保护成就报告分析》,http://www.xinhuanet.com/fortune/ 2015-10/10/c_128314031.htm。

文明体制改革的重要步骤,有利于降低生态系统管理成本,提升生态系统保护成效。开展并加强生态系统可持续性绩效管理,能够增强管理部门的责任意识和效率意识,从根本上纠正地方生态系统保护的短视行为,解决生态系统退化问题。

(四) 生态系统可持续性绩效管理是探索生态制度创新的核心所在

党的十八大以来,我国生态文明建设受到前所未有的重视,生态文明建设进入新时代,新时代呼唤新的生态文明建设理论,以指导生态文明建设的新实践。我国与生态文明建设相关的理论创新、实践创新和制度创新得到大力推进。2015 年,中共中央、国务院印发《生态文明体制改革总体方案》,明确了生态文明体制建设的"四梁八柱"。2017 年,党的十九大报告提出设立国有自然资源资产管理和自然生态监管机构,完善生态环境管理制度。2018 年,国家公布国家机构改革方案,组建成立自然资源部。自然资源部负责对自然资源开发利用和保护进行监管,履行全民所有的各类自然资源资产所有者职责,建立自然资源有偿使用制度。可见,我国生态文明建设的理论及实践创新正日趋深入,这对加快生态文明建设进程有很大的促进作用。

生态系统管理是生态文明建设的重要内容之一,生态系统可持续性绩效管理是绩效管理理念在政府生态系统管理中的应用,是主管部门与对应责任主体之间就生态系统保护目标及如何实现目标达成共识的基础上,为提升责任主体工作成效而做出的制度安排和实施的管理措施、机制和技术。可见,生态系统可持续性绩效管理是创新生态系统管理模式的重要举措,是我国生态文明理论创新的核心内容。从现有研究成果来看,生态系统可持续性绩效管理的理论创新和应用研究还有较大不足,国内外对生态系统可持续性绩效管理的理论研究和管理实践整体还较为滞后,有待于进一步的拓展和深化。因此,本研究通过构建并创新生态系统可持续性绩效管理制度,降低生态系统可持续性绩效管理自身制度变迁成本。

二、生态系统可持续性绩效管理的概念与内涵

生态系统可持续性绩效管理是我国提升生态系统管理成效的新探索,相关概念尚未得到统一认识,需要厘清可持续性、绩效管理、生态系统可持续性绩效管理等概念内涵,为生态系统可持续性绩效管理领域的相关理论创新和管理实践奠定基础。

(一) 生态系统可持续性

自从 20 世纪 70 年代可持续发展理念提出以来,生态系统保护与管理领域对可持续性的讨论一直持续不断。胡聃(1997)认为生态系统可持续性是生态系统长期维持其构成、结构和功能持续健康的各种能动性的总和。而生态可持续性则可以理解为在自然与人类干扰下,生态系统长期维持和发展其结构与功能的完整性(彭建,2012),以为人类社会持续提供生态资源与生态服务。生态可持续性还指自然资源的永续利用和环境的良好维护,因此,生态可持续性包括资源和环境两个方面的内容(付恭华,2013)。

厘清生态系统可持续性的概念,首先需要明确可持续性的内涵。可持续性是指某一事物长久维持或支持下去的能力(廖和平,2002),在生态系统保护与管理领域,则体现为生态系统的组成和其服务概念的持续稳定并健康发展。因此,生态系统可持续性可理解为持久或无限地维持或支持一个生态系统健康生存和发展的能力,以持续为人类社会持续提供资源与服务。

生态系统可持续性管理是以生态系统结构和功能为基础,以生态系统的保护、恢复与重建为核心,其中恢复是最主要的工作。生态系统可持续性管理对策包括五个方面的内容,即制度与管理对策、经济与激励对策、社会与行为对策、技术对策、知识与认知对策(张永民,2007)。可见,生态系统可持续性管理是根据生态系统结构、功能和过程等特征,综合制度、经济、公众、技术和知识等多种因素的管理行为,以降低管理中的不确定性,提高管理成功率,实现

生态系统可持续性管理目标。

(二) 生态系统可持续性绩效管理

生态系统及其提供的生态服务具有公共物品属性,政府是生态系统保护的主要实施者,因此生态系统绩效是政府相关责任主体的工作职责所达到的生态系统保护阶段性结果及其过程中可评价的行为表现。作为政府绩效管理的重要环节,生态系统可持续性绩效管理离不开制度保障。因此,生态系统可持续性绩效管理是政府创新管理制度和管理模式的重要内容。我国加快推进生态文明绩效评价考核和责任追究制度,其核心是推进建立生态环境绩效评估与管理制度,逐步建立绩效导向的生态环境管理评价和考核模式(董战峰,2015)。

与环境绩效管理相似的是,生态系统可持续性绩效管理不仅关注生态系统质量本身,也关注资金投入、污染控制、基础设施建设、生态修复等对生态系统质量变化趋势的影响。与环境绩效管理不同的是,生态系统可持续性绩效管理更加关注生物多样性、自然保护地管理的效能水平,在维护国家生态安全中的针对性更强。政府绩效管理的顺利实施和作用的充分发挥离不开法律法规的保障和政策的指导。生态系统可持续性绩效管理可以简单地概括为对政府生态系统管理行为的管理,关注的是提升政府生态系统管理成效。从静态看,生态系统可持续性绩效管理是一套制度体系,是在特定制度环境中设计出来提升政府生态系统管理效能的一些约束条件;从动态看,生态系统可持续性绩效管理是一个在一定制度安排约束下落实生态系统保护主体责任、实现生态系统服务价值的过程。

生态系统可持续性绩效管理与生态系统管理既有联系也有区别(表5-1)。在管理目标方面,生态系统管理以维持生态系统健康和可持续为目标,而生态系统可持续性绩效管理则以提升生态系统管理成效为目标;在管理主体方面,生态系统管理以生态系统属地政府管理部门为主体,而生态系统可持续性绩效管理则以上级管理部门为主体;在管理对象方面,生态系统管理将受自然和人为干扰的生态系统作为管理对象,而生态系统可持续性绩效管理则将生态系统属地部门的管理行为作为管理对象；在管理流程方面，生态系统管理是由管理主体面向生态系统的单向的管理行为，而生态系统可持续性绩效管理则是包含计划、实施、评估、反馈等环节的循环管理流程；在管理内容方面，生态系统管理侧重生态系统的保护、恢复、重建，而生态系统可持续性绩效管理则通过生态系统管理行为的考核、评估和分析，进而优化改进生态系统管理行为，提升管理成效。

表 5-1　　　生态系统可持续性绩效管理与生态系统管理对比

	生态系统管理	生态系统可持续性绩效管理
管理目标	维持生态系统的健康	提升生态系统管理成效
管理主体	生态系统属地政府管理部门	生态系统属地的上级管理部门
管理对象	受自然和人为干扰的生态系统	生态系统属地部门的管理行为
管理流程	单向管理行为	计划、实施、评估、反馈的循环流程
管理内容	生态系统的保护、恢复、重建	生态系统管理行为的考核、评估和分析，改进管理行为

资料来源：笔者整理。

第二节　生态系统可持续性绩效
管理的空间转向

　　生态系统问题本质上是生态系统结构问题，但其具体表现却是空间问题，需要从空间层面制定提升生态系统可持续性绩效管理的方案措施。

一、生态系统具有多重空间尺度特征

　　空间尺度是生态学中的一个重要概念（张金屯，2003），生态系统通常与一定范围的地理空间相联系（Holling，1992），在生态系统研究中，空间尺度是指作为研究对象的生态系统的空间分辨率,生态系统可以在不同的空间尺度上定义(表5-2),生态系统管理研究从小到大涉及生物细胞、个体、种群、群落、生态系统、区域、陆地/海洋与全球等不同尺度上的对象。只有在特定的时空尺度上生态系统过程才能充分表达其主导作用和效果,时空尺度的差异决定了生态系统服务功能的差异(张宏锋,2007),此外,生态修复工程的尺度决定了其影响范围,整体区域的生态修复可以改善其中局部区域的生态系统环境,反之则不然(李煜,2007),因此生态系统可持续性绩效管理应考虑生态系统过程的空间尺度及其表现出来的差异性。

表 5-2　　　　　　　　　生态系统服务功能的尺度

生态系统服务功能	提　供　者	空间尺度
生态系统产品	多样的物种	区域—全球
气候调节	植被	区域—全球
土壤形成和土壤肥力	土壤微生物、固氮植物	区域
空气净化	微生物、植物	区域—全球
紫外线辐射保护	生物地球化学循环	全球
防洪抗旱	植被	区域—全球
授粉	昆虫、鸟类	区域
害虫控制	捕食者	区域
水质净化	植被、微生物	区域—全球
废物分解	枯枝落叶、微生物	区域—全球
种子传播	蚂蚁、鸟类、哺乳动物	区域
美学文化	所有生物	区域—全球

资料来源: Kremen, "Managing Ecosystem Services: What do We Need to Know about Their Ecology", Ecology Letter, 2005, (8): 468-479、张宏锋、成金华、陈军等:《中国省域生态文明建设差异分析》,《中国人口·资源与环境》2014年第6期。

二、生态系统管理追求生态要素的空间扩张

国内外生态系统管理主要解决资源开发利用与生态环境协调发展的问

题。从生态系统管理的发展历程和实践特点来看,作为生态系统管理重要内容和途径,有关生态评价、生态修复等研究的空间尺度主要集中在森林、草地等单一的生态系统尺度(刘树臣,2009),如森林生态系统规划和评价、水体生态系统保护、矿区生态系统恢复等,追求单一生态要素的保护、空间范围的扩张。

从图 5 - 1 可以看出,我国历次森林资源普查数据显示,森林面积稳步提升,这很大程度上是森林生态系统保护的结果。我国自然保护区的面积同样有大幅上升(图 5 - 2)。

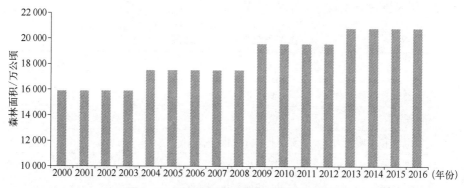

图 5 - 1　2000—2016 年我国森林面积变化

数据来源:《中国统计年鉴》(2001—2017 年)。

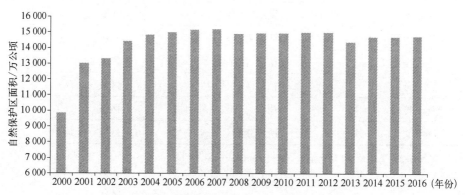

图 5 - 2　2000—2016 年我国自然保护区面积变化

数据来源:《中国统计年鉴》(2001—2017 年)。

第二次全国湿地资源调查结果显示,两次全国湿地资源调查期间,我国受保护湿地面积增加了 525.94 万公顷,10 年间湿地保护率由 30.49%

上升至 43.51％。①

三、生态系统可持续性要求从空间扩张转向绩效提升

近年来，国内外生态系统管理进入一个新的空间尺度。党的十九大报告提出"统筹山水林田湖草系统治理"，应按照自然生态的整体性、系统性开展生态系统保护，维护生态平衡。美国在旧金山湾等地针对区域或流域尺度上的综合性资源环境问题实施生态系统计划。不同空间尺度综合生态系统管理已成为生态系统可持续性管理的趋势。

我国自然资源种类丰富，生态系统类型多样，但是总体上生态系统较为脆弱。近 10 年来，我国对生态保护的投入不断加大，并取得显著成效。面对未来国家经济社会发展需求和资源环境的有限承载力，我国生态系统管理任务也将日趋严峻。一方面，需要大力提升生态系统服务能力。我国城市化进程尚未结束，城市建设用地仍会大幅增加，由于耕地处于严格保护状态，新增建设用地不可避免地会侵占生态空间，扩大生态系统用地面积将遇到瓶颈和挑战。因此，我国生态系统管理需要实现从"以增加保护面积为主"向"以提高单位面积生态系统服务能力为主"的转变，由一直以来的"空间扩张"转向"空间管理"，提高生态系统管理效率，提升生态系统服务能力。

对全国两次湿地资源调查的结果进行同口径对比，可以发现 10 年间我国湿地面积减少了 339.63 万公顷，下降率为 8.82％，其中自然湿地面积减少了337.62 万公顷，下降率为 9.33％。② 造成湿地面积大幅度减少的原因，除了气候变化等自然因素外，经济开发活动侵占和改变湿地用途是主要原因之一。我国自然保护区经过几十年的发展，目前面积增量亦遇到瓶颈，从图 5 - 3 可以看出，2001 年以来，自然保护区面积增长率逐渐降低，部分年份甚至出现负

---

① 底东娜：《我国湿地保护率由十年前的 30.49％提高到 43.51％》，http://politics.people.com.cn/n/2014/0113/c70731-24101280.html。

② 费磊：《我国湿地面积在十年间减少 339.63 万公顷》，http://news.163.com/14/0114/07/9IHIQEDQ00014JB5.html。

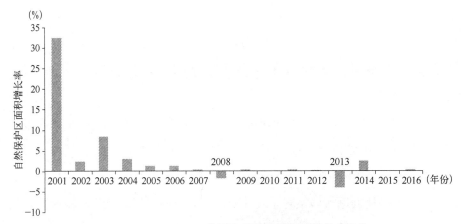

图 5 - 3　2001—2016 我国自然保护区面积增长率变化

数据来源：《中国统计年鉴》(2001—2017 年)。

值,说明"空间扩张"为特征的生态系统管理阶段基本结束,需要在已有的生态系统保护格局基础上,加强生态系统的"空间管理",提升生态系统保护绩效。

四、多头管理制约生态系统可持续性绩效管理水平的提升

我国各类生态空间分属不同政府部门管理,使得生态系统具有多头管理特征。生态系统具有整体性,部门分割的管理方式很容易顾此失彼,无助于从根本上改善生态系统质量。

表 5 - 3　　　　　　　　　我国主要自然保护地及主管部门

批准设立部门	保护地类型	批准设立部门	保护地类型
国务院	国家自然保护区 国家风景名胜区	国家林业局	林业种质资源保护区 国家森林公园 国家湿地公园 国家沙化土地封禁保护区
环保部	重点生态功能区 水源保护区		
国土部	国家地质公园	水利部	水利风景区 水土流失重点防治区
农业部	农业种质资源保护区 中国重要农业文化遗产	国家海洋局	自然海岸线

资料来源：闵庆文(2017)。

　　即使同一类型自然保护地,亦分属不同主管部门,如我国各级自然保护区主管部门涉及林业、环保、国土、农业、海洋、水利、住建等部门(图5-4),在管理上各部门各自为政,没有统一的规划,使得自然保护区管理难以形成合理有效的网络体系。

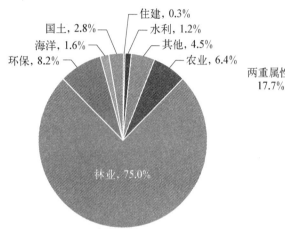

图5-4　我国自然保护区主管部门分布情况
数据来源:根据《2015年全国自然保护区名录》整理。

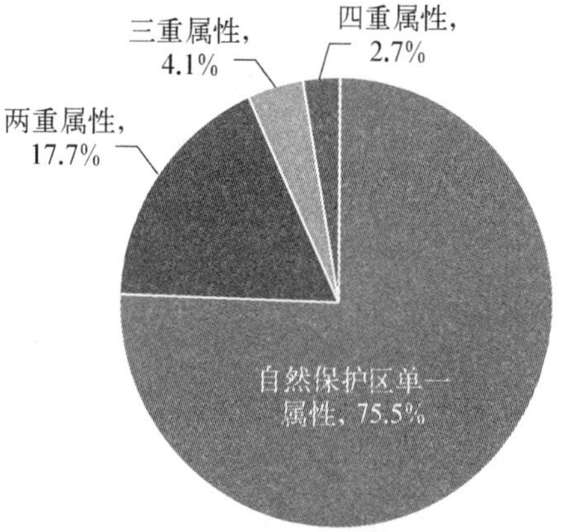

图5-5　长江经济带国家级自然保护区与其他保护地属性叠加情况
数据来源:本书整理。

　　以长江经济带为例,截至2018年5月,长江经济带147个国家级自然保护区中,有36个自然保护区与国家级风景名胜区、国家森林公园、国家地质公园重叠,其中同时具有四重管理属性的自然保护区占比2.7%(图5-5)。不同管理属性称号的相互重叠,不仅造成多头管理碎片化问题,而且造成各类自然保护地混淆,保护与开发的关系不清。

第三节　我国生态系统可持续性绩效管理存在的问题

　　我国生态系统可持续性绩效管理的目标不仅是改善生态环境质量、维持生态系统稳定,更是建设生态文明和维护国家生态安全的重要内容。在当前的制度环境下,我国生态系统可持续性绩效管理还存在若干不足。

一、制度体系不完善

生态系统可持续性绩效管理是一项复杂的系统过程,要求管理过程的制度化。目前我国生态系统可持续性绩效管理在理论和实践上尚不成熟,主要依据出台的相关政策、办法和意见等,还没有专门的立法。虽然政策的灵活性使得生态系统可持续性绩效管理能够在较短时间内推广并实施,但由于缺乏相应的法律、法规为依据,政策、办法的不稳定性和非强制性使生态系统可持续性绩效管理制度的执行力和权威性受到影响,责任主体的生态系统可持续性管理责任担负的主要是政治责任,法律责任和经济责任没有得到体现。

二、管理对象不明确

我国生态系统按生态资源实体的不同分别由对应的主管部门管理,涉及环保、国土、林业、农业、海洋等众多部门,造成部门间责任边界难以分清。我国许多生态系统保护空间单元实行分级管理,按照生态系统的重要性程度分为国家级、省级、市级等不同级别,这种分级管理并不是按照自然资源资产的产权关系确定的,容易造成生态系统保护职责与权限不明确,尤其是国有资源所有权代表人不明确、国家与地方权责不明,制约了生态系统可持续性绩效管理的开展。

三、评估内容不全面

生态系统可持续性绩效管理的前提是量化绩效评估指标。从现有的有关生态系统与自然保护地的评估指标体系来看,管理行为指标多,管理效果指标少。如2017年底开展的长江经济带国家级自然保护区管理评估工作,主要分析国家级自然保护区管理现状、工作进展及存在问题。有效的生态系统绩效量化系统应既包含事前事中的动态管理指标,也包括事后静态的生态系统管理成效评估指标,需要实现两种指标之间适当的平衡。现有评估体系中另一缺陷是生态安全目标导向的评估内容较为欠缺,生态系统是维护国家和区域生态安全的基础和载体,必须建立体现维护生态安全要求的生态系统绩效评估体系,突出生态空间及生态系统服务价值的重要性,为生态系统可持续性管理实践提供方向和标准。

四、结果使用不充分

绩效结果应用是生态系统绩效管理取得成效的关键,当前我国生态系统绩效管理的结果运用集中在生态环境损害的责任追究,总体上"约束"较多,"激励"较少,尚未实现结果运用中"约束"与"激励"的平衡。一方面,"约束"导向的结果使用难以从根本上纠正地方生态系统保护的短视行为,反而强化了履行政治责任要求下各责任主体的"策略性"选择行为。另一方面,正向"激励"不足,无法有效调动全社会生态系统保护的积极性。

第四节　"三位一体"的生态系统可持续性绩效评估管理框架

生态系统可持续性绩效评估管理是一项系统性工程,与不同时期生态系统管理目标、管理模式的变迁密切相关,随着生态系统管理目标从"以增加生态空间规模为主"转向"以提高生态服务能力为主",提高生态系统可持续性管理效率成为新时代生态文明建设的重要内容。在我国,生态系统问题突出表现为空间问题,因此生态系统可持续性绩效评估应以权责明确、边界清晰、考核规范为前提条件,与之相对应的即是产权制度、空间规划支撑和考核评估管理。

根据生态系统可持续性绩效管理向绩效提升的转向趋势,开展生态系统可持续性绩效评估管理首先需要厘清生态系统保护空间单元产权,构建清晰的生态系统保护地空间规划体系,加强绩效评估和用途管制,这就需要构建集产权制度、空间规划和绩效考核管理于一体的生态系统可持续性绩效评估管理框架。

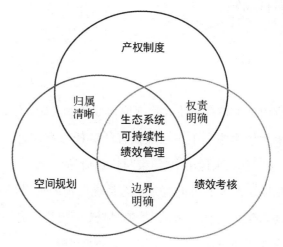

图 5 - 6 "三位一体"的生态系统可持续性绩效评估管理框架

一、产权制度明晰管理权责

依据科斯产权交易理论,明晰产权将能够通过市场机制解决外部性问题(华志芹,2015)。由于自然资源的稀缺性和人类社会对自然资源需求的无限性,必然会在稀缺自然资源的保护和开发利用过程中产生各种冲突和竞争。如果不建立合理的产权制度,以明确界定行为主体对自然资源的所有权和使用权,以及在自然资源使用中获益、受损的边界和补偿原则,并规定自然资源资产产权流转规则,就难以实现自然资源的合理配置和有效利用,反而会造成自然资源的过度开发,导致自然资源浪费和生态服务价值的耗散,生态系统的绩效提升便难以实现。因此,产权制度不但提供了影响生态绩效管理行为的激励,而且决定了谁是生态系统管理活动的主体,决定了各项生态系统保护要素的组合方式,以及自然生态财富的分配。可见,产权制度是影响自然资源配置的决定性因素。

(一) 产权的排他性与生态系统可持续性绩效

自然资源产权的排他性一方面把选择如何保护和开发生态系统与承担选择后果之间紧密地联系在一起,另一方面能激励所有者有动力去寻求带来最高绩效的生态系统保护和利用方式,从而不断提升生态系统可持续性绩效管理水平。

(二) 产权的可分割性与生态系统可持续性绩效

生态系统管理中产权的可分割性是指自然资源资产产权可分割为所有权、占有权和经营权等。自然资源产权的可分割性使行为主体对自己的生态系统保护权利和责任有更为准确的预期,促使主体对自然资源的保护和利用趋向一种更合理的方式,同时使产权更容易流动和交换,大大提高了产权对自然资源的配置功能。

(三) 产权的可转让性与生态系统可持续性绩效

可转让性是自然资源资产产权权利体系中一项重要权能,主要是指产权主体有权按一定条件将自然资源资产通过市场交易转让给其他主体,体现了产权主体对自然资源资产拥有的最大化实现其价值的权利。产权的可转让性使自然资源资产产权交易市场的出现成为可能,为自然资源流向具有相对较高效率的所有者或使用者提供了激励,能够促使生态系统管理从低效率向高效率转变。

二、空间规划明确管理边界

生态空间规划是国家生态系统空间保护与发展的指南,是各类生态系统保护和开发活动的基本依据,构建并完善生态空间规划体系是生态系统可持续性绩效精细化管理的要求。《"十三五"生态环境保护规划(国发〔2016〕65号)》明确提出要建立主要由空间规划、用途管制等构成的空间治理体系,统筹各类空间规划,推进"多规合一"。通过合理的空间规划,统筹生产空间、生活空间、生态空间的管理,明确生态空间的开发边界和保护边界,并形成常态化的管控机制(汪云,2016),这对优化国土空间开发格局、合理布局生态系统保护单元、提高生态系统保护效率有着重要意义。

(一) 空间规划是明确绩效评估管理空间边界的主要方式

生态系统可持续性绩效管理最终要落到生态空间范畴,生态空间是指具有自然属性、以提供生态产品或生态服务为主导功能的国土空间。改革开放40多年来,随着我国经济的高速发展和城市的快速扩张,由于缺乏明确的管制制度,生态空间在经济社会发展过程中不断被侵占,使得生态空间面积不断减少,生态空间的保护边界混杂不清,导致生态系统功能严重退化。新时期开展生态系统可持续性绩效评估管理,首先需要制定科学的生态空间规划,划定和明确生态系统可持续性绩效评估管理的空间边界和单位。

生态空间规划明确的管理边界包括"空间"边界和"数量"边界(蒋大林,2015),"空间"边界是生态系统保护的空间范围及分布,"数量"边界则是生态空间的面积及其占辖区面积的比重,以及保护范围内的生态承载力底线和资源可利用的数量上限。此外,生态空间规划能够形成具有不同生态特征和管理要求的生态系统保护空间分区,明确生态系统可持续性绩效评估管理的空间边界和空间异质性,在一定的空间范围内,实施区域准入制度,明确允许的开发规模、强度、布局,以及允许、限制、禁止的产业类型,对每一个生态空间的不同用途之间的转换实施用途转用许可。在此基础上,实施生态空间的差异化管理,避免一直以来生态系统保护与管理的空间边界模糊的问题,这有助于提高生态系统精细化管理水平。

(二) 空间规划是开展自然生态空间用途管制的关键基础

空间规划不仅划定了生态系统可持续性绩效评估管理的空间边界,更为开展自然生态空间用途管制打下关键基础。生态系统保护与管理是一项复杂的系统工程,生态系统具有多种类型,生态系统的分布也具有明显的空间差异性,为了更有针对性地提出生态系统可持续性绩效管理策略,需要充分开展生态系统空间特征调查,充分认识不同空间尺度生态系统结构、过程、功能的相互联系,根据生态系统的客观发展规律和分区分类管理原则,划定生态系统类型和空间分区。

生态空间管控体系是国土空间规划的重点任务之一,需要建立以生态保护红线为核心的生态空间分级管控体系(王成新,2017)。在划定生态空间规划的基础上,基于生态系统的空间差异性,调查分析不同类型、不同地区生态空间的保护和利用方式,分析其与用途管制要求的一致性或差异性,从而摸清不同用途生态空间的保护状况,定量分析用地变化带来的生态影响,避免传统管理方式过多的主观意识,开展差异化的生态空间用途管制和支持政策,对存在生态损害和功能退化情况的生态空间,及时予以整改,以维护生态系统服务功能,避免产生生态系统风险。

三、绩效考核提升管理效率

生态系统可持续性绩效管理水平的提升需要必要的奖惩机制加以保障,这就需要对生态空间的保护成效建立绩效考核机制。我国国土空间分为优化开发型、重点开发型、限制开发型、禁止开发型,国家重点生态功能区分为水源涵养型、水土保持型、防风固沙型和生物多样性维护型。可见,生态系统具有明显的空间差异和类型差异,不同类型、不同区域生态系统保护和管理的目标要求有很大区别,因此需要建立差异化绩效考核机制,根据不同生态空间的功能定位提出差异化的考核指标、考核目标和绩效管理机制。

(一) 差异化绩效考核是维护生态可持续性的根本保障

以管理目标为依据是生态空间分类的重要特征,生态空间管理目标可分为生态、价值、功能、区域四种类型,基于管理目标可将生态空间的保护级别分为绝对保护、严格保护、整体保护等不同类型(吴承照,2017)。可见,生态空间的保护目标和保护要求是多样的,构建差异化绩效考核机制,是对自然生态系统发展规律的充分尊重,是科学推进生态系统可持续性绩效管理的重要保障。生态空间保护成效作为生态文明建设的一个方面,生态空间的绩效考核从评价考核时间、方式、内容等方面需要对接生态文明绩效考核制度(张文国,2017),从而使得差异化绩效考核既能客观准确地反映生态空间保护成效,又能为生态文明建设的决策提供准确依据。

(二) 差异化绩效考核是提升责任主体积极性的有效方式

通过构建差异化的生态系统保护绩效考核体系,能够避免以往的绩效考核体系在考核指标上"一刀切"的不合理方式,提升生态系统管理责任主体积极性。生态环境绩效考核可以分为绩效计划的制订、绩效计划的实施、绩效评估与诊断、绩效反馈与提升等管理流程(曹国志,2010),以此指导生态系统可持续性绩效评估管理的系统化、规范化开展。其中在绩效反馈与提升环节,发展激励型绩效管理,建立奖优罚劣的生态空间绩效管理结果运用流程,将生态空间绩效评估结果与改进生态空间保护工作结合起来,改变重评比、轻诊断,重奖惩、轻改进的管理流程,注重反馈生态空间绩效评估结果,提出改进意见,促进被评估责任主体持续改进生态系统保护与管理工作。

第六章　我国生态系统可持续性绩效管理的产权制度

完善生态系统可持续性绩效管理是国家推进生态文明体制改革的重要内容，我国生态系统空间差异明显，多样性特征突出，包括海洋、草原、河流、森林、农田以及荒漠等，仅海洋生态系统就占陆地面积的 1/3 左右。由于改革开放以来，我国经济发展以大量的资源消耗以及环境污染为代价，对我国生态系统产生了严重的负面影响，我国面临土地退化、生态系统人工化、湿地退化等问题。针对这些问题，我国开始注重生态文明制度体系建设，党的十八届三中全会提出"必须建立系统完整的生态文明制度体系，用制度保护生态环境"。中共中央、国务院于 2015 年 9 月印发《生态文明体制改革总体方案》，提出到 2020 年，构建起由自然资源资产产权制度等八项制度构成的生态文明制度体系，这八项制度又被称为生态文明建设的"四梁八柱"。2016 年 12 月，习近平总书记提出要深化生态文明体制改革，尽快把生态文明制度的"四梁八柱"建立起来，把生态文明建设纳入制度化、法制化轨道。党的十九届三中全会提出要全面推进社会主义生态文明建设，改革自然资源和生态环境管理体制。国家十分注重生态文明建设，针对生态文明进行了一系列的制度安排。其中，加强产权制度建设是推进生态文明体制改革，完善生态系统可持续性绩效管理，解决当前中国面临的大气污染、水污染、土壤污染以及海洋污染等突出生态环境问题的重要手段。

　　生态系统可持续性绩效管理的最终目标是保持生态系统的完整性、维持生态系统产品和服务功能的可持续性。《生态文明体制改革总体方案》提出要构建自然资源资产产权制度，对生态系统本身而言并不存在产权的概念，产权是相对于构成生态系统的基本要素自然资源而言的。考虑到自然资源与生态系统的复杂耦合关系，生态系统可持续性绩效管理就决定了需要对自然资源资产产权制度做出适当安排。

　　目前我国正处于从工业文明向生态文明转型的特殊时期，生态系统可持续性绩效管理水平不高，自然资源资产产权制度构建有待进一步完善，主要表现在：一是社会主义公有制下的产权制度构建，如何理顺中央与地方的产权制度关系，完善国家自然资源的管理体制；二是如何完善自然资源资产资本化，真正将"绿水青山"转变成"金山银山"，让自然资源资产价格反映其真实价值；三是如何完善自然资源资产市场竞争机制，部分自然资源如矿产资源，国家往往采取行政垄断的方式将市场竞争排除在外，同时又对其实行价格管制，使得自然资源市场并不能反映市场供需关系，自然资源配置存在失当的情形。解决自然资源产权制度不完善的问题，有利于提高生态系统可持续性绩效管理，实现人类社会与生态系统的协调发展。

第一节　生态系统可持续性绩效管理的产权制度现状

　　我国是社会主义国家，所有制关系是我国国家体制区别于资本主义国家的核心体现。从生产资料的占有而言，我国一切自然资源均归国家所有，部分归集体所有。从生产资料的使用角度而言，则并未排除私人利用的权利，个人可以获得土地的承包权、森林的经营权、水域的捕捞权等。从 2007 年通过的《中华人民共和国物权法》来看，国家在明确了生产资料的占有关系前提下，也明确了生产资料的使用权限，如国家规定了一切自然资源属于国家所有，但法律规定属于集体的除外,而国家所有的自然资源并不排斥民企以及个人使用。这里的自然资源指的是自然资源的所有权,实际上就是包括这些自然资源里所有的一切,如生物、水、矿产等一切资源以及这些资源的地上以及地下的所有权,其中就包括了各种用于商业用途的所有权。而根据用益物权的安排,社会成员可获得自然资源使用的权利,并享有收益权。

为了约束人们对于自然资源及其周边环境的占有、使用和收益,政府对不同资源的产权安排以及使用规则在法律制度上进行了安排,包括《草原法》《水法》《森林法》《土地管理法》《矿产资源法》《水污染防治法》等。这些法律规定了自然资源的开发、利用、保护的相关规则。例如,《渔业法》规定了捕捞许可证制度;规定禁渔期和禁渔区;设立水域保护区,保护濒危物种。《野生动物保护法》规定了保护野生动物及其栖息地;对野生动物实行分类分级保护,对野生动物野外分布区域、种群数量及结构进行调查、监测,对野生动物及其栖息地的主要威胁因素进行监测、评估。《森林法》规定了征收育林费;建立林业基金制度;实行林木采伐许可证制度等。

在生态系统可持续性绩效管理的自然资源产权管理制度方面,按照"统一领导、分级管理"的原则,我国对生态系统的产权制度做出了安排。根据《草原法》《森林法》《矿产资源法》《渔业法》《物权法》等法律法规,国有自然资源由国务院代表国家行使所有权,地方政府并没有自然资源的所有权,至于地方政府以及中央政府在自然资源权利上如何分配,法律上并未对此明确规定。但是从国家对自然资源的实际开发利用来看,国家对自然资源的所有权并未得到有效落实,地方政府则在实际执行过程中充当了自然资源所有者的角色。因而,目前我国的生态系统管理的体系是中央与地方的分级管理。在《生态文明体制改革总体方案》中,国家针对中央与地方对自然资源的所有权提出"研究实行中央和地方政府分级代理行使所有权",这就表明以往国家对地方政府行使所有权是实际上的默认,而以后国家将会沿用中央与地方政府两级管理的体制。中央仍然拥有自然资源的所有权,地方政府则会代理中央行使自然资源的所有权,即国家对自然资源的所有权在中央与地方政府之间做出了分割。

中央是自然资源的所有者,地方政府按照《物权法》原则,拥有他物权,并对自然资源的收益在中央与地方之间进行分配。

整体上而言,我国政府对自然资源的所有权具有相对清晰的界定,即自然资源归国家所有,但是并没有专门的机构对国有自然资源行使所有权,而是由地方政府对自然资源代行所有权,从而对自然资源进行开发利用。国家在法律层面上并未对地方政府的自然资源产权做出规定,但是在实际执行上,地方政府却充当了所有者的角色,并且享有了自然资源开发利用的收益权。此外,由于自然资源产权主体不明确,自然资源资产资本化以及自然资源市场机制建设均受到影响。目前,我国自然资源价格体系基本建立,但是价格不完整现象普遍,亟须体现生态环境损害成本、自然资源本身价值以及自然资源的代际成本等。

第二节 生态系统可持续性绩效管理的产权制度问题

我国自然资源产权制度并不完善,对生态系统可持续性绩效管理造成挑战。主要表现在以下四个方面:中央产权与地方产权关系不明确、自然资源资产交易体系不完善、自然资源资产底数不清、自然资源资产监管不严。

一、中央产权与地方产权关系不明确

目前我国自然资源法规中对自然资源的产权主体做出了明确的规定,如《土地管理法》《水法》《森林法》和《矿产资源法》等规定由国务院代表国家行使国家所有土地、水资源、国家所有森林资源、矿产资源的所有权。然而,存在中央拥有自然资源所有权而地方政府代行实际自然资源所有权的问题,国家的自然资源所有权虚置,地方政府则以国家的名义对自然资源进行开发利用,并

获取相应的收益。按照当前我国的自然资源产权制度,法律层面的自然资源产权制度与实际中自然资源的经济利用关系不对应。这表明自然资源产权法律制度与自然资源经济利用在各自独立运行,对于我国的生态系统可持续性绩效管理是极为不利的。其表现在以下两个方面:

第一,自然资源过度利用,生态空间遭受挤压。法律层面的自然资源的所有权在经济层面体现为自然资源开发利用的收益权,而我国的自然资源产权制度使得中央的所有权虚置,地方政府成为行使自然资源所有权的主体。地方政府在经济增长的目标激励下,会对地方政府辖区内的自然资源进行出让,获得自然资源出让的收益。尽管地方政府没有自然资源的所有权,但是却实际上对国有自然资源进行了利用。以近年来的土地财政为例,浅层次原因在于地方政府面临财政危机,追求经济增长;而深层次原因则是地方政府代行国家土地所有权,对土地资源进行了过度利用,城市无序发展,生态空间遭受挤压。

第二,环境污染严重,生态系统健康状况堪忧。我国工业化、城市化进程较快,在可预见的将来,工业化、城市化仍将不断推进,对环境的污染压力依然较大。而在自然资源产权制度中央所有、地方政府实际行使代理权的情况下,以自然资源为载体的生态空间难以得到有效保护,地方政府享受了自然资源开发利用带来的收益而较少承担环境污染的相关责任。因此,当前我国所面临的水污染、大气污染、土壤污染以及海洋污染等问题,既是经济发展阶段的问题,更是自然资源产权制度不完善的后果。

二、自然资源资产交易体系不完善

自然资源资产交易体系主要是指自然资源资产产权市场,政府通过法律规范将自然资源的占有、使用等部分权利出让给特定的民事主体,将自然资源的使用权(如水权、捕捞权、草原使用权、排污权、林权、矿权等)纳入市场竞争机制,通过市场供需反映自然资源的效用价值,最终使得自然资源使用权人获取收益,国家也通过建立自然资源资产交易体系实现了资源的优化配置。自然资源资产交易体系消除了自然资源的自然属性差异性大的特点,根据自然资源的经济属性,将自然资源统一纳入市场竞争机制,促进自然资源资产资本化,不仅自然资源得到有效保护,也使得相关产业可持续发展的目标得以实现。然而,在自然资源资产化管理实际运行中,自然资源产权制度不完善导致并未形成能够反映自然资源价值、体现市场供求关系的合理价格,自然资源市场出现失灵。

第一,自然资源资产交易体系不完善的表现是自然资源价格构成不合理。目前我国自然资源的所有权主体不明确,因而在自然资源开发利用时容易忽视自然资源所有者的利益,从而使得自然资源产品本身的资源价值缺位。如在资源的开发利用过程中,自然资源的开发利用行政划拨现象普遍存在,缺少对自然资源开采价值的补偿,从而导致自然资源价格偏低。此外,自然资源开发利用过程中,会对生态环境造成损害,而现有的自然资源价格中缺少了对生态环境损害成本的反映,导致自然资源所在地的生态系统受损严重。

第二,自然资源的价格受到政府管制。我国自然资源所有权主体不明确,地方政府以及国有企业对自然资源代理行使所有权,对自然资源进行开发利用。自然资源提供者在市场中享有更多的信息优势,国家基于自然资源安全以及公共福利的考虑,对自然资源价格进行管制,从而达到保证自然资源消费者权益的目的。然而,国家对部分自然资源行业以行政垄断的方式排除了市场竞争,这不利于自然资源的优化配置。在部分自然资源开发利用过程中,如石油、天然气开采业,根据《矿产资源勘查区块登记管理办法》的规定,申请勘查石油、天然气须经国务院批准,在全国范围内具有石油、天然气勘查资质的企业主要有中国石油、中国石化和中国海油三大集团公司,由其生产的油气产量占全国总产量的90%以上。在自然资源的行政垄断条件下,自然资源提供者在市场供求中占有绝对优势,当国家对自然资源的定价低于自然资源提供者的预期收益时,容易出现自然资源短缺的情形。此外,由于"旋转门"现象的存在,自然资源提供者利用与政府之间的关系,努力寻求高于自然资源提供者预期收益的价格,一方面容易出现腐败,另一方面不利于保护自然资源以及生态环境。

三、自然资源资产底数不清

长期以来,自然资源资产所有权代表虚置,对归属国家所有的自然资源资产未做自然资源类别标准认定,对自然资源资产的统计口径存在差异,自然资源资产保护和管理的边界模糊,导致自然资源资产底数不清。自然资源资产底数不清不利于生态系统可持续性绩效管理,表现在:

第一,生态保护红线划定存在困难。划定生态保护红线就是要保障生态环境安全的底线,从而更好地保护生态系统,而自然资源资产底数不清就使得生态保护红线划定的依据不足,从而对生态系统可持续性绩效管理造成困难。

第二,难以反映生态系统的动态变化。自然资源底数不清,就难以对现有生态系统进行动态追踪,加之生态系统有自身的演化规律,对生态系统的长期管理造成挑战。

四、自然资源资产监管不严

现有自然资源资产监督管理体制机制不完善,主要表现在国家对自然资源资产的管理侧重于土地、矿产以及商业林,对市场机制不完善的草原、江河、湖泊、湿地等自然资源的资产化管理不足。自然资源资产监管不严对生态系统可持续性绩效管理产生负面影响,主要表现为自然资源资产保护不到位。一方面,对自然资源资产过度开发,生态系统恢复困难;另一方面,生态环境污染问题严重,生态系统受到损害。

第三节　生态系统可持续性绩效
管理的权责体系重构

完善的产权制度是确保生态系统可持续性绩效管理的重要手段。《生态文明体制改革总体方案》指出:"建立权责明确的自然资源产权体系。制定权利清单,明确各类自然资源产权主体权利。"《中共中央关于全面深化改革若干重大问题的决定》指出:"对水流、森林、山岭、草原、荒地、滩涂等自然生态空间进行统一确权登记,形成权属清晰、权责明确、监管有效的自然资源资产产权制度。"国家对于生态文明体制改革的方向是明确的,其中重要的一项内容就是要建立完善的自然资源资产产权。

当前,国家对于生态环境的保护已经提升到了政治层面,可见目前我国面临的生态环境问题的严峻性,这对未来国家的发展是挑战,也是机遇。要破解生态环境难题,必须尽快构建完善的自然资源产权制度,这对于规范政府开发利用自然资源的行为异常重要,同时也是形成合理的自然资源价格、建立完善的自然资源市场竞争机制的关键所在。具体而言,需要明晰自然资源资产产权、完善自然资源资产交易体系、推进自然资源资产确权登记、加强自然资源资产监督管理。

一、明晰自然资源资产产权

现有自然资源产权主体不明确,中央拥有自然资源所有权而地方政府代理行使所有权的现状导致了自然资源的开发利用存在诸多问题。要解决这一难题,首先,要明确在自然资源管理中政府与社会经济参与者之间的产权认定;其次,要明确中央与地方的产权关系。自然资源管理中政府与社会经济参与者之间的产权认定是指政府将自然资源的使用权出让给市场主体,需要对政府出让的权利进行明确界定,同时要对市场主体经营特定自然资源的资质进行认定。在上述过程中,政府向市场主体出让使用权是关键,即出让使用权的政府是否具备自然资源的所有权,如果不具备,政府向市场主体出让使用权的行为就不具合法性。因此,需要首先明确自然资源的所有权,解决中央与地方产权关系不清的问题。要界定地方产权的范围,包括法律规定的国有自然资源以及以之为载体的生态空间,形成“自然资源—生态空间”的双重产权管理模式。

此外,在明确自然资源地方产权范围的同时,要对地方政府的责任进行界定,确保权责对等。地方政府对自然资源代理行使所有权时,不能仅注重自然资源开发利用的经济收益,还要考虑自然资源开发利用产生的后果,承担生态环境损害的责任,建立自然资源“权利—责任”的对等机制。地方政府参与自然资源产权交易时,在市场主体具有国家承认的自然资源开发资质的条件下,地方政府向市场主体出让使用权,但是这并不是将责任转移给市场主体,而是地方政府与市场主体根据法律规定共同承担相应的责任。

二、完善自然资源资产交易体系

自然资源产权市场竞争机制的核心是处理好政府与市场的关系,建立公开、公平、公正的自然资源市场竞争机制。政府作为自然资源资产市场交易的建立者,应该完善自然资源资产市场交易机制、法律保障机制以及争端解决机制,确保市场有效配置自然资源。自然资源的供给方对自然资源的定价要反映自然资源的真实价值,其最终价格则是供需双方在市场上博弈的结果。完善自然资源产权市场竞争机制,服务于生态系统可持续性绩效管理,应做好以下几个方面的工作:

第一,以自然资源定价为抓手,推动地区绿色经济发展。完善自然资源产权价格制度,促进自然资源资产的资本化运营,为自然资源的开发利用提供金融支持。

第二,逐步取消政府对自然资源的行政垄断。自然资源的资产化管理是借助于市场化的运作机制完成的,而行政垄断的出现,使得自然资源仅允许由国家指定的少数几个主体对自然资源进行开发利用,排除了潜在的市场竞争者,损害了自然资源消费者的利益。

第三,适度取消对自然资源的价格管制。价格是市场配置自然资源的关键,遵循市场对价格确定的作用,利用市场手段平衡市场供求,从而实现自然资源资产化。而对自然资源的价格管制则削弱了市场定价的作用,使自然资源价格出现扭曲的现象。对自然资源进行分类管控,对具有自然垄断性质的自然资源价格进行管制,对具有潜在竞争性质的自然资源价格放松管制。

第四,完善生态空间排污权的交易市场。地方生态空间具有不同的生态环境容量,在环境容量总量控制下,将排污权的初始配额分配给地方政府,并由地方政府再分配给排污企业。同时建立全国不同污染物的排污权交易市场,在不超过本地区环境容量的条件下,可对排污权自由交易,从而规范地方政府对生态空间的合理使用。

三、推进自然资源资产确权登记

摸清自然资源资产底数,对自然资源资产进行长期管理,需要从两个方面推进自然资源资产确权登记工作。

首先,制定自然资源资产确权登记管理办法。对不同类型的自然资源资产实行分类管理,开展森林、草地、湖泊、土地等的权属调查,综合利用现代高科技手段如无人机、遥感卫星等建立自然资源资产所有权信息数据库,确保自然资源资产权属统计关系的客观公正。

其次,合理划分自然资源资产登记区。要考虑生态系统管理的完整性和可持续性,将集中连片的森林、草地、河流作为一个自然资源资产登记区。

此外,对于在生态系统上具有依存关系的自然资源,如湿地、原始森林等可按照地理范围而非行政区划划定登记区。最后,探索水权登记方法。自然资源统一确权登记本质上属于不动产登记,而水资源由于受到季节性、流动性等因素影响,其确权登记存在困难。要探索建立水权制度,开展不同地区水量的空间测度,登记不同地区的水资源量,确定不同地区的水量及空间分布。

四、加强自然资源资产监督管理

根据自然资源资产确权登记信息,对自然资源资产在开发利用过程中进行严格监督管理。可在中央环保督察组对各省市的巡视过程中,加强对非法开发自然资源资产、不合理利用自然资源资产行为的监管。一方面,要加强巡视力度,对地方政府形成高压态势,及时发现问题,并向相关管理部门反馈;另一方面,要加强惩罚力度,落实企业、地方领导的责任,严肃处理非法开发或利用自然资源的相关责任人,对其他地区形成震慑。

第七章　我国生态系统可持续性绩效管理的空间规划支撑

　　我国生态系统绩效管理的空间规划体系伴随着我国空间规划体系的不断发展与演变,也呈现不断演进的动态变化过程。实施生态系统可持续性管理需要有较为科学和系统的空间规划体系作为支撑和保障,我国针对各类型生态系统开展绩效管理的过程中,形成了涉及各类型自然保护地的多样化空间规划管理手段,例如国家宏观层面的生态功能区划,国家公园体制和生态保护红线等,并在空间规划体系建设方面进行了实践探索与改革创新,开展了由国家部委牵头推进的"多规合一"试点工作,取得了一定的建设成效。但当前我国针对各类生态系统可持续性绩效管理的空间规划仍存在一定缺陷,对我国生态系统可持续性绩效管理形成制约。例如,横向上,各类型规划的数量庞杂,且相互之间缺乏统筹协调;纵向上,上下级规划管理部门出现严重的职能同构现象,涉及生态系统规划管理的各部门行政职能较为分散;国家层面缺乏统筹有关生态系统可持续性管理的空间布局的顶层设计。

　　综上所述,空间规划体系建设方面的滞后和管理手段与机制的相对缺失,是制约我国生态系统可持续性绩效管理的重要影响因素,因此,迫切需要从完善空间规划体系方面提升我国生态系统管理的绩效。从国外发达国家开展的空间规划实践情况来看,多数国家已经探索出一套从国家层面到地方层面,内容包括管理机构、配套法规和规划机制等较为全面的空间规划体系。因此,我国在推进构建基于"多规合一"的空间规划体系过程中,要创新探索具有"横向协同、纵向传导"特征的空间规划体系,以强化生态系统绩效管理的空间规划支撑。

第一节　我国生态系统可持续性绩效
管理的空间规划概况

改革开放以来,我国的国土空间规划体系建设取得了良好的发展,当前已有的空间规划体系尚处于不断完善的过程中(蔡玉梅等,2017),而与生态系统管理相关的空间规划目前仍存在较多缺陷,需要依托我国国土空间规划体系整体不断发展完善来弥补这一短板。因此,回顾分析我国空间规划体系发展演变历程,对研究强化我国生态系统绩效管理的空间规划支撑具有重要意义。

一、我国整体空间规划体系的发展与演变

建立健全国土空间规划体系既是我国生态文明体制改革的基本要求和重要任务,又是全面提升国家治理体系和治理能力现代化发展的重要途径(许景权,2017)。同时,也是提升我国生态系统可持续性绩效管理的重要管理基础。从提升我国生态系统可持续性绩效管理的视角来看,建立并完善我国国土空间规划体系,在宏观层面是落实中央生态文明体制改革的具体行动,可以使国家生态环境治理体系得到完善,国土空间的开发利用格局得到优化(吴启焰,2018)。微观层面是落实自然生态空间用途管制的重要依据,可以保护并提升具体的各类型生态系统的生态服务功能。

改革开放以来,我国政府管理有效工具就是规划,并逐步形成了不同政府层级与管理部门主导的土地利用规划、城市规划、环保规划、国土规划等系列规划矩阵(邓凌云,2016;黄金川,2017)。这些规划在国民经济与社会发展、生态环境保护、国土资源优化配置等方面均发挥了重要作用(如图7-1),但同时

也暴露出我国空间规划方面存在的诸多问题。例如,规划概念模糊、规划部门职责交叉严重、规划原则不统一等现象(樊杰,2017)。为缓解这些规划问题与矛盾,国务院颁发了《生态文明体制改革总体方案》,要求建立全国统一、层级管理分明、管理相互衔接的科学的空间规划体系。

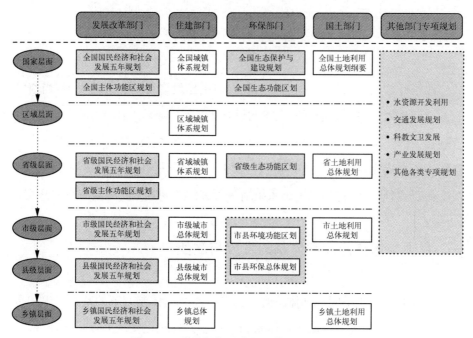

图 7-1 我国长期以来规划体系主要框架

资料来源:参考(许景权等,2017)修改绘制。

空间规划体系包括运行体系、行政体系和法规体系几个部分,对应形成规划机制、规划试行内容、规划载体和规划依据(林坚,2018;王向东,2012)。作为推进可持续发展的重要管理工具,空间规划手段已经被国内外政府普遍采用(沈迟,2018)。随着政府不同层级规划类型与数量的增多,提高规划体系的科学和理性已经成为提升规划效能面临的重要挑战。从实践来看,自改革开放后,我国空间规划体系经过长期演变(如图 7-2),从起初的国土空间开发规划为主,过渡到以国土空间利用为主,再逐渐发展到以国土空间保护为前提的空间规划体系(许景权,2017)。

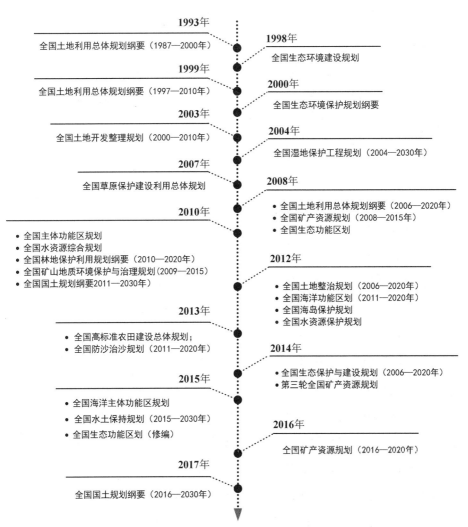

图 7-2　我国 20 世纪 90 年代以来国家层面制定的主要空间性规划

资料来源：根据相关规划发布资料整理绘制。

　　我国国家层面的空间规划始于早期的国土规划编制工作，国土规划编制办法将国土规划进行有效整合，使其成为国民经济和社会发展计划体系的有机组成部分，主要分为两类（专项规划和综合规划）四级（国家、跨省区域、省、省内区域），并于 1993 年完成了《全国土地利用总体规划纲要（1987—2000 年）》。

市场经济体制改革带来了社会经济快速发展,也有效促进了这一时期的空间规划发展。为缓解各部门规划相互冲突引致的资源环境、社会经济发展等问题,2005年国务院明确提出要全面健全空间规划体系,明确了我国国民经济和社会发展规划所遵循的"三级三类"的分类体系。2006年正式启动了具有一定战略指导意义的全国主体功能区规划编制工作。这一时期的《城乡规划法》也提出了五级规划体系。随着城市化发展与社会经济发展进入新阶段,为有效应对国土空间开发无序与空间治理能力滞后等问题。中共中央、国务院正式印发了《全国主体功能区规划》,这一宏观层面的战略性规划奠定了我国空间规划的基础。

党的十八大以后,我国大力推进生态文明建设与改革,空间规划体系的建立被提上日程。在国家四部委的联合推动下,2014年我国"多规合一"试点工作陆续启动,2015年提出了建立涵盖国家、省、市县三个行政层级的空间规划体系,"十三五"规划纲要中明确了要以主体功能区规划为基础,统筹各类空间性规划,通过推进"多规合一",建立我国国家空间治理体系。我国省级空间规划试点工作强调构建具有统一性和协调性的空间规划体系。2018年3月,中共中央印发了《深化党和国家机构改革方案》,新组建的自然资源部肩负起了"建立空间规划体系并监督实施"的责任。至此,以全国主体功能区规划、省级空间规划、市县空间规划为主构成的国土空间规划体系初具雏形,我国真正意义上的空间规划体系构建进入全面深化的时期。

二、我国以自然保护地为载体的生态系统管理空间规划概况

我国改革开放以来,在全国各地建立大量的自然保护地,分别归属多个部门管理。包括自然保护区、海洋生态区、风景名胜区、森林生态区、地质生态区等十多种类型,构成庞大的空间规划生态系统管理体系(黄宝荣,2018)(如图7-3),面积约占中国陆地国土面积的18%左右,覆盖了我国绝大部分重

要的自然生态系统和自然遗产资源(闵庆文等,2017)。这些自然保护地中,起步早、面积大、数量多、保护成效最显著的是自然保护区,目前,全国自然保护区据统计大约有 2 740 处,面积约为 147 万平方千米,占国土陆地总面积的15%,它们保护着我国陆地 90% 的野生动植物种群和自然生态系统类型(彭琳等,2017)。

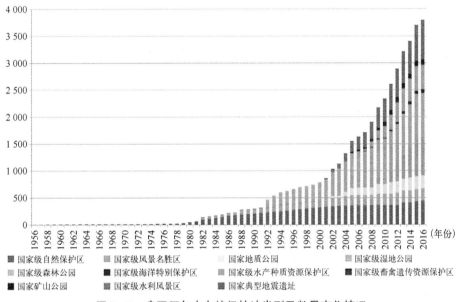

图 7 - 3 我国历年来自然保护地类型及数量变化情况

资料来源:彭琳等:《中国自然保护地体制问题分析与应对》,《中国园林》2017 年第 4 期。

我国众多的自然保护地在保护生物多样性和生态系统可持续性方面发挥了极为重要的作用(王伟,2016),但我国自然保护地的建立多数是由不同的管理部门牵头、实行自下而上的申报制度,自然保护地的建立缺乏较为系统的空间布局与顶层设计,此外,地方行政分割、分部门管制等因素,在空间上破坏了生态系统的整体性,多数呈现破碎化和孤岛现象,而在管理上又交叉重叠,生态保护方面形成空缺,自然保护地数量众多但尚未系统形成一个有机整体,生态系统的完整性和连通性较差(彭琳,2017),管理成效降低,生态系统的服务功能难以得到充分保护。

国家层面业务主管部门	△林业局	□住建部	□国土资源部	□水利部	□环保部	○海洋局	□农业部	△地震局	△中科院
主要职能	森林资源开发利用保护、湿地保护、动植物资源的保护和合理开发利用等	保障城镇低收入家庭住房，推进住房制度改革等	保护与合理利用土地资源、矿产资源、海洋资源等	负责保障水资源的合理开发利用；负责水资源保护工作	负责建立健全环境保护基本制度；负责环境污染防治的监督管理	负责组织拟订海洋维权执法的制度和措施等	研究拟定农业的产业政策；负责渔业水域生态环境保护和水生野生动植物工作等	拟定国家防震减灾工作并组织实施等	国家发展战略目标和国际科技前沿研究等
国家层面实际保护职能部门级别	●—●—● ●—●—● ●—●—●	●—●—●	●—●—● ●—●—● ●—●—●	●—●—● ●—●—●	●—●—●	●—●—● ●—●—●	●—●—● ●—●—● ●—●—●	●—●—●	●—●—●
主要保护地名称	国家级湿地公园 国家级森林公园 林业系统国家自然保护区	国家级风景名胜区	国家矿山公园 国家地质公园 国土系统国家自然保护区	国家级水利风景区 水利系统国家自然保护区	饮用水水源保护区 环保系统国家自然保护区	国家级海洋特别保护区 海洋系统国家自然保护区	国家级畜禽遗传资源保护区 国家级水产种质资源保护区 农业系统国家自然保护区	国家级典型地震遗址	科学院系统国家自然保护区

图7-4 我国自然保护地国家保护职能和管理机构概况

注1：□中央政府的组成部门；◇中央政府直属机构；○部委管理的国家局；△中央政府直属事业单位。

注2："局"或"部"下直接设"司"或"处"作为实际保护职能部门（●—●—●）；"局/部"下不设直属事业单位作为实际保护职能部门（●……）；

注3：主要职能来自部门的官网描述。

资料来源：彭琳等：《中国自然保护地体制问题分析与应对》，《中国园林》2017年第4期。

在此背景下,以国家公园为主体建设自然保护地体系应运而生,国家公园的自然景观较为独特,科学内涵丰富,国家公园的设立为保护自然生态系统健康和完整性提供了重要载体,坚持强调自然生态系统的严格保护、系统保护和整体保护,把最需要保护的地方保护起来,保护了珍贵的自然生态遗产(肖练练,2017;吴承照,2015)。国家公园是我国生态系统管理的重要类型之一,属于禁止开发区域,须纳入全国生态保护红线管控范围,实行最严格的保护制度(窦亚权,2018;张海霞,2017)。

党的十八届三中全会提出要建立国家公园体制,目前已经历了多年的探索历程(窦亚权,2018)。2015 年 5 月 18 日,国家发改委联合中央编办、财政部、国土部、环保部等 13 个部门印发《建立国家公园体制试点方案》,旨在通过试点建设,为国家公园体制的建立提供有力的实践支撑。该方案是为加快构建形成国家公园管理体制,借鉴国际有益做法,在试点经验总结的基础上,立足我国国情制定的。2017 年 9 月,中共中央办公厅、国务院办公厅印发了《建立国家公园体制总体方案》(简称《总体方案》)。2017 年 10 月,党的十九大报告中再次明确提出要建立以国家公园为主体的自然保护地体系。这是继《总体方案》之后,进一步确定国家公园的作用和地位,同时标志着我国的国家公园建设进入实质的推进阶段(彭福伟,2018)。

第二节　国外空间规划体系建设的启示

国家治理体系建设离不开空间规划体系的建设与完善,同时,空间规划体系也是生态文明体制改革背景下加强自然生态空间管控的重要依据。现今多数发达国家通过编制和实施空间规划促进生态系统可持续发展。我国在推进空间治理体系现代化的过程中,也积极探索"多规合一"的空间规划体系建设。认真分析发达国家空间规划体系的特征,将为我国空间规划体系的构建提供一定的实践经验和借鉴。

一、主要发达国家空间规划体系发展演变及经验启示

（一）美国

美国是较为典型的分权制国家，国家层面对空间规划的管理相对自由，在区域统筹方面不过分要求，也未设置宏观规划统筹管理机构，各类规划通常由地方政府自主编制。如若国家层面的区域政策要在地方层面落实，就需要依靠立法和财政补助来支持（蔡玉梅，2017a）。同时，由于美国政府实行联邦制，联邦政府对各州的管理权限比较小，且多将规划权力分级下放到州政府甚至地方政府。因此，在国家层面上缺乏对规划统筹协调的自上而下的管理机制，联邦政府若需与地方的规划事务进行互动，一般要借助联邦基金的调控分配，由此来引导地方政府的政策。由此可见，美国目前尚未形成实质上的统管各州和地方政府规划的国家空间规划与宏观区域规划（蔡玉梅，2017b），现有的《美国2050空间战略》所展现的空间方案在规划深度和实施力度等方面都具有一定的局限性，仅作为未来发展的愿景。

（二）丹麦

丹麦属于高度发达的北欧社会民主福利国家，其空间规划体系以分权为传统，并不断适应发展需求进行调整。其空间规划体系演变经历了三个阶段：综合型的国家、区域、市镇三级规划体系初步形成阶段；以区域经济为主的三级规划体系建设阶段，其特点是将环境保护与可持续发展理念贯穿于规划之中，注重在空间规划上从更广阔的视野与国际接轨；第三个阶段是以土地利用为导向的国家、地方两级规划体系。丹麦的空间规划体系发展演变具有以下三个特征，一是伴随着规划行政管理机构的转变、欧盟一体化以及经济全球化的改变，形成自下而上的动态演变与提升；二是注重在规划层级上进行简化；三是在规划视野上注重与国际化与全球化接轨（蔡玉梅，2018）。

(三) 日本

日本是一个典型的拥有集权传统的国家。政府层级主要分为三级：包括中央政府、都道府县和区市町村三个行政层级(黄宏源,2017)。1950年日本制定了《国土综合开发法》,初步建立并形成了自上而下的国土综合开发规划体系。全国综合开发规划设立为最高层级的规划,而大都市圈建设、大地区开发和特殊地区建设规划等设为第二层,第三、第四层级分别为：都道府县综合发展规划和市村町综合发展规划,在规划管理方面要求下级规划须遵循上级规划。1974年,日本颁布的《国土利用规划法》标志了另一种同样需要自上而下进行约束管理的国土利用规划体系。这两种空间规划体系均由国土厅组织有关部门负责编制国土综合开发规划,并以空间规划为载体来统筹规划社会、经济和文化发展等,具有较高的权威性。国土利用规划的编制由土地署负责,更多强调以国土综合开发规划为基础,制定各种土地利用标准进行分区管控。2001年后撤销了国土厅,从而内阁在空间规划中的主导地位得到提升。之后日本的空间规划层级由三级简化为两级(蔡玉梅,2018)。

(四) 德国

德国虽然也是具有分权特点的联邦制国家,在规划体系方面同样也缺乏国家级空间规划的顶层设计,但仍然具有层级分明而且程序井然的空间规划体系(易鑫,2015;周颖,2006)。德国在联邦一级制定了联邦区域规划,其中,建筑和城市发展部负责编制综合性区域规划,该规划在协调联邦和州及各州之间的矛盾方面提供了有效解决途径。联邦一级的国土整治法则用于指导联邦的空间规划实施和相关空间政策,其作用在于促进各州之间的协同与合作。州级政府享有国土规划的编制权和规划的实施权,但须与联邦制定的空间发展理念、原则及空间发展政策相对接融合(方春洪,2018)。总体来看,德国所建立的空间规划体系的架构是：形成联邦—州—市镇村的三级架构。联邦层面依法制定形成空间发展理念和基本原则,确定空间发展政策大纲和根本方针;州层面根据需要实施州发展规划,市镇村层面实施建设指导规划。

综上可知,发达国家空间规划体系具有较多的共性特征:一是规划体系的层级较为完整清晰,且分工较为明确;二是规划事权及管理架构较为清晰,具有完善的上下层级纵向沟通、左右横向协调的工作机制,各规划层级和各类规划定位均比较清晰,有效发挥了功能互补与统一衔接;三是有完备的法律法规体系作为支撑。此外,德国、美国在空间规划体系方面较为注重国家层面制定具有战略性的规划原则,而区域层面的规划制定具有较强的自主性,但也不乏与国家层面规划的纵向协同与沟通。这对解决我国空间规划体系的纵向脱节问题具有一定的借鉴意义。发达国家的空间规划体系注重动态的适应性调整,这对我国适应全球化深入进行改革开放的战略需求,充分发挥空间规划的战略性和政策引导性作用具有参考意义。同时,空间规划体系与政治体系、行政管理体系以及相关的法律法规体系具有紧密的关联性。在我国空间规划体系发展演变过程中应充分意识到规划层级的简化与简政放权应是未来发展的趋势。

二、我国基于"多规合一"的空间规划体系探索与实践

我国各种类型的空间规划的发展以及相关法律法规的建立与完善,历经半个多世纪的演变,已形成了一定的体系和惯例(沈迟,2015)。从最初的"两规合一"到"三规合一",再到以国民经济和社会发展规划、城乡发展规划、土地利用总体规划为主,其他类型规划相互协调的"多规合一"模式,为我国国土空间规划体系的建立打下了良好的基础。

2013 年,党的十八届三中全会通过的《中共中央关于全面深化改革若干重大问题的决定》明确提出"建立国土空间规划体系"。此后,我国基于"多规合一"的空间规划体系构建与探索,大致经历了以下几个阶段。从初期探索市县层面的"三规合一",到 2014 年国家四部委着力推行的 28 个市县率先进行"多规合一"试点,再到当前《生态文明体制改革总体方案》、省级空间规划试点方案等政策文件的出台,并明确提出要统筹空间规划,推进"多规合一"。目前正处于政策驱动阶段。

从"多规合一"模式的重要内涵来看,首先,推行"多规合一"是实现统领协调各类规划的重要管理手段,实现各类规划在时间、空间、管理上的统筹,为整个区域的发展提供一个具有战略性的顶层设计(刘彦随,2016)。其次,"多规合一"是系统的空间管理,从生态系统管理方面来看,是消除土地利用总体规划、主体功能区规划、社会经济发展规划等在空间管理方面冲突和矛盾的有效途径,体现了"山水田林湖是一个生命共同体"的生态文明思想和生态系统治理理念,同时也优化了生态空间结构和形态(董祚继,2018)。再次,"多规合一"深刻体现了简政放权的理念,通过"多规合一"后的规划市场化运作,减少层层审批,实现放权。并通过政府自身机构改革和职能转变,有效提高了行政审批的效率(沈迟,2018;严金明,2017)。

从我国近年来的"多规合一"实践探索模式来看,主要包括中央的政策推动模式和地方的实践探索模式两大类。例如,中央层面推动海南、宁夏等省率先进行试点;当前诸多市县也积极进行规划探索,以上海、天津、深圳、武汉、沈阳等地较为典型,多数省份在现行管理体制和法律框架的基础上,以强化相关行政主管部门间的沟通协商,促进各类涉及空间的规划内容有效协调与融合,实现一张蓝图干到底。另外,部分地区是在省政府和国家部委推动下,开展相关改革与探索,较为典型的是四部委推动的 28 个"多规合一"试点项目,尝试探索整合形成一套综合性的规划,对其他各类规划起到统筹协调的作用,并创新开展与规划编制权相关的机构改革,以推动空间规划体系的发展演变(何冬华,2017)。

目前,我国在推进"多规合一"的实践过程中面临的难度和挑战较多。第一,"多规合一"涉及的规划管理部门众多,而多部门同时进行空间管制的统筹协调难度较大,影响规划工作效率。第二,"多规合一"面临的技术标准协调和管理机制融合等方面的问题也是制约瓶颈。具体在技术标准方面,不同类型空间规划应涵盖的主要内容,"三区三线"的划定技术方法和标准等尚需要进一步协调与相互对接融合,对于规划完成后的相关评估及评估结果的应用,也需要做进一步的创新与探索。第三,规划管理机制方面,目前不同管理层级在"多规合一"过程中的规划编制机制尚不健全,规划与部门层级、部门事权之间

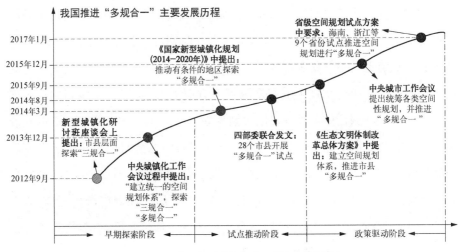

图 7-5 我国探索"多规合一"的实践历程

的一一对应关系还不够协调,这些都需要进一步改革与完善。综上所述,我国基于"多规合一"的空间规划体制的形成,仍面临政府管理体制、管理架构、管理事权等方面的改革与重构。

第三节 我国生态系统可持续性绩效管理面临的空间规划困境

尽管当前我国依托不同形式的自然保护地管理手段,在生态系统可持续性管理方面取得了显著进展,例如,国家公园体制、生态保护红线等,但从整体情况看,仍缺乏系统性的全局把握,系统保护的效应尚未显现,系统性的自然保护地体系建设尚处于探索发展阶段(赵智聪,2016;沈兴兴,2015)。而生态系统的可持续性管理,须建立系统的规划和管理体系,以生态系统理论为指导,在生态系统组成要素管理方面须遵循"山水田林湖草是一个生命共同体"。而科学的空间规划管控体系的建立,是有效落实生态系统可持续性管理的重要支撑,是国家生态系统管理相关政策和战略规划得到有效贯彻落实的重要基础。从我国长期以来的各类型和规模的生态系统管理实践看,生态系统管理在横向上各类型规划数量众多,且相互之间缺乏统筹,纵向的上下级规划部门职能同构现象严重,国家自然保护地管理职能部门分散,国家层面缺乏统筹空间布局的顶层设计。以上因素均通过影响生态系统管理政策的执行和实施效果,从而制约了生态系统可持续性管理绩效的提升。

总体而言,生态系统可持续性管理在空间规划体系建设方面仍存在以下四个方面问题与挑战,它们也是当前我国生态系统绩效管理在空间规划方面所面临的主要困境。

一、横向上生态系统可持续性管理各类规划数量众多且缺乏统筹衔接

在生态系统可持续性管理方面,不同层级的政府和职能部门各自制定了诸多覆盖经济、社会、资源和生态等多个视角的空间规划表达,形成了较为复杂的体系(侯鹏,2017)。其中,作用较为显著的包括全国层面的生态功能区划和主体功能区规划、市县层面的城乡规划、土地利用规划和生态环境保护规划等(李荣,2018)。横向各部门和分行业的规划数量庞杂,难免存在着生态系统管理方面的规划供应过剩(李雯香,2018)。目前,经我国法律法规正式授权进行编制的规划至少有80余种,然而,如此众多的规划之间却常常缺乏有效的协调与相互衔接。例如,在市县层面经常存在规划"打架"的冲突现象,土地利用规划、环境保护规划、水资源保护规划和林地保护规划等在空间管制范围、技术标准、用地规模与布局等方面均存在较多的矛盾与冲突。

二、纵向的上下层级规划部门职能同构现象严重且缺乏双向沟通传导

发达国家空间规划编制的实践经验具有一些值得借鉴的共性特征,表现

为从国家到地方形成了层次清晰、衔接紧密的规划体系。相比较而言,当前我国纵向空间规划层级之间的事权界限较为模糊,上下层级之间的职能同构现象显著,这不仅导致不同管理层级所编制的规划重点不够突出,也降低了规划管理效率(黄勇,2016;谢英挺,2015)。另一方面,我国现行的空间规划体系呈现出复杂的网状结构,主要是由纵向的不同规划层级与横向的不同规划类型交织形成,纵向实行国家、省、市县三级的垂直管理,但往往上下层级的规划沟通不够,空间规划事权界限较为模糊,整体上空间规划管控的绩效提升受到制约(程永辉,2015)。

三、国家层面统筹空间布局的顶层规划设计较为缺乏

由于部门间在规划内容与规划事权方面存在较多的重叠,因此,我国地方层面上的规划"打架"现象较为突出,这也显现出不同部门之间规划的平行衔接模式存在较大的局限性(张骏杰,2018)。然而,在现行的规划体系中,具有法定特性的龙头规划及相关协调部门较为缺乏,因此,亟须完善全面统筹国土空间布局的顶层设计,进而从根源上解决规划"打架"问题。在我国空间规划发展演变历程中,较长一段时间内不同层级的各类空间规划处于缺乏统筹引领的局面。即使在2000年之后出台的一系列国家层面的空间规划,例如《全国主体功能区规划》初步体现了国家层面规划的战略性意义,但真正意义上统领全局的国土空间规划尚未形成。

四、生态系统管理相关职能部门分散,影响规划管理效率提升

当前我国没有统一进行生态系统管理与保护的国家行政部门。国家环保部、国土资源局、水利部、海洋局、农业部等诸多部门均参与治理,整体呈现出"九龙治水"的分散局面(何冬华,2018;钦国华,2016;沈迟,2015)。一方面,长期以来我国生态系统管理相关管理制度的形成总是滞后于各类自然保护地及

自然资源的保护需求,顶层设计往往也随之较晚诞生。另一方面,国家各个与生态系统管理相关的职能部门为寻求自身利益,纷纷自立名头设立保护地头衔(李雯香,2018),形成了同一自然保护地同时具有多个保护头衔的现象。但在实际的管理过程中由于职能部门的分散,保护职能的边缘化严重削弱了保护的力度和保护效率。此外,许多自然保护地存在的"一地多名"的现象,意味着保护地有多个上级保护管理机构,这给自然保护地基层管理工作与统计监管均带来了困难。

第四节　强化我国生态系统可持续性绩效管理的空间规划支撑

国外多数发达国家的空间规划实践体现了一个共性特征,即空间规划体系与行政管理层级设置具有较为一致的对应关系,可以分为国家级的战略性规划、发挥行政双向传递性的区域级规划,以及地方级别的控制性详细规划。国家级的规划多具有长期性,侧重于发展理念和宏观政策的战略指引;区域级的规划多聚焦于对地方级规划进行统筹协调;地方级的规划往往法律效力较强,发挥较强的控制性作用。借鉴发达国家空间规划的经验,我国可以探索建立"横向协同、纵向传导"的空间规划框架体系,以强化生态系统绩效管理的空间规划支撑。

一、空间规划体系构建的重点

我国空间规划体系受行政层级设置的影响具有纵向控制为主的特征,我国近年来在推行"多规合一"试点建设方面的实践表明,目前上下层级规划之间责任边界模糊问题较为突出。因此,在空间规划体系构建的过程中,应重点聚焦于建立有利于纵向传导的双向沟通机制。

(一) 明晰不同管理层级规划事权的划分

在空间规划体系框架中,不同层级空间规划应具有清晰的事权划分、层次分明的规划内容、相互衔接的规划体系,政府的层级、事权和负责的规划应遵循一一对应的原则(蔡玉梅,2018;何冬华,2018)。然而,我国当前在空间规划方面存在两个短板亟须提升:一方面是当前纵向上不同层级部门的"职能同构"导致的空间管控的重点难以突出;另一方面是在规划管理过程中上级政府对地方事务的干预较多(何冬华,2018),表现为权力上行。借鉴国外已有的空间规划体系建立的实践经验,应突出宏观层面综合规划的战略性,适当弱化行政指令,强化统筹协调,促进地方之间的协同合作。针对我国不同地区在社会、经济、生态禀赋等方面的显著差异,探索建立差异化的空间规划绩效考核与管理办法,通过资金、政策、法规等方面的手段,引导地方实现因地制宜发展。此外,为调动地方政府的积极性,应尽量下放规划的编制权、审批权和实施权力,促进地方规划的有效落实。

(二) 建立纵向上下层级之间的沟通协调机制

我国空间规划体系一直以来存在的重要缺陷在于纵向上下级之间控制过度,而相互沟通机制的建立略显滞后,应强化宏观层面综合规划与地方发展规划之间的双向沟通对话机制。具体来说,地方层级的发展规划须与宏观层面的战略规划进行对接并给予反馈;须建立宏观与地方层级在空间规划方面的沟通机制。借鉴试点地区的实践经验,须通过明确规划统筹编制机构,建立上下联动的协调对接工作机制,助力上下层级协同对话机制的形成。

二、建立面向宏观尺度空间治理的部门协同机制

宏观尺度的空间治理应注重探索并建立区域统筹发展的规划框架和管理机制。鉴于当前我国综合性顶层规划体系建设尚处于探索阶段,建议在空间综合规划方面,先聚焦于梳理现行部门规划的总体架构,以探索形成部门协同

机制(苏涵,2015;何冬华,2018)。

(一) 充分发挥宏观层面综合规划的区域协同作用

宏观层面的综合性空间规划主要聚焦于远景谋划,强调规划的战略性与政策导向性。规划边界的严格管控是空间规划的重要内容,在制定国家层面的综合空间规划过程中,可以将市县作为划定政策分区的基本单元,确定各城市的主导功能定位与生态功能特征,明确其生态系统保护的职责与目标要求;在制定省级层面的综合性空间规划时,应以区域规划发展战略为基础,统筹进行空间布局与区域协同。

(二) 构建以"三区三线"管理为主体的空间规划管控机制

构建我国空间管控体系的关键基础是要划定"三区三线"。与此同时,须注重该项工作的开展要与部门管理事权相衔接,明确各管理环节的责任部门,如明确环保部门在负责牵头划定生态保护红线方面的职责、住建部门负责划定城镇开发边界,国土部门负责划定永久基本农田保护的具体边界,以此为主要统筹协调的工作机制,保证建立并适应空间规划事权重叠区域的多部门协作机制,尽量避免各部门存在的规划矛盾与冲突,一定程度上为地方政府各部门解决上级部门的规划分割难题。

(三) 绩效考核机制与激励机制的创新与变革

对国家与省级层面的空间规划管理机制与管理手段应进行改革与调整,须从以行政管理审批为主转向更为多样化的管控机制,如转向空间规划的绩效考核机制、规划督察机制、空间规划权力运行的制约机制及规划生态补偿机制等。在整体的空间规划架构当中,国家层面和省级层面的行政部门对下级规划实施管控的关键内容包括规划边界管控、区域协作的政策引导、开展规划绩效管理,通过建立健全相应的绩效考核机制,强调约束与激励两类机制共同发力,推动空间规划管理的有效落实。

三、地方层面空间规划的创新性探索与变革

地方须积极进行空间规划方面的改革与完善,贯彻并落实国家层面和省级层面的宏观规划要求,在国家宏观管理框架下开展地方辖区范围内的自然保护地保护工作,进行国土空间开发利用与配置,并促进空间规划的变革与完善(谢英挺,2015)。地方层面实施空间规划改革的主导方向:一是探索制定地方层面的中长远期共识性规划;二是在建设与管理方面统筹布局,对城镇建设用地进行统一管理;三是根据各个行政管理部门的管理事权,对空间管制所涉及的各类要素进行梳理,并实施分部门的专项规划,促进分类管理(何冬华,2018)。

(一) 探索并制定指导地方中长远期发展的共识性规划

共识规划具有战略性综合规划的特征,其作用是制定并明晰地方可持续发展的主要原则与长期行动目标,具体执行上位规划的功能定位,并落实全局性功能发展。此类规划在形式上往往具有多样性,如城市空间战略规划、战略性远景规划,以及其他类型的社会经济发展总体规划等。

(二) 实施建设与管控的全局统筹

以执行并响应上一层级空间规划要求为任务目标,依托地方已经形成的相关发展规划与共识规划,积极落实行政管理范围内的"三区三线"划定工作,对下级管理部门的各类型专项规划进行统筹协调,形成空间管制条件相互叠加的全域空间发展规划管理布局。在以生态保护红线为边界的生态保护空间内,应细化国家公园、饮用水水源保护区、湿地保护区、森林公园等生态系统组成要素的空间边界和质量控制指标;在城镇化发展的空间边界范围内,须严格落实城市公共服务和基础设施建设、产业发展空间和城市生活居住功能空间等;在农业与农村发展空间范围内,永久基本农田保护工作须得到落实,村庄

建设用地边界得到管控等。

（三）探索各类生态环境要素管理分部门规划并加强统筹

在地方共识规划的统筹下，根据各部门职能编制相应的专项规划，包括诸如土地整治专项规划、林业保护方面的规划、生态环境保护与水资源保护方面的规划等不同部门负责的规划，以共同实现地方法定空间规划体系建设的完善，实现与部门管理事权相衔接的生态环境要素分类管理模式。但在分部门规划的同时须遵循"山水田林湖草是一个生命共同体"的生态文明思想，加强从规划的角度强化生态系统管理的科学性。

第八章 生态系统可持续性绩效差异化考核管理

实施生态系统可持续性绩效考核管理是落实生态系统保护责任、提高生态系统质量的有效手段,在厘清生态系统保护的权责体系及划定生态系统保护的空间边界之后,需要构建差异化的绩效考核管理机制,评估生态系统可持续性绩效管理水平,为优化生态系统可持续性绩效管理措施提供依据。

第一节 生态系统可持续性绩效考核框架

我国生态系统可持续性绩效考核是由国务院主管部门围绕生态系统可持续性水平,对地方职能部门的生态系统管理行为和管理成效进行评估、考核、管理。因此,生态系统可持续性绩效考核框架由考核主体、考核客体、考核内容、考核周期构成(图8-1)。

一、考核主体

考核主体即生态系统可持续性绩效考核的评估主体,包括政府主管部门、

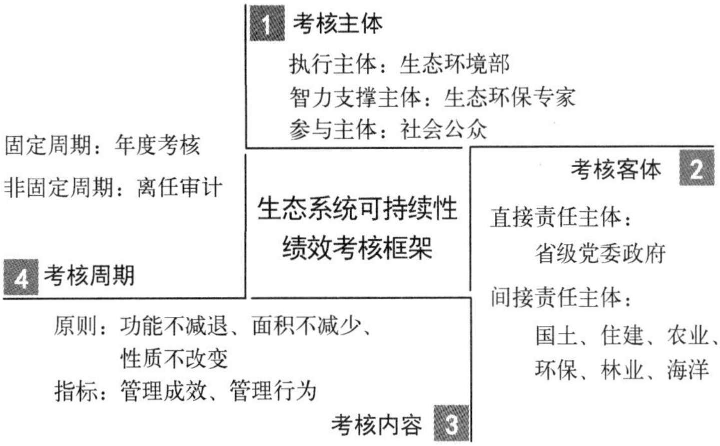

图 8-1　生态系统可持续性绩效考核框架

生态环保专家、社会公众等多元化考核主体,提升生态系统可持续性绩效考核管理的公众参与水平、绩效评估专业化水平,推动绩效评估考核结果的应用。(1)生态环境部是执行主体,牵头负责环保目标责任制工作,制定生态系统可持续性绩效总体考核方案,设计不同类型生态系统可持续性绩效考核指标,制定不同类型生态系统可持续性绩效考核的具体实施细则,牵头推进生态系统可持续性绩效考核工作。(2)生态环保专家是智力支撑主体,由生态系统保护各领域的专家组成专家组,确保评估体系的科学性、可行性以及评估结果的可靠性。(3)社会公众是参与主体,反映社会公众对生态系统可持续性管理的意见、对生态产品供需情况的满意程度。

二、考核客体

考核客体即接受生态系统可持续性绩效考核的部门。我国生态系统可持续性绩效考核对象主要是各省份对生态系统负有管理、监督责任的机构。我国生态系统管理在空间上表现为对各种类型的自然保护地的管理,而我国自然保护地具有多种类型,如自然保护区、国家森林公园、国家地质公园等,分属国土、住建、农业、环保、林业、海洋等不同部门管理,从国家层面直接对上述部门分别进行生态系统可持续性绩效考核的可行性较低。根据分级考核管理原则,应将省级党委和政府确认为各地生态系统管理工作的直接责任主体,是国家开展生态系统可持续性绩效考核的考核对象。

三、考核内容

考核内容即生态系统可持续性管理成效。生态空间是生态系统结构所占据的物理空间、代谢所依赖的区域腹地空间,以及其功能所涉及的多维关系空间,生态系统管理是在确保生态空间面积不减少的基础上,提高生态系统服务功能。因此,生态系统可持续性管理成效主要体现在生态空间面积、生态系统服务价值的改善幅度上,考核内容包括功能、面积、性质三个方面:(1)功能:考核生物多样性是否减少,生态系统服务功能是否发生退化;(2)面积:考核生态空间是否被经济活动侵占,规模、数量有无发生变化;(3)性质:考核生态空间用地性质是否发生变化。

四、考核周期

考核周期是指介于生态系统可持续性绩效管理计划的制订和绩效考核完成之间的一段时间。考核周期的选择对生态系统可持续性绩效管理的影响较大,考核周期过长,生态系统管理中存在的问题不能得到及时反馈,生态系统绩效管理达不到预期效果;考核周期过短,许多生态系统管理活动的效果尚未体现,难以客观反映生态系统管理成效,数据收集获取的成本也较高。因此,根据生态系统管理需要,生态系统可持续性绩效管理的考核周期可采取两种不同方式,一是固定考核周期,即年度考核;二是非固定考核周期,即领导干部离任审计。

第二节 生态系统可持续性 绩效评估指标体系

不同区域的生态系统类型有很大差异,在进行生态系统可持续性绩效评估时,需要根据具体省份的自然生态实际,构建评估体系。

一、考核评估原则

生态系统具有综合性特征,因此可用于评价生态系统管理成效的指标数量较多,在构建生态系统可持续性绩效评估体系时需要遵循相应的原则,使评估体系符合差异化评估需求。

一是目标导向的评估原则,由于不同地区生态系统的本底条件不同,生态系统保护的目标和要求有所差异,生态系统可持续性管理应围绕生态系统功能定位、生态安全要求等内容,设定科学合理的管理目标,绩效评估应以管理目标完成情况为评估内容。

二是指标数据可获取原则,生态系统数据很难通过现有的统计体系获得,有关生态系统的功能、质量数据需要通过业务部门的调查监测获得,这就要求所选指标数据获取具有可行性,同时为了使评估结果在年际间和区域间具有可比性,指标数据的统计口径和标准需要保持一致。

三是生态功能差异性原则,生态系统具有重要水源涵养、生物多样性维护、水土保持、防风固沙、海岸生态稳定等多种生态功能,不同生态功能的生态系统在管理基础、外部环境、管理目标方面具有很大差异,评估体系需要考虑各生态功能之间的差异性。

四是过程与结果统一原则,开展生态系统可持续性绩效管理,既要使生态系统保护符合相应的目标要求,也要使管理过程中各项管理行为符合规范,因此生态系统可持续性绩效评估需要做到管理行为与管理结果全考核,实现二者统一,这也是最大程度反映地方生态系统可持续性绩效管理工作成效的客观要求。

二、考核评估体系

《关于划定并严守生态保护红线的若干意见》指出,管控不同类型重要生态空间的目标是确保生态功能不降低、面积不减少、性质不改变,以此维护国家和区域的生态安全。上述要求同样是生态系统可持续性绩效管理的目标要求,因此,生态系统可持续性绩效差异化评估体系可以从生态服务功能、生态空间面积等领域入手。生态系统绩效考核指标设计宜简不宜繁,根据目前的研究成果,生态系统服务功能价值通过生态空间面积乘以相应的系数得到,因此从变化趋势来看,生态服务功能和生态空间面积是紧密相关的,再加上生态系统可持续性管理,需要良好的生态保障能力和环境质量,生态系统可持续性绩效评估体系总体上可以从生态空间面积、生态环境质量、生态保障能力三个方面构成(表8-1),具体评价指标则根据不同省市生态系统实际情况进行筛选完善。

表 8-1 生态系统可持续性绩效评估体系

评估主题	评估领域	具体指标
生态系统可持续性绩效评估指数	生态空间面积	森林面积 草地面积 农田面积 湿地面积 湖泊面积 河流面积 荒漠面积 ……
	生态环境质量	空气质量优良率 酸雨频率 集中式饮用水源地水质达标率

续　表

评估主题	评估领域	具体指标
生态系统可持续性绩效评估指数	生态环境质量	Ⅲ类及优于Ⅲ类水质占比 土壤环境质量 生态环境状况指数 人均公共绿地面积 ……
	生态保障能力	生态环保支出占 GDP 比重 城市污水处理率 污染治理设施运行率 ……

三、评估结果应用

对构建的生态系统可持续性绩效评估体系采用综合指数法进行评估,首先是将所有指标数据进行标准化处理,将不同量纲数据转化为介于[0—1]范围的数据,然后利用熵值法求得各个指标的权重,加权求和最终得到一个无量纲的综合指数得分,再根据综合指数分值将生态系统可持续性绩效管理水平分为"好""较好""一般""较差""差"等级,以便于生态系统相关管理部门和社会公众对评估结果的理解和使用。

第三节　生态系统可持续性绩效考核管理流程

参照 P(计划)、D(执行)、C(检查)和 A(处理)的质量管理流程,生态系统可持续性绩效考核管理是一个包含多个环节的管理行为,总体上可以分为设定管理目标、厘清管理职责、选择考核模式、确定考核标准、反馈考核结果等环节,具体见图 8-2。

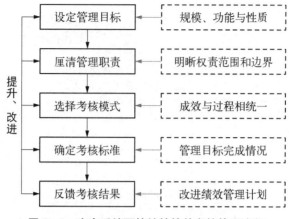

图 8-2　生态系统可持续性绩效考核管理流程

一、设定绩效管理目标

根据生态系统可持续性绩效考核的实施程序,要明确绩效管理目标。对生态系统管理目标进行层层分解,明确各省份生态系统管理应实现的规模数量目标、功能质量目标、性质保护目标等。并与考核对象沟通,使考核客体确认自身职责权限内的生态系统管理工作重点及需要达到的目标,使每个被考核的对象理解、接受考核目标。

二、厘清绩效管理职责

根据区域在考核期内生态系统可持续性管理目标,细化生态系统管理工作任务,依据生态系统管理中的产权体系,界定地方政府在生态系统可持续性绩效管理中应承担的责任,明晰生态系统可持续性绩效管理工作的权责范围和边界。不同类型生态系统具有其独特性,明确不同类型生态系统可持续性绩效管理对应的职能部门的工作职责,避免权责不清、相互推诿。

三、选择绩效考核模式

生态系统管理是一个包括计划、实施、调整、提升等多步骤的管理行为（赵云龙，2004）。因此，生态系统可持续性绩效考核不仅考核管理结果，也应对管理行为进行考核，客观、全面反映地方生态系统管理水平，需要构建"管理成效＋管理行为"的生态系统可持续性绩效考核模式，生态系统管理绩效综合得分由管理成效分值和管理行为分值组成，管理成效体现在生态空间规模、生态系统服务价值、环境质量等方面的成效，管理行为体现在生态环保投入、基础设施建设等领域。

四、确定绩效考核标准

考核标准的制定要以合理的考核指标为基础。因此，在构建考核指标时须以目标考核、量化考核、全面考核为准则，目的是提高生态系统服务功能，维护地区生态安全，全面客观反映地方生态系统管理行为及其取得的成效。具体说来，以生态系统面积和功能的改善情况为考核标准。

五、反馈绩效考核结果

将考核结果直接反馈给被考核对象，并由考核执行部门与被考核对象进行沟通。将考核结果作为安排财政转移支付和发展资金的重要依据，对生态系统可持续性管理成效显著的省市提出奖励办法，对违反管理要求、造成生态系统问题的省份应提出相应的罚则。同时依据考核结果，生态环境部与各省份被考核对象共同修订今后的生态系统可持续性管理目标及方法，考核执行主体也需要根据反馈意见修订考核指标及标准，制定新的绩效管理计划。

第四节　崇明生态系统可持续性
绩效评估实证分析

　　崇明是上海市的一个区,为上海市提供了约40%的生态资源和50%的生态服务功能。[①] 当前崇明正在建设世界级生态岛,以崇明为例评估其生态系统可持续性绩效管理水平具有代表性。崇明位于长江入海口,滨江临海,根据崇明实际生态系统特征及其为人类提供生态系统服务种类的不同,将崇明生态系统分为四种类型,分别为森林、农田、淡水和滩涂(图8-3)。

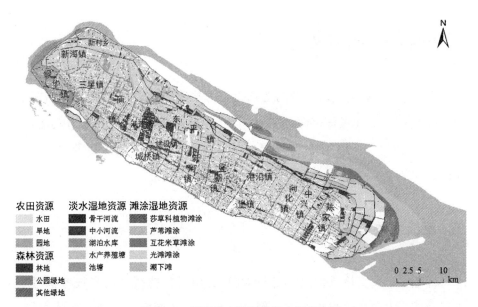

图8-3　崇明生态资源类型空间分布图

　　根据相关规划,到2020年,崇明生态环境要素品质不断提升。因此,根据崇明生态系统特点,结合生态系统可持续性绩效评估体系的三个方面,构建崇

---

　　① 上海市人民政府:《崇明世界级生态岛发展"十三五"规划》(2016),http://www.shdrc.gov.cn/xxgk/cxxxgk/27094.htm。

明岛生态系统可持续性绩效评估体系(见表8-2)。生态环境质量和生态保障能力数据来自《崇明统计年鉴2016》。森林、农田、淡水水域和滩涂湿地数据来自2013年和2015崇明岛遥感图像。

表8-2　　　　　　　　生态系统可持续性绩效评估体系

评估主题	评估领域	具体指标	单　位
生态系统可持续性绩效评估指数	生态空间规模	森林面积 森林蓄积量 农田面积 滩涂湿地面积 河道长度 淡水水体面积	万公顷 万平方米 公顷 万公顷 千米 平方千米
	生态环境质量	大气总悬浮微粒年日平均值 酸雨发生次数 饮用水源地水质达标率 人均公共绿地面积 地面水质达标率	毫克/立方米 次 % 平方米 %
	生态保障能力	生态环保支出占GDP比重 每十万人拥有生态监测人员 城镇污水处理率 单位增加值能耗 污染治理设施运行率	% 人 % 吨标煤/万元 %

经过计算,2013—2015年崇明生态系统可持续性绩效指数得分为0.928、0.937、0.979,可见在世界级生态岛建设目标要求下,崇明生态系统可持续性水平不断提升,已处于较高的发展水平。而且2015年绩效指数得分提升幅度增大,表明近年来崇明生态系统管理取得良好成效,总体上往好的方向发展。

不过从生态空间规模、生态环境质量、生态保障能力三个分领域来看,2013—2015年间,生态环境质量、生态保障能力改善幅度相对较大,对生态系统整体绩效水平贡献较大。生态空间规模得分变化不大,在经济增长的影响下,生态空间面积的维持和增加面临不小的压力。

根据绩效考核结果的反馈来看,生态空间保护将是未来崇明生态岛建设

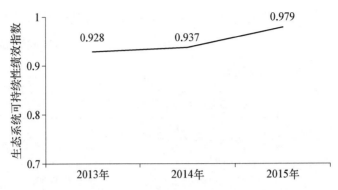

图 8 - 4 2013—2015 年崇明生态系统可持续性绩效指数

的重要内容之一,只有努力实现生态空间只增不减,才能保证生态系统服务功能的正常发挥,不断提高生态系统服务价值,这为崇明制订下一步生态系统可持续性管理计划指明了方向。

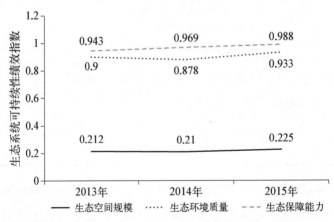

图 8 - 5 2013—2015 年崇明不同领域指数得分情况

第五节 提升生态系统可持续性绩效管理水平的对策建议

我国生态文明建设进入新时代,需要建立一个中国特色的生态系统可持续性绩效管理体系,通过法制建设、信息平台建设、完善人才培养与监督机制等来不断健全我国生态系统可持续性绩效管理体系,从而提高生态系统保护效率,更好地维护国家和区域生态安全。

一、推进生态系统绩效管理法制建设

我国生态系统保护制度的发展路径是先出台规章条例,随着实践的完善,再立法跟进。生态系统绩效管理停留在政策、规章的层面远远不够,需要上升到立法层面。

首先,制定《生态系统绩效考核管理办法》,明确生态保护红线绩效考核的考核主体、考核对象、考核内容、考核流程。强化生态环境部门对生态系统可持续性绩效的统一考核,重点对生态系统的保护成效开展科学评估、考核、监督和管理。搭建包括绩效计划制订、绩效计划实施、绩效评估、绩效反馈提升等环节在内的生态系统可持续性绩效管理流程。

其次,随着绩效管理实践的不断完善,推进生态系统可持续性绩效管理立法。一方面,将绩效管理主体和客体、内容和指标体系、方法和程序、法律责任等以法律形式固定下来,规范生态系统可持续性绩效管理行为,更加有利于落实生态系统可持续性绩效管理措施。另一方面,发挥法律所具有的约束性、导向性作用,减少人为主观因素对绩效管理的干扰,引导生态系统可持续性绩效管理的发展方向,维护生态系统可持续性绩效管理的正常秩序,提高生态系统保护整体水平。

二、建立生态系统功能信息监测平台

开展生态系统可持续性绩效管理,需要有完备的数据支撑,其前提是建设有效的生态系统监测评估平台,量化生态系统管理信息,摸清各类生态系统权属、边界范围、生态特征等基本信息,对生态系统服务功能进行监测与评估。

一是搭建生态系统功能信息监管平台,依托遥感和地面监测等技术手段的协同,实现生态系统管理成效的定期监测和评估,将监测评估数据纳入生态系统可持续性绩效管理信息系统,为开展生态系统可持续性绩效管理提供数据支撑。

二是编制自然资源资产负债表,优先核算森林、耕地、湿地等生态系统的生态资产数量、质量和开发强度,编制各地区自然资源资产负债表,将地方自然资源资产的变动情况作为生态系统绩效考核的重要依据,为年度保护计划制订、管理、资金安排提供信息基础、监测预警和决策支持。

三是建立生态系统管理信息社会化查询服务系统,构筑生态系统管理信息电子化平台。一方面可以更为迅速及时地传递生态系统可持续性绩效管理信息;另一方面为公民参与生态系统可持续性绩效管理提供信息条件,提高生态系统管理监督的公众参与水平。

三、科学设置生态系统绩效评估体系

我国地域广阔,生态系统类型多样,生态系统可持续性绩效评估体系要充分考虑不同地区、不同类型生态系统管理的现实条件和基础,在指标构成和目标要求上需区别对待,突出不同类型生态系统管理目标差异和维护全国生态安全的总体要求,避免绩效评估指标"一刀切"。

一是按照国家主体功能区规划的要求,突出目标导向,围绕地区生态系统管理目标设置指标体系,根据不同地区生态系统功能差异进行分类,合理设定不同区域生态系统可持续性绩效考核指标和权重,最大化体现不同类型生态系统可持续性绩效管理的特征。

二是定期绩效考核与非定期绩效考核的有机结合。根据生态系统发展的多变性,调整绩效考核周期和方式,将定期评估与非定期评估相结合。定期评估考核有助于制定区域生态系统保护规划、财政转移支付方案等,评估生态系统保护成效,为地方制定保护规划提供依据;非定期评估结合领导干部离任审计,强化各级领导干部对生态系统保护的责任。

四、建立健全绩效管理评估监督机制

生态系统可持续性绩效考核事关不同地区的切身利益,且绩效管理过程中牵扯的领域和责任主体众多,需要构建多元参与的生态系统可持续性绩效管理主体体系,建立健全绩效管理评估监督机制。

一是引入第三方监督机制。针对当前环保督查、自然保护地管理评估工作中所暴露出的问题,我国可以根据实际情况以及生态系统可持续性管理所存在的问题,建立一套客观、公正的生态系统可持续性绩效管理评估机制,重要的是应引入第三方监督机制。第三方主体主要包括:专家学者、生态环保机构、社会公众等,助力提升生态系统可持续性绩效管理的公开透明。

二是鉴于我国生态系统可持续性管理尚处于发展完善阶段,在当前注重管控型管理的基础上,还应发展激励型生态系统可持续性绩效管理,建立奖优罚劣的管理结果运用流程,将生态系统可持续性绩效评估结果与加强和改进生态系统保护工作结合起来,改变重评比、轻诊断,重奖惩、轻改进的管理流程,注重反馈生态系统绩效评估结果,加强公众对绩效评估结果反馈使用的监督,提出改进意见,促进被考核评估的责任主体持续改进生态系统保护工作。

五、实施生态系统分级分类绩效管理

根据制度变迁理论的相关研究,必须设计适当的产权制度,以激励相关主体从事生态系统管理所需要的活动。完善产权制度的重要前提是必须明晰界定各类生态空间产权,以减少不确定性因素和"搭便车"行为的可能性。清晰界定各类生态系统保护空间的产权主体,划清不同层级政府行使所有权的边界,明晰生态系统保护地产权主体,按照产权主体确定生态系统可持续性绩效管理的层级,开展生态系统分级分类绩效管理。

一是改变传统的按照生物多样性重要程度确定的生态系统分级管理模式,实行按照各类生态系统空间单元产权关系确定的分级管理模式,在此基础上针对不同区域的功能特色,按照分级评估体系进行生态系统分级绩效管理,适当增加维护生态安全成效方面的考核管理,突出特色。鉴于我国生态系统管理采取综合监管与部门管理相结合的管理模式,分级绩效管理中还需要厘清各级综合部门与主管部门之间的权责关系,客观合理地评定各级部门生态系统保护绩效。

二是开展生态系统可持续性绩效分类管理,突出不同地区、不同类型生态系统可持续性管理目标差异和全国生态安全布局的总体要求,制定不同类型生态系统可持续性绩效评估体系,避免"一刀切"和一把尺子量到底的现象。

第三篇　污染防治绩效评估与管理体系

我国环境污染防治经历了末端治理到系统性综合治理的转变历程,在末端治理为主的阶段,以目标管理为主要方式的污染防治绩效考核和管理模式在我国环境污染治理的初期发挥较大作用。随着主要污染物排放得到有效控制,通过设定污染排放的总量、考核政府环境污染防治工作的模式,已经难以适应污染防治的新形势,在系统性综合治理和长效机制建设的背景下,仅通过污染物总量控制不仅难以实现改善环境质量的目标,也难以适应更加复杂和系统的污染防治工作的需要,迫切要求我国对污染防治绩效考核和管理体系进行改革和创新。本篇从污染防治绩效管理的特点出发,基于系统分解和重构的思路,重构污染防治绩效管理体系。提出增加以排污许可制为核心的污染信息的采集和处理体系,将绩效反馈环节扩展为包含奖惩激励、辅助决策、修正反馈三方面内容的结果运用机制,推动绩效监督评估主体多元化的污染防治绩效管理体系。

第九章　污染防治绩效评估的理论渊源

　　污染防治是环境保护最重要的方面,环境保护最初的工作任务就是"三废"的治理。在以末端治理为主的环境保护阶段,我国的环境保护工作重点就是污染物减排和污染治理,环境绩效在很长一段时间甚至被等同于污染防治绩效。但污染防治工作也有其自身的特点,相比生态建设和资源节约工作,污染防治的结果导向更加明显,对数据和信息的要求更高,涉及的主体更加复杂,因此现阶段不能简单地将污染防治绩效等同于环境绩效,而应根据其特点进行针对性的研究。

第一节　污染防治绩效评估的时代意义

　　我国环境污染防治经历了末端治理到系统性综合治理的转变历程,在末端治理为主的阶段,以目标管理为主要方式的污染防治绩效考核和管理模式在我国环境污染治理的初期发挥较大作用。但随着我国生态文明建设进入攻坚期,主要污染物排放得到有效控制,通过设定污染排放总量考核政府环境污染防治工作的模式,已经难以适应污染防治的新形势,在系统性综合治理和长效机制建设的背景下,仅通过污染物总量控制不仅难以实现改善环境质量的目标,也难以适应更加复杂和系统的污染防治工作的需要,污染防治绩效考核和管理体制的改革迫在眉睫。

一、现行的政绩考核体系难以适应可持续发展的基本要求

长期以来,我国对地方政府官员的考核主要是围绕 GDP 展开的,各级政府长期以经济建设为重点,将污染防治视为发展的桎梏,为了使自己利益最大化,官员在执政过程中必然尽一切可能推动 GDP 增长,"重发展、轻环保,重短期、轻长远"的政绩观导致污染防治工作的重视程度不够,推进力度不足。2011 年中国 GDP 占全球 1/10,却消耗了全球近 60% 水泥,49% 钢铁和 20.3% 能源,碳排放全球第一,30% 河流水质属于 IV 类以下,76% 重点监控城市空气质量不达标。环境污染问题不仅影响了民众的健康,也导致高污染产业获得额外的利益、资源的消耗巨大,采用清洁生产技术的产业竞争力不足,严重制约了我国产业结构的升级,经济增长的新动能不足,增长模式难以持续。

在这一背景下,推动政绩考核体系变革已经成为全面深化改革的重点领域。习近平总书记在全国环境保护大会上指出,"摒弃以 GDP 论英雄的政绩观,把生态责任落到实处","要建立科学合理的考核评价体系,对损害生态环境的领导干部终身追责"。完善污染防治绩效体系,一方面能够明确各级政府的污染防治责任,形成约束机制,另一方面也能够准确衡量政府在推进污染防治工作中的成效,让各级政府认识到"保住绿水青山也是政绩",从而激励各级政府主动作为。近年来,国家相继出台了《关于建立促进科学发展的党政领导班子和领导干部考核评价机制的意见》《地方党政领导班子和领导干部综合考核评价办法(试行)》《关于开展政府绩效管理试点工作的意见》等,将环保指标作为对领导班子和领导干部综合考核评价的重要依据。2013 年 11 月,党的十八届三中全会《关于全面深化改革若干重大问题的决定》明确指出"要对限制开发区域和生态脆弱的国家扶贫开发工作重点县取消地区生产总值考核,对领导干部实行自然资源资产离任审计"等,这代表了政府考核问责的重要走

向。2013年12月9日,中组部印发《关于改进地方党政领导班子和领导干部政绩考核工作的通知》,进一步要求不搞地区生产总值及增长率排名,加大资源消耗、环境保护、消化产能过剩等指标权重。干部任职不再只是以GDP论政绩,而要更注重考核其所管理的资源环境是否得到有效保护。

二、污染物总量减排模式难以适应公众对环境质量改善的诉求

总量考核对推动污染防治发挥了历史作用,在一段时间内成为实现主要污染物下降的有力抓手,对部分传统污染物浓度下降功不可没。但以污染物总量控制为抓手的污染防治模式仍然沿用"末端治理"的思路,随着污染物排放总量的大幅下降,总量控制对环境质量改善的效果越来越有限。由于未能全面、系统、科学地建立起污染物排放与环境质量之间、污染防治措施所需资金投入与取得的环境效益之间的定量关系,以及实现城市环境质量目标与分步削减污染物排放总量之间的定量关系,导致污染物防治的源头治理难以跟上,出现总量减排目标实现,环境质量仍然难以改善的现象。此外,以总量控制为代表的污染治理导向的环境管理模式,多基于人工核算得出的污染物排放总量或削减量进行考核,考核过程受人为因素干扰较多,如指标单一、统计范围不全、企业提供数据可能不实、瞬时监测数据推算一段时间排污总量不客观等多种问题,其减排成效往往不能与公众直观感受相一致。

为此,继国家环保部和国家质量监督检验检疫总局于2012年2月联合发布《环境空气质量标准》(GB 3095—2012),国务院于2013年9月发布了《大气污染防治行动计划》,并在总体要求中明确提出"总量减排与质量改善相同步",提出"将重点区域的细颗粒物指标、非重点地区的可吸入颗粒物指标作为经济社会发展的约束性指标,构建以环境质量改善为核心的目标责任考核体系"。目前从国家到地方已相继出台了《清洁水行动计划》《土壤污染防治计划》,从环境空气、水环境到土壤环境一系列以环境质量改善为导向的管理要求提升,越来越坚定地指明,环境责任考核要从末端转向源头,从单一转向协

同,需要进一步强化环境质量标准的导向作用,以环境质量标准倒推规划目标,依据规划目标科学确定重点任务,根据任务需求合理配置管理资源,探索建立"结果导向型的环境治理机制"。特别针对城市环境与发展的突出矛盾,要以环境保护作为重要抓手和突破口,着力解决城市规模的承载力匹配矛盾、结构性问题,以及城市布局导致的环境风险隐患等问题。

三、传统的污染防治机制难以适应新阶段生态文明建设的要求

现阶段我国的环境治理体系仍然以政府为主体,以管制和约束为主要方式。政府在推进污染治理中,往往以达成上级分解的减排指标为主要工作目标,对污染的源头治理、产业绿色转型等工作重视不足,甚至出现为了应付督查暂时关停企业的行为,难以形成长效机制。在传统的污染防治机制下,政府承担了污染防治的全部责任,企业作为污染防治主体的责任不明确,难以运用法律手段和经济手段对企业的行为进行引导和约束。经过多年的生态环境治理,我国现阶段恶性环境污染事件已经大幅减少,但是整体环境质量仍然不高,民众对生态环境改善诉求仍然难以满足,这也表明突击式、战役式的环境污染防治工作已经难以实现环境质量整体改善的目标,环境污染防治进入攻坚克难、系统推进的新阶段。

习近平总书记在全国环境大会上对我国生态文明建设的阶段做出了准确判断,即"生态文明建设正处于压力叠加、负重前行的关键期,已进入提供更多优质生态产品以满足人民日益增长的优美生态环境需要的攻坚期,也到了有条件有能力解决生态环境突出问题的窗口期"。"三期叠加"的特殊历史阶段,既对污染防治提出了新要求,也为深化污染防治制度改革创造了条件。以绩效管理为抓手,一方面能够准确衡量各级政府在污染防治和环境保护工作中的成绩,有效地激励政府主动作为、积极作为。另一方面也能够将污染防治工作制度化,将污染防治绩效的评价、管理、修正等各个环节制度化、明细化,为完善生态文明建设的长效机制提供支撑。以绩效评价和管理为切入点,完善

污染防治绩效管理体系,实现了污染防治工作的可量化、可对比,从而为运用法律手段提供依据,为建立市场交易体系创造了条件,能够充分发挥企业和民众作为污染防治主体的作用,改变目前以政府为单一主体推动的污染防治模式。

第二节　污染防治绩效评估的概念内涵

一、污染防治绩效

污染防治绩效与企业的环境绩效不同,是以政府为评价和管理的对象,作为政府绩效考评的一个重要方面。高小平(2011)认为,可以将中国绩效管理逻辑地引申概括为创效式绩效管理,中国绩效管理是对政府在履行职能、行使公共权力、完成工作目标过程中的结果和效益进行的全面评估,其评估的重点在于政府部门常规日常工作、政府重点工作目标任务,公务员业绩评价,其强调政府部门和公务员行为的积极性和创造性的发挥。董战峰等(2013)认为,环境绩效是指组织机构基于环境方针、目标和指标,控制其环境因素所取得的可测量的环境管理系统成效。环境绩效是一种表现行为,也是一种行为结果,可以是过程行为,也可以是管理终端行为。环境绩效可以是基于目标的环境绩效,也可以是基于历史的环境绩效;可以是基于过程的环境绩效,也可以是基于结果的环境绩效。环境绩效的内涵与不同利益相关方对环境绩效的认识和定位有直接关系,环境绩效评估内容与评估主体关注的环境绩效定位有直接关系。刘立忠(2015)认为,环境绩效是指一个组织基于其环境方针、目标、指标,控制其环境因素所取得的可测量的环境管理体系成效。环境绩效用来表示与工作努力程度和工作质量有关的实际环境后果。企业环境绩效,是指企业经营活动中由于环境保护和治理环境污染取得的成绩和效果。综上所述,污染防治绩效是政府管理在污染防治工作方面的具体化,主要用以衡量政府污染防治工作中的履职情况,完成上级污染防治目标的情况,污染防治工作的效率,以及公众实际获得感,是对政府的污染防治工作进行考核、管理的重要指标和工具。

二、污染防治绩效管理

污染防治绩效管理是污染防治绩效工作的延伸和运用,是对政府污染防治工作进行评价和监管的重要举措。从实现的过程来看,污染防治绩效管理通过运用一系列环境政策工具,激励和约束政府、企业和公众等各方主体的行为,从而实现减少污染物排放、提高环境质量的目标。张坤民(2007)、王红梅(2016)等将我国的环境政策工具分为"命令—控制型工具、市场激励型工具、公众参与型工具和自愿型工具"四种类型。其中,命令—控制型工具是指国家行政管理部门根据相关法律、法规、规章和标准,对生产行为进行直接管理和强制监督。市场激励型工具是通过收费或补贴的方式,运用显性的经济激励,推动企业在排污的成本和收益之间进行自主选择,决定企业的生产技术水平和排污量。公众参与型工具主要是通过社会公共舆论、社会道德压力、劝说等措施间接推动相关环保法律、法规、技术标准得到更严格的落实和执行。自愿行动型工具主要是指公众、企业、民间组织根据自身对于可持续发展的认识,自发开展的一系列在生产和生活中减少自然资源消耗和浪费的自愿型环境保护行动。综上,本研究认为,污染防治绩效管理应当是以污染防治绩效为主要手段,通过运用各种环境政策工具,对污染防治工作进行的评价、监督、激励、约束等一系列管理行为。

三、污染防治绩效评估的理论基础

现有对污染防治绩效的研究更加侧重绩效评估的研究,评估指标体系的构建思路各不相同,对绩效管理的研究相对较少,对绩效管理的结果运用机制、反馈和修正机制多见于政府绩效的研究,以污染防治绩效为对象的研究较为缺乏。本研究认为,应当从更加系统的视角展开污染防治绩效研究,应用管理学中的系统论和信息论对污染防治绩效管理体系的构成、流程进行分析。同时也要运用政府绩效管理的具体理论对绩效管理的某个阶段进行指导。我国污染防治绩效评估与管理按照戴明循环(Deming cycle)也可分为计划、实施、评估和改进四个阶段。按照各种理论起到的指导作用以及指导方式的不同,可将其分为基础性理论和具体应用理论两部分,基础性理论是指在评估和管理的全过程都为其提供指导和支持的主要理论,包括系统论和信息论;具体应用型理论是指在具体的某个阶段直接为该阶段提供理论支撑的相关理论,主要包括在计划阶段起到理论指导的目标管理理论,在实施和改进阶段提供指导思想的公共受托环境责任理论,以及在评估阶段作为重要思想内核的利益相关者理论,两部分理论相辅相成,共同奠定了我国污染防治绩效评估与管理的理论基础。

(一)系统论

污染防治绩效评估与管理涉及大气、水、土壤等多个领域,需要公众、企业、政府等多个主体参与,是一个包含诸多内容、内在联系紧密的科学严谨的系统,需要运用系统论提供理论指导。系统论可以为设计地方污染防治绩效管理体系提供观念上的指导,以整体系统最优化的观念来设计更科学合理的污染防治绩效管理体系,也有助于从战略高度对政府污染防治绩效管理体系进行研究,以促进环保战略规划的实现。

系统论主要研究系统的一般结构和规律,具有一定逻辑和数学性质。系统中的各要素在系统中均承担着特定功能,并且要素之间相互联系,不可分割(段钢,2007)。将所研究和分析的对象看作一个完整的系统,剖析其功能,研究其内部之间的相互关系和主要变化规律,是系统论的核心和关键。系统管理是将特定组织当作一个整体的系统进行经营和安排,是以整个系统和特定目标为核心,主要关注系统的客观效果和取得的客观成绩。

（二）信息论

在政府污染防治绩效管理过程中，会面对大量的信息和各种数据，这就要求污染防治绩效考核主体对各类信息进行有效采集、分析、取舍并使用，从而对政府污染防治绩效进行合理控制，将实际产出与污染防治绩效标准进行比较，发现并分析存在的问题，采用相应的措施来修正。同时，在污染防治绩效评估和管理中，信息反馈也是一个不断循环的过程，从环境污染防治绩效规划、实施、监测、评价以及修正，均需要科学、准确、有效、及时的信息进行判断和评估。

申农和维纳在 20 世纪 20 年代从通信和控制论的角度提出"信息"的概念。就前者而言，"信息是人们对事物了解的不确定性的减少或消除"；就后者而言，"信息是控制系统进行调节活动时，与外界相互作用、相互交换的内容"（周景坤，2009）。为了促进信息流的通畅以及保证某特定信息系统的有效性，信息管理系统通常要对组织内部和外部信息进行快速有效地收集、加工、分析和使用（胡君辰，2008）。在具体的管理系统中，信息反馈指管理者与被管理者之间通过各种数据、指令等建立联系，进而为管理系统更好地运转和实施提供重要参考。对于污染防治绩效评估和管理系统而言，信息反馈也是一种重要方法和手段，其中，污染防治绩效评估和考核主体，通过信息管理系统获得、分析相关信息，对实施效果进行全面准确的判断，并做出正确决策，从而有效地协调污染防治绩效考核系统的活动。

（三）目标管理理论

目标管理是我国绩效评价和管理中应用最为广泛的环节，现阶段我国政府绩效考核多将目标作为污染防治绩效考核的标准，通过与目标的对比衡量政府绩效。同时只有通过绩效考核与评估，才能有效判断污染防治绩效管理目标的进展情况，并制定相应措施，从而实现污染防治绩效管理的战略规划目标，达到目标管理的要求和效果。因此，本研究以目标管理理论作为污染防治绩效管理的理论基础之一。

1954 年,德鲁克提出的目标管理理论,主要从三个方面进行阐述：（1）目标在组织中的重要性。"目标在一个组织中具有非常重要的作用,没有了目标就像轮船没有了罗盘"（李睿祎,2007）。在理论层面,"目标"有助于解释很多企业现象；在实践层面,目标可以检验工作成效,同时还可作为评价决策的标准。（2）怎样确立目标。德鲁克指出,制定目标要具体化、具有超前性,具有平衡性,还要注意目标之间的逻辑顺序。（3）目标管理的成果检测——通过测评实现自我控制（李睿祎,2006）。这种控制方式是通过回馈信息不断加强管理的一种主动的控制方式。在污染防治中运用目标管理理论有利于确保污染防治绩效评估与管理体系按照目标管理的方法来确保环保规划目标的实现,并将总体目标进行细化分解,落实到每一个具体的实施单位,进而借助于对目标体系实施过程进行管理来确保整个污染防治绩效规划目标的实现（周景坤,2009）。

（四）公共受托环境责任理论

污染防治绩效评估和管理正是政府等公共部门和管理机构基于公共受托环境责任理论对环境保护、污染防治、生态恢复等公众共有物管理并承担一定责任的体现。作为社会公众,在污染防治绩效管理和考核方面,也会更加期待政府能够更好地履行公共受托社会责任,能够承担政府公共环保管理和发展中各自的职能。同时,公共受托环境责任理论对提高地方政府公共环保管理绩效,实现地方政府公共环保管理发展目标也具有重要意义。

斯图尔特（Stewart,1984）和詹金斯（Jenkins,1986）等学者提出的公共受托责任的概念,指接受社会公众委托的政府部门和机构,在运用公共资源从事各项社会公共事务的管理活动时应当承担的经济责任。政府应当从社会公众的共同利益出发,妥善运用社会公共资源和财产对国家和社会的公共事务履行管理职能。随着经济社会的不断发展,政府作为公共受托人,在公共资源管理和公共事务管理方面应当履行包括维护社会稳定发展、促进社会公平正义、保护生态环境等社会责任,因此政府更好地履行公共受托社会责任将是当前公共受托责任的主要发展方向(张万裕,2014)。

(五) 利益相关者理论

就政府污染防治绩效管理的评估和考核而言,如果管理者仅仅考虑某一个利益相关者的需求,显然是不合理的。尤其是在污染防治绩效管理利益相关者众多的情况下,政府的主要利益相关者更加多元化,污染防治绩效评估与管理的主体也应该多元化。

利益相关者理论是 20 世纪 60 年代以契约理论和产权理论为基础而逐步发展起来的。学者们在总体上对组织利益相关者的看法基本一致,即认为利益相关者与组织存在着利益相关的关系,他们的利益会受组织生产经营的影响,而组织的存在也与他们的利益相关。利益相关者理论为设计污染防治绩效管理评估主体提供了理论指导,也为设计绩效评估体系等相关研究提供理论支持。不同利益相关主体有不同利益诉求,对同一考核对象的关注点也会有所差异,进而产生不同的评估和判断结论。政府污染防治绩效管理在选择特定的利益相关考核主体时,应根据特定利益相关主体的不同利益进行专门或综合的绩效指标设计(周景坤,2009)。

第三节　污染防治绩效评估的研究思路

本研究沿着理论分析—现状诊断—优化路径设计的思路展开。首先,对政府绩效管理的相关理论进行梳理,在总结污染防治工作特殊性的基础上,明确污染防治绩效的内涵和特点;其次,基于理论梳理和内涵界定的研究,对我国污染防治绩效的评估体系和管理体系进行诊断和分析,找出目前我国污染防治绩效评估和管理中存在的问题和短板;最后,根据诊断的结果和原因分析,分别对污染防治的评估体系、管理体系进行研究,提出优化和健全的策略和建议。

一、问题诊断和分析的思路

在梳理和总结现有研究的基础上,本研究根据目标管理理论、创效式绩效管理理论、公共受托环境责任理论,进一步明确污染防治绩效的内涵和特征。基于污染防治绩效的内涵特征,从绩效管理理论的视角,分别对我国现阶段污染防治绩效评价和绩效管理的实践进行诊断和分析,找出目前存在的主要问题和短板,为制定针对性的优化策略提供依据。

二、污染防治绩效评估指标优化的思路

结合现有研究和我国污染防治绩效评估的实践,本研究拟从突出区域差异性、增加对区域协同治理绩效两个方面展开研究:针对当前我国污染防治绩效考核评估中区域差异性反映不足的问题,本研究借鉴环境绩效指数(EPI)中指标筛选器的做法,从基础性指标和区域差异性指标两个方面构建污染防治绩效指标体系。根据主体功能区划对省级区域进行分类,根据不同类型省区的特点,通过选择差异化指标、调整指标权重的方法进行差异化评估;针对现有研究对污染的空间关联性和区域联防联控反映不足的问题,本研究提出将区域环境联防联控绩效纳入污染防治绩效管理体系中,引入社会网络分析法(SNA)和引力模型,对城市群大气污染的空间关联性进行分析,找出区域联防联控模式下污染防治的协同治理绩效的评估策略。

三、污染防治绩效管理体系构建的思路

本研究以系统论为理论依据,采用系统分解和系统重构的思路构建我国污染防治绩效的管理体系,提出优化和完善的思路。首先,污染防治绩效管理作为我国政府绩效管理的组成部分,其框架和机制不能脱离现有政府绩效管

理体系。因此,要先对现有政府绩效管理体系进行分解,明确其构成要素、组织结构和运行机制,作为构建污染防治绩效管理体系的基础和依据。其次,应当对我国污染防治进行解构和分析,明确其自身的特点。与政府其他部门的工作相比,污染防治工作具有信息和数据需求量大、涉及主体庞杂、见效周期长和形势变化快的特点,需要在政府绩效管理体系基础上进行针对性优化。最后,运用绩效管理相关理论对现有政府管理体系和污染防治体系进行诊断和分析,根据污染防治的特点和要求,在现有政府绩效体系中增加要素、调整结构和优化机制,完成污染防治绩效管理体系的构建,并提出相应的对策建议。

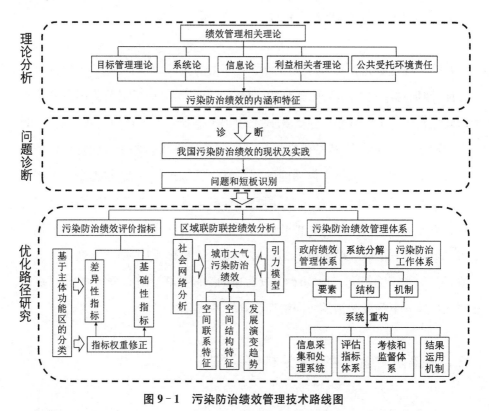

图 9-1 污染防治绩效管理技术路线图

第十章　污染防治绩效评估指标体系

党的十九大报告首次明确提出了打好污染防治攻坚战。2018 年 6 月,《中共中央、国务院关于全面加强生态环境保护坚决打好污染防治攻坚战的意见》(以下简称《意见》)出台,要求"到 2020 年,生态环境质量总体改善,主要污染物排放总量大幅减少,环境风险得到有效管控,生态环境保护水平同全面建成小康社会目标相适应"。

打好污染防治攻坚战不仅事关国家长治久安,也事关区域经济的可持续发展,而开展污染防治绩效评估是高质量、高效率打好污染防治攻坚战的重要管理抓手和有效保障。因此,需要科学构建污染防治绩效评估指标体系,有效评估我国污染防治绩效水平,及时发现当前我国在打好污染防治攻坚战进程中面临的问题和短板。我国各省份与区域间存在着较大的城镇化发展差异、资源环境禀赋差异、产业经济发展水平差异,面临的环境污染与资源约束条件也不同,各省域污染防治面临的压力也有较大的差异,有必要构建省域污染防治评估差异化的指标体系,且在污染防治绩效评估过程中应采取有针对性的导向策略。结合污染防治的差异性和治理绩效的空间溢出性,制定更为系统、具体、科学的差异化的污染防治绩效评估指标体系,是我国污染防治绩效评估与管理亟待解决的一个重要任务。目前,较多研究针对全国 31 个省份构建了较为普适性的环境绩效评估指标体系,例如,董占峰等(2016)、李春瑜(2016)、刘丹(2015)、曹颖等(2008)开展的研究,构建了统一的评估指标体系,但对省域资源环境问题区域差异和污染防治目标差异性的考虑略显不足。

本研究根据全国主体功能区规划和生态功能区划特征、产业与社会经济发展状况,将我国31个省份划归为三大类,东部主要省市划归为优化开发区域,中部主要省份划归为重点开发区域和限制开发区域中的农业主产区,西部主要省份划归为限制开发区域中的重点生态功能区,以上各类型区域资源环境问题差异显著,在我国打好污染防治攻坚战过程中承担的任务不同。在构建污染防治绩效评估指标体系时,首先基于习近平生态文明思想中的系统思维,考虑《意见》中明确的六大任务,构建我国省级层面污染防治绩效评估指标体系。然后在甄别不同类型区域污染防治绩效评估重点的基础上,根据区域主体功能区划和生态功能区目标差异对省域污染防治绩效评估指标体系进行重要性过滤调整和差异化指标权重设计。最后,运用组合赋权法与指标综合评价法测算不同区域污染防治绩效指数,分析各类型区域污染防治绩效水平,从而提出推进各类型区域污染防治绩效管理的政策建议。

第一节　区域资源环境问题的差异分析

目前,我国31个省份分别被划分为四大类不同的主体功能区,包含三大类9个生态功能类型的不同生态功能区,东中西部各省份的资源环境禀赋差异显著,是影响污染防治绩效差异的重要原因。分析我国不同地区资源生态环境问题的差异特征,是科学构建污染防治绩效评估差异化指标体系的重要基础。本研究在《全国主体功能区规划》的基础上,结合各省所处的生态功能区特征,对全国31个省份进行重分类,为后续开展差异化的污染防治绩效评估提供基础依据。

一、区域资源环境问题差异分区

根据全国主体功能区规划和生态功能区划,再综合考虑各省市的资源环境禀赋特征,将我国 31 个省份划归为三大类区域。

第一类省份属于优化开发区域,包括 9 个东南部的沿海省份。该类省域资源环境处于相对优良的状态,资源能源产出效率较高。除北京市外,其他东部沿海多个省份均处于生态保育水平相对较优的状态,东南沿海各省份的森林覆盖率相对较高。此类区域属于高度城市化区域,人口集聚,在污染防治方面应注重与通过产业的绿色转型升级与生活方式的绿色转变来进一步提升资源利用效率,减少环境污染物的排放。该类省域多数为优化开发区,其中,上海、北京、天津、山东、江苏等地环境空气质量和地表水环境质量不容乐观,在生态环境建设方面应注重提升优质生态产品供给的质量,如空气、水资源、绿地资源等。

第二类区域包括重点开发区域和限制开发区域中的农业主产区,共 13 个省份,该类区域的省份目前多数处于工业化与城镇化的快速发展阶段。广西、江西、湖南、重庆水资源禀赋较好,水资源量较为充沛。但目前该类地区产业发展方式仍然较为粗放,产能相对落后,资源利用效率较低,单位产值环境污染物排放量较大。此外,该类省域森林覆盖率多数处于较高水平,生态环境基础较好,但各省市工业与农业发展带来的环境污染问题及环境治理水平则参差不齐。

第三类区域多数是限制开发区域中的重点生态功能区。包括内蒙古、贵州、四川、云南、西藏、甘肃、青海、宁夏、新疆,根据全国生态功能区划,该类区域资源能源储量比较丰富,自然资源禀赋较好,但由于主体功能区定位与所承担的重要生态功能等原因,这 9 个省份中除四川、云南和新疆外,其余各省份的工业化与城镇化发展相对较为滞后,环境空气质量空间差异性较大,其中西藏、青海环境空气质量较优,而其他省份的环境质量水平参差不齐。该类省份多数环境治理水平较低,农业农村生态环境问题较为突出,区域整体环境治理水平有待于提高。

二、资源环境问题区域差异影响因素分析

生态环境本底因素。我国地域广阔,各地区资源环境本底水平差异很大,

生态本底的差异是资源环境问题呈现空间分异明显的先天因素。第一类区域主要为我国东南沿海地区,湿地覆盖率、森林覆盖率较高,然而,社会经济高速发展积累的资源环境问题已超过区域环境承载能力。第二类区域土地资源、矿产资源和水资源较为丰富,资源优势为产业发展创造了较为理想的发展基础,该类区域成为承接东部沿海发达省份产业转移的重要阵地。但生态本底不足、产业结构不尽合理是该地区今后面临的重要瓶颈。第三类区域属于我国的西部高原地区,生态环境较为脆弱与敏感,社会经济发展受自然地理条件的约束较强,该类地区虽然资源禀赋较好,但过度开发利用与生态环境保护之间的冲突将是该类地区迫切需要重视的问题。

第一,产业结构差异。Grossman 等(1991)在其研究经济发展与生态环境关系时指出,经济增长主要通过三种方式来影响生态环境,即规模效应、技术效应与结构效应。根据已有研究,推进产业结构转型升级,降低第二产业在三次产业中的比重,均有助于区域环境空气质量改善,产业结构调整由工业主导向服务业主导转化,是大气环境治理的必然选择(马忠玉等,2017;杨振兵等,2016)。此外,根据李献波等(2016)的研究,改革开放以来,我国东部省份GDP总量变化主要是通过大力发展第三产业实现结构变化,其他产业类型的贡献率不高。我国中西部省份仍旧以第二产业为主导控制性产业,西部省份对农业为主的产业依赖性更高。而根据已有统计数据,我国东部沿海地区第三产业所占比重相对较高,第二类区域第二产业所占比重较高,均在50%以上。第三类区域的第一产业占比较高,因此,各区域产业结构的显著差异是形成省级层面资源环境问题差异的重要影响因素之一。

第二,人才、资金等要素的流动。东部沿海省份是我国社会经济发展的优质要素集聚区,在市场规律的促使下,第二类区域和第三类区域的优质人才资源和资金均不断向第一类区域集聚,在这种情况下,资源利用效率会得到不断提升,进一步加速经济发展,带来的生态环境与资源消耗压力也更大。第一类区域在人才、资金等优质要素的集聚方面具有显著的优势,从第二类区域和第三类区域吸收了大量的资源、优秀人才,在提升自身资源利用效率与效益的同时,也使得其他两类区域的生产效率低下,生产方式落后粗放,城镇化发展受到制约。从目前的发展态势来看,国家西部大开发、长江经济带发展战略等一系列重大政策在短时间内仍未能改善这种区域资源环境问题的"马太效应"。

第三,科技发展水平差异。各类型区域之间的科技发展水平差异是另一重要因素。回顾已有研究,姚西龙和于渤(2012)的研究表明"技术进步可以有效控制工业碳排放"。金培振等(2014)认为技术进步是减少环境污染的"双刃剑"与权衡结果。而根据沈宏婷等(2015)的研究,我国省域科技投入增长受经济发展水平、政府科技投入力度、产业结构的变化和人力资本积累等多个因素的影响,呈现出较为显著的自东向西逐渐减弱的格局。此外,发达地区环保领域的新技术应用与推广在改善其自身生态环境的同时,也因为环境治理的空间溢出效应而带动其周边地区环境治理水平提升与生态环境质量的改善。第一类区域社会经济的高速发展有效带动了产业发展的转型升级,进而推动了环保新技术的研发、环保设备的更新升级,以及环境管理标准与智力水平的提升,提高了整体的绿色发展水平。第二类区域和第三类区域由于其产业结构与生产方式仍处于相对粗放的水平,在环保技术、人员、设备等方面的投入受区域经济发展水平较低的影响较明显。

三、对开展污染治理绩效差异化评估的启示

"社会—经济—环境"决定了我国不同的省市分别承担着具有差异化的主体功能。第一类区域经济发展水平好,但资源环境承载能力有限,已有负荷较高,该类省域的核心功能必须包括城市生活功能、城市发展功能,注重绿色发展的示范引领作用,同时保障优质生态产品的供给。第二类区域二产发展目前占据主导地位,应在优化产业结构,保障农产品生产供给的质与量的同时,大力发展第三产业。第三类区域须充分考虑自身生态环境的脆弱性,在产业发展的过程中应更加注重对生态环境的保护,借助国家西部大开发战略和"一带一路"倡议,与东部发达地区形成资源与要素的发展互动,并积极发展旅游业及配套产业来实

现绿色发展,努力提升生态环境治理水平,改善生态环境质量。

　　基于以上分析,本研究认为中国省际层面资源环境问题的差异性决定了污染防治的策略与目标也存在较大的差异性,因此,在构建我国污染防治绩效评估指标体系的过程中,必须结合各省份的现实状况,构建差异化的、突出污染防治工作重点的省际层面污染防治绩效评估指标体系。

第二节　污染防治绩效评估差异化 指标体系构建

　　我国各地区社会经济发展水平、资源禀赋与生态环境问题具有显著的空间差异性,导致污染防治问题也具有高度复杂性,污染防治绩效评估的指标体系建设不可能有统一的普适性模式,因此,各地区须构建具有共同框架但同时又体现区域差异化的污染防治绩效评估指标体系。本研究尝试确立一种评估指标体系建立的模式,在此基础上,通过动态增添指标来适应不同区域的污染防治目标与主体功能区、生态功能区定位,建立一套更为灵活的指标体系,适应《意见》中的要求,适应区域污染防治目标要求。本研究结合《意见》及各省、市、自治区污染防治目标,构建污染防治绩效评估的理论模型,包括污染防治绩效提升指数、重要性过滤指数两个组成部分,最终形成省际层面污染防治绩效差异化评估指标体系。

一、污染防治绩效评估差异化指标体系构建思路

（一）指标体系的构建应体现打好污染防治攻坚战的任务要求

　　在省级层面污染防治绩效评估指标体系构建过程中,应重点体现《意见》中的任务与目标要求,将其工作内容作为污染防治绩效评估的主要内容,主要包括：推动形成绿色发展方式和生活方式,坚决打赢蓝天保卫战、碧水保卫

战、净土保卫战,加快生态保护与修复,改革完善生态环境治理体系。此外,省级层面污染防治绩效评估基本指标体系适用面应较为广泛,要保证指标选取的适应性、科学性、公平性以及可操作性。

(二) 指标体系的构建应体现并深入贯彻习近平生态文明思想

习近平生态文明思想是打好污染防治攻坚战的重要思想方针与理论指导。在污染防治绩效评估指标体系构建的过程中应充分考虑评估指标对污染防治绩效管理的引导作用。深入思考习近平生态文明思想中对污染防治绩效管理的深刻启示:坚持生态兴则文明兴、坚持人与自然和谐共生、坚持良好生态环境是最普惠的民生福祉等思想都强调必须尊重自然、顺应自然、保护自然的重要性与迫切性;坚持绿水青山就是金山银山,"保护生态环境就是保护生产力,改善生态环境就是发展生产力",强调绿色发展方式与生活方式转型的重要意义;坚持山水林田湖草是生命共同体,明确生态环境治理需要有系统思维;坚持用最严格制度最严密法治保护生态环境,指出保护生态环境必须依靠制度、依靠法治。

习近平生态文明思想为我国现阶段打好污染防治攻坚战提供了丰富的理论支撑和根本遵循,教育并督促我国各省际区域党政领导树立正确的政绩观,把打好污染防治攻坚战重大部署和重要任务落到实处。

(三) 指标体系的构建应把握不同类型区域资源环境基础特征

基于各省份所在区域资源环境问题差异特征分析,研究认为构建省际层面污染防治绩效评估指标体系应着重从以下几方面着手:第一类区域社会经济发展水平较高,产业发展能级较高,应率先提高自主创新能力,率先实现发展方式与生活方式的绿色转型,发挥城市生活功能,提供更加优质的生态产品;第二类区域在发展过程中注重工业与农业发展并重,持续推进城镇化发展和工业现代化进程,改变较为粗放的经济增长方式,减少经济发展对土地、能源、水资源等资源要素的浪费和环境污染物的排放。采取淘汰落后产能、优化能源结构,同时优化农业生产布局,实现规模化、产业化发展,降低农业面源污染;第三类区域属于我国生态环境较为敏感和脆弱的地区,资源环境承载力较弱,不适宜工业化和城镇化的大规模发展和推进,应改变相对较为粗放和落后的工业与农业生产方式,应在遵循国家主体功能区划的基础上,重点关注生态环境状况,在产业发展方面鼓励发展旅游业及配套产业实现绿色发展。

(四) 污染防治绩效指数评价指标体系构建理论框架

2018 年 6 月,《意见》明确提出了到 2020 年污染防治攻坚战的具体目标与具体六项重要任务。当前我国正大力推进生态文明体制改革,习近平生态文明思想对我国污染防治工作提供了方向性指引和根本遵循。结合《意见》的任务要求和生态文明思想,本研究从污染防治绩效提升指数和差异化指数两个维度对省际层面污染防治绩效评估指标体系进行理论框架构建,其中,污染防治绩效提升指数是较为关键的部分,评估指标体系主要从绿色转型发展、环境要素治理、生态保护修复、环境治理体系完善四个方面构建。

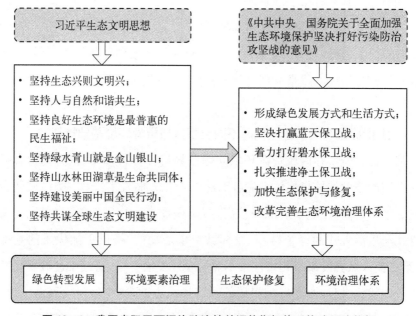

图 10 - 1 我国省际层面污染防治绩效评估指标体系构建理论依据

二、确定污染防治绩效评估指标体系

基于以上省级层面污染防治绩效评估基本指标体系构建的思路和理论框架,考虑到国家一系列有关污染防治行动的政策文件,明确了各类环境要素污染治理的工作目标与具体指标;2016 年 5 月,国家发展改革委等 9 部委印发《〈关于加强资源环境生态红线管控的指导意见〉的通知》,要求严守环境质量底线。因此,本研究拟从污染防治绩效全面提升指数、污染防治绩效差异化指数两个维度构建评估指标体系主体框架,从绿色转型发展、环境污染治理、生态保护修复、环境治理体系建设几个方面选取具体的评价指标,其中环境污染防治主要包括大气、水、土壤三类要素的污染治理,区域之间污染防治绩效的差异化评估主要是根据各省市所处主体功能区与所承担的主导生态功能来设置重要性过滤指标。第一类区域属于东部沿海省市,须注重海洋生态环境治理与保护;第二类区域属于我国工业化与城镇化快速发展的区域,在开展污染防治工作的过程中应鼓励工业现代化发展和新型城镇化建设的持续推进;第三类区域主要为我国生态系统较为脆弱的地区,应限制城镇化、工业、农业的大规模开发,以生态保护和修复为污染防治的主要目标。

因此,污染防治绩效评估指标体系应该至少包含以下两个方面:

(一) 污染防治绩效提升指数指标

一是生产与生活方式绿色转型方面的指标。污染防治绩效评估需引领绿色转型发展的必然趋势。因此须聚焦以下三个方面:一是经济发展绿色化,二是资源能源利用集约化,三是群众生活绿色化。其中,引导群众绿色生活方面考虑我国农村生活污水污染问题的突出性,选择了农村卫生厕所普及率指标。此外,需依托在产业环保与科技水平方面的持续投入,提高产值高污染低的产业产值占 GDP 的比重。因此,参照关于印发《绿色发展指标体系》《〈生态文明建设考核目标体系〉的通知》中关于绿色发展趋势的相关指标,研究认为须考虑将人均GDP增长率、万元GDP能源消耗降低、万元GDP用水量下降、工业固体废弃物回收利用率提高、万元GDP二氧化碳排放量下降、第三产业增加值占GDP比重增加等指标纳入绿色转型发展评估当中。

二是环境污染物排放总量削减方面的指标。评估各省份在推进落实国家污染防治行动计划方面的工作任务执行情况也是污染防治绩效评估需考虑的重要方面。根据《意见》,国家要求必须加大力度、加快治理、加紧攻坚,打赢蓝天、碧水、净土保卫战。当前在构建污染防治绩效评估指标体系的过程中,需聚焦以上三类环境要素的污染治理绩效,选取相关评估指标。在具体指标选取时,应参照《意见》中的主要考核指标,例如细颗粒物($PM_{2.5}$)年平均浓度下降、污染地块安全利用率、二氧化硫排放总量减少、氮氧化物排放总量减少、受污染耕地安全利用率等相关指标。

三是生态保护和治理水平提升方面的指标。要想实现生态环境质量的总体改善,生态保护修复工作与污染防治工作需要协同开展,《意见》中对生态保护与修复工作提出了三点要求:一是划定并严守生态保护红线,二是坚决查处生态破坏行为,三是建立以国家公园为主体的自然保护地体系。从《意见》中的生态保护与修复内容来看,多数是从国家层面提出具体目标要求,各省市应在此基础上主要从划定并严守生态保护红线、查处生态破坏行为、开展生态系统休养生息几个方面开展工作。因此,考虑指标的可获取性和适用性,选取保护区面积占辖区面积比重增加、森林覆盖率升高、建成区人均公园绿地面积、地表水达到或好于Ⅲ类水体比例、空气质量达到及好于二级的天数比率等指标。

四是环境治理体系改革与完善方面的指标。《意见》在环境治理体系建设方面具体提出了五点要求,包括完善生态环境监管体系、健全生态环境保护经济政策体系、健全生态环境保护法治体系、强化生态环境保护能力保障体系、构建生态环境保护社会行动体系,其中明确了环境监测设备安装、环境信息向社会公众公开、城市环境基础设施(如污水处理厂)向公众开放参观。因此在构建污染防治绩效评估指标体系时,本研究针对以上主要任务要求选取相对应的评估指标。具体选取的评估指标包括环境信息公开指数、颁布地方性环境保护法规数量、环境污染治理投资占 GDP 比重等指标。

(二) 重要性过滤评估指数相关指标

重要性过滤评估指数的选取主要是以前文我国 31 个省市所处主体功能区与承担的主导生态功能特征为基础。针对第一类东部沿海省市,增设了海洋环境治理保护方面的指标,如陆源入海排污口达标排放比率、劣于第四类水质海域面积比重,用于表征该类省域在海洋环境治理保护方面所取得的污染防治绩效,对于其他两类区域的省市,参考 EPI 的做法,将海洋环境治理保护二级指标的权重实际上设置为 0,而降权重转移至其他二级指标;针对第二类城镇化与工业化快速发展的地区,增设了城镇化率增长率、第二产业增加值占GDP 比重增加这两个指标,表征该类型区域在开展污染防治工作的过程中所取得的社会经济发展绩效,对于东部沿海省市,城镇化增长率与二产增加值占GDP 比重增加幅度这两项指标均偏低或呈现负值,可忽略不计该指标对评估结果的影响,西部省市由于是生态敏感区,生态系统较脆弱,不适宜城镇化、工业与农业的大规模开发,因此这两类指标不适宜纳入评估指标体系当中;对于第三类区域考虑强调在开展污染防治工作过程中需加强对脆弱生态系统的保护与修复;同时,注重农村农业环境污染综合整治,以提高生态环境质量,故增设了农村无害化卫生厕所普及率、生活垃圾无害化处理率以及生态保护红线占辖区面积比重三个指标。

本研究确定的污染防治绩效评估子系统共包含了 2 个一级目标指标、7 个二级导向性指标、28 个三级具体评价指标(包含了 7 个重要性过滤方面的评估指标),构建的指标体系如表 10 - 1 所示。

表 10 - 1 污染防治绩效评价差异化指标体系

一级指标	二级指标	序号	三级指标	指标数据来源	指标解释
污染防治绩效全面提升	生产与生活方式绿色转型	1	人均 GDP 增长率(%)	统计指标	表征社会经济发展
		2	万元 GDP 能源消耗降低(吨/万元)	统计指标	表征资源利用效率
		3	万元 GDP 用水量下降(吨/万元)	统计指标	表征资源利用效率
		4	工业固体废弃物回收利用率提高(%)	统计指标	表征资源利用效率
		5	万元 GDP 二氧化碳排放量下降(%)	统计指标	表征绿色发展转型
		6	第三产业增加值占 GDP 比重增加(%)	统计指标	表征经济增长方式改进
	环境污染物排放总量削减	7	细颗粒物(PM$_{2.5}$)年平均浓度下降(%)	统计指标	表征大气环境治理绩效
		8	二氧化硫排放总量减少(%)	统计指标	表征大气环境治理绩效
		9	氮氧化物排放总量减少(%)	统计指标	表征大气环境治理绩效
		10	化学需氧量排放总量减少(%)	统计指标	表征水环境治理绩效
		11	氨氮排放总量减少(%)	统计指标	表征水环境治理绩效
		12	受污染耕地安全利用率(%)	统计指标	表征土壤环境治理绩效
		13	污染地块安全利用率(%)	统计指标	表征土壤环境治理绩效
	生态保护和修复水平提升	14	保护区面积占辖区面积比重增加(%)	统计指标	表征生态保护绩效
		15	森林覆盖率升高(%)	统计指标	表征生态保护绩效
		16	建成区人均公园绿地面积(平方米)	统计指标	表征生态修复绩效
		17	地表水达到或好于Ⅲ类水体比例(%)	统计指标	表征生态产品供给
		18	空气质量达到及好于二级的天数比率(%)	统计指标	表征生态产品供给

续　表

一级指标	二级指标	序号	三　级　指　标	指标数据来源	指标解释
污染防治绩效全面提升	环境治理体系改革完善	19	环境信息公开指数	统计指标	表征社会行动体系
		20	颁布地方性环境保护法规数量(个)	统计指标	表征环境法制体系
		21	环境污染治理投资占 GDP 比重(%)	统计指标	表征经济政策体系
重要性过滤指数	海洋生态环境治理保护(Ⅰ)	22	陆源入海排污口达标排放比率(%)	统计指标	表征海洋环境保护
		23	劣于第四类水质海域面积比重(%)	统计指标	表征海洋环境保护
	工业化与城镇化快速发展(Ⅱ)	24	城镇化率增长率(%)	统计指标	表征社会经济发展
		25	第二产业增加值占 GDP 比重增长(%)	统计指标	表征社会经济发展
	脆弱生态系统保护与修复(Ⅲ)	26	生态保护红线面积占辖区面积比重(%)	统计指标	表征生态系统质量
		27	生活垃圾无害化处理率(%)	统计指标	表征农村环境综合治理
		28	农村无害化卫生厕所普及率(%)	统计指标	表征农村环境综合治理

三、污染防治绩效评估方法

评估指标体系的构建对污染防治绩效评估十分重要,但从当前多样化的评估方法中选取较适合的评估方法同样非常重要。本研究确定了以指标综合评估法这一常用的评估方法来测算污染防治绩效指数。

目前用于确定指标权重的方法种类较多,较为常用的主观赋权方法有层次分析法、主成分分析法、德尔菲法等,较为常用的客观赋权方法有熵值法、Topsis 法,以及变异系数法等。本研究考虑不同类型区域污染防治绩效评估的差异性,结合以上两种方法获取的指标权重进行组合,共同确定我国不同区域污染防治绩效评估指标体系中各指标的最终权重。

(一) 熵值法

该指标综合评估法是有效评估多指标多单位绩效的有效方法,在生态环境质量领域得到广泛的应用。指标权重的确立对评估结果具有重要影响,指标权重的确立直接影响评估结果的准确性。熵值赋权法中某项指标的熵越大,指标解释力就越小,变异程度也越小,指标在评估体系中的贡献率也越小,反之亦然。熵值法相对于目前较多的主观评估方法,具有较为客观、透明、公正等特点,能尽量消除人为主观判断所带来的干扰,评估结果相对而言更符合客观实际。熵值法计算步骤及计算公式如下:

$$C_i = \sum_{j=1}^{n} S_{ij} \; ; \; S_{ij} = W_j \times X_{ij} ; \tag{1}$$

$$W_j = \frac{d_j}{\sum_{j=1}^{n} d_j} \; ; \; d_j = 1 - e_j \; ; \; e_j = -k \sum_{i=1}^{m} (Y_{ij} \times \ln Y_{ij}) ; \tag{2}$$

$$k = \frac{1}{\ln m} \; ; \; Y_{ij} = \frac{X_{ij}}{\sum_{i=1}^{m} X_{ij}} \tag{3}$$

式中:i 和 j 分别表征省份对应的评估指标序号;m 和 n 分别为参与评估的省份的总数和指标总数,为 31;e_j 为指标信息熵,X_{ij} 为 i 省份第 j 项指标的标准化值;W_j 为 j 项指标的权重;S_{ij} 为 i 省份 j 项指标的得分;C_i 为 i 省份的污染防治绩效指数评估得分。

(二) 德尔菲法

德尔菲法即专家打分法,首先设计包括各类指标权重的打分表,再通过筛选专家成员形成专家组,通过多轮匿名讨论交流最终形成较为一致的指标赋权意见,经过若干轮反馈之后的专家意见一般较为一致,具有较强的统计意义。专家打分法通常需要由多名该研究领域内的专家共同组成一个专家组,借助专家的研究经验和专业判断为指标权重的确定提供较为可靠的主观判断

表 10-2　基于德尔菲法的我国省级层面污染防治绩效评估指标权重打分表（2016 年）

一级指标	二级指标	第一类	第二类	第三类	序号	三级指标	指标属性	第一类区域权重	第二类区域权重	第三类区域权重
污染防治绩效全面提升	生产方式与生活方式绿色转型	25	25	20	1	人均 GDP 增长率（%）	+	10	10	20
					2	万元 GDP 能源消耗降低（吨/万元）	+	15	20	15
					3	万元 GDP 用水量下降（吨/万元）	+	20	20	20
					4	工业固体废弃物回收利用率提高（%）	+	15	20	10
					5	万元 GDP 二氧化碳排放量下降（%）	+	20	20	20
					6	第三产业增加值占 GDP 比重增加（%）	+	20	10	15
	污染物排放总量大幅削减	20	25	20	7	细颗粒物（PM$_{2.5}$）年平均浓度下降（%）	+	20	20	20
					8	二氧化硫排放总量减少（%）	+	10	15	10
					9	氮氧化物排放总量减少（%）	+	10	10	10
					10	化学需氧量排放总量减少（%）	+	20	10	20
					11	氨氮排放总量减少（%）	+	15	10	15
					12	受污染耕地安全利用率（%）	+	10	20	10
					13	污染地块安全利用率（%）	+	15	15	15
	生态保护和修复水平提升	25	20	30	14	保护区面积占辖区面积比重增加（%）	+	15	10	30
					15	森林覆盖率升高（%）	+	15	10	20

续 表

一级指标	二级指标	第一类	第二类	第三类	序号	三级指标	指标属性	第一类区域权重	第二类区域权重	第三类区域权重
污染防治绩效全面提升	生态保护和修复水平提升	25	20	30	16	建成区人均公园绿地面积（平方米）	+	20	20	15
					17	地表水达到或好于Ⅲ类水体比例（%）	+	25	30	15
					18	空气质量达到及好于二级的天数比率（%）	+	25	30	10
	环境治理体系改革完善	20	20	20	19	环境信息公开指数	+	30	30	30
					20	颁布地方性环境保护法规数量（个）	+	40	30	35
					21	环境污染治理投资占 GDP 比重（%）	+	30	40	35
	海洋生态环境治理保护（第一类）	10	——	——	22	陆源入海污口达标排放比率（%）	+	40	——	——
					23	劣于第四类水质海域面积比重（%）	—	60	——	——
重要性过滤指数	工业化与城镇化快速发展（第二类）	——	10	——	24	城镇化率增长率（%）	+	——	60	——
					25	第二产业增加值占 GDP 比重增长（%）	+	——	40	——
	脆弱生态系统保护与修复（第三类）	——	——	10	26	生态保护红线占辖区面积比重（%）	+	——	——	40
					27	生活垃圾无害化处理率（%）	+	——	——	30
					28	农村无害化卫生厕所普及率（%）	+	——	——	30

依据。目前,专家打分法被广泛应用于众多学科领域内的评估指标权重确定,例如生态文明评估、绿色发展评估以及 EPI 指标权重确定等,因此,本研究采用德尔菲法进行污染防治绩效评估指标相关指标权重的确定较为合适。

(三) 组合权重计算方法

为了尽可能结合主观权重计算和客观权重计算二者的优势,综合德尔菲法专家得分确定的权重 W_i 和熵值法计算获得的权重 W_j,共同确定的最终组合权重 W_p 应尽可能与前面两类方法确定的指标权重相接近,因此,运用最小信息熵原理和拉格朗日乘子法计算出三者的关系,得到:

$$W_p = \frac{(W_i\,W_j)^{0.5}}{\sum\limits_{i=1}^{n}(W_i\,W_j)^{0.5}} \quad i=1,2,3\cdots\cdots n$$

四、我国省际层面污染防治绩效评估实证研究

在构建污染防治绩效评估指标体系的基础上,结合各类区域主体功能区特征和重点生态功能区特征,构建差异化的污染防治绩效评估指标体系,以2013—2017 年《中国环境统计年鉴》《中国统计年鉴》以及各省份《水资源公报》为数据来源进行评估指数计算,从污染防治绩效指数及其四个分维度来进行分析评估,分析不同类型区域污染防治绩效水平,把握各类区域污染防治建设过程中存在的问题,进而明确各类区域在污染防治方面应采取的努力方向,为打赢污染防治攻坚战提供支撑。

(一) 第一类区域各省市污染防治绩效评价

第一类区域包括 9 个省份,均位于我国东部社会经济发达区域。在打好污染防治攻坚战的过程中,须率先进行绿色发展方式与生活方式的转型,注重优质生态产品的供给,在构建污染防治绩效评估指标体系时,除表征该类省域

的发展方式绿色转型和优质生态产品提供,还须考虑东部沿海省市海洋环境污染治理保护,各省市污染防治绩效评估结果如表 10-3 和图 10-2 所示。

表 10-3　第一类区域各省份污染防治绩效指数及排名情况(2012—2016 年)

省市名称	2012		2013		2014		2015		2016		平均排名
	污染防治绩效指数	省域排名	污染防治绩效指数	省域排名	污染防治绩效指数	省域排名	污染防治绩效指数	省域排名	污染防治绩效指数	省域排名	
海南省	0.669 72	2	0.680 64	2	0.672 48	2	0.697 92	1	0.701 76	1	1
广东省	0.672 72	1	0.699 6	1	0.678 72	1	0.676 32	2	0.672 6	3	2
上海市	0.662 16	3	0.659 64	3	0.660 24	3	0.668 28	3	0.673 56	2	3
浙江省	0.626 04	4	0.629 64	4	0.643 08	4	0.620 88	5	0.607 44	6	4
北京市	0.617 76	7	0.615 12	5	0.620 76	5	0.617 64	6	0.616 44	5	5
江苏省	0.585 84	8	0.589 08	8	0.597 96	7	0.621 12	4	0.619 08	4	6
福建省	0.618 36	6	0.555 96	9	0.605 4	6	0.596 04	7	0.565 56	9	7
天津市	0.570 24	9	0.589 32	7	0.585 6	8	0.584 16	8	0.598 44	7	8
山东省	0.619 68	5	0.589 8	6	0.561 48	9	0.551 28	9	0.574 68	8	9

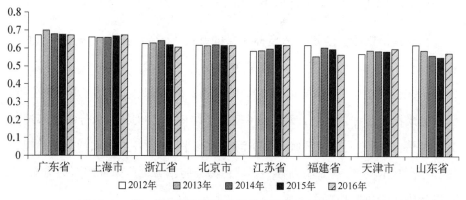

图 10-2　第一类区域污染防治绩效指数评估结果及演变趋势

　　从综合污染防治绩效指数的角度来看,2012—2016 年,第一类区域的各省市之间污染防治绩效差异较为明显,平均排名较为靠前的是海南省、广东省、上海市和浙江省,这几个省市多年来污染防治绩效均呈现上升趋势;排名较为靠后的是天津市和山东省,未来亟须提升该类省市的污染防治绩效,此外,沿海各省市地区还须加强近岸海域污染防治。由于污染防治绩效在一定程度上可能存在时间滞后性,以上分析结果仅反映了各省市在过去一段时间内所采取污染防治措施的绩效状况。

从污染防治绩效指数的四个分维度指数的计算结果来看,结果如图 10 - 3 所示。生态保护修复水平提升方面,天津市、山东省和江苏省明显滞后于其他各省市,而广东省、浙江省和海南省在生态保护和修复方面绩效较为显著,除了归功于该类省市在生态保护与修复方面所采取的各类管理措施,一定程度上也与区域较为良好的生态环境基础有关;污染排放控制方面,上海市所取得的绩效较为显著,其次为广东省、江苏省、北京市和浙江省,而天津市、山东省需要强化污染物排放总量削减方面的对策措施;生产与生活方式绿色转型方面,上海市、广东省、江苏省所取得的绩效较为突出,而天津市、浙江省、福建省仍须在已有的基础上持续推进绿色发展方面的提档升级,缩小与其他东部省市之间的差距。而在环境治理体系完善方面,山东省、天津市和福建省三地在生态环保体制机制创新和地方性生态环境保护法律法规制定等方面仍与其他省市存在一定差距。

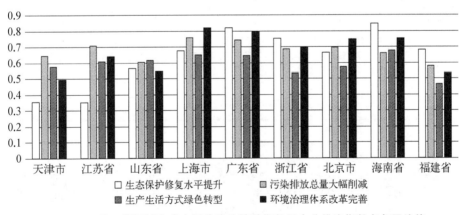

图 10 - 3　第一类区域各省市污染防治绩效指数四个分维度指数多年平均值

(二) 第二类区域各省市污染防治绩效评价

第二类区域包括 13 个省份,主要位于我国中部地区,属于重点开发区域和限制发展区域。在打好污染防治攻坚战的过程中,须强化在工业化与城镇化快速发展的基础上,优化产业结构,改变以往较为粗放的产业发展方式,提高资源能源利用效率、降低环境污染物的排放,考察并引导该类省域的资源能源利用效率提升以及污染减排。各省市污染防治绩效评价结果如表 10 - 4 和图 10 - 4 所示。

表 10 - 4　第二类区域各省市污染防治绩效指数及排名情况(2012—2016 年)

省市名称	2012		2013		2014		2015		2016		平均排名
	绩效指数	省域排名	绩效指数	省域排名	绩效指数	省域排名	绩效指数	省域排名	绩效指数	省域排名	
江西省	0.552 1	1	0.534 2	1	0.548 4	1	0.568 4	1	0.542 9	2	1
辽宁省	0.528 5	2	0.524 4	2	0.525 1	3	0.551 3	2	0.547 7	1	2
黑龙江省	0.505 6	6	0.515 7	6	0.538 5	2	0.540 8	3	0.528 2	3	3
吉林省	0.522 9	3	0.517 7	4	0.491 9	10	0.503 8	7	0.516 3	4	4
湖南省	0.480 7	10	0.522 5	3	0.514 7	5	0.525	4	0.508	5	5
陕西省	0.507 9	5	0.506 7	7	0.510 5	6	0.505 6	6	0.504 8	7	6
山西省	0.489 33	7	0.495 72	9	0.522 81	4	0.524 34	5	0.498 06	9	7
广西省	0.514 5	4	0.517 7	5	0.496 6	7	0.485	11	0.498 9	8	8
安徽省	0.482 6	9	0.501 3	8	0.483 1	11	0.502 3	8	0.487 3	10	9
湖北省	0.470 5	11	0.489 4	10	0.493 3	9	0.498 1	9	0.483 7	11	10
重庆市	0.488 8	8	0.462 4	12	0.494 8	8	0.470 2	13	0.505 8	6	11
河南省	0.457 87	12	0.475 81	11	0.445 07	13	0.490 02	10	0.452	13	12
河北省	0.439 92	13	0.453 77	13	0.462 37	12	0.480 01	12	0.470 29	12	13

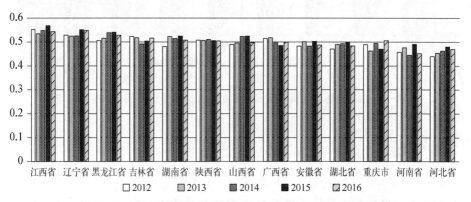

图 10 - 4　第二类区域污染防治绩效指数评价结果及演变趋势

从综合污染防治绩效指数的角度来看,2012—2016 年,第二类区域的各省市污染防治绩效差异不是很明显,平均排名较为靠前的是江西省、辽宁省和黑龙江省,且江西省和黑龙江省多年来污染防治绩效均呈显著的波动上升趋势;排名较为靠后的是河北省、河南省和重庆市,因此,第二类区域中亟须提升此类地区的污染防治绩效,将其列为打好污染防治攻坚战的重点关注对象。

从污染防治绩效指数的四个分维度指数的计算结果来看,结果如图 10‑5所示。生态保护修复水平提升方面,江西省、广西省和湖南省所取得的绩效得分较高,而河南省、河北省及重庆市相对绩效较低。在中部工业化与城镇化发展较为迅速的省份当中,污染物排放总量削减方面,河北省、河南省、安徽省等相对绩效水平较低,在工业化发展过程中须强化污染物排放总量削减方面的对策措施。生产与生活方式绿色转型方面,河北省、河南省和安徽省的绩效水平也相对较低,须加强生产与生活方式方面的绿色转型,提升资源能源的利用效率,保障城镇化发展的质量。而在环境治理体系完善方面,各省市在生态环境制度执行和地方性生态环境保护法律法规制定等方面表现为各省市的差异性较大。

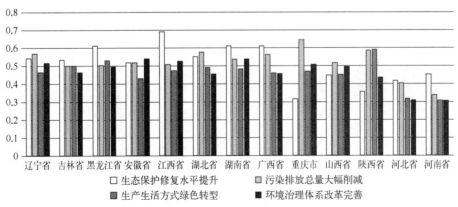

图 10‑5　第二类区域各省市污染防治绩效指数四个分维度指数多年平均值

(三) 第三类区域各省市污染防治绩效评价

第三类区域包括 9 个省份,主要位于我国西部地区,属于限制开发区域中的重点生态功能区。在打好污染防治攻坚战的过程中,须强化对脆弱生态系统的保护和修复,在产业发展方面严格控制工业产业和农牧业的大规模开发,并加强对农业农村生态环境的综合整治。各省市自治区的污染防治绩效评价结果如表10-5和图10-6所示。

表10-5 第三类区域各省市污染防治绩效指数及排名情况(2012—2016年)

省域名称	2012		2013		2014		2015		2016		平均排名
	污染防治绩效指数	省域排名	污染防治绩效指数	省域排名	污染防治绩效指数	省域排名	污染防治绩效指数	省域排名	污染防治绩效指数	省域排名	
内蒙古	0.532 71	1	0.520 11	2	0.527 31	1	0.562 05	1	0.555 03	1	1
四川省	0.494 9	3	0.543 3	1	0.520 2	2	0.535 8	2	0.536 3	2	2
新疆	0.496 35	2	0.480 96	3	0.470 79	4	0.500 31	3	0.507 15	3	3
云南省	0.469 4	5	0.467 7	4	0.465 5	5	0.466 5	6	0.474 4	5	4
青海省	0.456 3	7	0.457 65	5	0.474 48	3	0.470 43	5	0.472 41	6	5
宁夏	0.478 26	4	0.433 17	8	0.463 95	6	0.471 78	4	0.454 95	8	6
甘肃省	0.461 34	6	0.451 26	6	0.450 72	7	0.456 48	8	0.476 19	4	7
贵州省	0.434 88	8	0.435 78	7	0.439 11	8	0.461 43	7	0.461 7	7	8
西藏	0.350 37	9	0.367 92	9	0.375 03	9	0.345 6	9	0.357 84	9	9

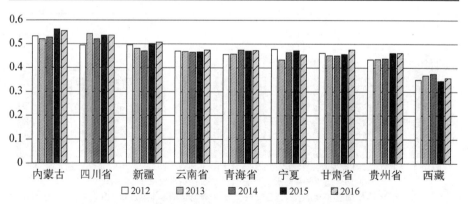

图10-6 第三类区域污染防治绩效指数评价结果及演变趋势

从综合污染防治绩效指数的角度来看,2012—2016年,第三类区域的各省市污染防治绩效存在一定的差异,平均排名较为靠前的是内蒙古和四川。整体来看,各省市多年来污染防治绩效指数得分变化不大,多数省市的污染防治绩效水平近年来略有提升,生态系统质量得到优化;排名较为靠后的是西藏,这与近年来旅游业高度发展给区域带来的较为严重的环境污染有关,因此,第三类区域中须将西藏作为打好污染防治攻坚战的重点关注对象,随着西藏旅游业的高度发展,由固体废弃物污染引致的土壤环境污染与水环境污染成为重要影响因素,因此,亟须在国家打好三大污染攻坚战的过程中,注重打好西藏地区的净土保卫战。

从污染防治绩效指数的四个分维度指数的计算结果来看,结果如图 10-7 所示。生态保护修复水平提升方面,贵州省和云南省明显滞后于其他各个省市,表明该类地区在水土流失治理、自然保护区的保护等生态保护与修复方面工作绩效需要进一步提升,面临的挑战较大;污染物排放总量削减方面,各省市中云南省、青海省和西藏等地区的绩效水平明显偏低,研究认为这与该类地区的旅游业发展较为成熟有关,须强化污染物排放总量的削减;生产与生活方式绿色转型方面,西藏、甘肃省和新疆等地的绩效水平相对较低,须提升资源能源的利用效率,减少生产与生活中的污染物排放,尤其是加强西部地区农村生态环境的整治。而在环境治理体系完善方面,青海省、西藏和新疆地区在生态环境制度执行和地方性生态环境保护法律法规制定等方面略显滞后,该类地区生态环境制度建设的不完善也是导致生产与生活方式绿色转型滞后,资源能源利用效率较低,整体污染防治绩效水平较低的重要原因。

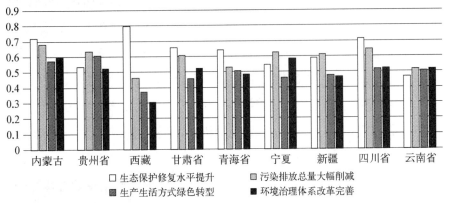

图 10-7 第三类区域各省市污染防治绩效指数四个分维度指数多年平均值

五、污染防治绩效提升的对策建议

基于我国省际层面污染防治绩效差异化评估指标体系构建的理论研究与实证分析，本研究归纳总结出以下有关提升我国各类型省份污染防治绩效管理水平的对策建议。

（一）构建具有差异化与动态化的评估指标体系

我国各类地区分别承担着不同的主体功能，并各自发挥着不同的生态系统服务功能。建议在构建我国污染防治绩效评估指标体系的过程中，需综合考虑区域复合生态系统的特征以及所承担的主体功能，构建差异性的省际层面污染防治绩效评估指标体系。评估指标需突出区域污染防治的主要目标和重点任务，同时，增设一些体现区域特征性污染方面的评估指标，例如沿海省市增设海洋环境污染治理保护方面的评估指标。评估指标与指标权重应当具有动态性和适应性，根据区域污染问题的转化、污染防治目标与任务的升级，对评估指标体系进行具有针对性的调整，使其具有管理上的适应性。

（二）构建"纵向联动、横向协同"的污染防治绩效管理体系

开展污染防治绩效评估的目的在于为政府科学进行污染防治绩效管理提供重要抓手。在实施污染防治绩效管理的过程中，不仅需要注重纵向不同管理层级之间的联动，还需以系统思维统筹考虑蓝天、碧水、净土是一个生命共同体，注重不同环境要素治理的协同性，以稳步提升整体污染防治绩效。因此，在开展污染防治攻坚战的过程中，需明晰不同行政层级的管理部门所对应的管理事权，并建立健全纵向的联动反馈机制，国家和省级层面突出污染防治行动的战略性和政策性，适当弱化行政指令，强化对各省市的统筹协调，促进各省市之间开展污染防治联防联控，构建差异化的污染防治绩效考核与管理办法。完善宏观层面与地方层面之间的沟通对话机制，地方层级应及时反馈

污染防治行动实施的不同阶段所取得的进展和面临的新问题与新挑战，为宏观层面统筹进行战略目标与治理任务调整提供依据。

（三）强化污染防治绩效考核政府管理机制与市场激励机制创新

打赢污染防治攻坚战是一项长期而艰巨的任务，需充分调动政府、企业、社会公众的力量共同参与，除了依托政府管理体系的不断完善，还需建立健全社会治理体系。一方面，在政府污染防治绩效管理方面，在传统的政府绩效考核管理机制与管理责任追究制基础上，需创新性地运用诸如绿色 GDP 考核机制、污染治理生态补偿机制、污染治理督查机制，以及针对各地区所处的不同的生态功能区特征，探索在环境基础设施建设投资、环境公共服务均等化等方面制定具有创新性的政策、创设税收优惠机制。另一方面，需充分发挥市场与社会的力量，通过发展绿色信贷与绿色债券等金融产品、高污染企业的环境污染责任保险、污染防治的 PPP 合作项目等，充分调动社会力量参与污染防治。通过以上政府管理方面的行政约束机制与市场激励机制两手共同发力，推动我国污染防治绩效管理水平稳步持续提升。

第十一章　污染防治绩效的
空间关联性分析
——以城市群大气污染治理为例

　　2018年6月13日,国务院总理李克强主持召开国务院常务会议,部署实施蓝天保卫战三年行动计划。这表明继《大气十条》第一阶段任务完成后,国家正积极探索跨地区环境保护体制机制向纵深发展。近年来,京津冀及周边、长三角等重点区域在大气污染治理方面取得的绩效显著,一方面得益于中央科学的决策部署,另一方面与各地坚持不懈探索地区大气污染联防联控息息相关(李云燕等,2018;谢玉晶,2017;李莉等,2016)。并且,我国以京津冀城市群为先行先试地区,逐渐探索出一套全新的统筹了"国家—区域—城市"三个层级的跨区多向联动大气污染防治管理模式(王振波等,2017)。其中,国家层面实施顶层机制设计,提出全国大气污染防治的总体要求、奋斗目标和政策举措;区域层面实施任务分解与问责机制,环境保护部与各省(市、自治区)人民政府签订大气污染防治目标责任书,将目标任务分解落实到各级政府、部门和企业,构建纵向到底、横向到边的考核体系。城市层面开展诸如源头控制、能源结构调整、产业结构优化、生态环境建设等一系列横向减排落实机制,定制"专项责任清单",明确城市各部门和各级政府的属地管理责任。由此引发思考,国家应对京津冀大气环境治理研究制定的分层纵向协同架构及其绩效管理模式在其他地区是否具有可复制性？是否可以通过研究分析我国其他地区各个城市间大气环境治理绩效的空间关联性，并确定其他类似的关联性较为紧密的城市群，借鉴京津冀城市群的实践经验，探索建立我国大气环境治理绩效管理的分层纵向管理架构？

第一节　污染防治绩效空间 关联性研究方法

一、现有对污染防治绩效空间关联性的研究

目前关于大气污染治理空间关联性的研究主要聚焦于空间溢出效应方面。包括区域间大气污染扩散的数值模拟视角，从空间计量视角探讨环境污染防治的空间关联特征，以及从时间序列的视角探讨区域间大气污染防治变化的关联性（刘海猛等，2018；刘华军等，2017；白永亮等，2016）。然而，已有多数研究忽略了经济发展、能源结构、产业结构与布局等因素的影响，此外，基于空间统计的方法只能研究空间上相邻地区之间的溢出效应（刘华军等，2017）。因此，本研究尝试采用社会网络分析方法探讨城市间大气污染防治绩效的空间联系，在研究过程中考虑经济发展水平、能源消耗、污染治理水平等影响要素。已有类似研究包括：刘华军等（2017）基于1997—2013年中国省际二氧化硫排放数据，利用社会网络分析方法实证考察了环境污染空间溢出的网络结构及其影响因素；陈蕴恬（2017）采用社会网络分析方法测算并评估了长三角地区污染溢出网络的网络密度、网络中心性以及块模型等指标，并通过 QAP 回归分析方法，探究长三角地区污染溢出网络形成的影响因素。

尽管国内外学者针对大气环境污染的空间溢出效应进行了大量的理论与实证研究，但现有研究鲜有从大气污染治理绩效的角度探讨空间关联性与溢出效应，而随着我国城市之间人口、经济与技术等要素的融合发展，环境问题

与环境治理绩效的空间关联性也将进一步加强，大气环境治理绩效的提升应视为区域性管理问题。本研究试图从这一角度着手，研究我国大气环境治理绩效空间联系与网络结构特征，以期为构建我国大气环境治理分层联动的治理架构提供参考依据。

二、研究对象和研究方法

本研究以全国 31 个省会城市为主要研究对象，在分析评估各省会城市大气环境治理绩效的基础上，识别我国主要城市大气环境治理绩效的空间联系和空间结构特征，所采用的研究数据主要来自《中国城市统计年鉴》(2016)、《中国统计年鉴》(2016)、《中国环境统计年鉴》(2016)。

(一) 空间关联性分析

社会网络分析法(SNA)是在数学方法、图论方法等基础上演变而来的一种定量分析方法，最初较多应用于社会学研究的各个方面，如今已成为统计学、心理学、数学等多个学科交叉融合的新兴研究领域(潘峰华等，2013)。该方法起于点线，基于相互作用关系形成的网络，包含个体间关系、微观或宏观群体间关系，如今已被引入社会系统的关系结构分析(彭芳梅，2017)。本研究探讨的城市间大气环境治理相互关系的集合，网络中的"点"表征不同的省会城市，"线"表征各城市间大气环境治理绩效的空间关联，由此构成我国省会城市大气环境治理绩效空间关联网络。

社会网络分析研究的首要环节是构建较为系统的空间关联网络，当前已有研究多采用 VAR 模型和引力模型来进行网络分析与构建(鄢慧丽等，2018；蒋天颖等，2016)。其中，引力模型较为适合于总量数据的关联分析，在综合城市间的地理距离、经济发展水平、人口规模水平、资源消耗强度、污染排放水平等因素进行城市间环境治理联系强度刻画方面具有较好的适应性。因此，本研究采用引力模型构建空间关联网络，用于分析城市间大气环境治理绩效的空间关联。将区域间经济联系量化分析的引力模型运用于大气环境治理绩效的空间关联性分析,借鉴已有相关研究对原始公式进行修正(张鸿鹤等,2017;李陈等,2016),将城市之间大气环境治理绩效空间联系强度 S_{ij} 设为城市大气环境治理绩效与城市间空间距离的函数,且 S_{ij} 随着距离呈指数型衰减,衰减函数定义为 $e^{-\mu_{ij}d_{ij}}$,即我国主要省会城市大气环境治理绩效空间联系强度 S_{ij} 的表达式为:

$$S_{ij} = KH_iH_je^{-\mu_{ij}d_{ij}} \tag{1}$$

$$TS_i = \sum_j S_{ij} = \sum_j KH_iH_je^{-\mu_{ij}d_{ij}} \tag{2}$$

式中: S_{ij} 为城市 i、j 间的大气环境治理绩效空间联系强度; TS_{ij} 为城市 i 的大气环境治理绩效空间联系总量; K 为引力常量,通常取 1; H_i、H_j 分别为城市 i、j 的大气环境治理绩效影响指数,为各城市大气环境治理绩效评价得分的倒数,其数值越高表明大气环境治理状况越差,对周边城市的扩散辐射影响越大; d_{ij} 为各省会城市之间的距离; μ_{ij} 为城市 i、j 之间联系强度的衰减因子,反映相互作用随距离的衰减速度,本研究中取 0.002。

此外,为有效测度主要城市大气环境治理内部空间网络联系特征,在分析时需对相互作用的空间联系数据进行处理,还原真实联系作用情况的方向性(为下一步应用社会网络分析提供现实基础),参考彭芳梅(2017)的研究设计城市间联系作用具有方向性,且作用强度的测算按照以下公式:

$$R_{ij} = \frac{H_i}{H_i+H_j}H_iH_je^{-\mu_{ij}d_{ij}}; \quad R_{ji} = \frac{H_j}{H_i+H_j}H_iH_je^{-\mu_{ij}d_{ij}};$$

$$P_i = \sum_j R_{ij} = \sum_j \frac{H_i}{H_i+H_j}H_iH_je^{-\mu_{ij}d_{ij}};$$

$$N_i = \sum_j R_{ji} = \sum_j \frac{H_j}{H_i+H_j}H_iH_je^{-\mu_{ij}d_{ij}};$$

式中: R_{ij} 为城市 i 对城市 j 的空间作用强度; R_{ji} 为城市 j 对城市 i 的空间作用强度; P_i 为城市 i 对外作用强度的总和,表征空间联系网络中城市 i 对其他城市总的影响力;N_i 为所有其他城市对城市 i 作用强度的总和,表征空间关联网络中城市 i 受其他城市总的影响。

(二) 城市大气环境治理绩效指数

为测算我国 31 个省会城市的生态环境风险指数 H,本研究构建了基于 PSR 模型的评估指标体系,考虑评估指标的可获取性、可操作性与适应性,参考已有相关研究成果,从污染排放压力、环境质量状态、环境治理响应三个维度筛选出 21 个具体的评估指标(表 11 - 1),并运用熵值法计算指标权重,计算出 31 个省会城市的大气环境治理绩效指数。

表 11 - 1　　　　　长三角城市大气环境治理绩效评估指标体系

目标层	准则层	指　标　层	指标解释
城市大气环境治理绩效	大气污染排放压力	人口密度(人/平方公里)	表征人口压力
		GDP 增长率(%)	表征经济增长压力
		单位 GDP 工业废气排放量(立方米/万元)	表征产业发展压力
		单位面积客运量(万人/平方公里)	表征交通排放压力
		单位面积货运量(万吨/平方公里)	表征交通排放压力
		单位 GDP 二氧化硫排放量(吨/万元)	表征污染排放压力
		单位 GDP 氮氧化物排放量(吨/万元)	表征污染排放压力
		单位 GDP 烟(粉)尘排放量(吨/万元)	表征污染排放压力
	大气环境质量状态	城市 SO_2 年平均浓度(微克/立方米)	表征空气污染状况
		城市 NO_2 年平均浓度(微克/立方米)	表征空气污染状况
		CO 日均值(第 95 百分位数)	表征空气污染状况
		O_3 日最大 8 小时(平均值第 90 百分位数)	表征空气污染状况
		城市 PM_{10} 年平均浓度(微克/立方米)	表征空气污染状况
		城市 $PM_{2.5}$ 年平均浓度(微克/立方米)	表征空气污染状况
	大气环境治理响应	城市空气质量好于二级的天数(天)	表征空气质量状况
		城市人均公园绿地面积(%)	表征环境建设响应
		工业污染治理投资强度(%)	表征治理投资响应

目标层	准则层	指　标　层	指标解释
城市 大气环境 治理绩效	大气环境 治理响应	废气污染治理投资强度(%)	表征治理投资响应
		第二产业增加值占 GDP 比重(%)	表征产业调整响应
		天然气普及率(%)	表征源头控制响应
		公共交通覆盖率(%)	表征源头控制响应

第二节　城市间大气环境治理绩效
空间联系特征分析

为研究我国省会城市间大气环境治理绩效空间关联性及其网络结构特征,以 31 个省会城市为结点,分别从城市结点自身空间联系总量特征与结点之间空间联系特征两个维度来进行初步分析。

一、城市结点自身大气环境治理绩效特征分析

(一) 大气环境治理绩效及空间联系总量特征分析

根据前文评估方法及相关公式测得我国主要省会城市大气环境治理绩效影响指数 H_i 和空间联系总量 TS_i 的数值(表 11-2)。结果显示,我国 31 个省会城市中,大气环境治理绩效最高的是海口市,其次是广州、沈阳、拉萨,而治理绩效较差的是石家庄、太原、天津、郑州、西宁,整体自北向南具有显著的梯度特征。H_i 排序第一的石家庄市(49.64)约为海口市(18.11)的 3 倍,TS_i 的排序石家庄市(7 691.26)约为海口市(595.69)的 13 倍,表明我国各省会城市间大气环境治理绩效和治理绩效空间联系总量均存在较为显著的空间差异,表明我国各地区大气环境治理存在绩效管理不充分、区域间不均衡现象。从各省会城市大气环境治理绩效影响指数评估结果来看,治理绩效影响指数排名前

10 位的省会城市有 6 个空间联系总量排序也位于前 10,包括石家庄、郑州、太原、天津、济南和武汉,而治理绩效影响指数排名较为靠后的城市,其空间联系总量排序也相对靠后,城市大气环境治理绩效影响指数和空间联系总量之间存在着较强的逻辑关联,间接反映出大气环境治理绩效较低的城市与周边城市存在较为紧密的空间关联,而当前已有大量关于大气污染治理空间溢出效应的研究成果也证实了这一空间溢出现象(刘海猛等,2018;孙红霞等,2018),即各城市在大气环境治理过程中受自然地理条件、气候因素、能源结构、经济结构以及与经济发展水平息息相关的污染治理水平等要素影响(段威等,2018;孙晓雨等,2015;马丽梅等,2014),据此,研究认为城市大气环境治理绩效也存在空间溢出效应。

(二) 省会城市大气环境治理绩效的核心边缘结构分析

根据函数 P_i 和 N_i 的定义可知,P_i 表征 i 城市对其他所有城市治理绩效空间影响的总和,反映其对周边的辐射影响能力;N_i 表征城市 i 受其他所有城市治理绩效空间影响的总和,反映其接受外界影响的能力。而($P_i - N_i$)值在一定程度上可以表征各城市在其所处空间网络结构中的核心边缘地位特征。因此,本研究认为 P_i 与 N_i 的差值为正值的区域一般是大气环境治理绩效影响的核心区域,且正值数值越高,核心影响力越大。表中 P_i 与 N_i 差值最大的是石家庄市(1 494.52),与其周边的太原、西宁、郑州、天津、济南等城市,构成的京津冀及周边地区是我国大气环境治理绩效影响的核心区。其次是武汉、哈尔滨、成都、乌鲁木齐等城市处于次级核心地位,P_i 与 N_i 差值排序均位于前 10 位,由此,共同形成我国大气环境治理绩效空间上的多核结构。此外,整体来看,当 P_i 与 N_i 的差值为负值时,越是靠近绩效影响核心与次核心城市,其 N_i 值越高,而远离绩效影响核心和次中心区域的城市 N_i 值相对较低,例如处于边缘地区的拉萨、海口、昆明、广州、贵阳等城市。这一现象反映出大气环境治理绩效空间溢出的距离效应,即距离绩效影响核心城市越近,受到的环境溢出效应影响越强,而距离绩效影响核心城市越远的城市受到的溢出效应影响较小,与刘华军等得出的环境污染空间溢出效应随地理距离的拉大而逐渐衰减这一结论一致。因此,本研究认为在制定区域大气环境治理绩效提升策略时,应从系统的角度考虑,以绩效影响核心城市为重点,以内部关联性较强的城市群为重要抓手,实施跨地区协同治理。

表 11-2　我国主要省会城市大气环境治理绩效影响指数及其空间联系总量

城　市	绩效影响指数		有向空间联系		空间影响地位		空间联系总量	
	H_i	排名	P_i	N_i	P_i-N_i	排名	TS_i	排名
石家庄	49.64	1	4 592.89	3 098.37	1 494.52	1	7 691.26	1
郑　州	40.63	2	3 304.20	2 740.80	563.40	2	6 044.99	2
西　宁	38.76	3	1 516.17	1 255.97	260.21	3	2 772.14	14
太　原	38.22	4	2 913.65	2 716.56	197.10	4	5 630.21	3
天　津	36.79	5	2 676.13	2 510.26	165.87	5	5 186.39	5
济　南	34.85	6	2 596.41	2 604.94	−8.53	10	5 201.34	4
兰　州	33.33	7	1 344.93	1 389.29	−44.36	14	2 734.22	15
哈尔滨	33.25	8	718.12	653.22	64.90	7	1 371.34	24
武　汉	32.37	9	2 026.69	1 946.27	80.42	6	3 972.96	7
成　都	31.84	10	979.61	940.09	39.52	8	1 919.70	20
西　安	31.67	11	1 727.24	1 879.92	−152.68	26	3 607.16	9
乌鲁木齐	31.50	12	53.22	57.47	−4.24	9	110.69	30
银　川	31.27	13	1 174.53	1 304.84	−130.31	24	2 479.37	18
南　京	30.01	14	1 868.62	1 940.13	−71.51	17	3 808.74	8
长　春	29.62	15	843.70	897.91	−54.21	15	1 741.61	22
北　京	29.21	16	1 885.84	2 320.31	−434.46	31	4 206.15	6
长　沙	28.69	17	1 291.04	1 360.05	−69.00	16	2 651.09	16
杭　州	28.68	18	1 499.39	1 576.49	−77.10	18	3 075.88	11
重　庆	28.39	19	1 113.73	1 225.71	−111.97	22	2 339.44	19
呼和浩特	28.11	20	1 142.61	1 422.97	−280.35	28	2 565.58	17
上　海	28.09	21	1 373.30	1 505.75	−132.45	25	2 879.05	12
合　肥	26.84	22	1 647.72	1 942.08	−294.36	29	3 589.80	10

城　市	绩效影响指数		有向空间联系		空间影响地位		空间联系总量	
	H_i	排名	P_i	N_i	P_i-N_i	排名	TS_i	排名
南　昌	26.44	23	1 308.17	1 482.36	−174.19	27	2 790.53	13
福　州	24.50	24	617.69	731.85	−114.16	23	1 349.54	25
南　宁	24.43	25	584.63	623.07	−38.44	12	1 207.70	27
贵　阳	24.23	26	743.91	849.81	−105.89	20	1 593.72	23
昆　明	24.10	27	331.95	374.30	−42.35	13	706.25	28
拉　萨	23.46	28	31.60	43.90	−12.30	11	75.50	31
广　州	23.38	29	624.13	715.69	−91.56	19	1 339.82	26
沈　阳	23.25	30	714.77	1 028.56	−313.80	30	1 743.33	21
海　口	18.11	31	244.00	351.70	−107.70	21	595.69	29

二、城市结点间大气环境治理绩效联系特征分析

（一）治理绩效联系强度空间格局分析

根据引力模型测算绘制我国主要省会城市间大气环境治理绩效空间联系图（图11-1），以城市间大气环境治理绩效空间联系线的密度和空间联系水平的大小来综合衡量联系强度。从图11-1中不难看出，我国各省会城市间大气环境治理绩效的空间联系强度具有显著的空间梯度变化特征，空间联系强度最高的是以京津冀及周边地区为主的华北地区，其次为长江中下游地区和西北地区，而南部沿海地区的空间联系强度较低，整个空间联系结构自北向南、自西向东空间递减特征较为显著。这种整体的空间联系梯度特征不仅与我国各省会城市空间分布格局、经济与能源结构以及所处地理、自然气候条件有关（田孟等，2018；邹青青等，2018），一定程度上还与产业布局调整、大气环境协同治理的体制机制建设等因素有关。

观察京津冀及周边地区，该城市群内各城市大气环境治理绩效联系强度最高，虽然多年来在京津冀环境保护合作协议框架的推动下，该城市群内各城

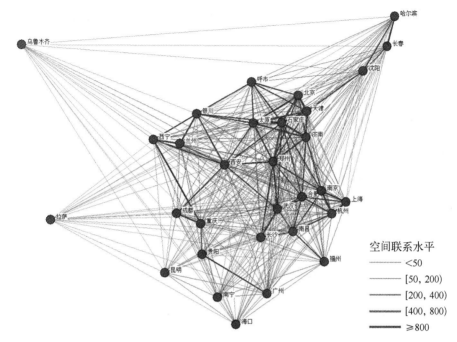

图 11 - 1　我国各省会城市间大气环境治理绩效的空间联系强度

市间大气环境协同治理的协作与联动效应已经初步显现,但由于内在的地方利益与整体利益的权衡以及短期利益与长期利益的抉择,使得三地政府大气环境协同治理的步伐陷入囚徒困境,整体的治理绩效水平难以提升,需要从创新协同治理的体制机制入手解决当前面临的困境与挑战。

从长江中下游城市群内的大气环境治理绩效联系强度来看,上海、南京、杭州与合肥四个城市之间的治理绩效联系强度较为紧密,长三角地区已经初步形成了环境治理协同演进的格局,但当前协同演进的发展关系还不够稳定,总体上协同发展水平不高(周冯琦等,2016)。观察长江中游城市武汉、长沙、南昌之间也已经形成较强的关联性,且中游和下游的城市群之间存在着较强的关联性。因此,本研究认为在当前长江经济带发展战略的推动下,伴随着长三角发达城市产业向中上游转移,应在原有的长三角环境协同治理的基础上,依托长江经济带发展规划,加强探索长江中下游城市群之间大气污染防治联动与协作。

为进一步研究大气环境治理绩效空间联系水平与大气环境治理绩效的关联性,本研究绘制了空间联系强度与大气环境治理绩效的空间拟合图,图中圆点大小表征大气环境治理绩效的高低,由图可知,大气环境治理绩效较低的城市往往空间联系密度较高,治理绩效相对较高的城市空间联系密度较低,且空间关联性拟合效果显著(图11-2),初步推测,城市间大气环境治理绩效与空间联系水平之间存在着较强的负向关联性,即大气环境治理绩效越低的城市往往与其周边城市的治理绩效空间关联越强,容易呈现低集聚的空间格局,而大气环境治理绩效较高的城市往往与其周边城市的治理绩效空间关联较弱,这也验证了前文分析认为的大气环境治理绩效存在的空间溢出效应。

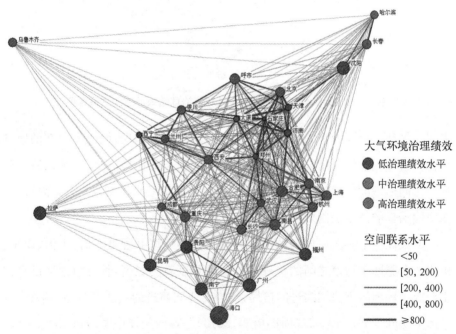

图11-2 我国主要省会城市大气环境治理绩效及其空间联系水平叠加分析图

综上所述,本研究认为在构建我国大气环境治理总体架构时,应加强国家层面的顶层机制设计,通过研究分析我国各地区大气环境治理绩效空间关联的结构特征,在京津冀及周边、长三角等重点地区大气环境协同治理演进的基础上,以城市群为抓手,全面构建国家层面大气环境治理绩效管理网络。

（二）治理绩效联系强度空间圈层结构分析

在根据引力模型绘制大气环境治理绩效空间联系图的基础上，进一步分析不同空间联系水平下的圈层结构，如图 11-3 所示，不难发现，我国各省会城市间的大气环境治理绩效空间联系具有较为显著的空间圈层结构特征，其中，石家庄、天津、太原、北京、郑州和济南等城市构成的京津冀及周边地区是大气环境治理绩效核心圈层，京津冀及其周边区域内城市间空间联系强度最高。其次是长江中下游地区、成渝地区、西北地区三个次级核心地区，最外层虚线范围内构成次级核心圈层，而第二圈层外的珠三角地区、东北地区及其他边缘地区与核心圈层的联系强度较弱，受到的辐射影响也较小，是整个圈层结构的外延。观察京津冀及周边地区、长江中下游地区、成渝地区、西北地区两两城市群之间的治理绩效空间联系情况，不难发现，京津冀及周边地区与长江中下游地区和西北地区也存在显著的关联性。因此，本研究认为在我国积极部署打赢污染防治攻坚战

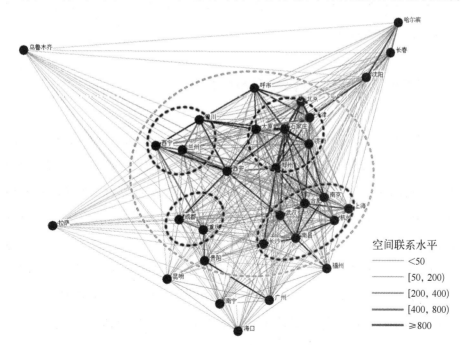

图 11-3 我国省会城市大气环境治理绩效联系强度空间圈层结构图

过程中,需从区域协同治理的视角,通过研究分析城市群内部及城市群之间大气污染治理绩效空间关联性,包括区域间自然气候、产业转移、人口迁移等影响因素与相互作用规律,在此基础上,形成"国家尺度—城市群尺度—城市尺度"层次分明、任务清晰的纵向整体联动架构,绘制国家层面大气环境治理的全局图。

第三节　我国省会城市大气环境治理绩效社会网络分析

为进一步研究分析我国省会城市大气环境治理绩效网络的结构特征和可能的发展演变趋势,为制定基于城市间大气污染治理绩效空间关联性的战略规划部署做好基础研判,本研究利用社会网络分析方法,进行大气环境治理绩效网络密度分析、网络中心性分析,以及核心边缘结构识别,进一步验证前文空间联系分析所得出的结论,并为构建国家层面大气环境治理分层联动的治理架构提供参考依据。

一、大气环境治理绩效网络密度分析

本研究假设当城市群内部各城市间环境治理协作化水平越高,各城市间大气环境治理绩效的空间关联性越强,形成的环境治理绩效网络结构也越稳定。在此前提下,首先分析了我国省会城市大气环境治理绩效网络结构的稳定性,利用 Ucinet 软件的网络密度分析模块分析在不同连接阈值下的网络密度(表 11 - 3),当连接阈值设置为 5 时,网络密度为 0.878 5,较为接近理论值 1,说明网络密度较高;当连接阈值逐渐增大时,网络密度迅速降低,连接阈值设置为 100 时已降低至 0.277 4,说明我国省会城市间大气环境治理绩效空间网络结构的稳定性不高,目前除了京津冀及周边地区外,整体上城市群内大气环境治理绩效的空间联系强度较弱。根据前文假设,间接表明了目前我国多

数城市群内省会城市间大气环境治理的空间联动较为滞后,尚未形成较为稳定的大气环境治理绩效网络结构,城市群之间的大气环境治理联动效应也较弱,故呈现前文所述的较为显著的空间圈层结构,而未来需加强城市群内部各城市之间以及城市群之间的空间联系密度,促进整个网络结构由圈层结构向复杂的网络结构特征演变,这有助于提升整体网络结构的稳定性。

表 11 - 3   不同连接阈值下我国省会城市大气环境治理绩效网络密度变化

连接阈值	≥5	≥10	≥20	≥50	≥100
网络密度	0.878 5	0.698 9	0.572 0	0.393 5	0.277 4

二、大气环境治理绩效网络中心性分析

网络中心性分析是社会网络分析的重要内容之一,可以衡量网络中各结点在所处社会网络中的权力大小,或表征所具有的中心地位。根据研究目的不同用于刻画中心性的指标也不尽相同,常见的用于评价结点中心性的指标有度数中心度(point centrality)、中间中心度(betweenness centrality)和接近中心度(closeness centrality),对于有向网络来说,度数中心度又分为点入度中心度和点出度中心度(方大春等,2018;沈丽珍等,2017)。本研究选取度数中心度、中间中心度和接近中心度三个常用指标分析各结点城市的中心地位,同时验证前文城市结点大气环境治理绩效特征的分析结论。

度数中心度计算结果显示,该网络中各城市的绝对核心支配地位不是很明显,其中,石家庄、郑州、武汉、济南、太原、合肥、长沙等城市核心优势较强,在网络中不仅具有较高的度数中心度,中间中心度和接近中心度也相对较高(表 11 - 4),在网络中同时起着重要的中介作用。以上分析结果再次验证了前文的圈层结构的分析结论,我国省会城市大气环境治理绩效网络具有基于多核的圈层结构。为进一步剖析这一基于多核的圈层结构,下文将采用 SNA 中的核心—边缘结构分析来具体加以判别与验证。

表 11 - 4　　　我国省会城市大气环境治理绩效网络中心度分析

城　市	度数中心度	接近中心度	中间中心度
北　京	66.667	28.57	1.56
天　津	76.667	29.13	2.38
上　海	53.333	28.30	0.35
重　庆	66.667	28.04	3.17
呼和浩特	66.667	26.55	0.39
乌鲁木齐	6.667	10.26	0.00
拉　萨	3.333	19.52	0.00
银　川	53.333	28.04	0.54
南　宁	50	26.55	4.58
哈尔滨	30	25.21	0.00
长　春	30	25.42	0.04
沈　阳	46.667	26.09	0.22
石家庄	86.667	30.93	7.34
郑　州	86.667	30.61	5.08
济　南	83.333	29.41	3.01
太　原	83.333	30.61	5.01
兰　州	63.333	27.52	0.27
西　安	73.333	30.00	2.66
西　宁	66.667	27.03	0.17
成　都	66.667	28.30	3.82
武　汉	86.667	30.93	9.06
合　肥	80	28.30	0.35
南　京	73.333	28.04	0.22
杭　州	63.333	28.30	0.35
福　州	53.333	26.79	0.49
南　昌	70	29.41	4.31
长　沙	80	29.13	3.52
贵　阳	60	26.32	1.05

城　市	度数中心度	接近中心度	中间中心度
昆　明	26.667	23.81	0.00
广　州	60	25.86	2.60
海　口	33.333	21.74	0.00
平均值（Mean）	59.57	26.93	2.02
标准差（Std.Dev）	22.42	4.01	2.38

三、大气环境治理绩效网络核心—边缘结构演变趋势

本研究采用 SNA 中的核心—边缘结构分析来判别我国省会城市大气环境治理绩效网络的核心—边缘结构及其可能的演变趋势。运用核心—边缘绝对模型分析我国 31 个省会城市大气环境治理绩效网络结构特征（表 11 - 5）。大致得到核心区域为华北地区的北京、天津、石家庄、郑州、济南、太原 6 个城市，其他城市相对处于边缘区域。在此基础上，运用核心—边缘连续模型计算各个省会城市的核心度，以修正绝对模型结果（表 11 - 6）。根据分析结果，可以按核心度大小将网络划分为 3 个圈层，第一圈层（核心度在 0.2 以上）有石家庄、太原、郑州、天津、济南和北京，是绝对的核心圈；第二圈层（核心度在 0.04—0.2）有长江中下游地区、西北地区、成渝地区等 14 个城市构成的多个次级核心圈层；第三个圈层是其余 11 个城市，核心度均在 0.4 以下。整体网络结构呈现出"核心（京津冀及周边）＋多个次核心（长江中下游地区、成渝地区、西北地区）＋边缘（南部沿海及边缘城市）"的空间圈层形态演变趋势。

表 11 - 5　我国省会城市大气环境治理绩效网络核心边缘结构组成

序号	城　　　　　市
1	北京、天津、石家庄、郑州、济南、太原
2	上海、重庆、呼和浩特、乌鲁木齐、拉萨、银川、南宁、哈尔滨、长春、沈阳、兰州、西安、西宁、成都、武汉、合肥、南京、杭州、福州、南昌、长沙、贵阳、昆明、广州、海口

表 11 - 6　　　　　　　　我国主要省会城市核心度排序

序　号	城　市	核心度	序　号	城　市	核心度
1	北　京	0.205	17	兰　州	0.065
2	天　津	0.285	18	西　安	0.125
3	银　川	0.074	19	长　沙	0.06
4	贵　阳	0.033	20	成　都	0.036
5	南　京	0.105	21	武　汉	0.113
6	乌鲁木齐	0.001	22	合　肥	0.096
7	拉　萨	0.001	23	呼和浩特	0.107
8	杭　州	0.08	24	上　海	0.074
9	南　宁	0.011	25	哈尔滨	0.023
10	重　庆	0.034	26	南　昌	0.057
11	长　春	0.044	27	西　宁	0.061
12	沈　阳	0.049	28	广　州	0.014
13	石家庄	0.714	29	昆　明	0.003
14	郑　州	0.296	30	福　州	0.015
15	济　南	0.269	31	海　口	0.002
16	太　原	0.325			

第四节　大气环境治理绩效空间联系对管理绩效提升的启示

基于本研究对我国省会城市大气环境治理绩效空间联系的研究与分析，从国家、城市群和城市三个尺度，提出以下几点提升我国大气环境治理绩效管理水平的对策建议。

一、规划建立国家宏观层面大气环境治理绩效管理网络

我国污染防治绩效管理目前仍以目标管理为主要手段，污染防治绩效管

理体系尚处于探索和试点中。近年来,随着国家和地区层面大气污染联防联控工作的不断推进,2018 年,国家又积极部署实施蓝天保卫战三年行动计划,指导重点区域出台大气污染防治配套实施方案,表明当前我国大气环境治理绩效管理网络已经逐步形成,但仅限于局部绩效管理网络的形成与演变,尚未形成国家层面大气环境治理绩效管理的空间网络体系,而大气污染治理绩效不仅在城市群尺度存在着空间溢出效应,而且城市群之间也因产业转移、人口迁移、自然气候等因素影响产生复杂的关联性。因此,本研究建议以国家"一带一路"倡议、长江经济带发展战略、京津冀协同发展战略等为载体,在系统分析城市间和城市群间大气环境治理绩效关联性的基础上,规划建立国家层面大气环境治理绩效管理网络,并完善与大气污染防治绩效管理对应的法律体系、监管体系、技术标准体系、社会参与体系等,形成全国大气环境治理一盘棋。

二、基于空间溢出效应,应以城市群为绩效考核单元

区域大气环境治理绩效存在空间溢出效应,治理绩效较低的城市对空间上距离较近的城市具有较为显著的溢出效应,在空间上往往形成低集聚的格局。从京津冀及周边地区来看,北京市大气环境治理绩效最高,而周边城市普遍较低。虽然近年来北京市通过采取产业结构调整、优化能源结构,以及首都功能核心区建设等措施,有效提升了大气环境治理绩效,但从其所处的大气环境治理绩效低低集聚的空间格局来看,受空间溢出效应影响,大气环境治理绩效提升始终难以突破地域性制约。这类城市不仅要依靠自身治理能力和手段的创新,而且要对接并推进区域环境协同治理这一提升大气环境治理绩效的根本路径。因此,本研究认为在当前国家积极部署实施蓝天保卫战三年行动计划的背景下,应以大气环境治理绩效空间联系紧密的城市所构成的城市群为重要抓手,推进京津冀及周边、长三角地区、武汉及其周边、成渝等不同规模的城市群环境治理绩效管理的网络化发展,在实施环境管理绩效考核评估时,

应将待考评的城市纳入城市群网络结构中,除考评其自身环境治理绩效外,还要系统考虑该城市与其所处城市群内其他城市之间的治理绩效空间溢出效应,实施综合绩效考评。

三、聚焦中心城市,培植城市群大气环境治理绩效增长极

我国大气环境治理绩效网络中心性分析结果显示,石家庄、郑州、武汉、济南、太原、合肥、长沙、西宁等城市在网络中占据绝对核心支配地位,同时起着重要的中介作用,此类城市往往在所处的城市群中环境治理绩效较低,与周边城市的空间关联性较强,空间溢出效应也较强。因此,为整体提升我国大气环境治理绩效,需加强我国大气环境治理绩效网络圈层结构内部的梯度层级建设,在城市间环境治理绩效关联紧密的城市群内聚焦一个或者多个占据核心支配地位的城市作为大气环境治理绩效提升的增长极,将有效带动城市群整体大气环境治理绩效的显著改善。与此同时,还需加强城市群内部大气环境治理技术、标准、能力等要素的互动与融合发展,推进城市群空间结构的复杂化演进,保障治理绩效提升的良性循环。

四、因地制宜分类制定污染防治协作模式以及联动机制

环境问题的跨地域性、流动性决定其跨区域合作治理的必要性。然而,从当前我国各地探索环境协同治理的实践过程来看,面临诸多的问题与挑战。环境治理作为公共物品具有的外部性容易导致环境治理的"搭便车"现象。同时,属地主义的环境治理体系下环境治理"公地悲剧"时有发生,以上因素共同制约了环境协调治理工作效率的提升,且往往管理与行政成本高昂。因此,本研究认为针对环境治理绩效空间联系水平不同的城市群,需因地制宜分类制定污染防治协作模式。对于环境治理绩效空间联系水平较高的城市群,需成立跨行政区域的协同治理工作领导小组并建立联席会议,建立包括联合执法

机制、环评会商机制、信息共享机制、应急联动机制为一体的联防联控机制。对于环境治理绩效空间联系水平较低的城市群,适宜建立环评会商机制、信息共享机制等行政与管理成本较低的协作机制,将区域大气污染防治的重点放在环境治理短板城市的大气环境治理政策、标准、污染源控制等方面。

第十二章　污染防治绩效管理的现状及问题

我国污染防治绩效管理始于 2006 年对环境绩效指数的探索,但目前仍然以目标管理为主要手段,污染防治绩效评估体系尚处于探索和试点中。从污染防治绩效的管理工作来看,我国目前正处于突出环境问题整治向常态化环境管理转变的过程中,污染防治管理的监管、执法力度仍然相对不足,需要借助环保督查制度作为补充,污染防治绩效管理对应的法律体系、监管体系、技术标准体系、社会参与体系尚待进一步完善。

第一节　我国污染防治绩效评估的现状

一、五年规划中环境污染的相关指标

我国在"六五"规划中,首次将资源环境指标纳入国民经济社会发展规划的目标体系,增加了能源总量和强度、农村能源、造林规模等资源环境约束性指标。在"七五"规划中,首次将环境污染指标纳入约束性指标,提出"工业主要污染物有 50%—70% 达到国家规定的排放标准",对污染的控制重点在遏制环境污染的势头,重点考核新增污染的控制,以及工业"三废"的处理工作,尚

未对环境质量提出要求。随后,资源环境相关指标在国民经济和社会发展规划中逐渐增多,并进一步细分为预期性指标和约束性指标。到"十三五"规划,资源环境指标已经增加到10类,共16个指标,占全部指标数的40%。

表 12-1　　　　　　　"十三五"规划中资源环境指标

资源环境类指标		单位	属性
耕地保有量		亿亩	约束性
新增建设用地规模		万亩	约束性
万元GDP用水量下降		%	约束性
单位GDP能源消耗下降		%	约束性
非化石能源占一次能源消费比重		%	约束性
单位GDP二氧化碳排放降低		%	约束性
森林发展	森林覆盖率	%	约束性
	森林蓄积量	亿立方米	约束性
空气质量	地级及以上城市空气质量优良天数比率	%	约束性
	细颗粒物（$PM_{2.5}$）未达标地级以上城市浓度下降	%	约束性
地表水质量	达到或好于Ⅲ类水体比例	%	约束性
	劣Ⅴ类水体比例	%	约束性
主要污染物排放总量减少	化学需氧量	%	约束性
	氨氮	%	约束性
	二氧化硫	%	约束性
	氮氧化物	%	约束性

资料来源:《国民经济和社会发展第十三个五年规划纲要》。

二、环境统计指标

环境统计工作是环境绩效评估的基础和前提。我国的环境统计工作不仅包括对大气、水、土壤等的环境污染统计,还包括对废弃物达标排放量、处理量等污染治理工作的情况统计。1980年11月全国召开了第一次环境统计工作会议,开展了对工业"三废"排放和治理、环保队伍自身建设、工作发展等情况的统计,标志着我国环境统计工作正式起步。1995 年 6 月 15 日,国家环境保护局发布的《环境统计管理暂行办法》将环境统计工作法制化,并提出编制环境统计公报和环境状况公报。《环境统计管理暂行办法》明确了统计监督权,要求根据"统计调查和统计分析,对环境保护工作进行统计监督,指出存在的问题,提出改进建议"。2006 年 11 月,国家环保局颁布了《环境统计管理办法》,进一步健全了我国的环境统计工作,在统计对象方面,将环境保护状况和环境保护工作状况都作为环境统计的对象;在统计内容方面,将环境统计的内容明确为"环境质量、环境污染及其防治、生态保护、核与辐射安全、环境管理及其他有关环境保护事项";在统计频次方面,将环境统计工作分为"普查和专项调查;定期调查和不定期调查"并提出建立周期普查和定期抽样调查制度;在成果方面,定期调查的成果增加了半年报、季报和月报等。

表 12 - 2 **环境统计指标体系构成**

类　型	内　　　容		指标数
环境统计 年报	工业源	一般工业企业	181
		火电企业	
		钢铁企业	
		水泥企业	
		造纸企业	
		工业企业污染治理项目	15
		工业源非重点估算	13
	生活源	城镇生活源	31
		机动车	38
	集中式污染 治理设施	污水处理厂	49
		生活垃圾处理厂(场)	62
		危险废物(医疗废物)处置厂	62
	农业源		25
	环境管理		74

续　表

类　　型	内　　　容	指标数
环境统计 季报及快报	国家重点监控工业企业	48
	污水处理厂	16
	主要污染物总量减排措施季度调度	50
指标总数		664

资料来源：整理自环境统计年报、环境统计季报及快报。

三、中国省级环境绩效指数

耶鲁大学环境法律与政策中心（YCELP）及哥伦比亚大学国际地球科学信息网络中心（CIESIN）于 2000 年首次推出环境可持续发展指数（ESI）以来，一直以制定国家级环境指数闻名。在 ESI 的基础上，上述两家机构于 2006、2008、2010 年三次发布环境绩效指数（EPI）。该方法认为定性评估无法为政策制定提供有效基础，定量评估才能为科学决策创造条件。指数计算采用接近目标法（Proximity-to-target），指标数值为实际水平与相应政策目标的距离标准化值，0 表示距离政策目标最远，100 表示达到甚至超过政策目标，数字越大表明环境管理总体水平越高。2010 年 EPI 研究了 163 个国家 25 项指数与政策目标的差距，对各国进行排序，并允许各国与其邻国以及状况相似的国家进行比较分析。评价步骤包括：评价指标和范围的确定、选择符合标准的国家和地区、数据的标准化处理、非正常数据的处理、缺失数据的归因化处理以及数据的综合评价。中国在 2006、2008、2010 年的 EPI 排名分别是 94/133、105/149、121/163。

在全球各国环境绩效指数的基础上，YCELP 与中国环境保护部环境规划院（CAEP）在 2006 年合作开展了中国省级环境绩效评估，后者于 2008 年再次独立开展了该评估。2011 年 10 月，YCELP、CIESIN 与中国环境保护部环境规划院、中国香港城市大学在合作研究的基础上共同发布了《2011 中国环境绩效指数(CEPI)报告》。报告反映了 2008 年底到 2010 年中近两年时间里，中国环境数据的采集和环境政策的发展情况。该报告包含了 3 大目标、12 个环境政策类别、共 32 个指标(见表 12-3)，其中许多指标与污染防治绩效直接相关。政策目标的设定主要依据 4 类方法：规划目标值法、理论目标值法、国际对比目标值法、实际最高(最低)水平替代目标值法。数据来源均为官方公布的统计数据。对于各项指标，在数据条件具备的情况下，报告建立各地区数据表，绘成折线图进行对比，并根据得分高低用不同颜色在中国地图中表示。报告认为：由于很多指数缺乏明确的政策目标，且无法对数据进行充分的评估，因此无法得出中国省级综合环境指数；但该研究成功地制定了一个评估中国环境挑战的中国环境绩效指数框架，并为决策者提供了一整套可以跟踪调查的重要问题及指标，说明了收集数据的必要性、评估的最佳方法以及建立和监测进展对实现具体绩效目标的重要性(曹东，2011)。

表 12-3　　　　中国省级环境绩效指数(CEPI)指标框架

指数	目标	政策类别	指标
EPI	环境健康	空气污染(对人类的影响)	按人口加权的 PM10 浓度
			按人口加权的 SO_2 浓度
			按人口加权的 NO_2 浓度
		水(对人类的影响)	农村使用自来水的人口比例
			城市使用自来水的人口比例
		废物和卫生	城市废物强度
			工业固体废物强度
			城市固体废物处理率
			城市污水处理率
			城市居民废物处理率
			农村居民废物处理率
		有毒物质	重金属
			危险废物强度

续　表

指数	目　标	政策类别	指　　标
EPI	生态系统活力	空气污染（对生态系统的影响）	单位有人口居住的国土面积的 SO_2 排放量
			单位有人口居住的国土面积的 NO_2 排放量
		水资源（对生态系统的影响）	水资源缺乏指数
			化学需氧量排放的强度
		生物多样性及栖息地	陆地保护区
			海洋自然保护区
			近岸海域水质
		森林	森林蓄积量变化
			森林覆盖率的变化
		农业与土地管理	农药使用强度
			化学肥料的使用强度
			水土流失
	经济可持续发展	气候变化与能源	CO_2 强度
			人均 CO_2 排放量
		资源效率	经济能源利用效率
			废物利用效率
			农业用水效率
			工业用水效率
		环境治理	政府环境保护部门在编员工数
			环境保护投资占 GDP 的百分比

资料来源：《2011 中国环境绩效指数（CEPI）报告》。

四、生态文明建设评价考核指标

2016 年 12 月，中共中央、国务院发布了《生态文明建设目标评价考核办法》，进一步规范了生态文明建设目标评价考核工作。该办法的出台，可以视为我国污染防治绩效管理体系的里程碑，一是从国家和中央层面将绿色发展和生态文明导向的政绩观明细化、规范化，有利于全面落实"绿色发展"和"生态文明"的发展思路和执政理念；二是明确提出生态建设目标和绿色发展的考核期限、考核体系、考核主体和考核办法，更加强调考核结果的应用，将环境绩效的考核常态化、制度化；三是在传统资源环境指标的基础上，增加了对公众获得感的考核，贯彻了生态文明建设是重大民生工程的思想。

《生态文明建设目标评价考核办法》是我国近年来完善环境绩效评估和管理体系的重大举措，既沿袭和集成了我国现存环境统计和目标考核的基础，又在考核对象、考核办法、评价体系方面等方面有所创新，增强了考核办法的适用性和科学性。在考核对象方面，《生态文明建设目标评价考核办法》提出，"生态文明建设目标评价考核实行党政同责，地方党委和政府领导成员生态文明建设一岗双责"，使得生态文明建设不再是环保部门的工作任务，而成为党政领导应履行的职责，不仅有利于绿色发展理念的贯彻和环境保护工作的推进，而且能够从根本上扭转领导干部的政绩观。

在考核办法方面，《生态文明建设目标评价考核办法》将"年度评价"和"五年考核"相结合，"年度评价"能够及时掌握地方政府生态文明建设的情况，及时准确识别成绩和存在的问题；"五年考核"则充分考虑了生态文明建设的长期性和系统性，避免政府为应对考核而临时关停企业的做法，引导各级政府建立长效机制，谋求长远规划。

在考核指标体系方面，国家发改委联合国家统计局、环境保护部、中央组织部发布了《生态文明建设考核目标体系》《绿色发展指标体系》。其中《绿色发展指标体系》包括资源利用、环境治理、环境质量、生态保护、增长质量、绿色生活、公众满意程度等7个方面，共56项评价指标。同时也增加了有关措施性、过程性的指标，衡量地方政府每年的绿色发展情况。《生态文明建设考核目标体系》包括资源利用、生态环境保护、年度评估结果、公众满意程度、生态环境事件等5个方面，共23项考核目标，其中能够反映人民获得感的环境质量、公众满意度等指标权重较高。五年规划期内的《绿色发展指标》年度评价的综合结果将纳入《生态文明建设考核目标》,两种指标体系的评估结果可以相互配合。

第二节　我国污染防治及绩效管理的现状

现阶段,我国污染防治工作以及绩效管理已经从过去的末端治理向系统综合治理和长效机制建设转变,《生态文明体制改革总体方案》对生态文明建设及污染防治绩效的改革部署,基本都已进入落实和推进阶段,相关的制度和规范已经出台,但由于污染防治和生态文明建设的复杂性,现阶段的制度大多为试行阶段,健全和完善工作应该是下一阶段体制改革的主要任务。这也为污染绩效考评和管理体系的进一步优化和完善提供了一个过渡期和修正期,需要对试行阶段暴露出的问题提出针对性的改革举措。

一、污染源管理制度

在污染源管理体系方面,近年来开展了污染源普查,并且同步实施了日常监测、核查机制,对环境违法、违规行为进行处罚,要求企事业单位公开社会责任报告,对政府环境管理工作形成公众监督,利用社会的力量来反映环境管理中存在的问题,推动环境管理工作的改进。

2007 年,国家公布了《全国污染源普查条例》,并开展了第一次全国污染源普查,对全国的工业污染源、农业污染源、生活污染源和集中式污染治理设施进行摸排,并于 2010 年公布了普查公报,共调查 4 大类普查对象 592.56 万个,获得各类污染源填报基本数据 11 亿个,为污染减排绩效评估与政策制定及实施奠定了较好的基础。同时,国家还开展了专项的污染状况调查工作,2006年,原国家环境保护总局颁布《关于成立国家环境保护总局土壤调查专项工作领导小组及办公室的通知》,标志中国正式启动全国土壤调查专项工作。目前,这项工作的主要成果有《全国土壤污染状况调查公报(2014 年)》。

2016 年 10 月,国务院发布通知,于 2017 年启动第二次全国污染源普查,普查的对象包括境内有污染源的单位和个体经营户,涵盖工业污染源、农业污染源、生活污染源,以及集中式污染治理设施、移动源及其他产生、排放污染的设施。普查的内容包括普查对象的基本信息、污染物种类和来源、污染物产生和排放情况、污染治理设施建设和运行情况等。新一轮的污染源普查工作将更好地与环境统计年报及主要污染物总量减排工作相衔接。全国污染源普查是环境保护的基础性工作,是对全国各类污染源的数量、行业和地区分布情况以及主要污染物产生、排放和处理情况的摸底和排查,也是进一步核定污染防治绩效的基础和依据。

二、污染物总量和质量双控制度

污染物总量控制思想的提出和落实最早是在"九五"时期,"十一五"期间将主要污染物的总量控制指标作为约束性指标纳入污染物减排绩效管理,并实行强制性减排工作。"十二五"期间,我国的污染总量控制制度已经相对完善,由目标责任书、年度减排计划、定期核查等举措构成的污染物减排绩效管理体系初步形成。从总量减排的成效来看,我国污染物排放总量得到有效的控制,同时也推动了产业结构的调整,促进了环保监管能力的提升。但是总量控制对环境质量改善的效果并不显著,环境质量的好坏与减排任务相脱节,总量指标的分配也存在一定的不合理因素,进一步推进总量减排存在困难,环境质量及人民的获得感难以得到提升。基于这样的环境保护形势,环保部在"十三五"主要污染物总量减排思路方案中,首次提出将环境质量改善作为核心和工作主线,实施环境质量和污染排放总量双约束控制,相关部门和各项制度协同控制。环境质量和减排总量"双控"的治理思路,摒弃了过去简单的"目标分解"的做法,对污染防治工作提出了更高要求。一方面由于环境质量是多种污染物共同影响和作用的结果,完成环境质量控制的目标,需要对多重污染物进行控制,仅 $PM_{2.5}$ 指标就涉及二氧化硫、氮氧化物、氨、烟粉尘、多酚类有机物等多个污染物;另一方面,"双控"制度不仅要考虑对污染物浓度进行控制,还对环境风险进行监控和预警,进一步细化了污染防治工作的目标和任务。目前,总量和质量"双控"制度已经在《大气污染行动计划》等环保攻坚行动中得到落实。

三、污染防治绩效管理的相关制度

国际上污染防治绩效管理开展的时间较早,从国外的实践经验来看,污染防治绩效管理作用的发挥离不开法律法规的保障和政策的指导,目前美国、日本、澳大利亚、加拿大等国已经以政策法规的形式对污染防治绩效管理予以保障,例如,美国制定了《政府绩效与结果法案》,日本制定了《关于行政机关进行政策评价的法律》,澳大利亚制定了《公共服务法》,加拿大政府颁布了《绩效评价政策》等一系列绩效评价指南和标准。

我国污染防治绩效管理的起步相对较晚,2007 年,国务院颁布的《主要污染物总量减排考核办法》,明确将五年规划中的污染减排总量考核与政绩考核相挂钩,这一制度在"十二五"期间得到延续和坚持。2010 年,环保部颁布了《主要污染物总量减排监测体系建设考核办法(试行)》,对总量减排的考核监测体系做了进一步的细化。这一阶段的污染防治绩效管理延续了早期污染防治管理以目标分解和责任追究为主的管理模式。2011 年 8 月,环境保护部制定的《污染减排政策落实情况绩效管理试点工作实施方案》中,首次提出通过绩效考核管理的方式推进落实污染防治工作,并明确规定了污染减排绩效管理的目标、指标体系与评估方法,以及对评估结果的应用,2014 年新修订的《环境保护法》规定了政府环境保护目标责任制和考核评价制度[①]以

①　《环境保护法》第 26 条规定,县级以上人民政府应当将环境保护目标完成情况纳入对本级人民政府负有环境保护监督管理职责的部门及其负责人和下级人民政府及其负责人的考核内容,作为对其考核评价的重要依据。考核结果应当向社会公开。并且对于政府环境考核评价制度规定了具体法律责任。

及相应的法律责任承担①方式,将污染防治绩效管理工作列入法律。这两项举措标志着我国污染防治管理开始由目标管理阶段向综合绩效管理阶段过渡。

四、污染防治攻坚行动

针对关系民生福祉的突出环境污染问题,我国在污染防治工作中还以专项行动计划的形式开展污染防治攻坚,重点解决最紧迫的大气污染、水污染和土壤污染问题。2018 年,中共中央、国务院发布了《关于全面加强生态环境保护 坚决打好污染防治攻坚战的意见》,其中对政府绩效和责任追究进行强调,提出通过"落实党政主体责任""健全环境保护督查机制""强化考核问责""严格责任追究"等举措,保障环保攻坚战的顺利实施。

(一)大气污染防治行动计划

2013 年 9 月,国务院颁布《大气污染防治行动计划》,经过三年的推进落实,到 2017 年底,"大气十条"的目标已经全部实现。根据环境保护部 2018 年公布的信息,2017 年,全国地级及以上城市 PM10 平均浓度比 2013 年下降 22.7%,全国 338 个地级及以上城市 SO_2 浓度较 2013 年下降 41.9%,74 个重点城市优良天数比例为 73.4%,比 2013 年上升 7.4 个百分点,重污染天数比 2013 年减少 51.8%。2018 年 6 月 13 日,国务院总理李克强主持召开国务院常务会议,部署实施蓝天保卫战三年行动计划。制定实施打赢蓝天保卫战三

---

① 《环境保护法》第 68 条规定,地方各级人民政府、县级以上人民政府环境保护主管部门和其他负有环境保护监督管理职责的部门有下列行为之一的,对直接负责的主管人员和其他直接责任人员给予记过、记大过或者降级处分;造成严重后果的,给予撤职或者开除处分,其主要负责人应当引咎辞职:(1) 不符合行政许可条件准予行政许可的;(2) 对环境违法行为进行包庇的;(3) 依法应当作出责令停业、关闭的决定而未作出的;(4) 对超标排放污染物、采用逃避监管的方式排放污染物、造成环境事故以及不落实生态保护措施造成生态破坏等行为,发现或者接到举报未及时查处的;(5) 违反本法规定,查封、扣押企业事业单位和其他生产经营者的设施、设备的;(6) 篡改、伪造或者指使篡改、伪造监测数据的;(7) 应当依法公开环境信息而未公开的;(8) 将征收的排污费截留、挤占或者挪作他用的;(9) 法律法规规定的其他违法行为。

年计划,明确治理思路和具体任务,指导京津冀及周边地区、长三角等重点区域出台大气污染防治配套实施方案。为保障大气污染防治行动计划的实施,国务院于 2014 年发布了《大气污染防治行动计划实施情况考核办法(试行)》,明确提出质量和总量"双控",将空气质量改善目标和大气污染防治重点任务作为考核指标的两个方面。2018 年 7 月 3 日,国务院发布《打赢蓝天保卫战三年行动计划》,相比"大气十条",新的行动计划更加注重源头治理和长效机制建设,在原有问责制度的基础上提出量化问责,更加重视绩效考核结果的运用。

(二)水污染防治行动计划

2015 年,国务院发布《水污染防治行动计划》,提出了未来一段时期内水污染防治行动的工作目标和主要指标,并从"明确和落实各方责任""强化公众参与和社会监督"两个方面对水污染防治行动进行绩效考核和管理。随后财政部、环境保护部联合发布《水污染防治专项资金绩效评价办法》,从资金管理、项目管理、产出和效益三个方面评价水污染防治专项资金的绩效,强调水污染防治资金与目标任务的匹配性,并对绩效评价工作中的信息公开制度、第三方参与等提出了具体要求。

表 12-4　　　　　　　　水污染防治行动计划目标

		2020 年	2030 年	21 世纪中叶
主要指标	七大重点流域水质优良比例	70%	75%以上	
	地级及以上城市建成区黑臭水体	10%	基本消除	
	地级及以上城市集中式饮用水水源水质	93%	95%	
	全国地下水质量极差的比例	15%		
	近岸海域水质优良比例	70%		
工作目标	水环境质量	阶段性改善	总体改善	全面改善
	水生态系统		初步恢复	良性循环

资料来源:《水污染防治行动计划》。

表 12 - 5　　　　　　水污染防治行动计划中绩效考核的相关部署

总 体 要 求	具 体 任 务
明确和落实各方责任	强化地方政府水环境保护责任
	加强部门协调联动
	落实排污单位主体责任
	严格目标任务考核
强化公众参与和社会监督	依法公开环境信息
	加强社会监督
	构建全民行动格局

资料来源:《水污染防治行动计划》。

(三) 土壤污染防治行动计划

2016 年,国务院发布《土壤污染防治行动计划》,将净土行动作为污染防治攻坚战三大行动之一。这是在《污染场地土壤修复技术导则》《场地环境调查技术导则》《场地环境监测技术导则》《污染场地风险评估技术导则》《污染场地术语》五项土壤污染环保标准后,对土壤污染防治工作的系统性推进计划。《土壤污染防治行动计划》明确了未来一段时间的土壤污染防治工作目标,并将目标考核和责任追究作为土壤污染防治工作绩效管理的主要方式,提出从"明确地方政府主体责任""加强部门协调联动""落实企业责任""严格评估考核,实施目标责任制"四个方面对政府绩效进行综合考评,并作为干部离任审计的重要依据。

表 12 - 6　　　　　土壤污染防治行动计划的工作目标和主要指标

		2020 年	2030 年	21 世纪中叶 (2050 年)
主要 指标	受污染耕地安全利用率	90％	95％	土壤环境质量全面改善,生态系统实现良性循环
	污染地块安全利用率	90％	95％	
工作 目标	土壤环境质量	总体保持稳定	稳中向好	
	农用地和建设用地的土壤环境安全	得到基本保障	得到有效保障	
	土壤环境风险	基本管控	全面管控	

资料来源:《土壤污染防治行动计划》。

五、生态文明体制改革方案对污染防治的部署

《生态文明体制改革总体方案》是国家对生态文明制度改革的战略部署，方案明确了污染防治体制机制改革的方向和重点，提出建立由污染物排放许可制、污染防治区域联动机制、农村环境治理体制机制、环境信息公开制度、生态环境损害赔偿制度、环境保护管理制度六大制度构成的环境治理制度体系。同时，方案还对绩效考核和管理机制进行了相应的安排。

对比此前的污染防治工作，《生态文明体制改革总体方案》对污染防治的改革呈现以下特点：一是更加强调基础环境管理能力建设，提出"完善排污许可制度""在全国范围建立统一公平、覆盖所有固定污染源的企业排放许可制，依法核发排污许可证"等改革举措。二是更加强调环境污染防治的系统性，充分考虑污染物的扩散和传递问题，重视统一污染防治体系的建设，提出"建立污染防治区域联动机制""完善重点区域大气污染防治联防联控协作机制""开展环境保护管理体制创新试点，统一规划、统一标准、统一环评、统一监测、统一执法""开展按流域设置环境监管和行政执法机构试点"等改革举措。三是更加重视监督和治理手段的多元化，强调运用市场手段引导和约束污染排放行为，提出"健全环境治理和生态保护市场体系""培育环境治理和生态保护市场主体""推行排污权交易制度""建立绿色金融体系"等改革举措。四是更加强调发挥公众和媒体的监督主体作用，通过环境信息公开鼓励公众参与和监督污染治理行动，提出"环境信息公开、排污单位环境信息公开、监管部门环境信息公开、建设项目环境影响评价信息公开机制"四个信息公开领域。提出"建立环境保护网络举报平台和举报制度，健全举报、听证、舆论监督等制度"等改革举措。

生态文明绩效评价考核和责任追究制度是《生态文明体制改革总体方案》的创举和重点，意在提出通过建立和完善绩效管理机制，转变领导干部的政绩观，提升各级政府在推进生态文明建设中的积极性，根治执行不力、问责机制

不健全的问题。一是提出建立生态文明目标体系，目前这项改革已经通过《生态文明建设考核目标体系》《绿色发展指标体系》得以落实。二是建立资源环境承载能力监测预警机制，2017年中共中央办公厅、国务院办公厅印发了《关于建立资源环境承载能力监测预警长效机制的若干意见》，提出从管控机制和管理机制两个方面完善基于资源环境承载力的监测预警机制。三是编制自然资源资产负债表，该项制度仍在探索和试点中，目前已经有海南、浙江湖州、浙江安吉等地开展试编制工作，但国家尚未形成统一的编制规则。四是领导干部实行自然资源资产离任审计，2017年中共中央、国务院发布了《领导干部自然资源资产离任审计规定（试行）》，对地方政府在落实中央部署、遵守法律、制定决策、项目执行和资金使用等方面的工作进行审计，这为考核政府的生态文明建设和污染防治绩效提供了明确的依据和支撑。五是建立生态环境损害责任终身追究制，2015年中共中央、国务院党发布了《党政领导干部生态环境损害责任追究办法（试行）》，这一制度的出台从制度上将环境保护工作作为地方领导干部的政治任务，突出了党政同责的原则。

六、污染防治和绩效管理的第三方参与机制

污染防治工作具有很强的专业性和技术性，引入第三方治理能够弥补环保部门人员不足、覆盖范围有限的问题。同时，引入第三方对政府污染防治工作的绩效进行评估，也能够避免政府绩效评估管理中可能存在的客观性不足的问题。为此，环境保护部于2015年印发了《关于推进环境监测服务社会化的指导意见》，并选择在吉林、上海、广东、云南等7个省份开展环境监测服务社会化试点工作。从试点成效来看，环境保护部认为试点工作"在推动社会环境监测机构监管立法、探索市场准入方式、强化事中事后监管、建设环境监测市场信用体系等方面取得良好成效"。2017年8月，环保部出台了《关于推进环境污染第三方治理的实施意见》，除了鼓励和规范环境污染第三方治理外，还重点鼓励第三方污染防治信息公开，并加强对第三方信息的管理和追责，提

升公开信息的公信力。就我国环境第三方治理的现状来看,目前仍然存在排污方与第三方责任界定模糊、地方政府职能定位不清、行业服务水平参差不齐、价格机制和制度规则不合理等问题。《关于推进环境污染第三方治理的实施意见》意在解决上述问题,并进一步完善第三方治理市场的制度规范,但由于颁布时间较晚,《意见》实施的成效尚待观察。

七、污染防治信息公开和统计监测体系建设

公众作为污染防治绩效监测的主体,由于受到专业能力和信息的影响难以充分发挥监督和评估的作用,互联网技术的发展为公众获取污染防治信息提供了新的渠道。同时,信息技术和大数据技术的快速发展为我国环境统计、监测体系的智能化、自动化和信息化创造了条件。为提升环境统计监测的能力,国家积极应用大数据和互联网技术升级现有的环境统计监测体系,国家有关部门先后出台了完善环境统计监测体系的政策文件。

在环境信息公开方面,2007 年环保总局出台了《环境信息公开办法(试行)》,提出公开"环保法律、规划、统计调查信息"等 17 个方面的环境保护信息。《生态环境大数据建设总体方案》提出"推进生态环境数据开放""区域、流域、行业等污染物排放数据,核与辐射、固体废物等风险源数据以及化学品对环境损害的风险评估数据,环境违法、处罚等监察执法数据"。《促进大数据发展行动纲要》提出,"2018 年底前建成国家政府数据统一开放平台,率先在资源、环境、气象、海洋等重要领域实现公共数据资源合理适度向社会开放"。《"互联网+"绿色生态三年行动实施方案》提出"健全完善网络环境监督管理和宣传教育平台""鼓励公众利用网络平台对环境保护案件、线索、问题进行举报,构建政府引导、全民参与的监督管理机制"。

在提升环境信息统计监测能力方面,主要是应用大数据技术和"互联网+"推动监测的智能化和自动化,2015 年,国务院发布的《促进大数据发展行动纲要》中提出"运用大数据,提升资源环境等领域数据资源的获取和利用能

力"。2016年,国家发改委发布《"互联网＋"绿色生态三年行动实施方案》,提出"利用智能监测设备和移动互联网,完善污染物排放在线监测系统,增加监测污染物种类,扩大监测范围,形成全天候、多层次的智能多源感知体系""实现生态环境数据的互联互通和开放共享"。2016年,环保部颁布《生态环境大数据建设总体方案》,提出"利用物联网、移动互联网等新技术,拓宽数据获取渠道,创新数据采集方式,提高对大气、水、土壤、生态、核与辐射等多种环境要素及各种污染源全面感知和实时监控能力"。

在监测权限优化和整合方面,环保部、财政部2015年发布的《关于支持环境监测体制改革的实施意见》提出,上收国家环境质量监测事权,到2018年建立健全国家直管的大气、水、土壤环境质量监测网。国家环境质量监测事权的上收,实现了"国家考核、国家监测"(王海芹,2014)。

八、污染物的区域联防联控机制

目前污染物的区域联防联控已经得到国家和地方的高度重视,出台了一系列相关文件和制度。在国家层面,2010年出台《关于推进大气污染联防联控工作改善区域空气质量的指导意见》,明确了开展大气污染联防联控工作的重点区域,要求该类区域积极推进大气污染联防联控工作。2013年9月,《大气污染防治行动计划》发布实施,经过三年的推进落实,到2017年年底,"大气十条"的目标已经全部实现。2018年6月,国家积极部署实施蓝天保卫战三年行动计划,指导京津冀及周边地区、长三角等重点区域出台大气污染防治配套实施方案。

在地方层面,京津冀三地根据《京津冀及周边地区大气污染防治行动计划实施细则》,连续三年制定并积极推进2014、2015年度《京津冀及周边地区大气污染联防联控重点工作》,签订《京津冀区域环境保护率先突破合作框架协议》。长三角出台《长三角区域落实大气污染防治行动计划实施细则》《长三角区域空气重污染应急联动工作方案》。2014年7月,广东省在珠三角地区建成了目前我国唯一的区域大气联防联控技术示范区。2017年11月,哈大绥三个城市建立了大气污染联防联控会议。沿着以上国家和地方层面的推进节奏不难得出肯定答案,总结京津冀、长三角等重点地区的实践经验,从国家层面探索建立我国大气环境防治绩效管理的总体架构具有一定的政策导向性。因此,如何识别城市间大气污染防治绩效的空间联系特征,明晰其空间组织结构,并最终落脚到分层纵向协同管理架构,是我国大气环境污染防治绩效管理的重要研究内容。

以京津冀地区大气污染区域联防联控为例,京津冀地区是我国大气污染最严重的区域之一,大气污染呈现复合型污染和区域性污染的特征。据环保部 2017 年 9 月公布的大气颗粒物源解析结果,京津冀三地大气污染源有一定的相似性,区域传输对北京市 $PM_{2.5}$ 来源的贡献高达 28%—36%。2014 年 11 月,在北京举行了亚太经济合作组织会议(APEC)。为保障会议期间北京市的空气质量,京津冀及周边的山西、山东等共 6 省份启动了共同治理模式,制定了《京津冀及周边地区 2014 年亚太经济合作组织会议空气质量方案》,提出大气污染防治的具体措施包括:(1) 机动车限行与管控;(2) 燃煤和工业企业停限产;(3) 工地停工;(4) 实施应急减排措施;(5) 加强道路保洁;(6) 调休放假;(7) 督导治理;(8) 处理相关负责人。京津冀及周边地区大气污染协作小组成立了会商制度,加大了会议期间减排工作的监管力度(李云燕,2018)(图 12-1)。北京市环保局专门成立了 APEC 评估小组,对 APEC 会议期间污染物的减排情况,借助空气质量模型进行模拟、测算,以便科学评估大气污染物的减排效果及其产生的环境效益。2014 年 11 月 13 日,北京市环保局通报了 APEC 会议空气质量保障措施效果初步评估结果,经测算,11 月 1—12 日,北京市空气质量一级 4 天、二级 7 天、三级 1 天,$PM_{2.5}$、PM_{10}、SO_2、NO_2 的浓度分别为 43、62、8 和 46 微克/立方米,比上年同期分别下降 55%、44%、57% 和 31%。初步效果评估结果显示,APEC 会议空气质量保障各项措施科学可行、针对性强、重点突出、落实有效,对保障会期良好的空气质量发挥了决定性作用,更为 APEC 会后全面深入推进区域大气污染联防联控工作提供了宝贵的经验与借鉴。

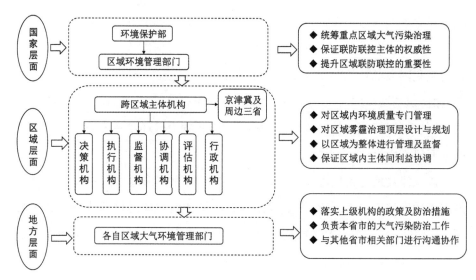

图 12-1 京津冀及周边区域大气污染区域联防联控机制框架图

尽管"APEC蓝"是中国政府在紧急状态下采取超常规手段取得的,但该项成果案例仍有值得学习和借鉴的地方。一是预警会商机制应当持续运行。在 APEC 会议期间,由北京牵头的六省(市)建立了预警会商机制,该机制对准确预判环境形势发挥了重要的作用。二是建立可持续利益机制。对一些重点地区、重大活动所采取的联防联控,享受环境效益的地区应当向付出保护环境额外成本的地区给予某种形式的补偿。三是区域传输不应成为推卸责任的借口。国内外的污染源解析表明,区域传输对一个地区的环境质量影响有限,解决本地环境污染应当是优先任务。

第三节 我国污染防治绩效管理存在的问题

总体而言,现阶段我国污染防治绩效管理尚处于完善阶段,绩效评估主要集中于污染物总量的指标考核方面,对污染防治的过程和成效考核仍然较少,污染防治绩效管理的制度保障仍然不足,进而导致存在污染物总量减排与环境质量改善相脱节的现象。现有污染防治绩效管理体系存在的问题主要包括以下六个方面：

一、绩效管理与环保战略规划衔接不足

绩效管理是落实地方政府环保战略规划的重要工具和手段，与地方政府环保战略规划相衔接是绩效管理的本质特征。然而由于地方政府污染防治绩效管理主要表现为减排指标的考核，减排指标的确定又来自上级指标的分解，导致考核指标与地方政府环保战略规划确定的目标衔接不足，规划目标完成情况的考核周期长，约束力明显不足。同时，环保战略规划对具体任务的推进次序和时间节点并不明晰，而现有的绩效考核体系对政府实施过程的考核办法和考核手段又存在缺陷，难以对政府落实规划的情况进行考评和管控，导致政府的环保战略规划没有被层层分解到地方政府的权责界定上。

二、绩效评估的结果评估和过程管理相脱节

目前已有绩效考核结果与环境污染治理的过程管理相互脱节。中央和地方政府在建立绩效评估指标体系和配套的监测、统计、考核体系方面已经做了大量工作，绩效评估没能发挥改善环境管理、提高管理绩效的作用，使得绩效评估的过程和最终目的被弱化，没能形成一个完整的从确立目标，到评估绩效，再到改进绩效和追求更高目标的闭环流程。污染防治绩效没有充分发挥为污染防治管理体系服务的功能。黄爱宝（2010）认为，评估没有和领导决策、预算安排、跟踪辅导、组织学习、流程再造等结合起来，难以通过事前、事中和事后的动态监督与反馈机制促进员工个人和组织整体的能力提高。就中短期而言，由于绩效评估只能发挥事后监督的作用，未能发挥事前、事中矫正的作用，导致很多资源环境问题平时未得到较好控制，临到考核期末就形成严峻事态，不得不借助拉闸限电、关停工厂甚至中断居民供暖等极端手段来应对考

核。就长期而言,由于绩效评估结果未能被用来促进环境管理体系的能力建设,在很多环境领域,阻碍了长效机制的建立,导致诸多顽症迟迟不能克服,如农村环境问题、湖泊(水库)富营养化、近岸海域污染、细颗粒物污染。由此可见,片面强调结果评估而过程管理薄弱的污染防治绩效管理体系是不完整的。

三、绩效管理与环境统计的标准不统一

污染防治绩效的评估难以实现与环境统计、排污许可制度等共享数据、统一标准。污染排放数据统计口径不一、权威性不足是污染防治绩效体系的短板。实际排放数据统计混乱,环境统计、排污收费、实时监测等都可以产生实际排放数据,而这些数据的统计口径、测算方法与排污许可证的要求并不统一。实测法、排污系数法、物量衡算法等适用的行业不同,测得的数据存在较大差异,导致数据之间存在较大差异,不仅难以实现数据的相互验证核实,而且还为排污许可制度的落实增加了额外的阻力。许可排放数据和实际排放数据衔接不足,环境影响评价、总量减排指标、排污许可证等多项制度对许可排污的数据进行了规定,许可排污数据的计算方法也存在较大差异。总量减排指标是根据全国减排的总量层层分解而来,环评总量和排污许可证又是根据技术标准测算,不同制度对许可排放量的计算方式不同,排污数据难以相互衔接,也降低了许可排放量的权威性。同时由于实际排放数据的缺失和混乱,导致减排的进度安排与实际情况脱节,为推行全面达标排放等系列政策带来困难。

四、绩效考核监督与申诉机制不完善

污染防治绩效管理体系与环境保护法律、法规的衔接不足。环保部门发现问题之后难以通过处罚对企业产生真正威慑效果。虽然《环境保护法》等上位法律近年来修订后增强了处罚要求和力度,但对企业进行处罚、提起诉讼等

法律规定还不够具体、完善，在部分案例中存在可操作性不强。绩效考核与国家的监察、问责机制衔接不足。绩效考核结果的使用不充分，没能发挥其促进改善环境管理、提高环境管理绩效等作用。虽然中共中央办公厅、国务院办公厅在 2009 年印发了《关于实行党政领导干部问责的暂行规定的通知》，中组部 2013 年 12 月 9 日印发《关于改进地方党政领导班子和领导干部政绩考核工作的通知》，为环境污染治理的问责提供了依据，但污染防治绩效管理中评估结果的运用方式仍然较为单一，奖惩往往成为绩效评估结果利用的唯一形式，绩效评估只是被当作消极防御、事后监督与制裁的手段，这对于建立污染防治绩效考核的长效监督与申诉机制来讲还远远不够。绩效管理中的政策响应和绩效的改进等环节没能充分发挥作用，这使得绩效评估的过程和最终目的被弱化。

五、第三方服务管理机制不健全

污染防治绩效评估的专业性强，涉及的部门较多，绩效评估的工作量较大。仅依靠政府或者环保主管部门来完成这项工作，不仅会增加环保主管部门的负担，影响其他环境保护工作的开展，而且还会存在权威性和公信力不足的问题。引入第三方机构作为污染防治绩效评估的数据核验方、公众感知评估方，以及结果发布方，能够有效避免上述问题。目前来看，我国环保第三方服务尚处于起步阶段，行业的准入退出机制尚不完善，监管制度和权责界限尚不明确，存在较多问题。一是行业的准入制度尚不完善。由于行业准入制度不完善，企业资质、从业人员技术水平的准入标准尚不明确，大量机构和企业涌入环境咨询市场，企业专业技术水平和服务质量良莠不齐，难以达到预期的效果。二是对第三方环境咨询服务的监管不严。由于监管制度不完善，一些第三方服务机构利用技术和信息优势寻租，在服务过程中存在编造数据、虚假申报的情况。三是第三方机构参与审计、监管服务的制度不健全。审计和监管属于政府职权范畴，第三方的执法权限、公信力等问题尚未得到明确规定，在实际工作中容易出现第三方机构越权执法、与企业共谋等问题。

六、公众和媒体等监督主体缺位

现阶段地方政府污染防治绩效考核主体以政府为主,考核主体在多数地区比较单一,多是上级行政机关对下级进行绩效考核,缺乏社会组织和社会公众的参与。政府既是运动员,又是裁判员,尽管目前有些地区探索开展多维度污染防治绩效考核,但效果并不理想。公众作为主体进行绩效考核的能力有待提升,考评的机制和手段需要进一步完善和创新。公众由于受到专业技能和相关知识储备的限制,其考核评估结果的科学性和客观性相对较弱,现有的政绩考评中仅能以满意度和获得感等指标做定性的评价,考评的内容和方法较为单一。

第十三章　污染防治绩效管理体系研究

绩效评估是绩效管理的重要环节,但并不等同于绩效管理。绩效管理往往伴随着管理活动的全过程,更加注重战略目标的达成,更具有战略性和前瞻性。绩效评估更加注重考核和评估,其评估的结果具有滞后性。因此,在完善现有污染防治绩效评估体系的基础上,应当更加注重绩效管理体系的构建,将绩效评估纳入绩效管理制度中,对绩效进行更加有效的监控和管理。

第一节　基于系统分解和重构的构建思路

污染防治绩效管理是涉及污染防治工作体系和政府绩效管理体系两个系统的系统性管理工作,其既作为污染防治工作的重要环节,发挥着成效验收和激励约束的作用,也作为政府绩效管理的组成部分,是绩效管理在污染防治方面的体现。因此,本研究以系统论为理论依据,采用系统分解和系统重构的思路构建我国污染防治绩效的管理体系,提出优化和完善的思路。

一、我国污染防治绩效管理体系的构建思路

根据系统论的相关理论，系统由构成要素、组织结构、运行机制构成，系统的演进和升级也应当从要素、结构、机制各个层面进行改进和优化。因此，本研究尝试通过对我国政府绩效管理体系、污染防治工作体系进行分解，从提升污染防治工作效能和改善环境质量的目的出发，找出污染防治绩效管理体系需要增加的要素、可以优化的结构和需要完善的机制，进而构建更加完善和科学的污染防治绩效管理体系。具体从以下三个方面展开：

一是对现有政府绩效管理体系进行系统分析。污染防治工作是我国行政职能的重要构成部分，其组织和实施形式、推进机制都要遵照和依托现行的行政体系。健全和完善我国污染防治绩效管理体系，仍需要立足我国现行的政府绩效管理体系基础，在现行的组织构建和运行机制下进行针对性的改进和完善。脱离现行体系单独构建污染防治的绩效管理体系既面临较大的阻力，难以实施，也难以发挥现有行政管理体系在部门协调和统筹方面的优势，不利于污染防治工作的系统推进。应当通过系统分解，找出现有政府绩效管理体系的构成、特点和演进规律，为制定针对性、渐进性的改革举措提供依据和体系基础。

二是对污染防治工作体系进行系统分析。污染防治绩效管理是检验污染防治工作成效、引导污染防治开展的重要环节，污染防治绩效管理必须突出污染防治工作的特殊性。本研究试图通过对污染防治工作的系统分析，找出污染防治在信息采集、管理对象等方面的特殊性，在指标选取、考评过程设计、监督管理机制等方面与污染防治的实际情况相结合，充分考虑污染防治工作的专业性、系统性和长期性，为健全和完善现行污染防治绩效管理体系明确重点和方向。

三是借鉴国外环境绩效管理的案例和经验。国外在政府绩效管理方面的研究起步较早，具有较为丰富的理论研究基础，在绩效评估指标和绩效管理流

程设计方面具有较为丰富的经验。因此,本研究整理和总结了国外环境绩效管理的理论和案例,学习和借鉴其在绩效管理流程、绩效评估等方面的经验。从绩效管理的流程来看,美国政府绩效管理体系包括战略规划、年度绩效计划、根据执行情况编制年度项目绩效报告,并基于对规划和绩效报告的分析,评价政府绩效。在公务员绩效管理方面,美国的绩效管理体系由绩效计划、绩效监控、绩效评价和绩效反馈四个方面构成,英国则是由计划、监控和反馈、评价、奖励和惩罚四方面构成。在项目绩效评价方面,美国采用项目等级评价工具(PART),用于项目的绩效评价,其中常用的评价方式有三种:结果评价、产出评价和效率测评,效率测评又分为结果测评和产出效率测评。

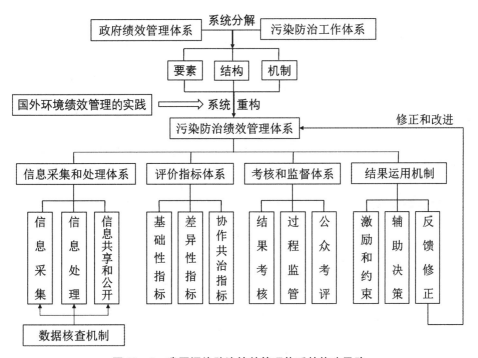

图 13 - 1　我国污染防治绩效管理体系的构建思路

二、我国污染防治绩效管理体系的基本框架

基于以上构建思路,本研究认为污染防治绩效应该由评估、考核和监督,

以及以奖励和惩罚为主的结果运用三个主要环节构成。考虑到污染防治信息的复杂性,本研究将污染防治信息的采集和处理体系作为污染防治绩效管理体系的重要构成。结合国外绩效管理的特点,并考虑到污染防治工作的动态性,本研究将辅助决策机制、反馈和修正体系也作为绩效考评结果运用的重要内容。基于我国现行的行政体制,本研究认为由推进组织、信息化技术以及相关法律和制度构成的保障机制也是污染防治绩效管理体系的重要方面。污染防治绩效管理体系的基本框架见图 13-2。

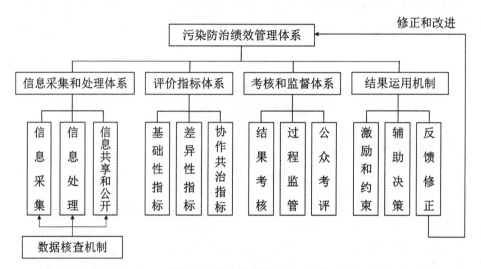

图 13-2 我国污染防治绩效管理体系的基本框架

第二节 构建依据和基础——政府绩效管理体系构成

污染防治绩效管理体系是我国绩效管理体系的重要构成之一,其实现机制、组织和实施推进机构、奖惩措施都是基于我国现有的绩效管理体系,完善和构建污染防治绩效管理体系要在现有的绩效管理机制下进行。因此,本研究尝试对我国政府绩效管理体系进行系统分解,剖析我国绩效管理体系的演变规律、构成要件和特点,为构建和完善污染防治绩效管理体系提供依据和基础。

一、我国政府绩效管理体系的演进

我国政府绩效管理最初是以目标责任制和效能监督为主要模式,随着国外绩效管理思想的引入,我国已经于 2008 年全面开展了政府绩效管理的试点工作,大体可以分为目标和效能管理阶段、地方试点探索阶段和全面试点推行阶段。

(一)目标和效能管理阶段

我国政府的绩效管理最早始于 20 世纪 80 年代,在第一次机构改革中,为保障精简机构、提高效率的改革目标实现,国家同步推行了岗位责任制度。随后岗位责任制与目标管理的思想相结合,逐步形成了以目标考核为抓手的目标责任制。除了以目标责任制为核心的激励机制,我国还建立了以效能监察为主要手段的约束机制。由于目标责任制和效能监察制度实质上是一种组织内部管理模式,难以反映政府行为的结果和社会影响,20 世纪 90 年代,我国政府绩效管理逐步增加了公众评议和施政结果的内容。

(二)地方试点探索阶段

进入 21 世纪,我国科学发展、以人为本等新执政理念逐步成为我国政府各项工作的指导方针,绩效管理的新理念、新手段也融入我国政府绩效管理工作中,如甘肃、武汉、厦门等地引入第三方机构对政府绩效进行评估,黑龙江海林运用了平衡计分卡等绩效管理工具,全面质量管理、关键绩效指标等绩效管理手段也融入了我国政府绩效的管理工作。

(三) 全面试点推广阶段

2008 年我国正式提出和开展绩效管理,2010 年,中央纪委监察部成立绩效管理监察室,负责开展政府绩效管理的监督监察,标志着政府绩效管理的组织和领导机制建立。2011 年国务院批复同意建立绩效管理工作部际联席会议制度,同年 4 月第一次会议在北京召开,并通过了《2011 年政府绩效管理工作要点》《关于开展政府绩效管理试点工作的意见》,这标志着我国政府绩效管理的工作机制正式建立。目前已有北京市、吉林省、福建省、广西壮族自治区、四川省、新疆维吾尔自治区、杭州市、深圳市等 8 个省、区、市进行地方政府及其部门绩效管理试点。

二、我国政府绩效管理体系的构成

从现阶段我国政府绩效管理工作的试点和开展情况来看,我国政府绩效管理工作体系由管理和组织体系、评价指标体系、考核监督体系和结果运用机制四个方面构成。

(一) 组织和管理体系

在试点和探索阶段,我国政府绩效管理多由人事、监察等部门为核心,通过成立领导小组、专门设立绩效管理办公室等方式推进绩效管理的改革工作。在实际推进阶段,则是由上级主管部门通过审核、考核对象自评上报的方式进行评估,监察部门负责对整个过程的规范性进行监督和审核。从目前我国绩效管理的现状来看,绩效管理的主体一般由领导机构担任、管理的组织者一般由专设机构或办公室承担,在实际的工作中具有信息采集责任的部门也承担了部分组织权。

(二) 评价指标体系

评价指标是政绩考评的核心,评价指标体系多以上级部门的目标分解为依据。随着我国政府工作重心的不断变化，政绩考评的考核指标逐渐丰富，现阶段我国政绩考评指标逐步增加了经济发展方式转变、社会管理、创新驱动、公共服务和生态环境方面的指标。具体部门的评价指标体系，多由部门的"三定"方案中提炼能够反映部门主要工作职能的个性指标，并设置关键绩效指标，以进一步完善现有的评价指标体系。

（三）考核监督体系

目前来看，政府绩效考核评估的主要方式仍然是以上级对下级的纵向考核评价为主，政府绩效的评估和结果认定多是由上级部门完成。以社会评估、行业评估等为主的横向评估机制目前尚处于探索和试点中，例如，甘肃省开展了政府绩效的第三方评估试点，杭州市在绩效考评试点中还提出精细化管理的要求，通过建立统一的电子政务系统，实现对被考核单位的定量考核、动态跟踪、全程管理，以及信息的公开。

（四）结果运用机制

考核评估结果的运用是发挥绩效考评激励和约束作用的关键环节。我国目前往往将考核评估结果与干部选拔任用、领导干部政绩考评相挂钩。另外政绩考评还会与部门的财政预算、工作人员的绩效收入等相关联。随着绩效管理体系的进一步完善，绩效考评的结果将成为党政干部问责的重要依据。

三、我国政府绩效管理体系的特点

（一）目标管理依然是主要模式

虽然进行了绩效管理的广泛试点和探索，但目前我国尚未出台系统性的改革方案，在全国范围内推广绩效管理的改革，所以目前目标管理仍然是我国行政管理最为主要的方式。郑方辉、廖鹏洲（2013）认为，我国政府绩效管理的定位是"绩效导向下的目标管理"。尽管政府的职能复杂、涉及的利益方较多，但是完成目标仍然是政府的主要工作,也是其使命和执行能力的体现。值得注意的是,目标管理与绩效管理并不冲突,绩效管理中效率、效果的评价都与目标直接相关,实现目标也是绩效管理的出发点和前提。

(二)考核方式以自上而下的内部评价为主

由于我国现行的行政管理体制仍然具有鲜明的自上而下集权式管理的特点,政府绩效管理的目的和出发点之一也是提升下级政府的执行能力。因此,我国政府绩效管理的考核和评估仍然是以上级部门对下级的考评,主要方式仍然以政府内部评价为主,较少引入社会和第三方机构对政府的绩效进行评估。目前少量的试点工作都是将社会和第三方的评估结果作为参考,并未将其结果纳入干部管理和奖惩的机制中。

(三)结果运用的方式主要以影响干部升迁为主

从我国政府绩效管理的演变历程来看,其最初的目的是为了调动领导干部的积极性、提高政府运行的效能。由于政府运作模式的公共属性和非交易性,考核结果的主要运用方式是通过影响主要领导的升迁来引导和激励考核主体,对普通公务员的奖惩机制规定相对较少,在试行过程中也面临规定不明晰,常态化、制度化不足等问题,影响和激励的群体较为局限。

第三节　构建重点和方向——污染防治系统的特殊性

污染防治绩效是政府绩效的重要组成,但并不能将污染防治绩效简单地等同于环保部门的绩效,污染防治工作具有更强的技术性、复杂性和系统性。因此,要对污染防治工作体系进行系统分解,找出其特殊性,为健全和完善现行污染防治绩效管理体系明确重点和方向。通过对比污染防治工作与其他政府职能,本研究认为,污染防治工作具有信息量更加庞杂、涉及的对象更加复杂、见效周期长和动态性强的特点。

一、污染防治所需的信息量更加庞杂

造成环境污染的因素十分复杂,不仅涉及污染源、水文气候条件等因素,还与企业生产的工艺技术水平、经济发展方式、居民生活方式等因素相关,仅仅通过部分污染物排放指标难以全面系统地衡量污染防治工作的成效。因此,污染防治绩效管理对信息的要求更高,一方面在排放总量和环境质量双控的指导思想下,为实现环境质量的考核目标,需要获取污染物数据、水文气候变化等信息,从而获取更加客观准确的环境质量评估结果,污染防治绩效评估对结果信息的要求更高、更加庞杂;另一方面衡量污染防治的绩效不仅要获取污染物排放总量的数据,还要通过污染排放企业的行为、工艺技术、居民的生活方式等信息考评政府在源头治理和发展方式转型方面的工作,对过程信息的要求更加精准。

二、污染防治绩效管理涉及的对象更加复杂

政府绩效管理更加注重对政府行为效能的评价,虽然在改革中增加了公众满意度、社会影响等评价因素,但政府绩效管理的对象仍然是以各级政府及其工作人员为主要考评对象,涉及的内容主要是考评对象的行为和效率。与政府绩效管理不同,污染防治工作涉及的主体更多,除政府外还涉及企业和公众等,考虑到污染物的扩散性,污染防治工作还涉及邻近的区域政府等,其对象更加复杂,绩效评估的指标更加复杂,绩效管理的对象、牵涉的关系更加复杂。因此,完全按照政府绩效管理的体系对污染防治工作进行管理,不仅难以充分调动各方主体的积极性,甚至会导致环保主管部门工作重心的偏移。

三、污染防治工作具有长期性和动态性

由于环境质量的改善是一个长期、系统的过程,污染防治工作的结果往往具有滞后性,难以做到立竿见影。如果单纯以某一时点的某几项污染物排放信息作为污染防治工作的绩效评估依据,容易造成政府为了提高绩效而临时关停企业的问题。因此,污染防治绩效管理工作还要充分考虑政府污染防治工作的长期影响,不仅要对造成环境破坏的行为进行溯源和终身追责,还要鼓励和引导相关部门投入见效周期长的污染防治工作。同时,由于污染防治工作的长期性和动态性,污染防治绩效的管理也不能一成不变,还要根据不同阶段污染防治的特点进行调整,通过建立动态修正和反馈机制,使得污染防治绩效管理能充分发挥作用。

第四节　污染防治绩效管理体系的构成

根据目前我国政府绩效管理体系的构成和污染防治绩效管理的特点,本研究认为污染防治绩效管理体系应当由信息采集和处理体系、评价指标体系、考核和监督体系、结果运用机制几个方面构成。

一、信息采集和处理体系

信息采集和处理体系是污染防治绩效管理体系的基础和前提。一方面,在污染物排放总量和环境质量双控的污染防治思路下,污染防治绩效的衡量依据除了污染物总量数据外,还增加了污染物浓度、环境质量等多项指标,对数据的准确性、监测频次等都提出了新的要求。另一方面,在末端治理和源头治理相结合的要求下,企业排污行为也成为环保主管部门监管的重要任务,企

业的排污行为信息和过程信息,成为污染防治绩效评估的重要构成,需要在原有体系上进一步增加相应的数据信息的采集。污染防治绩效管理对污染排放信息的需求更加庞杂、更加专业。目前我国环境信息统计体系尚不健全,仍然存在统计口径不一、标准复杂、不同来源统计数据难以共享、过程监控较为薄弱等问题,污染防治绩效的评价和管理工作中数据和信息的短板较为明显。

因此,本研究认为污染防治绩效管理体系应当首先补齐数据短板,建立标准统一、数据共享、技术先进的信息采集和处理体系。结合国际污染数据管理经验和我国环境统计的现状,本研究认为信息采集和处理体系应当由四部分构成:

一是环境信息采集体系,通过传感器、监测站等自动化监测设备对污染物的排放总量、浓度、分布等信息进行监测,通过排污许可制、企业污染排放台账等制度收集企业的生产和排污行为信息,对过程信息进行监控。

二是信息处理体系,污染排放信息的数据量巨大,更新频率较快,传统的数据处理手段难以满足数据处理的需求,要建立以大数据技术为基础的数据分析、预警和辅助决策体系,帮助环境保护部门及时掌握污染排放动态,对减排的路径和手段进行深度探索。

三是信息准确性的监管机制,污染排放信息的真实性和客观性是后续工作开展的前提和基础,因此要通过制度手段、技术手段和法律手段建立保障信息真实准确的监管体系,不断提升监测设备的可靠性和精度,严惩数据作假的行为。

四是信息的共享和公开体系,污染防治信息是污染防治工作开展的依据,排污税、排污权交易等污染防治举措都要以此为基础,因此要在现有环境信息统计的基础上,逐步归并统计部门,统一数据口径,建立统一的污染排放数据标准体系和信息共享平台,使得各种污染排放数据能够共享和相互印证。同时,还要在此基础上,建立信息的公开机制,使得公众能够充分享有知情权和监督权。

二、评价指标体系

绩效评估是绩效管理的核心和依据，评价指标体系是绩效管理中绩效计划的重要内容，是管理者目标和导向的体现。与政府绩效管理相比，污染防治绩效评估具有一定的特殊性，一是污染防治绩效是以污染防治成效为基础的，评价指标体系中须包含污染物排放总量和环境质量的相关指标；二是污染防治工作具有较大的区域差异性，在评价指标体系构建中需要考虑不同省区在生态本底、经济发展基础等方面的差异；三是污染防治工作的成效具有一定的滞后性，短期评价与长期评价的结果会存在一定的差异。目前我国污染防治绩效评估指标体系较为复杂，既有《生态文明发展指标体系》《绿色发展指标体系》等整体的评价指标，也有大气、水、土壤等专项行动计划提出的专项考核目标，污染防治绩效评估存在多个考核评价体系和多种评估结果。因此，本研究在分析现有问题的基础上，提出了污染防治绩效评估指标体系的改进思路，一是对现有指标体系进行归并和统一，充分考虑污染防治工作的系统性，将大气、水、土壤等专项行动计划的考核指标进行统一考评；二是考虑不同省区之间的差异性，根据不同省区的不同生态本底和经济社会发展基础，通过设置特色指标、调整权重等方式提高指标体系的适用性；三是探索区域联防联控机制下，污染防治绩效的评估指标体系，以反映区域或城市群内部污染防治绩效的相互影响。

三、考核和监督体系

运用绩效考核评估指标体系进行绩效考核是绩效管理的主要任务。绩效考核的监督机制是考核的重要组成，是为了保证考核程序的公正、客观，避免可能出现的舞弊行为。污染防治绩效的考核和监督与政府绩效相似，主要由政府和公众两个考核监督主体，以及结果和过程两方面主要内容构成。从考核内容看,污染防治绩效的考核包括对结果和过程两个方面的考核,在我国以目标管理为主的绩效考核体系下,污染防治绩效的结果考核机制相对完善,这与我国之前以"末端治理"为主要任务的污染防治特点相适应。随着"末端治理"向"源头治理"转变,污染防治过程监督任务逐渐增加,污染防治资金投入效率、污染防治行为的合规性等逐渐进入绩效考核的范围。从考核主体看,污染防治绩效的考核和监督体系应当包括政府、公众两个考核主体,目前我国污染防治绩效的考核机制主要是依托政府绩效考核体系,考核的主体主要以政府为主,公众作为污染防治绩效考核的主体作用尚未得到充分发挥。

综上,本研究认为我国污染防治绩效的考核和监督体系应从三个方面进行改革:一是建立污染防治绩效的过程监管体系,加强对污染防治的操作绩效、管理绩效的考核和评估,实现结果与过程并重的绩效考核模式;二是完善结果考核机制,增加对污染防治工作的效率和经济性的审计工作,促使政府重视污染防治中的效率问题,推动污染防治向精细化转变;三是建立污染防治绩效的公众考评和监督机制,将"满意度""获得感"等公众考评结果加入污染防治绩效的考核结果中。同时,通过信息公开、宣教等方式提升公众的监督能力。

四、结果运用机制

结果运用是绩效管理能够实现其目标的关键。现有政府绩效管理中多将绩效评估的结果用于引导评价对象的行为,运用奖惩机制和升迁机制达到管理目标。根据戴明循环(Deming cycle)的理论,绩效管理应该是由计划、实施、评估和改进四个环节构成的闭环,其中绩效评估的结果可以通过绩效反馈和绩效改进提升被考核对象的效能,也能够通过全过程评估发现评价和管理体系中的问题,对评价管理体系进行改进。污染防治绩效评估涉及污染排放、过程管理等信息,绩效评估的结果还可以作为政府污染防治工作决策的依据。综上,本研究认为污染防治绩效的结果运用机制主要有激励和约束、辅助决策、反馈修正三个方面。

激励和约束是污染防治绩效结果运用的主要方式。目前我国已通过"领导干部环境责任终身追究制度""重大环境事故一票否决制度"等建立了严格的约束机制。在激励机制方面也相继出台了生态文明和绿色发展两个指标体系,逐步提高加强污染防治绩效在领导干部政绩评价体系中的比重。

辅助决策是污染防治绩效管理的重要功能。污染防治绩效评估是以大量的污染排放数据为基础的,从而能够通过计划辅助、预测判断、监控支持等(郑方辉,2013)手段为政府制定污染防治战略、编制工作方案提供决策依据。

反馈修正是污染防治绩效管理体系自我完善和改进的重要环节。由于污染防治工作周期长,治理效果具有一定的滞后性,现有的污染防治绩效管理体系需要根据污染防治状况的变化及时调整,反馈修正机制能够及时反映现行体系的运行状况,为管理体系的调整提供客观依据。

第五节　重构污染防治绩效管理体系的对策建议

针对现阶段我国污染防治绩效管理中存在的问题,本章从信息采集和评估、绩效评价主体、监管体系、制度衔接,以及区域协作绩效考评五个方面探索我国污染防治绩效管理体系的改革路径。

一、构建以排污许可制为核心的信息统计体系

在我国的环境污染管理中,由于统计目的和主体不同,往往产生多口径的环境统计信息,环境统计数据之间难以相互印证,严重影响了绩效考核的信度和效度。2018年1月,环境保护部正式出台《排污许可管理办法(试行)》,要求企业在申领排污许可证后,要按照许可证规定的频次和时间对排放的总量和

浓度、生产和排污的行为进行自行监测并建立台账。排污许可管理办法的实施改变了污染物排放统计的方式，实现了对固定污染源的结果监管和过程监管，为进一步完善污染防治体系奠定了基础。

（一）将排污许可制作为污染防治绩效管理的数据基础

根据国际标准化组织编制的环境绩效评估标准，环境绩效可分为管理绩效、操作绩效、环境状况绩效三种类型。一方面《排污许可管理办法》要求企业按照规定的频次对污染物的排放总量和浓度自行监测，能够为污染防治绩效的核定提供真实准确的基础数据。另一方面，《排污许可管理办法》要求企业同时自行监测并定期上报其生产和排污的行为，这为考核污染防治中的管理绩效和操作绩效提供了依据和参照。

（二）以企业上报数据为基础统一污染排放统计口径

污染防治绩效管理要以真实有效的污染源的排放信息为基础，污染防治绩效的评估、审核、修正都需要根据实际的污染物排放量和排放行为来进行核定。因此，构建科学准确的污染排放信息采集体系是建立和完善污染防治绩效体系的前提。目前我国环境统计数据的来源较多，计算的口径和技术规范各不相同，造成了我国环境污染的基础数据混乱，污染排放的家底不清等问题，污染排放信息采集体系的改革迫在眉睫。排污许可制度的实施改变了环境统计的模式，污染物排放信息收集由政府主导的排放监测转变为企业自行上报，实现了自下而上的信息统计，以实际的排放数据代替用物量核算法和排污系数法推算的数据，数据更加真实、准确，更能反映企业污染排放的实际情况。在排污许可制下自行监测和汇总的污染物排放数据，为更加科学地核定污染防治绩效提供了基础数据，也能够为进一步评估、管理修正污染物防治绩效奠定基础。

（三）通过生产排污行为监管强化过程信息采集

现有的绩效管理体系中，操作绩效的核定仍然是以环境状况绩效为基础，通过评估和比较污染排放总量、减排速率等方式进行评价。这一评价方式的主要依据仍是污染物的排放总量和浓度，仍然是结果管理模式的延续。污染防治操作绩效评估的对象是企业行为和污染防治过程，以结果管理为主的绩效评估方式缺乏客观性。例如，对减排基础和技术较好的企业来说，其污染物减排的空间较小，以污染物减排速率为绩效评估指标难以客观反映污染防治的实际情况。排污许可证明确要求企业上报其生产行为和排污行为，将企业的生产过程、生产工艺、排污过程纳入环保监管的视野，实现污染防治的过程管理。在排污许可制度下，环保主管部门能够通过审核企业生产行为，比对先进生产工艺，实现对操作绩效客观评估和精准核定。

二、建立多主体多元化的绩效评价体系

污染防治绩效的考核评价相比其他类型的政府绩效考评更具专业性，其信度和效度对考评主体的专业性要求较高。从目前我国环境管理的现状看，环境保护专业人才多集中于政府的环保主管部门，以政府或者环保主管部门作为考评的主体，一方面存在"自己考核自己""下级考核上级"等行政职权的划分和界定问题，另一方面也存在环保专业人才不足，承担任务过重的问题。因此，引入第三方评价机构进行污染绩效考核，不仅能够解决污染防治绩效评估的专业性问题，还能有效地避免评价主体与评价对象的相互交叉，增加评估结果的公信力。目前国外绩效评估中较多选择独立的第三方，既保证了绩效评估的公平性，也起到监督和制衡权力的效果。

(一)探索试点污染防治绩效第三方评估机制

首先应当加快制定第三方污染防治绩效评估机构的管理规范，建立和完善资质审核和从业人员认证制度，整顿和清理专业技术水平不足的第三方机构，保障污染防治绩效评估机构的专业性和权威性。其次，应当建立第三方绩效评估的技术标准体系，确保绩效评估的过程按照标准化流程进行，绩效评估

结果具有可比性和客观性。再次，应该制定污染防治绩效第三方评估结果的应用和采信机制，确保污染防治绩效的评估结果能够成为政绩考评、干部审计，甚至是生态补偿的依据和参考。最后，应当严格法律规范，防止污染防治第三方机构出现寻租行为。

（二）完善污染防治绩效的公众评价和监管机制

公众的满意度是政府污染防治绩效的重要方面，也是污染防治工作的出发点之一，媒体和公众也是污染防治绩效监管的重要主体。受到专业技术知识和信息获取能力的限制，媒体和公众对环境污染防治工作的评价往往停留在感性认知，尚难形成较为客观公正的评估结果。解决绩效评估中公众主体缺位的问题，首先，应当加强对媒体和公众的引导和教育，提升其环保意识，增强对污染防治绩效、技术规范、企业责任等方面知识的了解。其次，应当加大排污信息公开力度，加快建设污染防治信息公开平台，运用互联网、移动终端、自媒体等多种宣传手段公布污染排放信息。再次，应针对公众主体的特点，设计通俗、直观的绩效评估工具，提升公众评估的科学性。最后，应当拓宽媒体和公众的举报渠道，建立由举报电话、网站、信箱等多种渠道构成的监督举报体系。

三、完善污染防治绩效的监管体系

污染防治不仅仅是污染物排放总量减少，其最终目标是环境质量的改善，因此，污染防治绩效应该从减排量的考核转向对污染防治过程的监督，以实现环境质量改善的目标。污染防治绩效管理应当更加重视过程的监管，对污染防治的具体过程、动态、趋势进行监管，并适时做出干预和调控，以保障污染防治目标的实现。

（一）将行为监管作为绩效管理的重要内容

传统的污染防治绩效评估以结果管控为主，对政府管理绩效的评价标准过于单一,容易出现政府重视污染物管控,而轻视企业生产行为监管的问题。排污许可证制度的推行使得对排污企业的生产和排污行为的监管成为可能,对行为和过程的监管也成为政府污染防治管理绩效的重要内容。同时,为了客观反映政府在污染源头治理中的作为,政府对新建项目的环评审核和准入管理,对企业清洁生产行为的引导和奖补,对产业生态化改造的扶持等管理行为都可以纳入管理绩效评定的范畴,从而能够更加全面地评价政府污染防治的管理绩效。更加全面的管理绩效核定办法,能够促使政府更加关注企业的生产工艺和技术改进,更加注重污染物减排的长效机制建设,从而推动政府的污染防治工作由末端治理向源头治理转变。

(二)运用信息技术构建污染防治实时监管体系

污染排放信息的实时监控能够保障企业污染防治的行为绩效得到客观的记录,同时也为污染防治提供海量的真实排放数据,有利于提升污染防治行为的准确性和时效性,从而规避重大环境风险。建立污染防治实时监管系统,要以监管设备的信息化、自动化和智能化为前提,通过建设污染源在线自动监控系统,逐步扩大自动监控系统的覆盖范围,实现对污染排放的全天候、自动化监管。搭建污染源视频监控网络,在重点企业的物料车间和危废暂存场所等产排污环节安装视频探头,实时查看企业的生产排污情况,为违法证据采集提供便利。应用数据挖掘、人工智能技术对企业的排污行为进行预判、跟踪和分析,对污染排放的特征、成因、趋势进行深入挖掘和分析,实现对排污行为的智能化监管,对环境决策提供支持。

四、加强制度衔接和统一平台建设

(一)加强污染防治绩效管理与各项环境保护制度的衔接

污染防治绩效管理是环境保护制度的重要构成,也是监督各项环境保护制度的执行情况、运行效能的重要工具。目前我国污染防治绩效的考核评估仍然以污染物总量考核为主,尚未覆盖所有的环境保护工作,难以充分发挥污染防治绩效管理对环保工作的促进和引导功能,应加强污染防治绩效管理与各项环境保护制度的衔接。首先要充分发挥排污许可制在污染防治绩效体系中的基础作用,依托现有排污许可管理信息平台,加快构建排放数据统一、信息平台互通、征信记录共享的污染防治协同管理制度。其次,要进一步明确污染防治绩效管理与排污许可制度、环境评价、排污税、总量控制的关系,明确污染防治绩效对各项制度的激励、约束作用。再次,要完善各项制度的衔接机制和信息互通机制,推动排污许可基本信息与排污税共享,完善基于排污许可实测信息的总量控制制度。最后,要通过推进污染防治绩效管理与排污许可证的衔接和协同,充分发挥排污许可制在数据统计、信息采集、执法监测等环节的核心作用,为污染防治绩效管理提供更加客观、准确的基础环境信息。

(二) 加快建设统一的环境信息平台

目前我国环境保护工作中数据来源复杂、口径难以统一等问题,严重影响了污染防治绩效评估的公信力,制约了绩效管理的权威性和约束力。应加快建设统一的环境信息平台,将各项环境保护工作产生的信息和数据纳入平台统一管理。一是要以排污许可管理信息系统为基础,建设和完善污染防治信息平台,将许可证的申请和核发、执行和上报、执法和管理等信息纳入信息平台,推动排污数据交换和共享,使得污染防治绩效评估和管理能够依托统一权威的基础环境管理信息。加快构建污染排放信息平台与生态环境、国土资源、工商、税务、征信等部门的信息平台的互通和桥接机制,搭建生态环境信息大数据平台、企业信用信息大数据平台和清洁生产技术大数据平台,拓展污染防治绩效的适用范围。

五、完善污染防治区域协作的绩效考评和管理制度

环境问题的跨地域性、流动性决定其跨区域合作治理的必要性。然而,从

当前我国各地探索环境协同治理的实践过程来看，仍面临诸多的问题与挑战。环境治理作为公共物品具有的外部性容易导致环境治理的"搭便车"现象。同时，属地主义的环境治理体系下环境治理"公地悲剧"时有发生，以上因素共同制约了环境协调治理工作效率的提升，且往往管理与行政成本高昂。因此，本研究认为针对环境治理绩效空间联系水平不同的城市群，需因地制宜分类制定污染防治协作模式，以尽量降低环境绩效管理的各类成本。对于环境治理绩效空间联系水平较高的城市群，需成立跨行政区域的协同治理工作领导小组并建立联席会议，建立复杂的环境治理联防联控机制。对于环境治理绩效空间联系水平较低的城市群，适宜建立管理与行政成本较低的区域间环境信息与技术的沟通交流机制，重点放在环境治理短板城市的大气环境治理政策、标准、污染源控制等方面。

第四篇　资源绩效评估与结果导向的资源绩效管理体系

资源与环境和生态系统之间存在相辅相成、互为因果的关系,资源的开发、保护和管理关系到环境污染防治的源头治理,也体现了环境保护的直接结果,因而将资源环境绩效管理作为环境绩效管理的有机组成部分。本篇构建包含管理绩效、经济绩效、社会绩效、生态环境绩效和空间开发绩效在内的评价体系,采用奥斯特罗姆的理论框架,识别影响资源管理环境绩效的制度与管理问题,为重构我国环境绩效管理体系提供方案;并结合我国各省水资源管理环境绩效评估结果,提出重视完善水资源规划的层级和流程等水资源环境绩效管理体系重构的七大对策建议,包括必须重视完善水资源规划的层级和流程,建立法定的水资源使用权制度,建立智能化水资源及用户端监测计量系统,强化水资源环境绩效责任机制、建立明晰的多层级水资源行政管理体系等。

第十四章　资源绩效评估与资源绩效管理体系理论内涵

资源环境绩效管理是环境绩效管理的有机组成部分,无论是《生态文明体制改革总体方案》或是党的十九大报告中都明确了对各类自然资源的统一管理,如在权属管理中,统一对所有自然资源进行调查评价、确权登记和资产管理;空间管理方面,统一对自然资源进行空间多规合一和用途管制;行政管理方面,统一对所有资源进行督查监管。因而建立在新时期自然资源统一管理基础上的水资源绩效管理的评估和体系构建是资源环境绩效管理的内在组成部分。

在各类资源类型中,水资源由于自身的流动性、循环性客观特征,行政管理过程中存在的整体性、系统性难题,公共治理中的多主体参与的要求,以及我国现行管理体制与理想管理模式之间存在着一定的偏差等复杂因素,决定了水资源管理是资源管理的重点和难点。同时,水资源管理体制机制的理顺、制度框架的完善对于其他类型的自然资源绩效管理也具备示范效应。鉴于水资源自身的极端重要性、水资源管理的复杂性及水资源管理优化的示范效应,本研究将聚焦水资源环境绩效管理的构建。

第一节 水资源绩效评估与资源绩效 管理体系的研究背景

无论从现实需要还是丰富研究的需要,对水资源环境绩效管理体系的研究都是非常必要和紧迫的。

一、水资源利用的不可持续性是我国经济社会发展的最大制约

水是生命之源、生产之要、生态之基。中国水资源总量居世界第 6 位,但人均水资源占有量约 2 100 立方米,为世界平均值的 28%,水资源禀赋原本并不优越,能够支撑经济社会发展的水资源十分有限。国家人口、经济社会发展对水资源带来的负荷巨大,粗放式的开发和用水方式加剧了水资源短缺和水生态逐渐恶化等问题,水资源利用的不可持续性严重威胁到中国经济社会的可持续发展(汪恕诚,2009;王浩,2014;王亚华,2015;谷树忠,2018)。

更为严重的是受气候变化和人类活动的影响,我国水资源整体形势还在恶化。从自然背景因素看,我国水资源形成与转换关系发生了显著的变化。第二次水资源综合评估结果显示,降水、气候和下垫面条件发生改变,使水资源量、质、域、流发生一定程度的变化。在近 20 年中,我国国土面积上降水时空分布更加不均匀,气候条件的不确定性加剧,降水—径流关系出现新的变化,导致我国原本水资源禀赋条件相对较差的地区面临更严重的水资源形势。如根据长系列水文资料,黄、淮、海、辽北方四区水资源总量减少 159 亿立方米,减幅为 6%;地表水资源量减少了 230 亿立方米,减幅为 11%。

从社会背景因素看,经济社会的快速发展、用水量的不断增长,导致水污染和水生态环境恶化等问题不断凸显,加剧了水资源的紧张。水污染方面,第二次水资源综合评估结果显示,在评价的近 29 万千米河长中,全年水质达不

到Ⅲ类标准的河长约 34％；而湖泊和水库的富营养化明显。城市骨干河道和大面积中小河流水体质量下降，严重影响了水资源的使用功能。水生态系统方面，近 40 年来，北方地区有 49 条河流发生断流；面积大于 10 平方千米的湖泊中，有 230 个湖泊发生萎缩，面积萎缩了 15％左右；天然陆域湿地面积减少了约 28％；地下水超采区总面积近 19 万平方千米等(矫勇，2010)。

被誉为最具权威的中国经济专家之一的巴瑞·诺顿(Barry Naughton)曾说过："中国发展过程中所面临的最大挑战……在于某些人口稠密地区面临的水资源紧张和土地供应压力变得日益严峻。"(Brookings,2013)

二、现有水资源环境绩效管理实践没有体现完整的结果导向

为了应对严峻的水资源形势，2012 年我国开始实行最严格水资源管理制度，制定了"三条红线"，包括用水总量红线、用水效率红线及水功能区纳污红线。2013—2016 年，根据水利部通报的全国各省份落实最严格水资源管理制度情况考核结果，全国 31 个省份考核结果均为合格以上。而这期间全国用水总量增长了 444 亿立方米，水资源整体恶化的趋势未得到扭转。

梳理和水资源相关的水环境领域的考核目标和指标含义可以发现(表 14-1)，现有的水资源管理环境绩效考核基本围绕约束性指标开展。根据英国政府"三 E"政府绩效评估体系界定的政府管理活动的四个方面，资源(resources)、投入(inputs)、产出(outputs)、效果(outcomes)。产出既包括决策活动的产出如出台的法规政策、实施细则、计划标准等，又包括执行活动的产出如审批的项目数、处罚案件数或处罚金额、新技术的推广数目等；效果则主要体现为管理活动所产生的影响，比如对经济社会产生的客观效果及公民满意度等。Daniel Williams 认为效果指政府提供产出之后社会发生的变化。可见，集中于约束性指标的考核实质上是侧重于考核政府活动的"产出"，而对政府管理活动的效果层面体现不足，因而现有的水资源环境绩效的考核和管理没有体现出完整的结果导向。

表 14-1　　　　　水资源环境绩效管理目标责任制考核类别及指标

考 核 类 别	考 核 指 标
最严格水资源管理考核	用水总量控制指标； 用水效率控制(万元国内生产总值用水量降幅、万元工业增加值用水量降幅、农田灌溉水有效利用率)； 水功能区限制纳污目标(重要江河湖泊水功能区水质达标率、重要水功能区污染物总量减排量)
水污染防治行动计划实施情况考核	地表水(水质优良比例、劣 V 类水体控制比例)； 黑臭水体(地级及以上城市建成区黑臭水体控制比例)； 饮用水水源(地级及以上城市集中式饮用水水源水质达到或优于Ⅲ类比例)； 地下水(地下水质量极差控制比例)； 近岸海域(近岸海域水质状况)
重点流域水污染防治专项规划实施情况考核	考核断面水质达标率 $S_q = \sum_{t=1}^{D}\left(G_{\text{断面1}} \times \dfrac{7C}{D}\right)$
主要污染物总量减排目标责任书	"十二五"：$SO_2/NO_x/COD/N-NH_3$ "十三五"尚未公开发布,动向： 主要污染物数量增加； 选择 1—2 个流域开展总磷、总氮总量控制试点； 环境质量纳入约束性指标

资料来源：国务院办公厅：《关于印发实行最严格水资源管理制度考核办法的通知(国办发〔2013〕2 号)《关于印发〈"十三五"实行最严格水资源管理制度考核工作实施方案〉的通知(水资源〔2016〕463 号)《关于印发〈水污染防治行动计划实施情况考核规定(试行)〉的通知(环水体〔2016〕179 号)《关于印发〈重点流域水污染防治专项规划实施情况考核指标解释〉的函(环办函〔2012〕1202 号)》。

三、现有研究未能提供有效的水资源环境绩效管理体系方案

当前,对水资源环境绩效管理的研究滞后于实践,无论国内外对水资源环境绩效管理的研究都非常有限,也就遑论能够为水资源环境绩效管理体系提供方案了。原因可能在于：第一,对影响水资源管理环境绩效的制度因素缺乏系统认识,往往对特定区域或特定领域的某个制度因素进行定量或定性的分析。实质上,越来越多的学者认为,经济、社会和生态挑战之间明显的相互联系正在改变实现短期和长期可持续性所需的研究类型和范式(Kates &

Parris 2003；Anderies et al.，2007；Domptail & Easdale 2013；Liu et al.，2015；Steffen et al.，2015)。第二,往往就分析水资源的相关制度问题而分析问题,较少通过水资源管理环境绩效与制度因素之间的互动关系来判断和识别存在的问题。大多数情况下,管理政策没有取得理想中的效果是因为忽视了经济、社会和生态系统之间的联结(Ostrom,2007),而政府管理政策必须要处理复杂的环境变化,并且承认突然的制度转换的潜在可能性(Holling,2013)。

第二节　水资源绩效与资源绩效管理相关内涵界定

本研究通过梳理"水资源"及"水资源管理""绩效"及"环境绩效"等基础概念的现有内涵外延界定,归纳"水资源管理环境绩效"及"水资源环境绩效管理"的内涵。

一、水资源及其管理

水资源是人类生存和生活必不可少的自然资源、经济资源、环境资源,水资源已成为全世界关注的焦点之一,成为政府、学术界的重要议题。但水资源的内涵尚未统一,尚无公认的定义。通过梳理《中华人民共和国水法》《中国大百科全书》《中国水利百科全书》《不列颠百科全书》、联合国教科文组织和世界气象组织等法律条文及工具书对于"水资源"内涵的界定,可以发现"水资源"内涵的一些共性:第一,水资源是可供长期利用的稳定的水源;第二,水资源应包含水质和水量两个方面,这两个方面本身在一定条件下是可以相互转变的;第三,水资源与自然生态系统、社会经济系统及其变化有着密切的联系。本研究对水资源的定义是:水资源是指具有足够的数量和可用的质量,能够为特定地区长期利用的水源。

　　既然水资源如此重要,对水资源进行管理,使其满足经济社会发展的需要也就十分关键。水资源管理是实现经济社会可持续发展的重要保证。然而对于水资源管理尽管研究成果颇多,但水资源管理的内涵并无明确公认的定义。表 14-2 摘录几个比较有代表性的定义。

表 14-2　　　　　　　　　　　　　水资源管理内涵

出　　处	内　涵　界　定
《中国大百科全书·大气科学·海洋科学·水文科学》	水资源开发利用的组织、协调、监督和调度
《当代水资源管理发展概况》	保证特定的水资源系统满足目前和将来服务价值目标的一系列管理活动
联合国教科文组织国际水文计划工程组	支撑从现在到未来社会及其福利而不破坏它们赖以生存的水文循环及生态系统完整性的水的管理与使用
《试论水资源的含义和科学内容》(贺伟程)	为了保持水源的良性循环和长期开发利用,满足社会各部门用水需求,运用行政、法律、经济、技术和教育手段对水资源全面管理
《水资源持续利用与管理导论》(冯尚友)	为支持实现可持续发展战略目标,在水资源及水环境的开发、治理、保护、利用过程中,所进行的统筹规划、政策指导、组织实施、协调控制、监督检查等一系列规范性活动的总称
《中国水利》(柯礼聃)	人类社会及其政府对适应、利用、开发、保护水资源与防治水害活动的动态管理以及对水资源的权属管理。对国际河流,还包括相邻国家之间的水事关系
《水资源管理理论与实践》(林洪孝)	依据水资源环境承载能力,遵循水资源系统自然循环功能,按照经济社会规律和生态环境规律,运用法规、行政、经济、技术、教育等手段,通过全面系统地规划,优化配置水资源,对人们涉水行为进行调整与控制,保障水资源开发利用与经济社会和谐发展
《水资源管理学导论》(姜文来)	为了满足人类水资源需求及维护良好的生态环境所采取的一系列措施的总和

　　资料来源:笔者整理。

　　根据现有水资源概念内涵梳理,发现水资源管理是在水资源开发利用与保护的实践中产生,并不断发展起来的。随着对水资源的利用及其环境对经济、社会及生态系统产生的潜在影响越来越大,水资源管理也在逐步深化。各时期对水资源管理的认识也必然存在一定的差异,现阶段对水资源的可持续管理已成为普遍认可的管理准则。因而应注重水资源及其环境的承载能力，遵循水生态系统的自然循环规律。本研究认为水资源管理是为了满足人类需求及维护良好的水生态环境，对水资源及水环境的开发、利用、治理、保护过程中所进行的一系列管理活动的总称。

水资源管理具有以下特征：

第一，战略性。水资源管理的目标是实现并确保国家水资源可持续利用，具有重要的战略意义。水资源的可持续利用已经成为世界经济社会可持续发展的基础性、战略性问题（贾绍凤等，2011）。当前我国水资源可持续利用形势并不乐观，已成为制约我国长期可持续发展的主要瓶颈。

第二，整体性。水资源与土地、矿产等资源形式不同，水是流动、循环的，水资源问题的解决必须遵循其流域性规律，在流域管理层次上建立山水林田湖草是一个生命共同体的理念。水资源管理需要协调上下游、左右岸、干支流、地表水和地下水关系，统筹流域水资源开发利用、节约保护、防洪减灾、水污染防治和生态修复等需求和目标。

第三，系统性。尽管我国水相关管理职能分属于若干个部门，但无论从水资源的物理生化性质、水资源管理的事实需要以及发达国家和国际组织的水治理经验来看，绩效良好的水资源管理必须是对涉及水资源分配、利用、排放、处理、循环、生态修复等一系列行为的系统性管理。

第四，多主体。水资源是各类资源形式中，与终端使用者直接交互程度最深的资源类型，对水资源的利用程度和形式直接关系到水资源可持续利用的前景。更重要的是，由合格水资源组成的服务良好的水生态系统是每个公民赖以生存的生命支持系统。因而，无论是从客观需要，还是共同使命的角度看，水资源管理都需要各类相关利益主体的共同参与。

二、绩效与环境绩效

《牛津现代高级英汉词典》对绩效的原词"Performance"的释义是"执行、

履行、表现、成绩、性能"。《现代汉语词典》给出的注解为"成绩、成效"。对于现有绩效的内涵,归纳起来主要有三种观点:一种认为绩效是结果;第二种认为绩效是行为;第三种认为绩效是结果和行为的统一体(表 14 - 3)。

表 14 - 3 国内外学者对绩效内涵的界定

学 者	绩 效 内 涵
绩 效	
Otley(1999)	工作的过程及其达到的结果
Campbell(1990)	行为特征的表现
Murphy & Clevelen (1991)、Latham(1986)	关注行为本身,不是由行为引起的结果
Mwita(2000)	综合概念,包含三个因素:行为、产出和结果
Bernadin(1984)	工作、行动或行为在某个时期产生的结果记录
政府绩效	
Kearney(1999)	为实现预期结果而管理公共项目所取得的成绩,由效益、效率、公平等多个标准引导和评估
Ingralam(2003)	政府把资源或投入转化为产出或结果的能力
Pollitt & Bouckaert (1992)	政府活动或项目的运行结果;重塑政府项目过程中以使其具有更强的顾客导向、成本意识和结果导向;政治和行政制度的整体能力;特定或理想制度的更多特征
行政管理学会课题组 (2006)	既包括政府"产出"的绩效,即政府提供公共服务和进行社会管理的绩效表现;也包括政府项目"过程"的绩效,即政府在行使职能过程中的表现
方振邦、葛蕾蕾(2012)	各级政府组织为了实现其使命和战略,在履行公共管理职能和提供社会公共服务过程中展现在政府组织不同层面上的行为及其结果
政府环境绩效	
国际标准化组织 ISO14000	一个组织基于环境方针、目标和指标,控制其环境因素所取得的可测量的环境管理系统成效
王金南(2008)	环境绩效是指特定管理对象或者区域环境管理活动所产生的环境成绩、效果和水平,不单是环境管理活动所产生的环境效果,更包含为环境状况改善所投入的成本因素,是体现环保效率的一个概念
曹东等(2008)	环境目标的实现程度

学　者	绩　效　内　涵
郝春旭(2016)	组织或区域通过环境管理所取得的成效,环境绩效不仅包含了保护成效也包含了治理成本,其本质体现环境目标的实现程度
颜文涛、萧敬豪(2015)	通过环境管理而取得的环境性能或环境效果,是"结果"与"过程"的统一
黄爱宝(2000)	政府基于环境保护目标或维护环境公共利益,在特定的资源环境条件前提或背景下的投入、管理、产出、效果、影响等环境管理系统运作过程要素所形成或所反映的因果关系链或因果关系的总和

资料来源:笔者整理。

　　政府绩效内涵十分复杂,涉及经济、政治、社会各个方面。虽然国内外学者对政府绩效有比较广泛的研究,但没有一个被普遍接受的内涵界定。比较有代表性的观点分为三类:第一是从管理产出的角度界定,认为是政府在执行管理职能过程中取得的成绩;第二是从管理能力出发;第三从综合性的视角出发,既包括产出,又包括能力(表14-3)。

　　有关环境绩效的内涵至今仍没有达成共识,并且涌现出各类相似的概念,如生态效率、环境效率、环境管理绩效等。对环境绩效研究的视角不同,认知和理解也不同,导致目前学术界难以对环境绩效的概念形成明确的、得到公认的界定,对环境绩效及其评估的实践也难以形成统一认识。

　　对于政府环境绩效管理,比较系统的概念是曹国志、王金南等(2010)提出的"政府环境绩效管理是绩效管理理念在政府环境管理当中的应用,是一种新的管理模式,强调将绩效管理的理念渗透到政府环境管理职能当中,贯穿于战略规划、计划、绩效目标设定,到具体实施、绩效评估、绩效激励、绩效改进等的整个管理循环过程,综合运用法律、经济以及行政等手段促进政府环境绩效的持续改进"。

三、水资源管理环境绩效

　　基于上文对水资源及其管理、政府绩效与政府环境绩效等内涵的梳理,本研究对水资源管理环境绩效的界定如下：在水资源管理和使用过程中，能够满足当代及未来水资源利用需要而不破坏水资源赖以存在的水文循环及生态环境完整性。这就要求在水资源规划、开发和管理中，寻求经济、社会、生态环境之间的最佳联系和协调。水资源管理环境绩效强调水资源的当代使用需要兼顾未来变化和水生态环境保护，实现水资源可持续利用。

水资源环境绩效管理是将绩效管理的理念渗透到政府水资源管理职能中，通过整个绩效管理循环过程的实施，促进水资源管理环境绩效的持续改进。

第三节 水资源绩效评估与水资源绩效管理体系主要研究内容

根据本研究的目标，结合对国内外研究现状的梳理和述评（见第二章），确定研究思路和主要研究内容。

一、研究目标

纠正现有水资源管理环境绩效领域的评估中结果导向不清晰，水资源管理效果指标较为缺失的状况，将政府水资源环境绩效管理的效果指标纳入水资源管理环境绩效评估指标，构建能够全面反映水资源自然生态系统与社会经济系统可持续发展的绩效评估体系，对水资源管理环境绩效和水资源利用效率进行指标评价和投入产出评价。

突破现有对水资源管理环境绩效的影响因素研究过于分散、缺乏体系的格局，通过修正的 IAD－SES 分析框架和引入公共池塘资源管理设计原则，对影响水资源管理环境绩效的制度因素进行剖析，识别影响水资源管理环境绩效的制度因素，为重构水资源环境绩效管理体系提供方案。

二、基本思路与主要内容

本研究参考 Cole IAD－SES 分析框架，构建修正的 IAD－SES 分析框架，即外部因素—绩效评估—制度分析—体系构建层层递进的理论分析框架(图 14－1)。

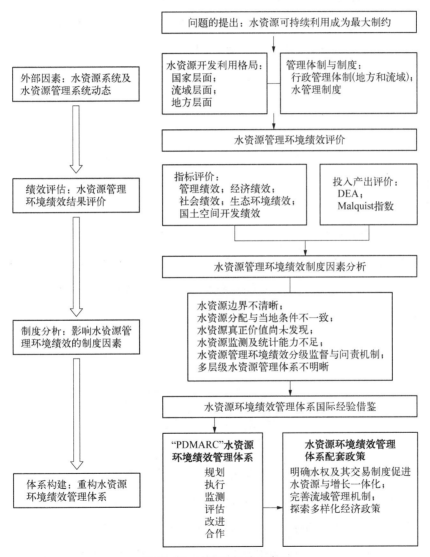

图 14－1　本研究思路示意图

资料来源：笔者自制。

作为研究起点,对水资源系统的分析不仅包括水资源自然因素的历史和现状,还应包括水资源管理体制和管理制度的动态演进。

评价水资源环境绩效管理的效果。参照 SES 框架中的结果变量(O),对水资源管理环境绩效进行评价。评价指标体系包括五个二级指标,分别是资源绩效、经济绩效、社会绩效、生态绩效、国土空间开发绩效。评价指标囊括了政府活动的"产出指标"和"效果指标",通过对绩效结果的全面评价,判断水资源管理环境绩效的纵向进展和横向地区间差异。

识别影响水资源管理环境绩效的制度因素。参照 SES 框架中治理系统(GS)和行动者(A)一级变量及细分二级变量、制度设计原则,对影响水资源管理环境绩效结果的制度因素进行诊断和识别。对水资源管理制度中的水资源及相关环境资源产权与交易制度、水资源有偿使用制度、水资源管理体制中的水资源环境绩效问责与监督机制、流域管理体制等相关问题进行分析和识别。

重构水资源环境绩效管理体系的方案。针对上文诊断出的影响水资源管理环境绩效的因素,以 PDCA 理论和适应性管理理论为基础,参考澳大利亚、加拿大水资源环境绩效管理体系的经验,构建"PDMARC"水资源环境绩效管理体系。

第四节 基于"IAD - SES"框架的理论研究框架

通过文献梳理发现,IAD 框架和 SES 框架实质上各有优缺点,IAD 对资源的生物物理属性的关注不足,而 SES 框架突出了社会面和生态面,并扩充了每个变量的层级,但研究的社会生态系统是静态的(谭江涛等,2018)。因而本研究借鉴 Cole 等(2014)整合的"IAD - SES 框架",构建"修正的 IAD - SES 框架"。这一框架非常适合分析制度的具体驱动因素,以及制度的阶段性效果。

具体而言,本研究遵循"外部因素—绩效评估—制度分析—体系构建"四部分
层层递进的理论框架(图14-2)。

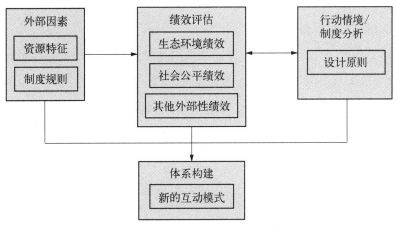

图14-2　本研究理论框架

资料来源:笔者自制。

"外部因素"部分,参照 IDA 框架中对外部因素的识别,纳入 SES 框架中
"资源系统(RS)""资源单位(RU)""治理系统(GS)""参与者(A)"的特征变
量,对我国各层面水资源开发利用的现状与性质,水资源管理的实际运行规
则,也就是我国各层级水资源管理体制与制度的现状进行分析。这部分不是
孤立的分析,因为资源现状、实际运用规则制度与管理体制都会对后续的环境
绩效管理评估与制度分析产生影响,也是本研究落脚点的水资源环境绩效管
理体系构建的管理基础。

"绩效评估"部分,是在现有水资源管理体制与制度下,对水资源管理环境
绩效的实际结果进行评估。评估指标的选择参照 SES 框架中的"结果(O)"变
量,包括生态绩效、社会绩效及其他外部性绩效。同时参考国家主体功能区规
划等战略规划对水资源管理环境绩效的要求,最严格水资源管理制度中的约
束性指标,进行指标评估和投入产出评估,多角度考察地方水资源管理环境
绩效。

"制度分析"部分,将公共池塘资源管理设计原则作为制度规范和诊断基

线,结合设计原则的三个层次,即自上而下分别是宪政层次、集体决策层次、操作层次,剖析现有水资源管理制度和体制在不同层次的制度特征及其与环境绩效的互动过程。总结设计原则在我国水资源环境绩效管理分析中的适用性,并探讨其他设计原则存在的可能性。

"体系构建"部分,在 PDCA 理论和适应性管理理论基础上,参考加拿大、澳大利亚等国水资源环境绩效管理体系的实践,针对"制度分析"中识别和解释的影响水资源管理环境绩效的制度因素,构建"PDMARC(即 Plan-Do-Monitor-Assess-React-Collaborate)"水资源环境绩效管理体系。这种新的水资源环境绩效管理体系是完整的、动态的、持续循环的管理过程,有助于重构水资源管理制度与水资源管理环境绩效之间新的互动模式。

第十五章 我国水资源开发利用与管理制度演进

在 IAD - SES 框架中,对生态系统的自然条件进行分析是基础。对水资源可持续性分析的核心问题是分析这些复杂系统在不同空间和时间尺度的多个层次之间的关系(Ostrom,2004)。同时,治理系统是一组影响一个或多个行动者群体与资源系统之间相互作用的制度安排,如规则、政策和治理活动等。本章对我国水资源自然条件和治理系统进行剖析。

第一节 我国水资源开发利用格局

鉴于对水资源管理环境绩效进行分析、评估需要首先掌握水资源开发利用的复杂性和多样性,本章分别从国家、流域、地方层面梳理水资源开发利用的状况,总结水资源开发利用趋势。

一、国家层面水资源开发利用的现状

从国家层面看,我国水资源总量较丰富,但人均水资源占有量仅占世界平均水平的1/4,属于缺水国。经过多年的水资源管理与保护,我国水资源利用

效率不断上升,水资源质量也在缓慢改善。

(一) 水资源总量

我国水资源总量位居世界前列,2016 年为 32 466.4 亿立方米,其中地表水资源比重在 96.33%。我国水利部从 1997 年开始发布水资源公报,我国平均水资源总量为 27 703 亿立方米,地表水资源的平均比重为 96.11%。

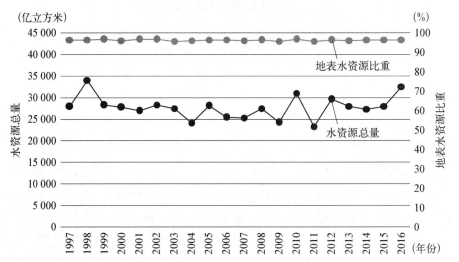

图 15-1 我国水资源总量及地表水资源比重(1997—2016 年)

资料来源:《水资源公报》(1997—2016 年)。

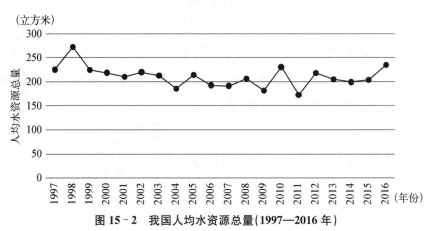

图 15-2 我国人均水资源总量(1997—2016 年)

资料来源:《水资源公报》(1997—2016 年)。

我国的人均水资源总量低于世界平均水平,约占 1/4 左右。2016 年,我国人均水资源总量为 235 立方米。1997 年至 2016 年平均人均水资源总量为 211 立方米。

(二) 水资源利用效率

随着我国经济的不断增长,我国的用水总量不断上升,从 1997 年的 5 566 亿立方米上升至 2016 年的 6 040 亿立方米,约占当年水资源总量的 21% 左右。

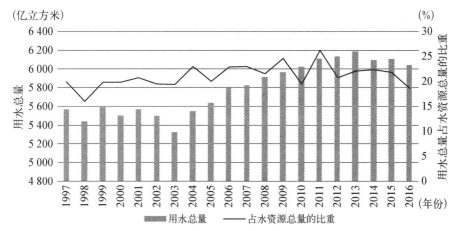

图 15 - 3　我国用水总量及占水资源总量的比重(1997—2016 年)

资料来源:《水资源公报》(1997—2016 年)。

2016 年,我国农业用水占我国用水总量的比重为 62.4%,工业用水在 21.6% 左右,生活用水的比重为 13.6%,生态环境用水的比重为 2.4%。从 1997 年到 2016 年,我国的农业用水的平均比重为 64% 左右;工业用水的比重在 22% 左右,生活用水的比重为 11.7%、生态环境用水的比重为 1.8%。

我国用水效率不断提升,按照 1997 年的可比价格,2016 年,我国万元 GDP 的用水量仅相当于 1997 年的 1/5。工业增加值的单位水耗也在不断下降,同样按 1997 年的可比价格,2016 年万元工业增加值的水耗相当于 1997 年的 19.6%。

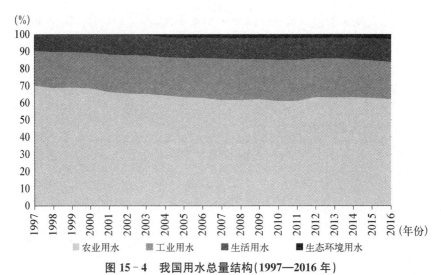

图 15‑4 我国用水总量结构(1997—2016 年)

资料来源:《水资源公报》(1997—2016 年)。

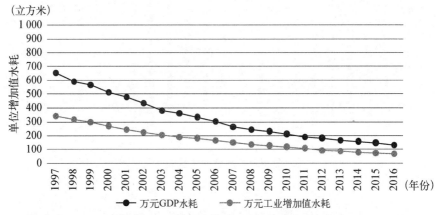

图 15‑5 我国万元 GDP 水耗和万元工业增加值的水耗(1997—2016 年)

资料来源:《水资源公报》(1997—2016 年)。

我国人均生活用水量不断增长,从 2000 年的 45.5 立方米增长到 2016 年的 59.4 立方米。生活用水结构中,城镇居民生活用水占生活用水的比重不断上升,从 2000 年的 64% 增长到 2016 年的 77.5%。

2016 年,我国城镇居民人均生活用水是农村居民生活用水的 2.56 倍,为 220 升/天。从 2000 年起,城镇居民的生活用水基本保持不变,而农村居民生活用水逐步上升。

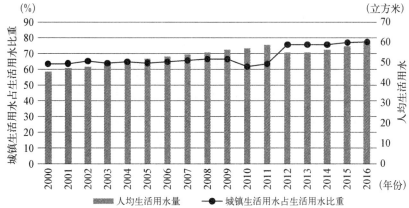

图 15‐6　我国人均生活用水情况（2000—2016 年）

资料来源：《水资源公报》(1997—2016 年)。

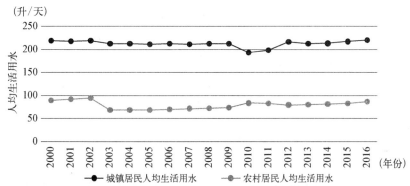

图 15‐7　我国城镇居民和农村居民人均生活用水情况（2000—2016 年）

资料来源：《水资源公报》(1997—2016 年)。

2016 年我国灌溉水有效利用系数为 0.542，比 2011 年上升 6.3%。

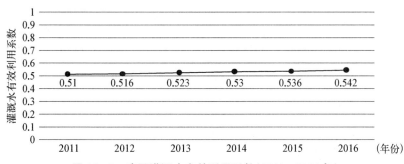

图 15‐8　我国灌溉水有效利用系数（2011—2016 年）

资料来源：《水资源公报》(1997—2016 年)。

(三) 水资源质量状况

1997—2016 年,我国的河流水质总体呈逐渐上升的趋势,从 2002 年开始河流水质不断下降,到 2011 年开始稳步回升。Ⅲ类水及以上的河流水质的长度占总河流监测长度的比重从 1997 年的 56.4% 上升到 2016 年 79.6%;Ⅳ类水和Ⅴ类水的比重同时从 27.2% 下降到 13.3%;劣Ⅴ类水的比重从 15.9% 下降到 9.8%。同时,监测河流的面积不断增长,从 1997 年的 6.5 万千米上升到 2016 年的 23.5 万千米,增加了近 3 倍。

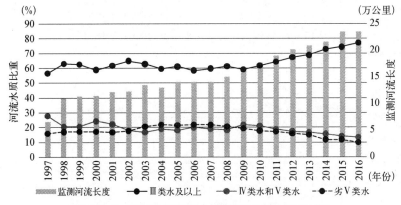

图 15-9 我国主要河流水质情况(1997—2016 年)

资料来源:《水资源公报》(1997—2016 年)。

2010—2016 年,我国湖泊水质呈逐渐下降的趋势,Ⅲ类级以上水质的湖泊面积占被监测湖泊面积的比重不断下降,从 58.9% 下降至 23.7%,Ⅳ类水质到

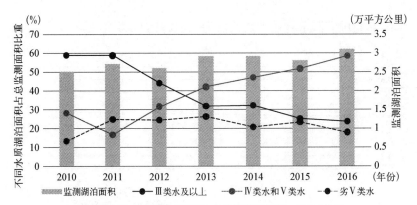

图 15-10 我国主要湖泊水质情况(1997—2016 年)

资料来源:《水资源公报》(1997—2016 年)。

Ⅴ类的水质的湖泊面积不断上升从 27.9% 上升到 58.5%，劣Ⅴ类水质的湖泊面积比重从 13.2% 上升至 17.8%。

2003—2016 年，我国省界断面的监测数量不断上升，从 218 个上升至 544 个。同时，Ⅲ类水及以上水质的断面的比重不断上升，从 38.5% 上升到 67.1%；Ⅳ类水质和Ⅴ类水质的断面的比重从 27.1% 下降至 15.8%；劣Ⅴ类水质断面的比重从 34.4% 下降至 17.1%。

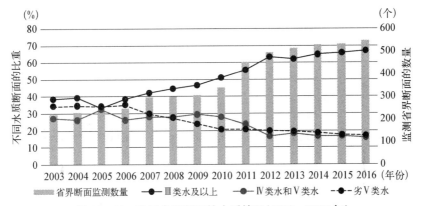

图 15 - 11　我国省界断面的水质情况(1997—2016 年)

资料来源：《水资源公报》(1997—2016 年)。

2007—2016 年，我国被评价的水功能区从 3 355 个上升到 6 270 个，达标率从 41.6% 上升至 58.7%。

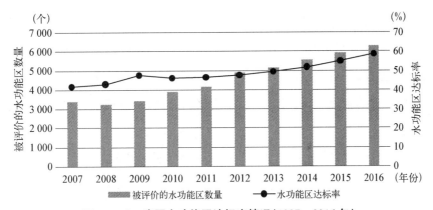

图 15 - 12　我国水功能区达标率情况(1997—2016 年)

资料来源：《水资源公报》(1997—2016 年)。

2016 年,我国废水排放量为 765 亿立方米,比 1997 年增长了 31%。单位 GDP 的废水排放量不断下降,到 2016 年为 10.3 立方米/万元。

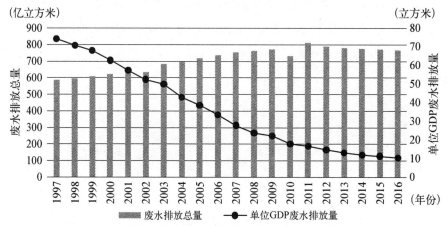

图 15-13 我国废水排放量和单位 GDP 废水排放量(1997—2016 年)
资料来源:《水资源公报》(1997—2016 年)。

二、流域层面水资源开发利用状况

我国水资源的流域分布极不平衡,2016 年,南方四区(长江、东南诸河、珠江和西南诸河)占水资源总量的 82.8%,北方四区(松花江、辽河、海河、黄河、淮河、西北诸河)占水资源总量的 12.2%。

水资源开发利用的密集程度也有很大不同。黄河、海河流域的水资源开发利用率最高,接近或超过 100%;农业用水比例最高的流域是西南诸河和松辽流域;工业用水比重以长江流域、东南诸河最高;生态环境补水比例以海河流域最高。

从流域水资源质量来看,近 10 年,南方四区的水质较好,且呈不断上升趋势。北方六区(缺少西北诸河的数据)的水质差于南方四区,除海河流域外,其他流域水质也在持续提升。

2016 年,各流域中长江流域废水排放量最大,其次是珠江流域、东南诸河等。

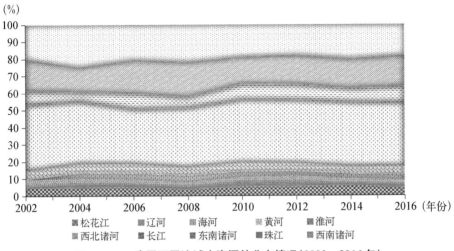

图 15-14　我国不同流域水资源的分布情况（2002—2016 年）

资料来源：《水资源公报》(1997—2016 年)。

表 15-1　　　　　　　　　　2016 年我国主要流域用水情况及结构现状

	水资源总量 （亿立方米）	用水总量 （亿立方米）	农业用 水比重	工业用 水比重	生活用 水比重	生态环境 补水比重
长江流域	11 947.1	2 038.6	47.5%	36.1%	15.3%	1.1%
西南诸河	5 884.3	102.4	80.1%	8.6%	10.3%	1%
东南诸河	3 112	312.1	44.3%	32.6%	13.5%	2.4%
珠江流域	5 913	838.1	58.7%	21.3%	18.8%	1.1%
黄　　河	519.04	514.76	57.31%	22.88%	20.71%	2.87%
海　　河	387.89	363.11	60.6%	13.2%	18.9%	7.2%
淮　　河	1 009.55	620.89	68.4%	14.8%	11%	2.6%
松辽流域	1 973.69	698.05	78.3%	10.3%	6.2%	3.2%

资料来源：各流域水资源公报。

表 15-2　　近 10 年我国主要流域河流水质优于 Ⅲ 类水的比例　　　　单位：%

年份	长江 流域	西南 诸河	东南 诸河	珠江 流域	黄河	海河	淮河	松辽 流域
2007	66.7	87.5	64.2	70.3	43.6	27.3	37.7	44.8
2008	69.1	94.2	68.5	70.8	39.2	35.2	38.4	49.4

续　表

年份	长江流域	西南诸河	东南诸河	珠江流域	黄河	海河	淮河	松辽流域
2009	63.7	95.3	65.2	69.8	44.0	35.3	38.1	—
2010	67.4	86.9	75.6	71.8	44.2	37.2	39.0	—
2011	70.3	95.6	71.5	73.6	49.8	36.2	38.0	52.3
2012	74.6	97.7	78.9	83.2	55.5	34.6	40.4	50.9
2013	74.4	95.7	84.1	86.9	60.6	33.3	38.6	58.1
2014	77.4	96.2	80.9	85.9	64.2	35.4	46.2	62.8
2015	78.8	97.7	80.8	84.7	63.5	34.2	45.1	65.1
2016	82.6	98.2	93.5	87.9	65.0	33.9	50.1	64.1

资料来源：各流域水资源公报。

表 15 - 3　　　　　　　2016 年我国主要流域的废水排放量　　　　（亿立方米）

	长江流域	西南诸河	东南诸河	珠江流域	黄河	海河	淮河
2016	353.20	6.50	99.60	174.2	43.37	55.10	72.99

资料来源：各流域水资源公报。

重点水功能区水质达标率作为最严格水资源管理制度考核的指标之一，东南诸河、长江流域和西南诸河的情况最好，而海河流域最差。

表 15 - 4　　　　2016 年我国主要流域的国考重点水功能区达标率

	长江流域	西南诸河	东南诸河	珠江流域	黄河流域	海河流域	淮河流域	松辽流域
2016	73.8%	73.4%	83.8%	86.8%	51.4%	30.6%	67.1%	56.9%

资料来源：各流域水资源公报。

将上述数据综合来看，海河、黄河、淮河流域是我国水资源管理形势最为严峻的流域（图 15 - 15）。其水资源禀赋相对最低，开发利用率最高，海河、黄河流域的开发利用率接近 100%，淮河流域接近 70%。同时，海、黄、淮三大流域的废水排放负荷（即水资源承载的废水排放比例）也是最高的，分别达到14.21%、8.36%、7.23%。因而,海、黄、淮流域的水功能区达标率和优于Ⅲ类河长比例也是最低的,海河流域尤为堪忧,水功能区达标率仅为30%左右。

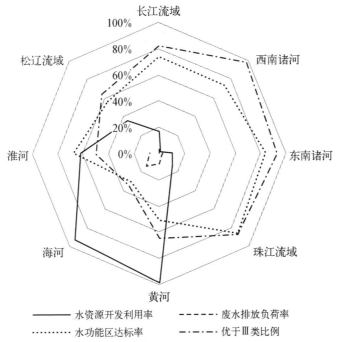

图 15 - 15　2016 年各大流域的水资源开发与保护结果对比(单位: %)

注: 松辽流域废水排放量暂缺,各流域废水排放比例的计算不包含松辽流域。
资料来源: 根据各流域水资源公报整理。

三、地方层面水资源开发利用状况

从地方层面看,我国水资源禀赋和水资源开发利用状况极不均衡。同时由于各省的水资源开发利用相关数据相比国家及流域层面的数据更加翔实而具体,能够对各省的水资源开发利用情况进行较深入的描述性统计分析。因而本部分在梳理各省份水资源开发利用的基本数据基础上,通过计算水足迹的方法,探析各省水资源利用的特征及水资源匮乏情况。

(一) 各省份水资源开发利用现状

我国各地方水资源禀赋差异极大,各省水资源产出模数(即单位国土面积的水资源总量)中位列前五的省份是福建、海南、广东、江西和浙江,2016年分别为173.8、143.8、136.5、133、129.7亿立方米/平方千米。

从用水总量看,各省2016年用水总量呈现梯度分布,江苏和新疆两省份超过500亿立方米量级,且这两省份的用水总量还在上升。广东、黑龙江、湖南、安徽、广西、湖北、四川、江西、河南、山东10省份的用水总量在200亿—400亿立方米的量级,是相对的用水大省。这12个省份中,只有广东和江西水资源产出模数较高。从地域看,我国东、中、西、南部均分布有用水总量规模较大的省。按流域看,长江流域的用水比较集中。相比2005年用水总量下降的省份有9个,按下降幅度排序分别为宁夏、青海、浙江、上海、河北、广西、西藏、广东、甘肃。

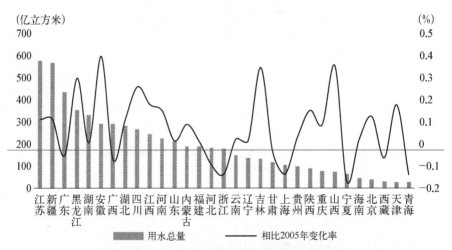

图 15-16 2016年各省份用水总量与变化率一览

资料来源:根据中国计算统计年鉴计算。

从用水强度看,2016年用水强度值最高的省份为新疆,单位GDP水耗高达585.9立方米/万元,是排在第二位西藏的2倍多。单位GDP水耗处于超过100—300立方米/万元区间的省有西藏、黑龙江、宁夏、甘肃、广西、江西、安徽、内蒙古、湖南、青海、云南,可见大多数分布在西北、东北、西南地区。而用水最为集约的省份为北京、天津、海南、山东和上海(图15-17)。

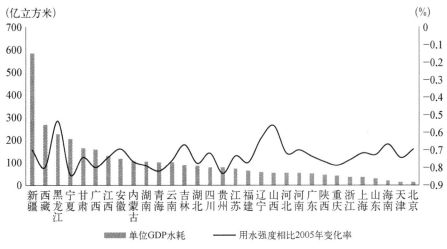

图 15-17　2016 年各省份用水强度与变化率一览

资料来源：根据中国计算统计年鉴计算。

从用水结构看，各省份具有比较鲜明的用水格局（图 15-18）。以全国各类用水的平均占比为基线，超过全国平均水平的，是该省的特征用水类型。总

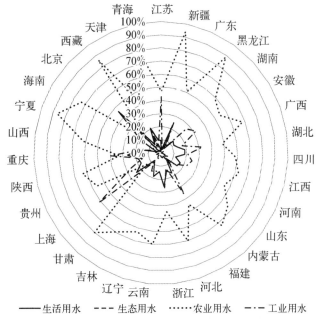

图 15-18　2016 年各省用水结构一览（单位：亿立方米）

资料来源：各省统计年鉴。

体而言,尽管全国各省农业用水的占比普遍偏高,但新疆、黑龙江、宁夏、西藏 4 省的用水总量占比超过 80%,这 4 省也是单位 GDP 耗水最高的 4 个省份。此外,甘肃、青海、海南、内蒙古、河北、云南 6 省农业用水占比超过 70%。可见,农业用水大省主要分布于西北、东北、西南地区。

工业用水占比最大的省份是上海和江苏,其数值分别达到 61.45% 和 42.04%。对于上海而言,工业用水所占比重超过了工业增加值占 GDP 的比重,需进一步加大工业用水的集约化水平。除上述两省份外,工业用水占比超过 20% 的省份还有 12 个,除福建、广东、河南、天津外,其余省份均位于长江经济带。可见长江经济带各省是我国工业用水最为集中的地区(除云南)。

生活用水占比最大的省份为北京,超过 45%。接下来在 20% 量级的省份分别为重庆、浙江、上海、广东、天津,可见我国三大城市群京津冀、长三角、珠三角是生活用水最为集中的地区。但就人均生活用水量来看,上海、广东略高于北京和天津。

生态用水占比最大的省份仍然是北京,接近 30%,其次为天津(15.07%)、内蒙古(12.14%),其余省份均不足 6%。长江经济带、东南、西南地区水资源禀赋较好,生态用水占比非常低。

从用水总量与水资源总量的配比得出的各省水资源开发利用程度看,宁夏水资源开发程度已经高达 6.76,也就是说宁夏需要近 7 倍于当地水资源总量的水资源量才能满足自身的需求。其次为上海、天津和北京,三个直辖市的水资源开发程度在 1—2 之间。但上海位于长江河口,过境水资源是相当丰沛的,水资源总体利用的约束相对京津冀地区要缓和得多。如果以 35% 作为安全的水资源开发比率基线,那么全国仅有约 1 半左右的省份处于水资源利用相对安全的局面。

(二)各省份水资源匮乏分析

上文关于各省份水资源开发利用总体情况的判断是基于水资源统计数据进行的静态分析。有学者认为,单纯的水资源统计数据可能难以反映一个地

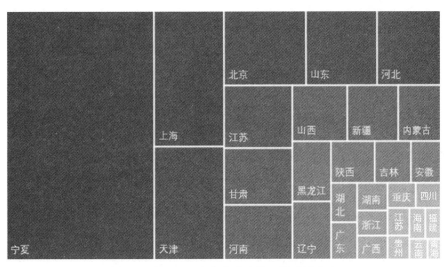

图 15 - 19　2016 年各省水资源开发利用比率

资料来源：各省统计年鉴。

区真实的水资源需求和水资源紧张局面，而水足迹能够从消费视角研究水资源短缺问题，通过水足迹的计算，能够更好地理解各省经济社会活动对水资源的需求情况（钱逸颖等，2018）。因而本研究在水资源统计分析的基础上，通过水足迹的计算，分析各省的水资源压力和匮乏情况。

　　水足迹建立在虚拟水的基础之上，类比生态足迹而来，是指一定时间范围内，特定人口的地区，所有人在消费产品和服务中消耗的全部水资源。包括必需的食物、用品、生活及环境用水（戚瑞，2011）。水足迹能够反映区域内水资源的需求情况，为水资源的高效利用提供依据。1993 年，Allan 提出虚拟水的概念，即"生产产品和服务中所需要的水资源数量"。

　　水足迹的计算方法为：

WFP（总水足迹）＝IWFP（内部水足迹）＋EWFP（外部水足迹）＝AWU（农业
生产需水量）＋IWW（工业用水需水量）＋DWW（居民生活
用水量）＋EWW（生态用水量）＋VWEdcm（本地出口虚拟
水量）＋VWI（进口产品的虚拟水量）－VWEreexport（进
口产品再出口的虚拟水量）

农业生产用水量为每一类农产品单位产品的虚拟水量乘以其产品的产量再汇总,本研究只统计粮食、棉花、油料、水果、鲜奶、禽蛋、牛肉、猪肉和羊肉(来自《中国统计年鉴》)。农业品的虚拟水含量系数根据 HOEKSTRA、CHAPAGAIN(2007)和孙才志(2010)研究得到,采用全国平均值。

表 15-5　　我国主要农、畜、水产品单位质量虚拟水含量　　　　立方米/公斤

粮　食	棉　花	油　料	水　果	水产品
1.13	1.419	2.74	1	5
禽　蛋	牛　肉	猪　肉	羊　肉	鲜　奶
3.55	12.56	2.211	5.202	1.9

资料来源:笔者计算而得。工业用水量、生态用水量、生活用水量来自中国统计局的国家数据数据库。

由于各省份的进出口贸易中各类产品的进出口量是明确的,本研究利用间接的方法即进出口贸易总值除以生产总值再乘以生产用水量(农业和工业)。另外 VWEdcm(本地出口虚拟水量)和 VWEreexport(进口产品再出口的虚拟水量)数据并未纳入(计算结果详见表 15-6)。

表 15-6　我国各省份水足迹、人均水足迹和水足迹强度(不含我国港澳台地区)

省份	水足迹 (亿立方米)			人均水足迹 (立方米/人)			万元 GDP 水足迹 (立方米/万元)		
	2005	2010	2016	2005	2010	2016	2005	2010	2016
北京	104.1	101.5	78.6	676.6	517.5	361.6	149.3	71.9	30.6
天津	102.5	92.3	99.3	982.5	710.4	635.8	262.4	100.0	55.5
河北	1 005.7	989.7	1 116.3	1 467.9	1 375.7	1 494.4	1 004.5	485.3	348.1
山西	235.7	268.1	347.9	702.6	750.2	944.9	557.2	291.4	266.6
内蒙古	535.7	690.1	770.7	2 229.3	2 791.7	3 058.3	1 371.8	591.3	425.1
辽宁	560.6	657.5	704.5	1 328.2	1 502.8	1 609.4	696.7	356.2	316.7
吉林	510.0	555.4	669.2	1 877.7	2 022.0	2 448.6	1 408.7	640.8	452.9
黑龙江	720.2	973.1	1 041.1	1 885.3	2 538.7	2 740.6	1 306.1	938.5	676.7

续　表

省份	水足迹（亿立方米）			人均水足迹（立方米/人）			万元 GDP 水足迹（立方米/万元）		
	2005	2010	2016	2005	2010	2016	2005	2010	2016
上海	286.7	303.1	207.3	1 516.7	1 316.2	856.8	310.0	176.6	73.6
江苏	1 375.0	1 411.1	1 383.6	1 812.1	1 793.2	1 729.7	739.3	340.6	178.8
浙江	450.6	473.1	422.7	902.7	868.6	756.2	335.8	170.7	89.5
安徽	791.8	883.0	973.0	1 293.9	1 482.3	1 570.4	1 480.0	714.4	398.7
福建	412.3	427.5	428.8	1 159.0	1 157.7	1 107.0	629.0	290.1	148.8
江西	493.6	608.8	690.0	1 144.9	1 364.3	1 502.7	1 216.6	644.1	373.0
山东	1 370.1	1 439.3	1 542.6	1 481.5	1 501.1	1 550.8	746.0	367.4	226.8
河南	1 354.1	1 550.0	1 749.1	1 443.6	1 648.0	1 835.0	1 279.0	671.2	432.2
湖北	805.8	929.1	1 049.6	1 411.1	1 622.0	1 783.5	1 222.7	581.9	321.3
湖南	789.9	864.2	960.2	1 248.6	1 315.9	1 407.5	1 197.5	538.8	304.3
广东	1 204.7	1 214.4	1 123.9	1 310.4	1 163.1	1 021.8	534.1	263.9	139.0
广西	500.4	561.9	688.2	1 073.8	1 218.8	1 422.4	1 256.0	587.1	375.7
海南	82.9	111.4	119.6	1 000.8	1 281.5	1 304.0	901.9	539.4	295.0
重庆	282.6	308.2	345.8	1 010.1	1 068.2	1 134.7	815.0	388.8	194.9
四川	859.1	913.9	1 017.0	1 046.1	1 136.0	1 230.9	1 163.2	531.8	308.8
贵州	271.8	269.2	315.4	728.6	773.9	887.3	1 355.1	585.0	267.8
云南	359.8	420.2	540.0	808.6	913.0	1 131.8	1 039.1	581.6	365.1
西藏	42.4	48.4	50.7	1 515.8	1 614.5	1 533.1	1 705.9	954.4	440.7
陕西	336.5	413.0	497.5	912.0	1 105.7	1 304.7	855.5	408.0	256.4
甘肃	222.0	267.6	314.9	872.3	1 045.2	1 206.7	1 147.9	649.3	437.4
青海	51.8	53.3	59.5	954.4	947.3	1 004.2	953.9	394.6	231.5
宁夏	87.1	119.9	148.2	1 461.6	1 894.2	2 195.8	1 422.0	709.6	467.8
新疆	453.6	559.2	664.3	2 256.6	2 559.1	2 770.1	1 741.7	1 028.3	688.4

资料来源：笔者计算而得。

除了北京、上海,我国各省份的水足迹均呈上升趋势。我国水足迹最高的省份是河南、山东、广东和河北,最低的省份是西藏、青海和北京。从人均水足迹看,内蒙古、新疆、黑龙江等最高,最低的省份是北京、天津、浙江和上海。从水足迹强度(万元 GDP 水足迹)看,新疆、黑龙江和吉林等最高,北京、天津和上海等最低。

从 2016 年各省市水足迹的结构构成看,农业水足迹的比重最高,平均占82.9%。超过九成的省市共 10 个。工业水足迹比重最高的省份是上海、江苏和福建。北京、上海、浙江的生活用水的比重最高(表 15 - 7)。

表 15 - 7　　2016 年我国各省市水足迹构成(不含我国港澳台地区)

单位:亿立方米

省份	农畜水产虚拟水	工业产品水足迹	生活用水	生态用水	进出口贸易虚拟水	总水足迹
北京	38.5	3.8	17.8	11.1	7.4	78.6
天津	77.2	5.5	5.6	4.1	6.9	99.3
河北	1 046.8	21.9	25.9	6.7	15.0	1 116.3
山西	313.9	12.9	12.6	3.3	5.2	347.9
内蒙古	712.7	17.4	10.6	23.1	6.9	770.7
辽宁	626.2	19.6	25.3	5.6	27.9	704.5
吉林	618.1	20.9	14.3	6.3	9.6	669.2
黑龙江	977.8	20.6	15.6	2.5	24.7	1 041.1
上海	33.7	64.4	25.1	0.8	83.3	207.3
江苏	842.6	248.5	56.1	2	234.4	1 383.6
浙江	259.3	48.4	46.3	5.5	63.2	422.7
安徽	809.5	93.1	33.4	5.6	31.4	973.0
福建	267.0	68.6	33.1	3.1	57.0	428.8
江西	567.0	60.5	28.5	2.2	31.9	690.0
山东	1 429.6	30.6	34.2	7.6	40.7	1 542.6
河南	1 625.9	50.3	38.7	13	21.2	1 749.1
湖北	885.8	91.4	52.4	1.1	18.9	1 049.6
湖南	808.7	89	43.5	2.8	16.2	960.2
广东	642.3	109.2	99.9	5.4	267.1	1 123.9
广西	551.7	49.8	39.7	2.7	44.2	688.2
海南	100.7	3.1	8.3	0.5	7.0	119.6

续　表

省份	农畜水产虚拟水	工业产品水足迹	生活用水	生态用水	进出口贸易虚拟水	总水足迹
重庆	280.2	30.7	20.2	1.1	13.6	345.8
四川	883.8	55.8	49.8	5.8	21.7	1 017.0
贵州	268.7	25.7	17.4	0.9	2.7	315.4
云南	483.3	21.1	21.1	2.8	11.7	540.0
西藏	45.1	1.5	2.5	0.3	1.3	50.7
陕西	456.7	13.7	16.4	3.1	7.5	497.5
甘肃	284.6	11.1	8.3	4.1	6.9	314.9
青海	52.1	2.6	2.8	1.1	0.9	59.5
宁夏	135.3	4.4	2.2	2	4.3	148.2
新疆	563.9	11.7	13.9	6.5	68.3	664.3

资料来源：笔者计算而得。

在计算水足迹的基础上，本研究进而通过水资源匮乏指数来分析各省水资源的紧缺程度，指标越大，地区的用水越紧张。水资源匮乏指数等于该地区的水足迹除以该地区的水资源总量。当指标小于 1 时，说明本地的水资源总量还可以支撑本地经济社会的发展。当指标大于 1 时，该地区的水资源十分匮乏。

从 2005 年、2010 年和 2016 年各省的水资源匮乏指数看，除个别省份外，如宁夏、吉林、河南等，各省市的水资源匮乏程度逐年缓解。水资源最匮乏的省份是宁夏、山东、河北、天津、河南。

表 15 - 8　　　　　　2005—2016 年各省水资源匮乏情况

省份	水资源总量（亿立方米）			水资源匮乏		
	2005	2010	2016	2005	2010	2016
北京	23.18	23.1	35.1	4.5	4.4	2.2
天津	10.63	9.2	18.9	9.6	10.0	5.3
河北	134.57	138.9	208.3	7.5	7.1	5.4
山西	84.13	91.5	134.1	2.8	2.9	2.6
内蒙古	456.18	388.5	426.5	1.2	1.8	1.8

省份	水资源总量（亿立方米）			水资源匮乏		
	2005	2010	2016	2005	2010	2016
辽宁	377.2	606.7	331.6	1.5	1.1	2.1
吉林	559.66	686.7	488.8	0.9	0.8	1.4
黑龙江	744.27	853.5	843.7	1.0	1.1	1.2
上海	24.47	36.8	61	11.7	8.2	3.4
江苏	466.96	383.5	741.7	2.9	3.7	1.9
浙江	1 014.35	1 398.6	1 323.3	0.4	0.3	0.3
安徽	719.25	922.8	1 245.2	1.1	1.0	0.8
福建	1 401.12	1 652.7	2 109	0.3	0.3	0.2
江西	1 510.1	2 275.5	2 221.1	0.3	0.3	0.3
山东	415.86	309.1	220.3	3.3	4.7	7.0
河南	558.52	534.9	337.3	2.4	2.9	5.2
湖北	933.96	1 268.7	1 498	0.9	0.7	0.7
湖南	1 671.04	1 906.6	2 196.6	0.5	0.5	0.4
广东	1 747.49	1 998.8	2 458.6	0.7	0.6	0.5
广西	1 720.82	1 823.6	2 178.6	0.3	0.3	0.3
海南	307.29	479.8	489.9	0.3	0.2	0.2
重庆	509.78	464.3	604.9	0.6	0.7	0.6
四川	2 922.58	2 575.3	2 340.9	0.3	0.4	0.4
贵州	834.63	956.5	1 066.1	0.3	0.3	0.3
云南	1 846.43	1 941.4	2 088.9	0.2	0.2	0.3
西藏	4 451.07	4 593	4 642.2	0.0	0.0	0.0
陕西	490.59	507.5	271.5	0.7	0.8	1.8
甘肃	269.6	215.2	168.4	0.8	1.2	1.9
青海	876.1	741.1	612.7	0.1	0.1	0.1
宁夏	8.53	9.3	9.6	10.2	12.9	15.4
新疆	962.81	1 113.1	1 093.4	0.5	0.5	0.6

资料来源：笔者计算而得。

第二节　我国水资源管理体制与管理制度沿革

由于水资源本身具有极高的资源流动性和低排他性,且水资源管理涉及众多参与方、水资源管理的制度设计非常重要(Agrawal,2001)。本节对我国水资源管理体制和主要管理制度的沿革和现状进行梳理,着重分析其多层次性和总体特征。

一、多层级水资源管理体制

一般而言,水资源行政管理体制是水资源管理有关的组织机构设置、行政管理职能划分、管理规范等组成的管理系统的总称(王健,2013)。《水法》对我国水资源管理体制作出了明确规定。

(一) 我国水资源行政管理体制的沿革

以 1988 年第一部《水法》和 2002 年《水法》修订为分界点,我国水资源行政管理体制的沿革主要经历了 3 个阶段。

1. 分散管理向统一管理过渡(1949—1988 年)

中华人民共和国成立之后,水利部成立,但此后的近 40 年水利部的机构及职能几经变迁。水利部刚成立时,农田水利职能由农业部主管,城市供水职能由建设部负责,水行政主管部门的职能未能统一,水资源行政管理处于分散管理阶段。1952 年,水利部接管农业部主管的农田水利局,水利部的职能开始包括农村水利和水土保持工作。此后,水利部和电力工业部经过两次合并与恢复,分别是 1958 年合并至 1978 年分立,1982 年再次合并,直至 1988 年 7 月,独立的水利部重新组建。这一过程表明在中华人民共和国成立后的近 40 年中,水利和能源的关系密不可分。

地方层面,1949 年以后,包括省、地、县三级的多层级水利行政机构逐渐设立,而县以下的乡、镇级别的水利站或水利员则从 1986 年开始才逐渐设立。但各地乡镇水利站的行政隶属关系并不完全相同,或者是县级水利行政机构的派出事业单位,或者是乡镇政府的事业单位。

流域层面,中国也设立了流域管理机构,在大江、大湖流域行使流域水管理职能。

2. 统一管理与分级、分部门管理相结合(1988—2002 年)

1988 年,我国第一部《水法》颁布,明确国务院水行政主管部门(水利部)统一管理全国水资源。随后,根据"三定"方案,各级政府相继确立了水行政主管部门。在行政管理机构逐渐明确和健全的基础上,全国范围内确立了取水许可制度等水资源基本管理制度。至此,全国初步确立了多级水法规、水制度、水行政体系。

需要指出的是,受时代背景的限制及认识局限,第一部《水法》规定的"统一管理与分级、分部门管理相结合"的制度存在一定的缺陷(徐晗宇,2005),突出的问题是水资源管理职能仍比较分散,在制度执行中,各部门、各地区对《水法》又有不同的理解,导致出现一些矛盾和问题。1998 年出台的国务院机构改革方案对水利部的职能有所调整,将部分过去分部门承担的水资源相关管理职能移交给水利部,目的是克服多头管理、九龙治水的问题。但当时对于水资源综合管理、水资源统一管理还没有形成一个全面的认识。

3. 流域管理与行政区域管理相结合(2002 年至今)

2002 年《水法》修订是水资源法律建设进程中的里程碑,强化了水资源统一管理和流域管理,明确了水资源行政管理与流域管理相结合的水资源管理体制。《水法》修订是我国长期水资源管理实践中正反经验的总结,也是在水资源面临短缺,与经济社会发展不相适应的挑战下的主动选择。《水法》第 12 条规定了流域管理机构和地方水行政主管部门在各自规定的权限内,行使水资源管理职责。实际上对流域管理机构的规定并不具体,从而无法真正落实流域层面的管理体制和管理制度(本章下文中详述)。

根据 2002 年修订的《水法》,对我国水资源管理体制总体概括如下:水行政主管部门统一管理与各部门承担部分水资源管理职能相结合,以行政区域单元进行行政管理与以自然流域为单元进行流域管理相结合。

国务院《关于实行最严格水资源管理制度的意见》(国发〔2012〕3 号)是指导当前和今后一个时期我国水资源工作十分重要的纲领性文件。最严格水资源管理制度强调地方政府主要负责人对本行政区域水资源管理和保护工作负总责,实质上强化了水资源区域行政管理。同时也基本维持了水行政主管部门统一管理与各部门各司其职的管理格局。

(二) 水资源管理层级

《水法》及新近出台的一些管理制度包括最严格水资源管理制度、水污染防治行动计划等法律规章基本确定了地方层级严密、责任明确的行政区域管理制度。即以省级地方政府对其行政区域内的水资源保护与水环境质量负总责,各级水行政主管部门负责实施水资源统一监督管理,环境保护部门负责实

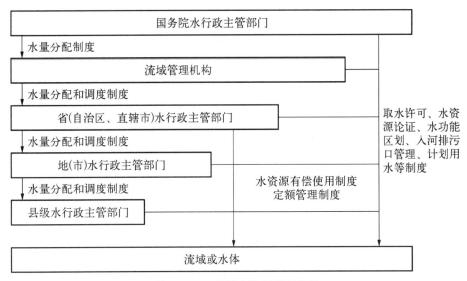

图 15－20　我国水资源管理层级

资料来源:根据孙雪涛、沈大军:《水资源分区管理》,科学出版社 2013 年版改编。

施地方水污染防治统一监督管理,相关部门在各自职能领域中行使水相关行政职能的地方行政管理制度。

流域管理层面,全国七大流域机构为水利部派出流域管理机构,均是具有行政职能的事业单位,履行流域水行政管理职能、基础事业职能和以勘测设计为主体的技术服务职能。长江水利委员会在长江流域和澜沧江以西(含澜沧江)区域内行使水行政管理职能;黄河水利委员会在黄河流域 8 个省区和新疆、青海、甘肃、内蒙古内陆河(西北诸河)区域内行使水行政管理职能;淮河水利委员会在淮河流域和山东半岛区域内行使水行政管理职能;海河水利委员会在海河流域范围内行使水行政管理职能,流域管理范围涉及北京、天津、河北、山西、河南、山东、内蒙古、辽宁等 8 省份;珠江水利委员会的管理范围包括珠江流域、韩江流域、澜沧江以东国际河流(不含澜沧江)、粤桂沿海诸河和海南省区域内;松辽水利委员会管理范围包括松花江、辽河流域和东北地区国际界河(湖)及独流入海河流区域;太湖流域管理局管理范围为江苏省、浙江省和上海市。

表 15－9　　　水利部、流域管理部门及地方水务部门职能对比

	水利部	流域管理机构	地方水务部门
水资源合理开发利用	负责保障。拟定规划和政策,起草法律法规草案,组织编制流域综合规划及重大水利规划;制定水利制度组织实施,提出固定资产投资规模和方向,审批核准项目,提出中央建设投资建议并组织实施	负责保障。授权组织编制流域规划并监督实施;组织流域重大水利项目前期工作;项目合规性审查,技术审核;提出项目年度投资计划并实施,组织指导项目后评估	执行国家水务法律法规;起草、组织实施地方性法规
水资源管理和监督	负责"三生"用水统筹和保障;拟定全国及省界中长期供求规划、水量分配,监督实施;开展水资源调查评价;水资源调度;组织实施取水许可、有偿使用和论证制度;指导供水	统筹协调"三生"用水。授权组织开展资源调查评价;组织拟订省际水量分配、调水计划;组织取水许可总量控制,实时流域取水许可和水资源论证;组织开展调水	编制地方水务规划组织实施;会同有关部门制定地方水功能区划;参与制定流域规划

续 表

	水 利 部	流域管理机构	地方水务部门
水资源保护	组织编制保护规划;拟定水功能区划,监督实施;核定水域纳污能力,限制排污总量建议;指导水源保护、地下水开发利用保护	组织编制保护规划;拟定跨省水功能区规划监督实施;核定水域纳污能力,提出排污总量意见;授权范围内排污口设置审查许可;省界水质监测;协调水源保护、地下水保护	负责当地水资源统一管理和保护;制订中长期供求计划、水量分配和调度方案;组织实施基础工作;核定纳污能力,提出限制排污建议
防治水旱灾害	承担国家防总具体工作;组织协调监督指挥全国防汛抗旱;防汛抗旱调度和应急水量调度;编制应急预案组织实施;指导突发事件应急管理	流域内水旱灾害防治	主管地方防汛抗旱工作
节约用水	负责拟定政策,编制规划,制定标准,指导和推动节水型社会建设	指导流域内地方节约用水	负责地方计划用水、节约用水工作
水文工作	指导水资源监测、水文站建设管理;水量、水质实施监测;发布信息	指导流域内水文工作	主管地方水文工作
水利设施、水域及岸线管理与保护	指导大江大河大湖河口海岸滩涂治理开发;指导水利工程建设与运行管理;组织实施重大水利工程建设,水利移民	指导流域内滩涂治理开发;授权范围内河道内建设项目审查许可及监督;河道采砂统一管理和监督;指导流域内水利建设监督管理	负责地方水务工程建设和管理;负责工程治理和安全监督;地方重要水利工程建设和运营;会同地方有关部门管理滩涂资源;组织编制开发利用和保护规划、年度计划;河道采砂管理
防止水土流失	拟定规划监督实施;监测预报公告;重大建设项目水土保持方案审批,重点项目实施	指导、协调流域内水土流失防治	会同地方有关部门组织实施水土保持
农村水利工作	指导协调基本建设,指导农村水资源开发、小水电	指导流域内农村水利及水能开发	负责地方农村水利工程;组织指导基本建设

	水 利 部	流域管理机构	地方水务部门
水利科技和外事	水利行业质量监督;拟定技术标准规范并监督;国际河流有关涉外事务	水利科技、外事和质量技术监督	制定地方水务技术进步措施;组织重大技术攻关,实施国家标准,起草地方标准
执法	负责重大涉水违法事件查处,协调、仲裁省级水事纠纷;组织工程安全监督	职权范围内水政监察和水行政执法;省级水事纠纷调处;流域内中央投资水利建设项目稽查	依法实施行政执法,查处违法行为;协调地方纠纷
其他		授权负责中央水利工程国有资产运营监督管理;研究提出工程供水价格及上网电价运营与调整	

资料来源:水利部网站。

二、多样性水资源管理制度

水法及多层次的水资源管理配套法规体系,确立了水资源开发、利用、节约、保护和管理的制度框架体系。包括水量分配制度、水量调度制度、取水许可制度、水资源有偿使用制度、建设项目水资源论证制度、水功能区划制度、入河排污口监督管理制度、总量控制和定额管理制度、计划用水制度、节约用水制度等(表 15 - 10)。

表 15 - 10　　　　　　我国水资源管理制度一览

管理类别	职 能	职能部门		主要管理制度
		调整前	调整后	
权属管理	水资源调查	水利部	自然资源部	水资源评价制度
	水资源确权	水利部	自然资源部	水资源登记管理制度
水量管理	水资源配置	水利部	水利部	水量分配制度 总量控制制度

续　表

管理类别	职　能	职能部门		主要管理制度
		调整前	调整后	
水量管理	取水	水利部	水利部	水资源论证 取水许可制度 水资源有偿使用制度 年度取水计划
	用水	水利部	水利部	水资源规划制度 年度用水计划 定额管理制度 计量收费制度 节约用水制度 累进加价制度
	水资源报告	水利部	水利部	水资源公报制度
水质管理	排水	水利部	生态环境部	排污总量控制制度 入河排污口监督管理制度
	纳污水体	水利部	生态环境部	水功能区划制度 纳污总量控制制度
	饮用水水源保护区	水利部	水利部	
	流域水环境保护	水利部	生态环境部	
水工程管理	调水工程	水利部/国务院南水北调工程建设委员会	水利部	法人责任制 招标投标制 建设监理制 水资源工程建设情况报告制度 质量管理体系
	航道工程	交通运输部	交通运输部	
	污水处理工程	建设部/环保部	建设部/生态环境部	
	防洪工程、水保工程	水利部	应急管理部	
	供水工程	水利部	水利部	
	农用灌溉及排水工程	水利部	农业农村部	
	水电工程	水利部/国务院三峡工程建设委员会	水利部	

资料来源：笔者自制。

从管理性质看,我国水资源管理制度大致分为两大类:一类是命令控制类管理制度;另一类是经济激励类管理制度。命令控制类一般以总量或用量控制的形式体现,水资源管理部门通过数量控制以强制的形式限制流域、区域或取用水户的取用水量。经济激励类通过价格杠杆,调节取用水户的取用水行为。从表 15-11 可见,目前我国经济激励类管理制度非常有限,主要集中于水资源有偿使用制度。

表 15-11　　　　　　　　　　水资源管理制度的性质分类

分 类	管 理 制 度
命令控制类	中长期水资源供求规划制度、水量分配制度、取水许可制度、建设项目水资源论证制度、水功能区划制度、入河排污口监督管理制度、总量控制和定额管理制度、计划用水制度
经济激励类	计量收费制度、累计加价制度、水资源有偿使用制度

资料来源:笔者自制。

我国水资源管理制度不是广泛地适用于所有群体,而是有其特定的层级关系。大体上看,我国水资源管理制度可分为三个层次,分别是流域或区域层面,取水户层面和用水户层面。从政府公共管理角度出发,对取水户的管理是现有水资源管理制度各层级之间联系的枢纽(孙雪涛,2013)。从层级上,取水许可制度上接流域与区域的管理制度,下承用水户的用水管理;上衔水资源开发利用的各项制度,下接水资源保护的各项制度。同时,取水许可制度还能为各项基于经济激励的管理制度提供基础。

表 15-12　　　　　　　　　　水资源管理制度的层级关系

分 类	管 理 制 度
区域或流域	中长期水资源供求规划制度、水量分配制度、水功能区划制度、总量控制制度、排污总量控制制度、计划用水制度
取水户	建设项目水资源论证制度、计划用水制度、取水许可制度、定额管理制度、计量收费制度、节约用水制度、累进加价制度、水资源有偿使用制度、入河排污口监督管理制度
用水户	计划用水制度、计量收费制度、节约用水制度、累计加价制度、水资源有偿使用制度

资料来源:笔者自制。

　　我国水资源管理制度在时限性上覆盖了长期(10—20 年)、中期(5—10
年)和当年。但总体看,各时限的制度缺乏动态性。针对长时限的管理制度只
有中长期水资源供求规划制度,往往规划 20 年,关键目标很少做出修正。针
对当年的管理制度更多地体现为水资源有偿使用相关的税费征收制度。年度
水量分配制度尽管在《水法》中有规定,但截至 2017 年年底,在我国的实施还
处在起步和摸索阶段,除黄河流域、黑河流域、塔里木河以及石羊河流域外,其
他的绝大多数流域和省市区还没有开展年度水量计划的编制和实施工作。

表 15－13　　　　　　　　　　水资源管理制度的时限性

分　　类	管　理　制　度
长　　期	中长期水资源供求规划制度
中　　期	水量分配制度、水资源论证制度、水功能区划制度、排污总量控制制度、入河排污口监督管理制度、定额管理制度
当　　年	计划用水制度、定额管理制度、计量收费制度、节约用水制度、累计加价制度、水资源有偿使用制度

资料来源:笔者自制。

第十六章 水资源管理环境绩效评估

对水资源管理环境绩效相关领域进行评价的方法已经形成了较为标准的两类,分别是指标评价法和投入产出法。本研究综合利用这两种评价方法。指标评价部分,在分析国内外水资源管理环境绩效指标的基础上,着眼于结果导向构建水资源管理环境绩效指标体系,并对一年期(2016年相对于2015年)和五年期(2016年相对于2011年)的各省水资源管理环境绩效进行指标评价。投入产出评价部分,利用数据包络法对2004—2016年我国水资源利用效率进行分析,并通过Malmquist指数分析用水效率的变化情况。

第一节 构建水资源管理环境绩效评估指标体系的依据

结果导向是水资源环境绩效管理的内在要求。当前,我国最严格水资源管理制度的考核指标体系一定程度上体现了结果导向,但主要以约束性指标为主,即产出指标(项目实施后的直接结果)为主,未充分考虑水资源管理实施后所带来的经济、社会、环境、空间开发等影响。

一、结果导向是水资源环境绩效管理体系的内在要求

由于环境绩效管理具有目标特性、基于结果的责任机制等特点（周志忍，2017），决定了环境绩效管理必须以结果为导向。关注管理的目标是否实现，分析管理设计目标和实际效果之间差距的原因，并通过建立完善的激励和问责机制来提升管理者的积极性和主动性，这些都离不开结果目标的设定与应用。尽管结果导向是水资源环境绩效管理的内在要求，但必须全面认识"结果"的内涵。结果不仅是水资源环境绩效管理的本身指标，也应包括管理活动所产生的客观影响即效果，二者同为环境绩效的组成部分。

二、最严格水资源管理考核指标可作为产出指标

2009年，最严格水资源管理制度在全国水利工作会议上首次提出。2010年底，《中共中央　国务院关于加快水利改革发展的决定》明确了最严格水资源管理的内容和体系构成，目的是促进我国经济发展方式的转型。

2012年年初，国务院发布《关于实行最严格水资源管理制度的意见》，明确"三条红线"的管理目标，提出相应的保障措施。新中国成立以来，我国水资源管理的内涵不断变化，从关注自然灾害，到水资源的开发利用，再到重视水资源的稀缺性进而加强水资源合理配置。2012年，国家最严格水资源管理的意见对水资源管理的内涵做了明确说明。当前，我国最权威的水资源管理环境绩效评估是2013年国务院发布的《实行最严格水资源管理制度考核办法》，确定以用水总量、万元工业增加值水耗、农田灌溉水有效利用系数、重要江河湖泊水功能区水质达标率作为考核指标，设定每五年为考核周期，采用年度考核和期末考核相结合的方式，共分为4个等级。

2014年，国家发改委、水利部等10部委发布《实行最严格水资源管理制度考核工作实施方案》，对考核组织、程序、内容、评分和结果使用做出明确规定

（靳润芳，2015）。2016 年 12 月，国家水利部、国家发改委、工信部、住建部等 9 部委发布《"十三五"实行最严格水资源管理制度考核工作方案》对 2014 年发布的实施方案进行修订，提出了用水总量、万元国内生产总值用水量降幅、万元工业增加值用水量降幅、农田灌溉水有效利用系数、重要江河湖泊水功能区水质达标率和重要水功能区污染物总量减排量 6 个考核目标，并增加了创新奖励和"一票否决"事项。万元 GDP 总用水量降幅和万元工业增加值用水量降幅指标的出现，表明了最严格水管理考核的指标从注重产出指标向效益指标发展，重视各省市在节水型社会建设中的作用和影响。

不同的省份对最严格水资源管理的考核指标在国家要求的基础上做了细化。在用水总量方面，天津、河北、广东增加了地下水的开采量；用水效率方面，浙江、广州、河北增加了万元国内生产总值的用水量指标；农业节水灌溉工程面积率、节水型企业覆盖率、城镇节水器具普及率和计划用水考核率、城市供水管网的漏损率、重点工业企业的万元产值用水量等指标也分别在天津、河北、上海等省市应用；水环境方面，新增饮用水源地水质达标率、新增城镇污水处理率、排污企业水质达标率也在一些省市应用。

需要指出的是，当前最严格水资源管理 6 个考核指标主要是围绕三条红线，只重视实施方案要求的政府管理目标的实现情况，并未涉及对管理目标导致的相关效果的评价，如最严格水资源管理带来的经济社会变化，也没有重视水资源管理能力评价，因此水资源管理的考核指标需进一步完善。

三、水资源管理环境绩效需要反映国土空间开发的效果

党的十九大报告提出"构建国土空间开发保护制度，完善主体功能区配套政策"。水资源和水承载力作为主体功能区的核心因素，对国土空间主体功能治理体系的构建具有基础性影响。因此，水资源管理要与区域发展中的生态环境、人口、产业相协调，按照"以水定人""以水定产""以水定城"等原则，实现国土空间开发主体功能管理、区域协调发展和可持续发展（马涛，2018）。因

此,水资源管理环境绩效不仅要反映经济、社会、生态的效果,也要反映国土空间开发的效果。

四、英、美等国结果导向的指标逻辑架构

英国在经济、效率、效益的原则上构建"资源—投入—产出—效果"模型(图 16-1);美国采用"投入—产出—效果"的模型。其中,投入指的是为保障项目实施投入的资源,包括资金、人力、制度等;产出指的是实施后的项目指标的变化;效果指的是项目实施后所产生的客观的经济社会影响。

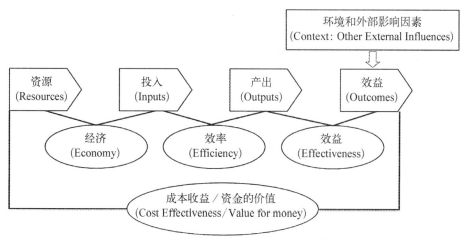

图 16-1 绩效信息:资源、投入、产出、效益(英国,2001)

资料来源:HM Treasury, Cabinet Office, National Audit Office, Audit Commission, Office for National Statistics (UK) (2001), Choosing the Right Fabric: A Framework for Performance Information, https://www.nao.org.uk/wp-content/uploads/2013/02/fabric.pdf。

第二节 结果导向的水资源
管理环境绩效评估

针对现有的水资源管理环境绩效评估中存在的指标构建缺乏结果导向逻

辑模型,并且以产出指标为主,缺乏效果指标的问题,本研究参考最严格水资源管理考核指标,充分考虑水资源在国家主体功能区战略中的资源约束地位,借鉴美国、英国等国绩效评估中的"投入—产出—效果"框架,构建包含管理绩效、经济绩效、社会绩效、生态环境绩效和空间开发绩效的水资源管理环境绩效评估指标体系。

一、水资源管理环境绩效评估指标体系构建

本研究采用"产出—效果"架构构建水资源管理环境绩效评估指标体系。目的是通过水资源管理环境绩效目标的实现,促进我国经济结构转型发展、社会公平、环境可持续与国土空间开发的协调性。我们在国家出台的最严格水资源管理考核指标的基础上,结合对我国水资源管理环境绩效评估体系研究的文献整理,坚持结果导向,从众指标中选取产出指标和效果指标,构建了包含管理绩效、经济绩效、社会绩效、生态环境绩效和空间开发绩效 5 个二级指标 13 个细分指标的评价指标体系(表 16-1)。本研究选用的指标均为相对值指标,可在很大程度上规避各省市自然禀赋、经济发展状况的差异。

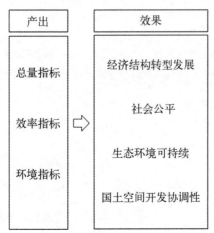

图 16-2 我国水资源管理环境绩效评估的逻辑结构

资料来源:笔者自制。

表 16 - 1　　　　　结果导向的水资源管理环境绩效评估指标体系

目标层		具 体 指 标	正向/逆向	指 标 解 释
水资源管理环境绩效指数	资源管理绩效	★ 用水总量降幅	正向指标	描述用水总量节约水平
		管网漏损率降幅	正向指标	反映城市供水的节约水平
		节水灌溉农田面积占灌溉农田面积的比重增长率	正向指标	反映农业节水的治理力度
	经济绩效	★ 农业灌溉水有效利用系数	正向指标	反映农业用水效率
		★ 万元国内生产总值用水量降幅	正向指标	反映经济增长中的水效率
		★ 万元工业增加值用水量降幅	正向指标	反映工业生产中的水效率
	社会绩效	人均生活用水量降幅	正向指标	反映各省市生活用水的公平性
		人均用水量降幅	正向指标	反映各省市用水的公平性
	生态环境绩效	★ 重要江河湖泊水功能区水质达标率(代替为水质断面优良率)的增长率	正向指标	反映水环境治理的力度
		单位 GDP 废水排放量降幅	正向指标	反映经济社会发展中废水治理的力度
		万元 GDP 污染物（COD＋氨氮）排放量降幅	正向指标	反映经济社会发展中水污染物治理的力度
	空间开发绩效	建成区给排水管网密度的增长率	正向指标	反映城市水资源优化配置的能力，进而影响国土空间开发的优化
		单位城市建设用地的用水量降幅	正向指标	反映国土空间开发中用水的集约度

注：带★ 的指标为国家"十三五"期间最严格水管明确要求的指标,可视为产出指标,其他的指标为效果指标。参照国家发展改革委、国家统计局、环境保护部、中央组织部制定的《绿色发展指标体系》和《生态文明建设考核目标体系》指标权重的设置方法,本研究设定产出指标与效果指标的权重之比为 2∶1。

二、水资源管理环境绩效评估

本研究评价的水资源管理环境绩效分为一年期的短期评价和五年期中期

评价。一年期短期评价以 2015 年为基年，评价 2016 相对于 2015 的水资源管理环境绩效的变化程度。五年期中期评价以 2011 年为基年，评价 2016 年相对于 2011 年的水资源管理环境绩效变化程度。

（一）一年期短期评价

本研究以 2016 年我国 31 个省份（不含港澳台）为评价对象，从《中国统计年鉴》《中国水利统计年鉴》《中国城市建设年鉴》以及各省市环境状况公报中整理数据，以反映 2016 年我国各省市水资源管理相对于 2015 年的绩效变化程度。其中，上海、福建、浙江位居前三位。

表 16－2　2016 年相对于 2015 年我国 31 个省份水资源管理环境绩效指数

省份	总绩效	总排名	资源管理绩效	经济绩效	社会绩效	生态环境绩效	空间开发绩效
上海	3.423	1	0.443	1.561	−0.251	−0.891	2.561
福建	2.085	2	1.459	2.852	0.251	−1.006	−1.472
浙江	1.61	3	0.49	2.597	−0.008	−0.403	−1.066
江苏	1.487	4	−0.086	1.453	−0.155	1.02	−0.746
湖北	1.446	5	0.962	2.621	0.053	−0.851	−1.338
广西	0.775	6	0.63	2.98	0.231	−1.153	−1.913
广东	0.144	7	0.365	2.288	0.141	−1.77	−0.881
河南	−0.435	8	0.317	1.815	−0.518	−0.764	−1.285
云南	−0.49	9	0.195	1.911	−0.164	−0.977	−1.456
甘肃	−0.508	10	0.018	1.063	0.011	−1.073	−0.527
北京	−0.873	11	0.326	2.233	−0.134	−2.432	−0.866
宁夏	−0.963	12	1.359	2.436	−0.61	−1.151	−2.997
湖南	−1.061	13	0.866	1.495	−0.093	−2.052	−1.276
贵州	−1.106	14	−0.454	1.988	−0.191	0.361	−2.81
安徽	−1.112	15	0.343	1.843	−0.037	−1.102	−2.159
河北	−1.418	16	0.642	1.77	−0.124	−2.925	−0.78

续　表

省份	总绩效	总排名	资源管理绩效	经济绩效	社会绩效	生态环境绩效	空间开发绩效
江西	−1.629	17	−0.378	1.685	−0.043	−0.953	−1.94
吉林	−1.701	18	0.123	1.632	−0.603	−1.389	−1.464
黑龙江	−2.644	19	0.363	0.735	0.185	−3.433	−0.495
新疆	−2.687	20	0.463	0.52	0.023	−2.16	−1.533
四川	−2.886	21	0.534	0.913	−0.116	−1.782	−2.435
重庆	−2.933	22	0.76	2.903	0.04	−3.263	−3.373
陕西	−2.985	23	−0.262	1.497	−0.02	−3.198	−1.001
山西	−3.253	24	−1.094	0.146	−0.202	−0.991	−1.113
西藏	−3.269	25	0.098	2.553	−1.063	−0.39	−4.467
山东	−3.532	26	−0.036	1.04	−0.118	−2.458	−1.961
青海	−3.89	27	−0.004	1.918	−0.226	−2.139	−3.438
海南	−5.058	28	−0.069	1.305	−0.029	−4.068	−2.195
内蒙古	−5.774	29	0.336	0.233	−0.184	−3.984	−2.175
天津	−7.224	30	0.171	−0.318	−0.874	−4.856	−1.346
辽宁	−11.263	31	−0.522	−7.515	0.12	−2.537	−0.808
平均	−1.862		0.27	1.36	−0.152	−1.767	−1.573

注：由于指标选取的是当年相对于上一年的增长情况，是一个相对指标，值可正可负，因此得到的绩效总指数的值也可正可负。当某一省份的绩效总指数或各子系统的绩效指数为正时，说明该省份在此领域的努力产生了正向效果；当绩效指数为负时，说明该省份在此领域的努力进展有限，甚至出现倒退现象。为了便于比较，绩效数值均乘以100。

　　资源管理的二级指标反映了某一省市当年在控制用水总量、降低管网漏损率和提高节水灌溉农田面积方面的努力程度，是一个相对的概念。2016年资源管理绩效排名前三位的省份为福建、宁夏、湖北。经济绩效反映了水资源管理的效率提升情况，即农业灌溉水有效利用系数、万元国内生产总值用水量降幅、万元工业增加值用水量降幅，也是我国最严格水管理的考核指标之一。2016年经济绩效排名前三位的是广西、重庆和福建。社会绩效用人均生活用水量降幅和人均用水量降幅反映用水公平性，2016年排名前三的是福建、广西和黑龙江。生态环境绩效反映了水环境治理的努力程度,利用重要江河湖泊水功能区水质达标率(代替水质断面优良率)的增长率、单位 GDP 废水排放量降幅、万元 GDP 污染物(COD+氨氮)排放量降幅来衡量,2016 年排名前三位的是江苏、贵州和西藏。空间开发绩效反映水资源约束下国土空间开发的绩效,反映以水定城理念的实施情况,选取建成区给排水管网密度的增长率、单位城市建设用地的用水量降幅,2016 年排名前三位的是上海、甘肃和江苏。从总绩效指标和各子绩效指数的平均值分别是−1.862、0.270、1.360、−0.152、−1.767、−1.573。从各省市的总绩效指标和各子绩效指数高于平均值的省市数量分别为 18 个、17 个、21 个、19 个、16 个和 19 个。

由于自然条件和经济社会发展程度不同,我国各省的水资源管理既有相似性也有差异性,因此,有必要通过将五个子系统的绩效指数集合进行聚类分析,将相似的省份归为一类,分类施策,提出相应的对策措施组合。如图 16-3 所示,各省份分支越近,其面临的水资源管理的问题也较为相同,所采取的措施也越类似。

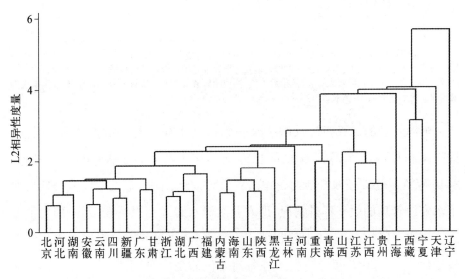

图 16-3　全国各省份水资源管理环境绩效聚类分析图(2016 年)

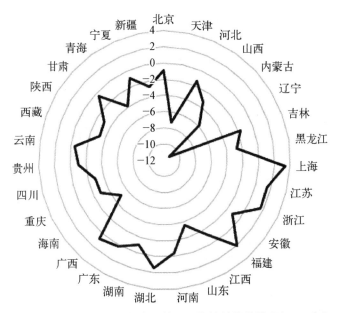

图 16－4 全国各省市水资源管理环境绩效指数情况（2016 年）

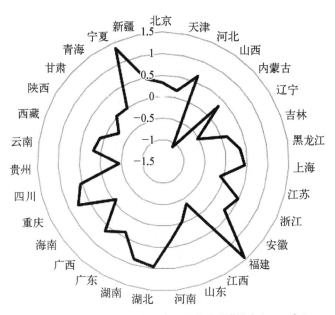

图 16－5 二级指数"资源管理绩效指数"排名（2016 年）

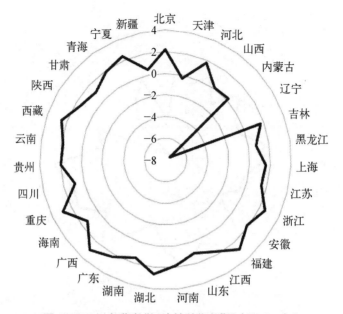

图 16-6　二级指数"经济绩效指数"排名(2016 年)

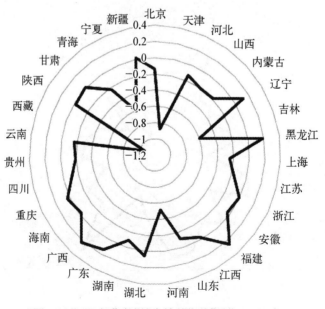

图 16-7　二级指数"社会绩效指数"排名(2016 年)

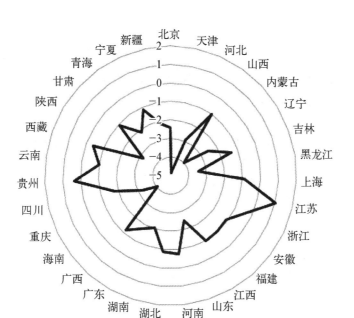

图 16‐8　二级指数"生态环境绩效指数"排名(2016 年)

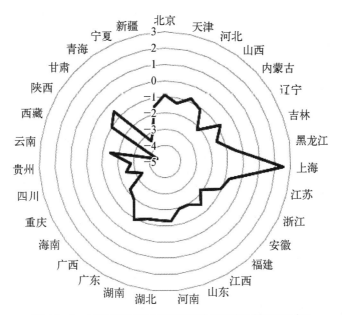

图 16‐9　二级指数"空间开发绩效指数"排名(2016 年)

(二) 五年期中期评价

利用本研究构建的水资源管理环境绩效指标体系评估各省份 2016 年相对于 2011 年的绩效变化,从而排出各省市绩效变化趋势。由于农业灌溉水有效利用系数的缺失,因此在评估中未将该指标纳入。

表 16-3　2016 年相对于 2011 年(五年期)我国 31 个省份水资源管理环境绩效指数

省份	总绩效	总排名	资源管理绩效	经济绩效	社会绩效	生态环境绩效	空间开发绩效
青海	33.043	1	9.988	13.148	3.231	5.312	1.365
吉林	31.773	2	10.627	11.182	0.265	9.059	0.64
重庆	30.953	3	7.778	14.731	0.941	5.396	2.107
甘肃	30.904	4	5.693	13.006	2.015	7.286	2.903
云南	29.2	5	6.829	12.619	1.2	5.831	2.721
西藏	27.799	6	1.918	13.75	−0.974	4.374	8.732
广西	27.421	7	4.73	11.635	1.709	7.782	1.565
江西	25.983	8	7.059	10.997	0.764	5.956	1.208
内蒙古	24.957	9	3.593	12.38	2.098	8.384	−1.498
广东	24.922	10	6.564	10.559	0.862	5.897	1.039
黑龙江	24.854	11	−1.324	13.941	1.782	8.541	1.914
福建	23.134	12	3.029	12.529	−0.938	8.346	0.168
新疆	22.846	13	1.889	11.376	0.536	7.597	1.448
辽宁	22.674	14	6.099	7.166	0.602	7.489	1.318
河北	22.354	15	2.668	9.913	0.948	7.54	1.285
宁夏	22.234	16	3.198	10.974	0.319	7.883	−0.139
安徽	22.125	17	1.688	10.618	0.217	7.49	2.111
湖南	20.877	18	1.538	10.906	0.641	7.262	0.531
河南	20.847	19	1.182	10.975	−0.007	7.731	0.965
陕西	20.666	20	1.929	10.542	−0.079	6.596	1.677
山东	20.271	21	1.16	9.491	1.459	7.534	0.629
浙江	19.811	22	2.015	10.514	−0.182	6.435	1.029
上海	18.335	23	5.138	8.872	1.497	5.916	−3.089

续　表

省份	总绩效	总排名	资源管理绩效	经济绩效	社会绩效	生态环境绩效	空间开发绩效
湖北	18.278	24	0.742	12.77	−3.176	7.858	0.084
贵州	18.172	25	−0.356	13.8	−1.188	5.826	0.09
四川	16.847	26	0.225	11.73	−2.753	6.096	1.548
江苏	16.762	27	2.366	7.161	−0.584	6.585	1.233
北京	16.151	28	0.355	10.511	−0.032	6.324	−1.007
天津	15.368	29	−3.283	10.688	0.685	6.519	0.76
山西	15.072	29	−0.996	7.765	0.476	5.436	2.392
海南	11.709	30	−4.98	11.372	−1.098	6.548	−0.134
平均	22.463		2.873	11.214	0.362	6.865	1.148

从评估结果看,总绩效排名前三位的是青海、吉林和重庆;资源管理绩效前三位的是吉林、青海和重庆;经济绩效前三位的是重庆、黑龙江和贵州;社会绩效排名前三位的青海、内蒙古和陕西;生态环境绩效排名前三位的是吉林、黑龙江和福建;空间开发绩效排名前三位的是西藏、甘肃和陕西。总绩效指数和子绩效指数的平均值分别为 22.463、2.873、11.214、0.362、6.865、1.148。各省份总绩效指数和子绩效指数高于平均值的数量分别为 14 个、13 个、14 个、17 个、15 个和 16 个。

对比五年期(2016 年相对于 2011 年)和一年期(2016 年相对于 2015 年)各省总绩效的排名,发现东部地区在五年期的绩效指数的排名低于一年期的绩效指数的排名,如上海、北京、江苏、浙江;西部地区和东北地区在五年期的绩效指数的排名高于一年期,如青海、重庆、吉林等;而中部省份的总绩效指数的排名相差不多,如安徽、河北、陕西。造成这一现象的原因可能是东部地区的水资源管理环境绩效指标基础要依次好于中部地区、东北地区和西部地区,以至于指标基础落后地区的改进空间较大,且所需的资源投入也低于指标基础好的地区;而指标基础好的地区的改善难度要高于指标基础差的地区。

总体来看,一年期各省份水资源管理环境绩效的总绩效指数为负值,而经济绩效和资源管理绩效为正值,社会绩效、生态环境绩效和空间开发绩效为负值。这表明,我国各省市的水资源管理的重点在于资源管理绩效和经济绩效的提升,关注社会绩效、空间开发绩效的不多。资源管理绩效和经济绩效指标的提升也与最严格水资源管理制度的实施有关。而生态环境绩效为负值表明生态环境治理本身难度大,且在一年内成效很难获得明显提升,因此,一年期内各省份水资源环境绩效总指数虽为负值,并非各省份水资源管理绩效呈现倒退,而是反映各省份在一年期的水资源环境管理的相对努力程度的体系。五年期内各省份水资源管理环境绩效的总绩效指数为正值,而五个子绩效指数均为正值,表明在较长时间内,各省份的水资源环境管理的绩效均获得了提升,经济绩效和环境绩效获得的提升最高,而社会绩效提升程度最慢。

第三节　基于 DEA 和 Malmquist 指数的水资源利用效率分析

最严格水资源管理制度对水资源利用效率考核指标做了明确要求,从最初万元工业增加值用水量和农田灌溉水有效利用系数变更到"十三五"期间的万元 GDP 用水量降幅、万元工业增加值用水量降幅和农田有效利用系数。可见,我国的水资源利用效率的考核指标从重视指标的绝对值向相对值转变,也更加重视各省市在水资源管理方面的努力程度。当前,分析水资源利用效率的方法有多种,如比值分析法、数据指标法、数据包络分析和随机前沿分析法。本研究利用数据包络分析对 2004—2016 年我国省级用水效率进行分析,并利用 Malmquist 指数来分析各省份用水效率的变化情况。

一、理论模型和数据选取

地区的产出由技术水平和生产要素决定。一般生产要素主要指资本和劳

动。在这里由于测算用水效率,因此将用水效率作为生产要素纳入。根据柯布道格拉斯函数:

$$Y = A(t) K^{\alpha} L^{\beta} W^{\gamma} \mu$$

其中,Y 为产出;$A(t)$ 为综合技术水平;K、L、W 分别为资本、劳动和水资源;α、β、γ 分别为资本、劳动、水资源的弹性系数;μ 为随机误差干扰项。

根据文献梳理,本研究将地区生产总值作为产出,将人力资本存量、固定资产存量和用水总量作为投入要素。各省市地区生产总值数据选自国家统计年鉴,并按 2004 年的不变价格计算;用水总量同样选自国家统计年鉴。人力资本存量来自《中国劳动统计年鉴》,计算方法按彭国华(2005)《中国地区收入差距、全要素生产率及其收敛分析》所提供的公式。固定资本存量利用单豪杰(2008)的计算方法,折旧率为 10.96%,以 2004 年为基期,按用永续盘存法计算。由于西藏的部分数据缺失,因此,西藏并未纳入评价对象中。

二、各省份用水效率的 DEA 分析

DEA 是评价决策单元相对有效性的工具,利用投入和产出要素构建生产前沿面,然后计算每一个决策单元到生产前沿面的距离,并按距离远近进行排序。本研究利用 Deap2.1 软件,采用投入导向的可变规模报酬模型,对 2004、2016 年的投入产出效率评价。

表 16-4　　　　　　　　各省份用水效率评价

省份	2004 年				2016 年			
	综合效率	纯技术效率	规模效率	规模收益	综合效率	纯技术效率	规模效率	规模收益
北京	1	1	1		1	1	1	—
天津	1	1	1		1	1	1	—

省份	2004 年				2016 年			
	综合效率	纯技术效率	规模效率	规模收益	综合效率	纯技术效率	规模效率	规模收益
河北	0.828	0.879	0.942	drs	0.733	0.738	0.933	irs
山西	0.918	0.921	0.996	drs	0.624	0.763	0.817	irs
内蒙古	0.546	0.548	0.996	irs	0.518	0.556	0.932	irs
辽宁	0.812	0.883	0.919	drs	0.680	0.697	0.976	irs
吉林	1	1	1	—	0.520	0.596	0.872	irs
黑龙江	1	1	1	—	0.773	0.809	0.956	irs
上海	0.751	0.943	0.797	drs	1	1	1	—
江苏	0.887	1	0.887	drs	0.980	1	0.980	drs
浙江	0.935	0.991	0.944	drs	0.993	1	0.993	drs
安徽	0.735	0.761	0.966	drs	0.808	0.848	0.953	irs
福建	0.888	0.898	0.989	drs	0.773	0.816	0.947	irs
江西	0.569	0.573	0.993	drs	0.791	0.841	0.940	irs
山东	0.794	1	0.794	drs	0.974	1.000	0.974	drs
河南	0.983	1	0.983	drs	0.602	0.617	0.976	drs
湖北	0.853	0.894	0.954	irs	0.714	0.780	0.916	irs
湖南	0.931	0.959	0.971	drs	0.785	0.822	0.955	irs
广东	1	1	1	—	1	1	1	—
广西	0.933	0.958	0.974	irs	0.537	0.586	0.916	irs
海南	0.778	1.000	0.778	irs	0.633	1	0.633	irs
重庆市	0.608	0.611	0.997	irs	0.875	0.956	0.916	irs
四川	1	1	1	—	1	1	1	—
贵州	0.531	0.663	0.801	irs	0.550	0.699	0.787	irs
云南	0.673	0.735	0.914	irs	0.508	0.700	0.726	irs
陕西	0.941	1	0.941	irs	0.985	1.000	0.985	irs
甘肃	0.744	1	0.744	irs	0.671	0.990	0.678	irs

续　表

省份	2004 年				2016 年			
	综合 效率	纯技术 效率	规模 效率	规模 收益	综合 效率	纯技术 效率	规模 效率	规模 收益
青海	0.425	1	0.425	irs	0.334	1	0.334	irs
宁夏	0.442	1	0.442	irs	0.320	0.975	0.328	irs
新疆	0.423	0.509	0.831	irs	0.489	0.625	0.782	irs
平均值	0.798	0.891	0.899		0.739	0.847	0.876	

注:"—""irs""drs"表示规模效益不变、递增和下降。

从综合效率看,2004 年有 6 个省份的用水效率达到 DEA 有效,分别是北京、天津、吉林、黑龙江、广东和四川。2016 年有 5 个省份的用水,效率达到 DEA 有效,分别是北京、天津、上海、广东和四川。从各省市综合效率的平均值看,2016 年为 0.739,低于 2004 年。对比各省份 2004 年与 2016 年的综合效率看,河北、内蒙古、山西、辽宁、吉林、黑龙江、福建、河南、宁夏、青海、海南、广西、湖南、湖北等地出现下降。

从纯技术效率看,2016 年北京、天津、上海、江苏、浙江、山东、广东、四川、青海、陕西、海南等达到技术有效,说明资本、劳动力和水资源的投入比例是合理的。

从规模效率看,2016 年北京、天津、上海、广东和四川保持规模效率不变,呈现最优状态。当规模效益递增时,意味着各省市要增加要素投入才能提高产出规模。

三、水资源利用效率的 Malmquist 指数分析

由于 DEA 分析属于静态分析,效率值是截面数据的相对值,不能反映时间轴上各决策单元的用水效率的动态变化。因此,本研究选择 Malmquist 指数对决策单元的全要素生产率进行动态分析。

表 16－5　　　　　　　我国用水效率 Malmquist 指数及分解值

时　　间	effch	tech	pech	sech	tfpch
2004—2005 年	1.029	0.963	1.013	1.015	0.991
2005—2006 年	0.982	0.999	0.986	0.995	0.981
2006—2007 年	0.997	1.002	0.988	1.009	0.999
2007—2008 年	0.986	0.996	0.991	0.995	0.982
2008—2009 年	0.996	0.977	0.994	1.002	0.973
2009—2010 年	0.984	1.004	0.966	1.018	0.988
2010—2011 年	0.991	0.983	1.018	0.974	0.974
2011—2012 年	0.996	0.989	1.001	0.995	0.986
2012—2013 年	0.986	0.989	0.993	0.993	0.975
2013—2014 年	0.985	0.99	0.99	0.995	0.976
2014—2015 年	0.983	0.995	0.967	1.017	0.978
2015—2016 年	0.996	0.989	0.993	1.003	0.985
平均值	0.993	0.99	0.992	1.001	0.982

注：tfpch 为全要素生产率变化，即 Malmquis 指数，由 effch 和 tech 的乘积确定；effch 为技术效率变化率；技术进步变化率为 tech；技术效率变化率为规模效率变化（sech）和纯技术效率变化（pech）的乘积。

2004—2016 年，我国用水效率的 Malmquis 指数平均为 0.982，说明我国的用水效率呈下降趋势。其中技术效率下降了 0.7％，技术进步变化下降了 1％，将技术效率变化率进一步分解，表明纯技术效率下降了 0.8％，规模效率上升了 0.1％。从 2012 年开始，我国用水效率的 Malmquis 指数呈不断上升趋势，说明最严格水资源管理制度实施以来，我国用水效率提升明显。

表 16－6　　　2004—2016 年各省市用水效率 Malmquis 指数及分解

省　份	effch	tech	pech	sech	tfpch
北京	1	1.045	1	1	1.045
天津	1	1.038	1	1	1.038
河北	0.99	0.993	0.986	1.004	0.983

续　表

省　份	effch	tech	pech	sech	tfpch
山西	0.968	0.984	0.973	0.995	0.953
内蒙古	0.995	0.975	0.993	1.002	0.971
辽宁	0.985	0.987	0.979	1.007	0.973
吉林	0.947	0.989	0.951	0.996	0.936
黑龙江	0.979	0.952	0.98	0.998	0.931
上海	1.024	0.987	1.004	1.02	1.011
江苏	1.008	1.058	1	1.008	1.067
浙江	1.005	1.068	1.001	1.004	1.073
安徽	1.008	0.958	1.006	1.002	0.966
福建	0.988	0.97	0.99	0.999	0.959
江西	1.028	0.958	1.027	1.001	0.984
山东	1.017	1.022	1	1.017	1.04
河南	0.96	0.991	0.965	0.995	0.952
湖北	0.985	0.965	0.986	1	0.95
湖南	0.986	0.959	0.986	1	0.945
广东	1	1.03	1	1	1.03
广西	0.955	0.953	0.955	1	0.91
海南	0.983	0.957	1	0.983	0.94
重庆	1.031	0.99	1.034	0.997	1.02
四川	1	1.026	1	1	1.026
贵州	1.003	0.959	1.013	0.99	0.962
云南	0.977	0.964	0.983	0.994	0.942
陕西	1.004	1.095	1	1.004	1.1
甘肃	0.991	0.961	0.991	1	0.953
青海	0.98	0.966	1	0.98	0.947
宁夏	0.973	0.953	0.936	1.04	0.928
新疆	1.012	0.96	1.019	0.993	0.972
平均值	0.993	0.990	0.992	1.001	0.984

从表16-3看,北京、天津、上海、江苏、浙江、山东、广东、重庆、四川、陕西的 TFP(全要素生产率)指数大于1,说明这些省市用水效率呈上升趋势,其他省市呈下降趋势。从技术效率变化率看,上海、江苏、浙江、安徽、江西、山东、重庆、陕西、新疆、贵州的 effch 值大于1,说明这些省份的技术效率变化率呈上升趋势。北京、天津、江苏、浙江、山东、广东、四川和陕西的技术进步变化呈上升态势。不同省份用水效率的制约因素不同,有的是技术原因,有些是规模因素。

第十七章　影响水资源管理环境绩效
提升的制度因素分析

　　本章利用奥斯特罗姆研究的公共池塘资源管理制度设计原则诊断水资源管理环境绩效的影响因素。这些设计原则是可能影响或促进成功管理公共池塘资源的制度因素组合，它们已在自然资源管理成功案例中得到证明（Ostrom，1990）。通过将这些设计原则作为制度规范和诊断基线，与我国现有水资源管理制度及其产生的结果相对照，能够诊断影响水资源管理环境绩效的制度因素。

第一节　水资源边界不清晰

　　在水资源的管理中，首要的是确保产权制度明确界定边界，并尽可能地将这些边界与生态系统的自然边界相一致（Cox，2010）。随着资源规模的增加，诸如规模不匹配或存在不明确边界等困难可能会限制大规模社会—生态系统的有效性（Ostrom，1990；Berkes，2006；Cox et al.，2010）。对灌溉系统、森林系统和沿海渔业的研究表明，资源的长期可持续性取决于与资源系统、资源单位和用户的属性相匹配的规则。因而，本研究这里所指的清晰的水资源边界既包括使用者的边界，也包括水资源使用类型的边界。

一、水资源所有权实质上处于虚置状态

我国水资源所有权实际上处于虚置状态。尽管根据《宪法》等基本法规定，我国水资源归国家、全民所有。《水法》进一步确定"水资源属于国家所有"，国务院代表国家行使水资源所有权。但实际上并未对水资源的产权归属进行清晰界定，各方利益主体的权责关系处于模糊状态。有学者认为水资源所有者是国家，但代表国家的实体经常缺位，从而导致对水资源使用者的管理不完善，对水资源浪费和破坏情况缺乏有效的制约措施。

二、没有清晰界定水资源取水权和使用权

现行法律没有清晰界定各种终端用水户的权利，确权登记制度不健全，水资源使用权归属不清晰。取水许可制度从本质上讲是一种水权制度，用水户申领取水许可证实际上就是取得水的使用权。但在取水许可制度执行中对公共供水户和农业取水户的管理存在较大漏洞，导致不能清晰界定取水权。主要表现在：公共取水方面，水库等蓄水工程发证对象不统一，或者只对工程发证，或者只对从中取用水的取用水户发证，或者二者都发证。不利于水资源规范管理；农业取水方面，许可证发放对象也不统一，尚不明确是发给农村还是发给取用水户，部分地区仍存在未发放农业取水许可证的情况。同时，农业计量设备安装率较低，农业用水量监测准确度不高，对于农业取水许可证的管理造成不便。总之，农业取水许可管理监管较为薄弱。

三、未能规定主要用水类型的可使用水资源边界

水资源相关的专业规划不能完全覆盖所有用水部门，特别是没有体现生态用水的需要。目前的区域用水总量控制，缺乏主要水资源类型（生活用水、

生产用水、生态用水）及主要细分行业（工业、农业、服务业）的总量控制指标（李祎恒，2017）。

用水定额管理是《水法》明确规定的一项基本的水资源管理制度，是一系列水资源管理工作的基础，包括在水资源论证、取水许可、计划用水、节水评价等管理工作中，都需要以用水定额为参考。在实际管理工作中，存在着部门间用水水量交叉、用水环节不能完全覆盖等问题（表 17 - 1）。原因在于用水定额的确定往往采用统计分析方法，在区域实际用水情况基础上，对未来可能的发展情况进行参数计算，并且以相对独立的行业部门为主（杨贵羽，2016）。

表 17 - 1　　　　　　　不同类型水资源用水定额确定方法及其问题

类　　型	用水定额确定方法	存　在　问　题
生活用水	统计、类比、专家咨询方法；实际用水情况和人口数量对比外推	缺乏系统考虑用水中的影响因素
工业用水	采用经验法、统计分析法、类比法结合统计数据确定	缺乏必要的行业及企业数据基础，容易受主观因素影响
农田灌溉用水定额	基于作物水分需求；水、土、气、热环境及作物组成；水资源供需平衡；历年实灌面积和实测灌溉引水量	方法比较混乱，侧重点不同、不同地区农业用水可比性较差

资料来源：根据杨贵羽、甘泓：《最严格水资源管理中综合用（耗）水定额指标构建的必要性分析》，《中国水利》2016 年第 1 期整理。

此外，水资源工程类型多样，工程建设、监督管理的主管部门各异。水利部门一般负责工程项目的水资源论证。但没有部门负责监管水资源工程的布局合理性问题及由此产生的生态环境问题。

四、地区间水资源边界未清晰规定

从全国范围看，可供利用的水资源来源以地表水为主，占比约 80% 左右。地表水基本来自流域水量，其中流域蓄水、引水和提水工程的水资源各占到 30％左右。由此可见,流域用水总量控制是用水总量控制中的核心制度。[①] 然而,尽管流域是我国水资源利用的基本来源,但《水法》仅明确要求"区域用水总量控制制度",未涉及流域的用水总量控制制度。用水总量控制制度与区域水资源实质来自流域的现实产生了矛盾,也就难以从根本上明确区域的水资源利用边界。

第二节　水资源分配与当地条件不一致

如果政府制定的水资源初始边界规则与当地条件不一致,则可能无法实现资源系统的长期可持续性(Ostrom,2009)。

一、国家层面的水量控制目标与实际情况不一致

国务院《关于实行最严格水资源管理制度的意见》对全国水资源总量控制目标援引《水资源综合规划(2010—2030)》中的目标,具体而言是到 2015 年全国用水总量力争在 6 450 亿立方米,到 2020 年和 2030 年用水总量力争控制在 6 700 和 7 000 亿立方米。实际上,《水资源综合规划》确定的目标非常宽松,已经远高于全国现状水资源总量,并且近年来全国水资源总量已呈现筑平台态势。既然要对用水总量进行红线管理,就不应再给用水总量设置比较大的增长空间。

二、地方层面水量分配与当地条件存在偏离

对于各地方用水总量控制目标的确定,依据《实行最严格水资源管理制

---

① 何艳梅:《最严格水资源管理制度的落实与〈水法〉的修订》,《生态经济(中文版)》2017 年第 9 期。

度考核办法》,"主要依据流域水资源规划,以用水历史为基础,结合取水许可现状,在预测需求的基础上……"可见各地方用水总量的确定主要依据是用水历史数据,也就是说在各地方历史用水总量的基础上根据一定比例确定。但现有的地方用水总量现状是与地方的经济社会及水资源禀赋不相适应的(西藏除外),用水总量分配与水资源禀赋的偏离程度最高,30个省份平均偏离程度高达353.80%,也就是说平均地区用水总量所占比重是水资源总量所占比重的3.5倍。与经济发展规模的偏离程度其次,与人口规模的偏离程度最低(图17-1)。

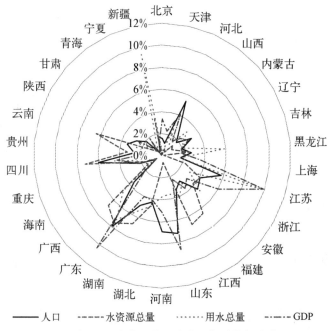

图17-1　全国30个省份主要水资源相关指标占全国比重

资料来源:中国统计年鉴(2017年)。

三、水资源综合规划缺乏动态变化

水资源综合规划是国家水资源分配与利用的首要依据,各级政府需要依据水资源综合规划对主要水资源利用主体进行界定和分配。从理论上看,一方面,水资源总量每年在发生变化,尤其是在气候变化背景下,可供水量的年度变化非常大;另一方面,各地区的用水部门、用水需求也在不断变化。这就决定了应该对水资源综合规划进行动态调整。但现实情况是取用水量的计算和分配的方法数十年不曾变化,并且水资源规划的时限较长,往往达到 20 年左右,导致水资源综合规划难以适应水资源的现实变化,也就难以对水资源的分配起到指导作用。

同时,现有的水资源总量控制目标的确定也缺乏科学性:首先总量控制方法受到地方主观因素的干扰;第二,用水定额的确定也有大量的人为经验成分,割裂了总量控制目标与用水定额的有机联系,造成总量控制和定额管理不匹配(唐力,2008)。

现有的用水总量分配对于水资源的可持续利用产生不利影响。首先,在经济梯度发展条件下,水资源禀赋较高的地区往往分布于中西部地区,这些地区基本处于工业化和城市化快速发展阶段,对水资源的需求量大,增长迅速;第二,在水资源整体效率存在较大差异的条件下,基于用水现状确定的用水总量控制目标,难以全面反映提升地方水资源利用整体效率的要求。

四、水资源论证制度未能发挥与当地条件相一致的作用

水资源论证制度及规划水资源论证制度是一项能够将经济社会发展与水资源利用进行一体化管理的预防性基础制度,通过对城市总体规划、大型建设项目对水资源的需求、当地水资源供给量的测算与论证,预判规划、建设项目对水资源和水环境造成的影响,为规划制定和项目建设提供水资源的依据,也是落实用水总量控制的重要抓手。但这一制度目前没有发挥其应有的作用,主要原因在于《水法》没有对需要进行水资源论证的规划和项目类型给出具体的判定标准,使水资源论证制度缺乏可操作性。

第三节　水资源的真正价值未能发现

水资源的价值发现对于提高水资源利用效率是十分关键的（Rosegrant et al.，2012）。以水资源价格作为经济杠杆调节水资源供需之间的矛盾受到越来越多的关注（Chen et al.，2014）。我国有学者研究表明，对于农业用水户而言，水费和灌溉费用是影响农民决策的重要因素（秦宏毅，2014），但目前我国水资源价格难以反映水资源真正价值，水资源税费征收标准低，并且难以在市场流通中实现水资源的价值回归。

一、水资源价格难以反映水资源真正价值

我国是一个水资源紧缺的国家，水资源的时空分布不均衡。水资源需求无限性与水资源供给的有限性存在尖锐矛盾（沈满洪，2017）。理论上在水资源定价时应该按照稀缺原则，使水价能够反映水资源真正价值。但现实是物价部门在制定水资源价格时，侧重于考虑供水企业的成本以及经济社会的承受能力，忽视了水资源的资源和环境价值。

从全球范围看，平均水价最高的地方是美国波特兰市以及德国埃森市，约为每吨 8 美元（含自来水与污水费），约合 53 元（图 17-2）。北京是中国内地水价最高的城市，第一阶梯水价达到 5 元每吨（含自来水与污水），仅为国际最高水平的 1/10（图 17-3）。即使这十大最贵水价城市中有 6 个城市在美国，但全球水情报组织依旧认为美国的水价应该翻番。

全球水情报组织的报告对每个国家首都的水价、平均用水量以及人均GDP 的数据，计算了各国代表城市的税费负担率。中国北京市的水费负担率排名第四，每个家庭的水费支出占了平均收入的 1.08%。但报告认为北京市水费支出占比较高的主要原因是北京市家庭的耗水量过大而触发阶梯水价，

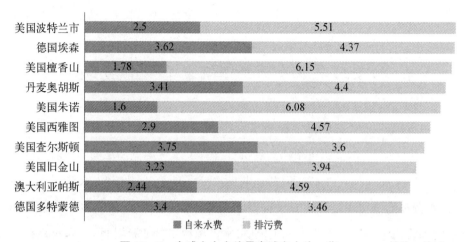

图 17 - 2　全球十大水价最高城市水价一览　　　　单位：美元

资料来源：Global Water Intelligence, Global Water Tariff Survey, Oxford：GWI, 2017。

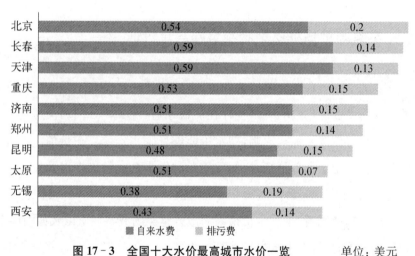

图 17 - 3　全国十大水价最高城市水价一览　　　　单位：美元

资料来源：Global Water Intelligence, Global Water Tariff Survey, Oxford：GWI, 2017。

并非基础水价过高造成的。

二、水资源费征收标准与征收率偏低

国家层面并未制定水资源费的征收标准，因而水资源费征收标准是地方规范性文件。往往是由省级政府价格、财政、水行政部门商定，导致各地方之间水资源费的标准存在较大的差异。

同时,无论从国内、国外比较来看,我国水资源费征收标准都是比较低的。如荷兰对水务公司的水资源税率是0.16欧元/立方米,对工农业部门的税率为0.12欧元/立方米(史丹,2014),可见荷兰的水资源税率显著高于我国。而荷兰人均淡水量是我国的2倍多。从国内来看,除京津外,很多省份水资源费标准非常低,一般在0.20元/立方米以下(图17-4),部分省份仅象征性征收。水资源费平均标准仅占综合水价的5%左右。在水资源价格无法反映水资源真实价值的背景下,过低的水资源费征收标准既难以起到经济手段的调节作用,也难以体现国家层面对资源节约型社会建设的政策导向。水资源费征收标准偏低在很大程度上影响了水资源费制度的实施效果(史丹,2014)。

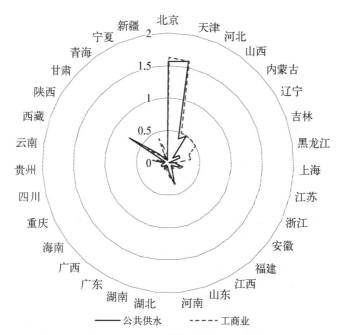

图17-4　2015年全国31省份水资源费征收标准　单位:元

资料来源:《2015年水资源管理年报》。

此外,不仅水资源费征收标准较低,有限的水资源费的实际征收率也比较低。2015年全口径水资源费实收率81.14%,公共供水与工商业用水水资源费实收率为 76.23％(柳长顺,2017)。因而水资源费征收标准普遍较低,地区间的征收标准差异较大,征收率较低,导致水资源费制度难以体现水资源价值,难以产生促进水资源合理开发利用的效果。

三、水资源流转受限难以在市场中发现真实价格

按照我国《取水许可管理办法》,相关用水主体向政府申请取水许可,但取水许可的转让受到限制,也不具备抵押、担保、入股等资产功能(沈满洪,2017)。如果水资源使用权受到限制,导致珍贵的水资源无法通过市场机制实现优化配置。同时我国目前缺乏水资源使用权的跨区域转让或交易机制,不利于水资源的跨地区配置,也不利于节水。有学者认为"在水资源的利用方面形成了城乡二元利用、上下游二元利用的格局,水资源流转补偿导致市场激励机制无法发挥作用,每个人、每个地区都会争取多用水、早用水,没有人愿意去节约用水"(黄霞,2009)。

第四节 水资源监测及统计能力尚待提升

在地方一级建立有效和负责任的监测系统和信息共享可以形成一个成功的大规模治理体系,在促进整个地区的成功共同管理方面发挥着重要作用。(Fleischman 等,2014)。尤其是不同类型的跨尺度水资源管理中,与监测相关的联系特别普遍(Heikkila 等,2011)。

一、水资源监测数据准确性不足

自 2012 年开始,为了配合实施最严格水资源管理制度,我国开展了国家水资源监控能力建设项目,水资源监测能力得到了提高。然而,水资源监测数

据的准确性仍有待提高。水资源监测手段、人员素质、人为干扰等方面的原因导致水资源监测数据的准确性还存在一定偏差(熊明,2018)。确保监测数据的真实性和准确性,已成为实施水资源环境绩效管理的关键环节。

表 17 - 2　　　　　　　　水资源监测数据类型及其主要问题

类 型	特 点	问 题
水文站水量数据	可自动在线监测水位,大多数不能在线监测实时流量	对复杂流量主要根据优先的实测流量,通过外推插值方法获取流量与趋势,易出现偏差
取用水户在线监测水量数据	明渠取水用水户,流量监测条件较好,信息传输全自动	缺乏必要的审核过程;取用水户对上传的取用水量数据有天然的抵触情绪,导致出现数据连续性、稳定性和真实性问题
采样实验室水质数据	水质实验室分析精度和可靠性较高	采样范围较窄,周期太长,难于及时、准确地反映水质变化的性质和过程
水质自动站数据	关于自动监测技术的各项标准体系还未建立	水质自动站大多数位于较偏僻的地方,供电环境较差,数据可靠性较低,一般用于预警

资料来源:根据熊明、梅军亚、杜耀东等:《水资源监测数据的质量控制》,《人民长江》2018 年第 9 期整理。

二、水资源监测设施和能力不完备

与水资源相关的监测和统计工作主要包括水资源监测和水资源使用监测。水资源监测职能主要是与水资源管理相关的职能部门,目前国家正加大对水资源监控能力的建设,目前在监测点位设置的覆盖面上仍需进一步加强。

与水资源使用相关的监测分布更广,涉及多个部门或行业。这些部门和行业的用水监测和统计为管理部门提供了数据,但仍存在诸多问题:首先,各部门往往根据本部门的管理需要,开展用水量统计,最后统计的总量数据口径存在较大差异。第二,监测设施安装不到位,影响监测数据的可靠性。在主要用水行业中,农业用水监测、计量设备安装率较低,农业用水量的监测率和监测准确度都较差,可信度低(龙秋波,2016)。第三,水资源监测统计中的人为因素干扰情况在不同地方不同程度的存在。例如,由于取用水数据直接关系到水资源费缴纳,在客观上存在水资源使用数据少报的现象。此外,最严格水资源管理制度中的用水总量指标涉及考核,而用水总量数据是这一考核指标的数据来源。水资源日常统计工作一定程度上缺乏监督环节的介入,可能存在一定的道德风险(王卓甫,2016)。

三、官方不同来源的水资源数据存在较大差异

根据公报和水利普查两套用水数据初步判断中国用水数据的差异。不同行业或省区的用水数据差异程度是不一样的,差异较小的相对差值小于1%,较大的则超过20%,且两套数据误差主要在工业和农业用水数据(龙秋波,2016)。

第五节　水资源管理环境绩效分级监督和问责机制不完善

联合国水组织对全球130个国家水资源管理的调查发现,中国的水资源管理的主要问题之一是即使有良好的水资源信息库,但如果没有办法衡量管理工具的绩效,管理也会失效。缺乏评估指标绩效的监督工具将持续影响衡量水资源管理进展的能力(UN-Water,2015)。

一、水资源总量考核指标较为宽松

真正意义上的水资源环境绩效管理始于“十一五”时期,将水资源效率纳入评价指标,包括万元GDP用水量和万元工业增加值用水量。到2012年最

严格水资源管理制度出台,明确了用水总量、用水效率、水功能区纳污量三条红线,并明确地方政府主要负责人对本行政区域水资源管理和保护工作负总责。但由于水量目标设定较为宽松,最严格水资源管理制度对地方政府的约束并不十分严格。最严格水资源管理制度实施至今,全国31个省份考核结果均为合格以上。

二、缺乏必要的动态考核

在考核形式上,现有的以最严格水资源管理为代表的水资源环境绩效考核往往比较注重结果考核,具体形式为年度考核。对于造成水资源管理环境绩效变化的政府部门的水资源管理过程缺乏必要的动态考核,也缺乏对各级水行政主管部门的决策过程进行监督和考核,难以对水资源管理制度的实施过程和绩效进行科学的评估(胡德胜,2013)。

三、对地方政府水资源管理责任监督问责难以体现

对负有水资源管理责任的各级政府部门进行监督问责的主要难点在于监督问责的主体权力不明确。尽管《水法》规定了水行政部门和流域管理机构的监督职责,法律规定非常原则,也没有配套的实施细则,监督问责的措施和程序难以保障(胡德胜,2013)。同时当前水资源管理环境绩效信息的监测、统计、发布、公开环节还没有得到实质性的改进,各级人大、政协、公众的监督缺乏基础。

我国水资源管理领域的问责程序并不完善,主要是没有明确界定水资源问责的启动条件。相比水污染事件的问责,水资源管理事件尤其是用水总量和用水效率事件,往往在短期内社会影响不明显。对于舆论关注度较低的事件,地方政府往往不会进行责任追究(都吉龙,2018)。

<h2 style="text-align:center">第六节　多层级的水资源管理
体系未能清晰界定</h2>

在 SES 框架及设计规则中,多层级的嵌套治理体系是决定资源管理绩效非常重要的组成部分。奥斯特罗姆(1990)的开创性工作明确认识到,当公共池塘资源是较大的系统时,管理它们的组织在以嵌套方式链接时更为成功。这里"嵌套性"被定义为"调水、供应、监督、执行、冲突解决和治理活动……多层级的治理组织"(E. Ostrom,1990)。同时,由于生态系统问题的性质,甚至地方治理体系也需要嵌套在更高层次的治理结构中。在大规模资源系统中,这一原则可能会更加重要。Cox 等(2010)认为这一原则的动机与用户和资源边界的原则有关,不仅仅是用户和资源边界很重要,这些边界之间的匹配也很重要,而治理体系嵌套是在许多情况下实现这一目标的重要方式。联合国水组织的国际水资源管理调查也表明,水资源管理中最常见的实际问题之一是整合的挑战,无论是部门之间还是地区和流域之间(UN‐Water,2015)。

一、各级政府水资源管理权力清单和范围不明确

我国各级政府水资源管理的权限范围不明确,主要表现在现行《水法》及水专项法对水资源所有者和管理者的权限没有进行区分。虽然《水法》明文规定水资源属于国家所有,国家行使水资源所有权主要通过将水资源分配给各个行政区和用水主体以用水使用权,以发展经济,维护民生。但各级政府行使水资源所有权的权力清单和范围均不明确,水资源所有权人权益未能落实(沈满洪,2017)。

同时,现行《水法》和水专项法对各级政府关于取水权的管理权限也没有明确规定。突出表现在各级政府与流域管理机构的取水许可行政审批权限不

明确,相关法律法规等关于取水许可的权限没有明确划分。流域管理机构与地方水行政部门之间既没有条线上的行政指导关系,也没有地方上的行政隶属关系,在部分法定职能中存在着与地方行政部门的平行或替代的业务关系。比如,流域管理机构和地方水行政主管部门都承担包括行政许可职能、水事纠纷调处职能、违法行为查处职能等,但行政边界不清晰。以长江委为例,2017年长江委实行的行政许可备案大约100起,具体内容涵盖水资源论证许可、取水许可、涉河建设方案许可、排污口设置许可、水工程许可、洪水影响评价许可。在各类审批主体中,县级审批的取水许可证最多,而地级、省级、流域机构依次减少。但取水许可水量的审批恰恰相反,流域机构审批的实际水量最多,县级次之,地级和省级则最少(朱乾德,2015)。

二、流域层面的决策对地方政府约束力较差

水利部以部门规章的形式授予流域管理机构相应的水资源管理权限,部门规章的法律地位是比较低的,执行力度相应也比较低。而省级地方政府有权限颁布地方性法规和规章,地方政府可以通过地方立法的形式将原属于流域管理机构管理权限的事项归于地方政府管理,实质上不配合流域水资源统一管理(王慧玲,2013)。流域管理机构则缺乏处罚权,对地方超过流域计划的用水行为缺乏约束力。根据胡德胜(2013)的研究,黄河流域水量分配方案并没有得到严格执行,黄河实际耗水量经常超标。

第十八章 水资源环境绩效
管理体系研究

　　保持可持续生态系统完整性的同时提供满足人类需求的水,需要在水资源环境绩效管理体系、多层级管理制度和水资源市场政策等方面进行重大变革。本章针对上文诊断的影响水资源管理环境绩效提升的制度因素,结合国际水资源环境绩效管理体系的经验,为构建我国水资源环境绩效管理体系提供方案。

第一节　水资源环境绩效管理
体系国际经验借鉴

　　前文所述,目前水资源环境绩效管理体系的研究滞后于实践。各国、国际组织及非政府机构通过实践探索开发出了各自带有环境绩效管理性质的水资源环境绩效管理体系,应用于水资源环境绩效管理的实际工作。这些实践探索为我们的研究提供了有益的借鉴。本研究选择澳大利亚水资源规划管理体系以及加拿大南阿尔伯塔流域水资源环境绩效管理体系的案例,以期从不同层级为我国水资源环境绩效管理体系的构建提供参考。

一、澳大利亚水资源规划管理体系

结合澳大利亚政府间国家水资源行动协定(Intergovernmental Agreement on A National Water Initiative)和典型州的水资源分配规划的实施方案,对澳大利亚各层级水资源规划流程进行分解和梳理。

水资源规划根据科学的社会经济分析,为分配水权的地表水和地下水编制法定计划,是协助政府和地区做出水资源管理和分配决策,从而实现国家环境和社会目标的重要机制。水资源规划由各州负责编制,在实施水资源规划中,各州将根据水资源使用的性质和强度,监测水资源计划的绩效,定期提供公开的报告,帮助水权持有者和政府管理水风险,并及时提供可分配水资源可能发生变化的预警。

1995年澳大利亚水改革框架将环境作为合法的用水主体,除了某些紧急情况下,生态环境用水具有优先使用权。每个流域在水分配过程中,需要先通过测试评估生态环境用水量,确保生态环境用水的前提下,再确定用于生产、生活消费的可分配水量。澳大利亚的水权交易也必须在生态环境用水和可分配水量之间分配关系确定后才能开展。

为了实现生态环境用水的目标,各州需要建立高效的生态环境用水管理体制,包括建立负责环境用水管理的机构;各司法管辖区共享环境用水资源的制度安排;定期进行独立审计;环境用水管理者负责在临时市场上进行交易等。一旦水资源整体状况发生变化,需要回收水以满足生态环境用水的情况下,应考虑所有可用的水回收方案,包括投资更高效的水利基础设施,在临时市场上购买水,投资更高效的水资源管理实践,投资城市水资源节约的方案。

由图18-1可以发现,水资源规划实质上是一个水资源环境绩效管理的过程,主要表现为:在水资源规划的框架和流域管理框架下,确定生态环境用水目标及可分配水量目标,基于绩效指标的监控和分析,对水量进行分配,在此基础上进行水权交易。同时,水量分配是按年度开展的,不同地区的水年度存在一定

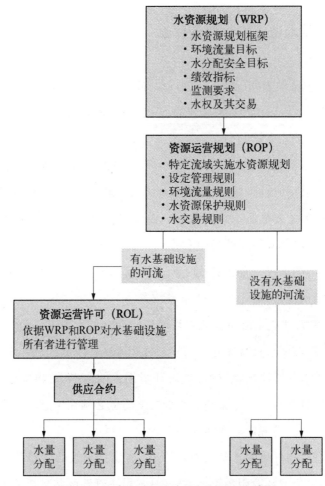

图 18-1 澳大利亚水资源规划流程示意图

资料来源：Productivity Commission，*Water Rights Arrangements in Australia and Overseas*，Commission Research Paper，Melbourne：Productivity Commission，2003。

的不同,年度水量分配可视作水资源环境绩效的一个检查、纠正的过程。

二、加拿大南阿尔伯塔流域水资源环境绩效管理体系

加拿大南阿尔伯塔流域使用环境指标的基础是测量和监测流域水文等基本情况,以此作为适应性环境绩效管理体系的一部分。该管理体系向管理者和公

众发布流域的水文状况,以及为管理环境影响而采取的行动是否确实有效。

加拿大南阿尔伯塔流域环境绩效管理流程可以分为五个步骤。

第一,定义环境绩效目标(即合意的环境状况和环境功能)。阿尔伯塔省的生命之水战略为整个省定义了三大类环境目标,包括:安全、可靠的饮用水供应,支撑可持续经济的安全可靠水供应,健康的水生态系统。

第二,选择绩效评估指标。指标是环境的特定物理、化学和生物属性,在影响环境结果方面发挥重要作用。指标始终是人类活动对景观和对这些活动的环境响应之间因果关系的一部分。因此,分配给环境目标的每个环境指标与该目标的状态之间必须存在可量化的联系。在选择环境指标时,应考虑条件和压力指标。

第三,监测指标运行情况。如果没有对关键压力及对流域条件影响的定量理解,就不可能做出明智的管理决策。

第四,运用目标和阈值评价环境绩效。监测结果可能对指导管理行动没有多大用处,也无法定量地为受监测指标确定所需条件。采用通过目标或者阈值的定义、目标渐进法进行评价。阈值是反映问题条件的指标的值,而目标是反映期望结果的值。

第五,改进管理措施。根据指标值在阈值和目标方面的位置实施管理行动。如果指标在所需条件范围内,则应继续使用管理操作。但是,如果指标接近或超出所需条件范围,则应采取措施解决问题。根据确定的特定问题,纠正性管理行动包括法规或政策的变化以及实施经济手段,激励有益的做法或行为。

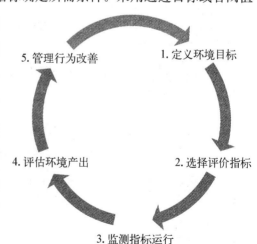

图 18-2　加拿大南阿尔伯塔省流域环境绩效管理流程

资料来源：Alberta Environment *Indicator for Assessing Environmental Performance of Watershed in Southern Alberta*, Edmonton：Alberta Environment, 2008。

第二节　水资源环境绩效管理体系重构

本研究认为应以体现水资源环境绩效管理内涵为目标,以水资源与经济社会增长一体化管理为依托、以新型水市场政策的探索为促进,重构国家水资源环境绩效管理体系。本书构建的"PDMARC"水资源环境绩效管理体系是由规划(Plan)、执行(Do)、监测(Monitor)、考核(Assess)、改进(React)、合作(Collaborate)这六个环节,涵盖水资源开发、利用和保护,循环往复的管理过程(图18-3)。在理想的情况下,水资源环境绩效管理体系每经过一次循环,

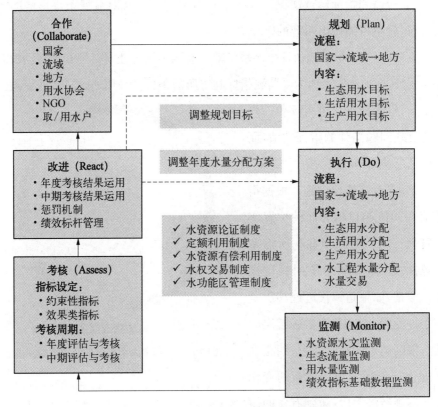

图18-3　水资源环境绩效管理体系框架

资料来源:笔者自制。

水资源管理环境绩效和环境绩效管理的水平会得到相应的提升。根据政府水资源管理的层级和时间跨度的差异,环境绩效管理循环的幅度也有所不同,不同的管理循环相互衔接、融合共同支撑整个管理体系的运转。

一、规划(Plan)

水资源规划是实现可持续利用水资源的最重要工具之一(Hamstead,2008),也是从根本上决定可供人类使用的水的数量以及如何在相互竞争的区域和用户之间分配这些水的过程(UNESCO,2013)。上文对澳大利亚各级层面水资源规划制定过程的研究认为,水资源规划实质上是一个水资源环境绩效管理的过程。因而必须重视水资源环境绩效管理体系的构建、完善水资源规划的层级和流程。

(一)自上而下开展水资源规划

国家层面进行水资源战略规划。战略规划一般具有广泛的性质,考虑到国家水资源管理的经济、生态、社会、文化价值,可能包括河流健康和综合资源管理。它们还可包括一个颁发水权的框架,并为水的流动和使用管理确定目标、标准和规则。战略计划通常伴随着执行战略计划所述目标和成果的业务计划。

流域水资源规划:流域水资源规划应服从国家水资源战略规划,为河流及其支流设定目标环境流量,为各省级政府设定水资源使用总量。对环境流量和现有水权分配的变更需要得到流域各省的同意。

(二)水资源规划体现动态变化性

前文所述,水资源规划根据科学的社会经济分析,为分配水权的地表水和地下水编制法定计划。建议参考澳大利亚各州水资源规划的内容(表18-1),水资源规划由各省级政府负责编制。在实施水资源规划中,各省根据水资源使用的性质和强度,监测水资源计划的绩效,定期提供公开的报告,帮助水权持有者和政府管理水风险,并及时提供可分配水资源可能发生变化的预警。

表 18-1　　　　　　　　澳大利亚各州水资源规划的内容构成

序号	具　体　内　容
1	规划涵盖的水源或地理范围内的水源
2	系统的当前健康状况
3	可能影响水资源规模和消费用水分配的风险,特别是气候变化和土地利用变化等自然事件的影响
4	水分配政策的总体目标
5	有关环境分配和要求的决策信息,以及在规划过程中如何改进
6	水的用途和用户,包括考虑当地用水
7	规划生命周期内提出的环境和其他公共利益结果,以及满足这些结果所需的水管理安排
8	水资源获取权利的估计可靠性以及如何将可分配水量分散在计划中不同类别的权利之间的规则
9	从该区域的水源取水的速率、时间和环境,或从该区域的水源取水或通过该区域输送的水量
10	在规划涵盖的范围内有效的权利和批准的条件,包括监测和报告要求,最小化对第三方和环境的影响,以及遵守现场使用条件

资料来源:The Australia National Water Commission *Intergovernmental Agreement on a National Water Initiative*,Canberra:National Water Commission,2004。

参考澳大利亚州水资源规划的过程,建议我国水资源规划的流程应包括:与利益相关者协商,包括计划区域内或下游的利益相关者;应用最佳可用科学知识,并与知识和资源使用水平相一致,进行社会经济分析;以公开透明的方式确定和考虑消费性使用、环境、文化和其他公共利益问题的充分机会;参考更广泛的区域自然资源管理规划过程;考虑跨辖区水规划周期并与之同步;制定水资源管理的长期和5年管理目标的战略规划。规定的成果和目标适用于河流系统、地下水系统、河口和沿海水域。目标包括限制改道、环境供水、地下水依赖和用水效率。定期对流域层面的水生态环境进行监测,加强对流域、省级水资源规划实施效果的阶段性评估,并根据评估结果动态地调整水资源规划的目标和内容。

二、执行(Do)

年度水量分配是根据流域水情变化及时做出水量分配调整的重要机制,在实际操作中应贯彻自上而下的规范流程,从流域水量的制定和审批开始,在流域水量分配的基础上,流域内各省区进行分配,然后各省内的地市分配。这一过程可能比较长,每个水年度不一定与自然年度相符,可借鉴澳大利亚的经验,主汛期过后开始着手制定分配方案。

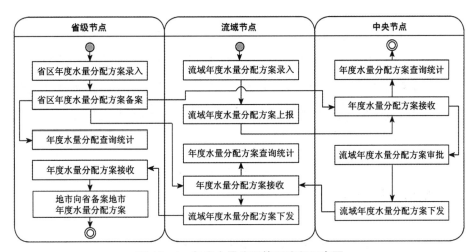

图 18-4 年度水量分配管理流程示意图

资料来源:根据陈晨、刘思源、张欣莹等:《面向水资源配置的主题及管理服务模式研究》,《水利信息化》2016 年第 2 期改编。

需要强调的是,流域可持续发展的前提条件是生态环境用水的基本需求得到满足,因而环境需水量是制定水量分配方案时首先需要考虑的因素。建议将维持水生态系统可持续性的"生态环境需水量"作为流域规划的约束性指标之一。在确保生态环境用水的情况下,根据流域每年可分配水量的变化,调整流域水资源分配方案,形成年度的水量分配方案。

表 18 - 2 　　　　流域水量分配的目标、方法及关键促成要素

目　　标	方　　法	关键促成要素
① 在水资源各用途之间分配水量以满足关键需求,维持流域生态健康及水价值的最大化 ② 通过制定适当的规则,减少水量过度分配地区的取水量	① 明确流域可消费水总量上限,以确保水资源得到可持续管理,实现代际公平 ② 建立流域规模的管理机构,以适当的规模支持水资源管理 ③ 根据法定规则在水资源各项用途(例如农业、工业、城市等)之间分配可用水资源,明确说明年内水资源可用性的变化 ④ 实施公平透明的分配流程,减少水资源过度分配	① 政府对于水资源储存和流动,水资源使用权及使用时限的法律规定 ② 清晰了解流域可使用水资源量 ③ 影响水量分配的相关政府部门(如能源、农业和工业)的政策一致性

资料来源:Australian Water Partnership, *Water Guide: Setting a Path to Improved Water Resource Management and Use under Scarcity*, Canberra:Australian Water Partnership, 2017。

此外,水量分配应该注重如下问题:第一,不仅要对总量进行分配,还要对缺水时段(非汛期或者干旱时间)进行水流过程分配;第二,消费水量分配应结合水效率提升的目标,参照主要用水用途的用水标准设定水量,增加节水动力;第三,水量分配与跨流域调水管理相结合,协调好枯水期本流域与外流域用水关系(陈进,2011)。

三、监测(Monitor)

众多国际组织及国家水资源咨询机构的研究都指出水资源监测计量及完整准确的水资源数据的极端重要性。我国为了配合最严格水资源管理制度的实施,2012—2014 年水利部组织开展了国家水资源监控能力建设。主要建设内容包括规模以上取用水户、重要水功能区和省界断面三大监控体系,以及中央、流域和省三级水资源监控管理信息平台。但就结果看,江河流域层面水资源监控系统的覆盖面还较为有限,对取用水户的水资源监测还存在较大提升

空间,尤其是农业用水户。我国水资源环境绩效管理体系中监测计量环节的完善应进一步加强水资源监测计量的基础设施建设;改进更及时、透明的水文估算预测模型;改善水资源生态系统状况和用水户监测水平。

(一) 水资源水文监测

结合水利信息化建设的进展,研究和建立水资源综合决策支持系统,利用和集成计算机技术、现代通信技术、遥感技术、地理信息系统及自动控制技术等现代技术,开发研究包括自然和人工二元水循环动态模拟、水资源定量预报预测、水资源可利用量评估、水资源优化配置模型与生态环境需水量评估模型等(许继军,2011),为水资源规划、水量分配、水权交易等水资源管理过程提供决策支持。

(二) 用水户用水监测

通过引入和采用先进信息技术,构建智能化的用水监测系统。其中最重要也亟须强化的是农业用水的监测统计。主要包括:对农作物灌溉状况进行实时监测、控制和管理,实现机井水位、农业灌溉用水量的远程和动态监测,以及数据的无线远程采集和监控,建立完善智能化农业灌溉管理服务和智能监测体系。通过 4G 网络互联实现数据共享、远程管理和数据实时采集,使管理者和农民可以便利地利用手机等远程终端准确监测农田的土壤墒情、灌溉水量、耗电量等各项信息(董灵芝,2015)。建设智能化灌溉信息系统,一方面改善了农业生产基础条件,提高水资源合理利用率,提高农业用水效率;另一方面有利于加强农业用水管理,为农业水权市场交易提供技术及数据基础。

四、考核(Assess)

仅仅是水资源及用水户监测的数据结果可能对指导管理行动用处不大,需要采用一定的指标及方法,对监测数据进行计算、分析、评价,从而考察是否达到了环境绩效管理要求的目标。

(一)考核指标兼顾多样性和针对性

前文所述,若仅考核最严格水资源管理三条红线的约束性指标,近年来全国 31 个省份全部通过考核,仅考核约束性指标是远远不够的。可考虑在约束性指标的基础上,根据各地区的水资源开发利用特征,纳入针对性的水资源管理环境绩效评估指标。根据本书第三章第三节中的测算,对我国水资源最匮乏的地区(宁夏、山东、河北、天津、河南)考核水资源生态环境绩效、水资源国土空间开发绩效指标;根据本书第五章第三节中的测算,对我国水资源利用效率最低的地区(宁夏、青海、新疆、云南、内蒙古等)考核水资源经济绩效指标。

(二)水资源使用总量考核目标设定与动态水量分配方案一致

现有最严格水资源管理三条红线指标中,水资源使用总量的考核目标急需改进。水资源使用总量指标的设定与各级政府水量分配方案中规定的目标相一致,年度考核目标设定也应伴随年度水量分配量的变动而变动。

(三)将水资源环境绩效管理的改善情况纳入考核

本书第五章第二节中测算结果显示,如果对一年期内各省份水资源管理环境绩效进行评价,其总指数均值为负值,反映了各省份在一年期的水资源环境管理的相对努力程度存在巨大差异。因而有必要将水资源环境绩效管理的改善情况也纳入考核。改善程度的考核可设置为加分项,改善程度大的省市可获得加分,这能够激发水资源环境绩效管理的积极性。

五、改进(React)

水资源环境绩效管理体系中的绩效改进环节是环境绩效管理的精髓所在,也是结果导向的水资源环境绩效管理体系的落脚点。通过对水资源环境绩效的评估及考核,其考核结果存在着丰富的运用空间。

(一) 管理活动改进

如果考核结果显示水资源环境绩效管理结果符合预期,则在原水资源规划框架内继续原有水量分配的流程,并继续采取已实施的政策;反之,如果考核结果没有达到预期的结果,则应采取相应的措施改进管理活动。同时,不同年限的考核也具有不同的运用机制。年度考核针对年度水量分配及年度执行的政策手段,如计划用水制度、定额管理制度、计量收费制度、节约用水制度、累计加价制度、水资源有偿使用制度;中期考核针对中期水资源规划制定及中长期执行的水资源制度,如水量分配制度、水资源论证制度、水功能区划制度、排污总量控制制度、入河排污口监督管理制度、定额管理制度等。

(二) 有效奖惩机制

如果政府部门对其绩效负责,就有更大的动力将水资源管理环境绩效与当地的经济、社会和环境目标保持一致(Productivity Commission,2003)。布鲁金斯学会研究建议"彻底修改共产党干部的评价系统,把环境和水资源管理放到更重要的位置(Brookings,2013)",应构建有利于地方政府水资源管理的机制,引导各级领导干部树立正确的生态环境政绩观。严格落实《"十三五"实行最严格水资源管理制度考核工作实施方案》中设置的"加分项"和"一票否决项",考核期末水资源管理环境绩效相比考核期初实现改善的,按改善程度加分,对于未达成考核目标的地方"一票否决"。从而使水资源管理环境绩效良好的地方主要领导获得更多的晋升机会,对治理绩效相对较差的地方主要领导形成强约束。

(三) 水资源管理环境绩效信息公开

为了促进水资源管理的监督和公众参与,水资源监测数据应免费向公众开放。同时,参照空气质量排名和发布的经验,联合流域水资源保护局,发布水资源管理环境绩效排名,年度发布十大水效最佳城市、最差城市,十大水效改善城市和恶化城市,对地方政府造成一种强烈的水资源管理治理敦促效应。

(四) 水系统环境绩效标杆管理

澳大利亚各州水资源倡议中,各州都被要求独立、公开每年的报告,包括大都市、非大都市和农村供水机构的价格和服务质量的标准。各州也需要收集绩效信息,包括澳大利亚水务协会管理的大都市机构间绩效和基准、非主要大都市机构的绩效,澳大利亚国家灌溉和排水委员会管理的灌溉行业绩效监测和基准(The Australia National Water Commission,2004)。我国水资源管理系统可借鉴其绩效标杆管理机制。

六、合作(Collaborate)

合作是指在特定的地理区域内将所有利益相关者组合成一个具有包容性、透明度、共享学习的伙伴关系。水资源环境绩效管理体系的成功运转依赖于国家、流域、省、市、资源环境非政府组织、学术机构和其他组织、取水户、用水协会及普通大众等。所有这些利益相关者都对水资源长期可持续利用产生了共同的利益。伙伴关系是将利益相关者聚集在一起进行协作的工具。

流域层面,可借鉴加拿大阿尔伯塔流域的做法,有两种伙伴形式,其一是考虑成立流域规划和咨询委员会,任务是使政府、利益相关者、其他伙伴和公众参与流域评估和规划。为了管理的目的,一些较大的主要河流流域可以进一步分成较小的单元。其二是成立流域管理小组,发布各种各样的流域水资源环境绩效管理任务,由地方政府、利益相关者、感兴趣的个人,采取行动提高节水意识或改善流域水体(Alberta Water Council,2008)。

省级层面,可借鉴加拿大阿尔伯塔省水理事会的形式(Alberta Water Council,2008),将地方政府、产业、用水协会、非政府组织集中起来,在省级范围内监测、评估水资源管理环境绩效,并对水资源规划的改进提供建议。

第三节　重构水资源环境绩效管理
体系的配套政策

上文构建的水资源环境绩效管理体系从本质上看是一个管理的过程,需要一系列相关的配套政策及行政管理机制的辅助才能够更大地发挥其效果。本研究从四个方面为完善水资源环境绩效管理体系提出配套政策建议。

一、明确水权及其交易制度

建立一个法定的水资源使用权制度是确保各类用水户获得水资源的关键第一步。目前至少有 37 个国家采用了基于水权的水资源管理制度(Australian Water Partnership,2017)。一个明确的、可用的和强制执行的水权制度是水资源可持续管理的基础。对于农业和工业中的主要用水者而言,通过保持明确界定和得到保障的用水权而产生的信心和确定性,提供了在关键基础设施和长期投资规划上的支出基础。当用水户清楚了解其可以获得的水资源供应量,有利于其自身评估提升水资源使用效率的潜在收益。

我国的水权制度应以服务于水资源环境绩效管理体系为导向,以水资源高效利用与优化配置为目标,通过理顺对水资源的所有、使用、收益和处置权利,形成一种与市场经济体制和水资源供需关系相适应的水资源权属管理模式。

(一) 明确的水权框架

从行政与市场管理需要角度看,水权应至少包含所有权、使用权和交易权等权利,并由此形成一个多级的嵌套体系(图 18-5)。其中水资源所有权归国家所有,这是我国《水法》明确规定的。取水权是国家按照水资源综合规划、水资源开发利用控制红线等水资源分配依据分配到各地区的允许开采水量。而用水权是分配给终端用户的用水量。水权框架的形成通常先由各级政府对水权进行分配和调控,再由用水户根据自身需求来购买或转让水权,这样就实现了水资源管理与水资源利用的分离(窦明,2014)。

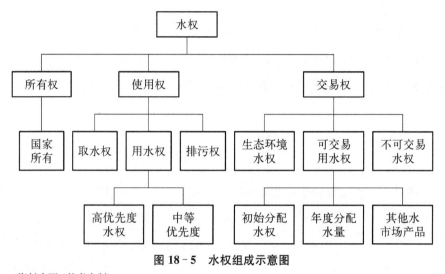

图 18-5 水权组成示意图

资料来源:笔者自制。

用水权方面,结合水资源用途管制,借鉴墨累达令流域用水权的层次,由获得可用水资源的可靠性来定义和分解。在相对干燥的季节,"高安全性"或"高可靠性"权利将比"一般安全"或"低可靠性"权利更有可能被分配用水。这种区别可以被广泛地理解为一种获取水资源的资格等级:"高可靠性"权利更有可能不受政府水资源分配的影响,即使在较干旱的年份;而"低可靠性"权利通常只有在水坝水量足够时才分配水量,流入流域的水量高于平均水平。除了在最极端和持续的干旱条件下,用于环境和城市用途的水处于这一层次的顶端,而且实际上是有保障的。对于每一季都需要最少水量的农业用户(例如对果树等永久性植物浇水)来说,高可靠性的权利比低可靠性的权利更有吸引力,后者更适合一年生作物的种植者。

权利一般由个人持有,但在某些情况下考虑使用水的群体权利的定义可能是合理的。例如,在灌溉农业区建立的用水户协会可能拥有水权,这些协会运作良好,并被用水户认可为适当分配权利者。

应强制执行水权制度,使利益攸关方相信所有用水者都根据其相关权利分配用水。如果权利持有人提取的水超过分配给他们的水,那么水资源的长期可持续性和其他人获取其分配的资源份额的能力可能会受到负面影响。建立水权公共登记册有助于透明监督权利人及其用水活动。清晰准确的水资源核算对于维持不同规模的水平衡至关重要,从用水者协会到整个流域。维多利亚州是墨累达令流域地表水和地下水的五个州和地区之一,已经建立了一个水域登记册。

表 18-3　　　　确立水权制度的目标、方法及关键促成要素

目　　标	方　　法	关键促成要素
① 为所有合格用水户提供明确、可用的水权 ② 确保所有获分配的用水户有信心和确定地取水的权利	① 以适当的规模建立一个合法定义的用水权体系 ② 对可靠的可用水量分解用水权 ③ 确认已有的水资源共享规范或系统,并根据需要将这些规范或系统纳入新的水权制度 ④ 通过适当的水基础设施确保水权人能够获得水资源 ⑤ 建立水权公共登记册和明确的水资源核算标准 ⑥ 采用有针对性的用水计量方法,以支持水权制度的实施	① 政府建立和实施水权的法律权威 ② 克服既得利益者维持现状的强烈政治意愿

资料来源：Australian Water Partnership, *Water Guide: Setting a Path to Improved Water Resource Management and Use under Scarcity*, Canberra：Australian Water Partnership 2017。

(二) 灵活的水权交易机制

水资源使用权的有效市场交易制度可以在全球提供水资源,确保水生态系统健康中发挥关键作用。许多水利部门机构已经认识到水市场的潜力,大自然保护协会发布的报告证明水市场为缓解缺水、提高水效率、恢复水生态系统、推动可持续水管理提供了一种强有力的机制(Richter,2016)。同时,水市场是将水从低价值农业转向高价值农业、城市、工业用途以及回到环境中的有

效手段,间接促成了水资源的重新分配。而水资源的重新分配则是一种缓解水资源短缺的机制。根据美国西部州水资源理事会的预测,将5%的农业用水转用于市政用途将满足美国西部州未来25年的城市需求(Western States Water Council,2008)。

表 18 - 4　　　　　　　　水权交易的主要类型、适用性和效应

交易类型	适 用 性	效 应
农业内部的长期水权交易	长期缺水的流域	永久权利的交换在减少长期缺水的流域将特别重要。墨累令流域就是一个很好的例子,其每年平均交换的水价值近20亿澳元,占所有水资源权益的近10%
农业与城市之间的长期水权交易	长期缺水和混合用水的流域	目的将是通过区域水市场或通过城市和农业社区之间的交易,促进城乡水的交流。圣地亚哥、奥斯丁和圣安东尼奥的三个城市案例研究表明农村到城市水市场的转移在过去10年中刺激了这些缺水城市每年3%到6%的GDP增长
农业内部的短期水量交易	季节性(旱年)缺水、灌溉用水占主导地位的流域	在干旱或干旱期间,大幅度减少对价值较低或一年生作物的用水,这些作物不会受到临时休耕或灌溉不足的长期损害。如果对那些能够减少用水量的用水使用者或生产者给予适当补偿,这种战略将鼓励生产高价值的作物。澳大利亚达令流域的一个案例研究表明,在干旱最严重的两年里,短期市场交易避免了农业生产总值20%—25%的损失。约44%的用水量来自每年的用水量分配交易,这有助于实现农业收入每年约26亿澳元的增长
农民和城市之间的短期水量交易	混合用水造成偶发性缺水的流域	精心设计的干旱管理计划对于避免饮用水或电力短缺,或避免工业生产损失造成的经济损失至关重要。不应该忽视与灌溉农民进行短期租赁以释放水量的机会,因为支付给农民在干旱年减少用水的成本效益可能比城市水资源保护战略更高

资料来源:Australian Water Partnershi, *Water Guide: Setting a Path to Improved Water Resource Management and Use under Scarcity*, Canberra:Australian Water Partnership 2017。

(三) 自然资源部职能拓展

水权市场的良好运转必须建立在坚实的制度和监管基础之上。有效的水

市场的一些先决条件包括：对系统中可用水量的了解、可靠的水权登记册、监督使用的普遍计量、惩罚过度抽象化的执行以及透明和可信的市场监管机构。即使在像澳大利亚这样的发达市场，在数据的可用性和准确性以及市场的有效运作方面也有进一步改进的潜力（Aithe，2015）。因而，为了建立明确、可用、可交易的水权制度，必须强化水权管理职能。鉴于自然资源部是代表国家对自然资源资产产权统一管理的行政主管部门，建议拓展自然资源部职能，在水权管理方面纳入在消费和非消费用途之间分配水资源、在水权利人之间分配水资源，管理生态环境用水，管理水权以及相关政策制定、监督和执行职能（Productivity Commission，2003）。

1. 水权分配职能

水权分配职能目标是在消费和非消费用途之间分配水，以平衡地区经济、社会和环境利益。

首先应赋予生态环境用水水权。澳大利亚从 20 世纪六七十年代就开始制定涉及生态水量或最低流量的政策法规。从《1994 年水利改革框架》开始，在全国范围内建立生态用水制度，成为世界上生态用水的典型案例。

应考虑大型水工程水权。澳大利亚对于可能拦截大量地表水或地下水的水工程，包括农场大坝和钻孔、拦截地表径流的工程、规模化人工林等实行管制。这些如果不受管制，会对水资源的完整性和水环境目标构成风险，应通过水权许可进行管理。在完全分配、过度使用或接近完全分配的供水系统中，这些水工程若被评估为重要的水拦截活动，需要记录（通过取水许可证制度）；任何超过法定阈值的额外拦截活动需要获得水权；实施强有力的监督制度。在尚未完全分配的供水系统中，应确定重大拦截工程，并评估在水资源计划期可能被这些工程拦截的水量；计算适当的阈值水平；定期监测并公开报告（The Australia National Water Commission，2004）。澳大利亚水资源管理中对水工程授予水权的形式值得借鉴，可以较为有效地解决我国水工程多头管理、且布局不合理的问题。

在确定不可消费的生态环境用水权及部分水工程水权后，根据水权、立法、资源计划、采购计划指南、法规和合同等,确定并将每年(或单独周期)的可用水分配给水权利人和生态环境,并转移、储存和输送这些水。政府通常不对私人水权持有人之间重新分配水资源进行过多干预。相反,鼓励私人权利持有人将其水权交易给最高价值的用途。

2. 生态环境用水管理职能

为了实现生态环境用水的目标,自然资源部需要负责生态环境用水管理。主要包括:建立有效和高效的生态环境用水管理体制,全国统一的环境用水资源的制度安排;定期进行生态环境用水独立审计;负责在临时市场上进行交易等。一旦水资源整体状况发生变化,需要回收水以满足生态环境用水的情况下,应考虑所有可用的水回收方案,包括投资更高效的水利基础设施,在临时市场上购买水,投资更高效的水资源管理实践,投资城市水资源节约的方案。还可以通过购买水权或投资节水计划获得额外的水重新分配水权。例如,澳大利亚新南威尔士州、维多利亚州和英联邦政府加入的"雪水协定"承诺在 10 年内投资 3.75 亿美元,以增加斯诺伊河的流量,并为墨累河提供进一步的专用环境流量(Productivity Commission,2003)。

3. 水权管理职能

根据资源计划和采购计划、指南、法规和标准发布,登记或承认水权,变更或转让水权。

4. 政策制定、监督和执法职能

制定法律并制定规划指南,明确权利定义、分配和转让,制定条件、标准和法规。包括制定水权交易规则及与水权有关的市场交易规则。水权的监督和执法职能是确保各主体遵守水权,并确定是否已实现环境分配并实现预期的环境成果。

二、促进水资源与经济增长一体化管理

最严格水资源管理制度明确地方政府主要负责人对当地的水资源管理

状况负总责,一定程度上表明在最高决策层的设计中,经济增长与水资源管理是基本处于同等地位的。布鲁金斯学会对中国水资源管理的研究认为,尽管当前中国对地方政府政绩考核已经采取了一些改革,但是经济和维稳指标仍然至关重要。对于欠发达地区及缺水地区而言,如果能够整合水资源和经济增长将是提升水资源管理地位,推动水资源环境绩效管理的有效手段。

美国西部州整合水资源与经济增长的案例表明,统筹水资源与经济增长是可以实现的。美国西部州水资源理事会在报告中甚至表明,在美国历史上,对于水资源的法律和物理限制首次出现在西部州的经济增长计划范围内(Western States Water Council,2008)。作为美国发展最快的地区,西部地区正面临着严峻的土地使用规划和水资源管理问题。美国西部各州的一个常见情况是当地土地利用规划机构批准了新开发项目,后来才发现开发项目的供水不足。西部各州已经经历了或即将经历由于地区的干旱和波动的水文循环而增加的水资源约束。大多数州都希望能够适应增长并鼓励经济繁荣,同时确保当前和未来的生活质量和区域自然资源的稳定性和可获得性。因此,许多州在过去几年中已经开始制定法律,试图更加谨慎地综合管理经济增长和水资源。

(一)加强土地规划和水资源规划的联系

与中国的情况类似,美国西部州的土地使用规划和水资源规划之间存在着比较明显的"脱节"问题,这一问题被有些学者认为是"治理鸿沟"(Governance Gap),主要表现为缺乏对规划过程的整合以及未能预先识别各级政府的土地使用和水资源约束的后果。加强土地和水资源之间的联系被认为是以水资源可持续的方式促进西部土地转型的关键(Bates,2012)。

1. 水资源利用规划与土地利用规划一致

佛罗里达州要求每个市政当局采用十年期供水设施工作计划,将水需求纳入当地规划。包括预测未来十年当地的经济、人口等增长趋势;确定并优先考虑满足这些需求所需的供水设施和水源；根据供水设施和水源条件确定所需的资本项目及其实施方案（Estern States Water Council，2008）。通过这种"并发"（concurrency）要求有效地整合了土地使用规划和水资源规划。

加利福尼亚州公共政策研究所进行的一项综合研究发现，加利福尼亚州70%的土地规划者至少都明确知晓经济增长将如何影响供水，大多数土地规划者都会引用公用事业规划文件，包括城市水资源计划。同时，绝大多数城市和县级土地使用部门反馈了他们参与水资源公共事业的规划过程（Oregon Big Look Task Force，2007）。

我国各级政府应鼓励水利部门与规划部门之间加强协调和协作，并制定促进从水资源机构到规划机构的信息流动政策，弥合信息差距，使地方政府在综合规划和土地利用规划中更准确地反映水资源要素，并加强公众参与水资源规划，这对于整合经济增长与水资源是十分有利的。

2. 水资源论证与环境影响评价相结合

新开发项目的环境审查和水资源可用性审查是将水资源问题与经济增长相结合的有效方式，尤其是当人们担心新开发项目将对现有供水和环境产生具体影响时。新开发项目应在项目规划阶段评估与供水和水质有关的相关问题，仔细研究项目预期水源的可持续性，并评估其对周围环境的可能或潜在影响，从而有效地整合水资源和经济增长。

（二）前置水效审批条件

除了规划和一致性要求外，各级政府还可以通过确保新建设项目符合前置的水效审批条件，以确保建设项目可以获得充足的水资源。美国西部州的经验表明，对整合经济增长和水资源最重要的影响或许来自土地使用许可申请的决定和许可的审批条件（Arnold，2005）。

1. 水中性条件

加利福尼亚州东湾市政公用事业区（EBMUD）认为其水源的不确定性可

能增加,并确定所有新服务都将以"水中性"开发为条件,要求建设项目开发主体证明"通过各种效率措施可以节约两倍的水,足以满足开发需求"(Bates,2012)。纽约州有 13 个地区采用了"水中性"条例,要求项目开发商根据特定项目所需的水量采取水资源保护措施。

2. 最佳管理规范条件

最佳管理规范条件可以要求项目开发商在新开发中安装节水设备和基础设施,使用非水密集的植被和景观,采用集群开发原则,回收和再利用水,以及使用较窄的街道和可渗透的路面。使用最佳管理规范(BMP)是整合水和作物生长的有效方式,并且在保护供水和其他环境问题方面最有效。

鼓励地方政府施加必要的审批前置条件,以便在项目论证时就可以考虑减少对水资源和周围环境的影响。

(三) 增长适应性条件

1. 发展权转让

购买发展权(PDR)计划允许土地所有者将其财产的开发权出售给政府机构。对于希望节约开放空间的政府而言,PDR 是一种成本较低的选择,因为它们只购买土地的开发权而不是全部费用。发展权转让(TDR)是与购买发展权类似的计划,允许发展受限的"边缘地区"(sending areas)(如农业区)的土地所有者将土地开发密度和其他发展权转让给适合高密度开发地区的土地所有者或接收区域。在美国,政府根据获得该土地的开发类型,为其管辖范围内的所有类型的财产分配发展权。TDR 的使用使政府能够"改善区域限制的严格限制",并为他们提供购买土地的替代方案。在任何建筑物开始之前,开发商必须从其他土地所有者处购买额外的开发权,以获得指定用途所需的足够权利。一旦土地所有者出售其开发权,她和她的继承人或受让人就被禁止在该土地上建造商业或住宅开发项目。

虽然这些工具可以鼓励保护开放空间和农业用地,但它们能将水和经济增长联系起来,以防止新的开发及其随之而来的用水需求。

2. 水资源影响费

美国西部州包括亚利桑那州、加利福尼亚州、科罗拉多州、爱达荷州、蒙大拿州、新墨西哥州、内华达州、俄勒冈州、得克萨斯州、犹他州以及华盛顿州都颁布立法,支持和规范"影响费"(Impact Fees)政策(Western States Water Council,2008),以此作为抵消为新开发提供基础设施的成本以及使新开发项目自身承担公用基础设施新增成本的一种方式(Rosenberg,2008)。美国环保署主张根据开发地点使用不同的下水道连接费和开发费,以使新的边远开发区支付向边远地区提供供水和基础设施所需的更高成本。各州可以允许当地社区充分利用影响费,使他们能够在供水有限的地区收取更高的影响费,并且费用将有助于抵消获得更多供水的成本。由于影响费可以为获得新的供水提供资金来源,同时需要项目开发商内化获得充足水资源供应的成本,因此它们可能是整合水和经济增长的有效工具。

三、完善流域管理机制

流域管理机构改革是当前水治理体制改革的热点,以往流域机构作为中央水利部门的派出机构,其特殊的法律地位以及制度安排使其在政策命令中不可能扮演权威性的角色。新的国务院机构改革方案出台后,原水利部承担的流域环境治理的职责移入生态环境部,但原七大流域管理委员会的从属职能尚不明确。

(一) 明确流域管理职能

从跨域治理的角度来反思中国流域水资源保护,需要对流域机构进行职能再造和行政改革,形成网络化的协作治理能力。将流域机构重塑为实实在在的"委员会制",而非中央部委的派出机构,在政策规划、法规制定、行政执法等各个阶段形成议题网络和契约关系。

表 18－5　　　　　　　　　　　　　　　流域机构改革的各方观点

内容	观点 1	观点 2	观点 3
	流域机构是否独立于水利部	建立由环保、水利及地方政府多方参与的流域委员会	在中央层面设立副总理牵头的流域治理委员会
支持观点	有利于保持流域机构的独立性，破除部门利益	保持机构组成人员的多样性，有利于多部门协作	提高流域委员会的独立性与法律地位，增强执行的权威性
反对观点	增加机构，涉及权责重新分配，并不一定带来治理效果的提高，可能导致原有水利部的水资源管理的事务都不能很好执行	多个部门参与，可能导致责任主体不明"共管又都不管"的问题	国外有类似的中央层面的委员会，但由于没有明显的治理效果，近年来治理效果有所弱化

资料来源：笔者收集。

韩国"四大河流恢复工程"(4 Major River Restoration Project，4MRRP)案例可以为我国流域管理框架提供借鉴。韩国和我国水管理体制具有一定的相似性，水相关管理职能比较分散：土地、基础设施和运输部(MOLIT)负责水量；环境部(MOE)负责水质；农业、林业和农村事务部(MoAFRA)负责农村及农业涉水事务。水资源开发市场非常集中，由一个国有的韩国水务公司统一开发全国水资源(K－Water)。尽管早在 1961 年就已经出台了《流域法》，但一直未形成有效的流域管理框架。为应对水资源管理的各种问题和挑战，韩国政府设计了 4MRRP，旨在确保优质水资源、保障农作物供应、减少干旱和洪涝灾害、恢复河流生态、改善环境、提高韩国人的生活质量。

管理框架方面，韩国 4MRRP 涉及 5 部委和 78 个地方当局，采用全面和综合的流域管理方法。在土地、运输及海洋事务部(Ministry of Land, Transport and Maritime Affairs)设立了国家河流恢复办公室(Office of National Restoration)。不同的部委和地方政府通过国家河流恢复办公室组成政府支持联合会(Association for Government Support)。此外，成立了顾问委员会(Advisory Committee)，由约 1 000 名专家、学者、政策顾问以及社区组织等组成，为河流恢复工程提供了指导。委员会在收集专家意见，建立公众对复杂项目的支持，提高项目决策和执行的一致性、高效性和透明度等方面发挥了至关重要的作用。

表 18 - 6　　　　　　　　　流域管理机构具体职能分析

	流域机构职能	改 进 方 向
职能 1	保障流域水资源的合理开发利用	以法律形式赋予并强化其统筹管理保护流域内山水田林湖草等要素
职能 2	负责流域水资源的管理和监督，统筹协调流域生活、生产和生态用水	以法律形式赋予并加强其对流域内地方政府及涉水部门的考核问责机制，明确问责考核程序，落实其管理监督的能力
职能 3	负责流域水资源保护工作	制定各流域的纳污能力上限及生态流量底线，并分配至各行政区，加强对越线行为的问责与处罚机制
职能 4	负责防治流域内的水旱灾害，承担流域防汛抗旱总指挥部的具体工作	加强流域层面的信息共享机制，建立流域层面的信息共享平台，加强水旱灾害的预防预警及应急处理能力
职能 5	指导流域内水文工作	加强流域层面的信息共享机制，建立流域层面的信息共享平台，加强流域层面的水质、水量统一监测
职能 6	指导、协调流域内水土流失防治工作	加强流域水土流失的监测和预报工作
职能 7	负责职权范围内水政监察和水行政执法工作	以法律形式强化其水政监察和行政执法能力，落实执法清单，明确执法程序

资料来源：笔者收集整理。

（二）构建地方政府合作平台

在（流域）地区这一级别上建立正规的省际磋商机制。特别是省级政府应当被授予在代表水利部管理中国主要江河流域的水利委员会中委派正式代表的权利。虽然水利委员会与地方政府保持着广泛联系，但是正式的代表将增强利益相关方的参与度并提高政策的支持度（Brookings，2013）。

基于流域利益最大化的视角，应考虑创建地方政府合作平台。首先，借鉴韩国 4MRRP 组建政府支持联合会（Association For Government Support）的形式,定期组织地方政府参加流域水环境保护圆桌会议,使地方政府有相对平等的地位,增强各地方政府相互信任,提高地方政府参与合作的积极性。其次,通过制定法律法规来保持流域水环境保护区际合作的一贯性和持续性。为了防止流域水环境保护区际合作中的机会主义行为,以保障区域合作关系健康发展,需要制定相应的法律法规,明确合作章程中的行为规则条款;对地方政府采取非规范行为所造成的经济和其他方面损失应做经济赔偿规定等,让政府间的合作交流活动走向规范化、法定化、制度化的道路(易志斌,2011)。

(三) 推动形成地方政府参与流域规划机制

流域规划对自然流域内的地方政府的发展具有显著的影响,流域规划的制定必须得到地方政府的配合和参与才能真正发挥实效。我国当前流域水污染防治规划资金不到位,从侧面反映了地方政府对流域规划的消极态度。因此,在制定流域规划时,应积极广泛听取各地方政府的意见,扩大地方政府在流域规划制定中的参与程度,尽力满足各地方政府利益主体的主观意愿,确保流域水环境保护规划的科学性、合理性以及可操作性(易志斌,2011)。可建议借鉴韩国4MRRP实施过程中组建政府顾问委员会的形式,该委员会由地方政府、各类专家学者、政策顾问和社区组织等组成,为流域管理提供指导。委员会在收集专家意见,建立公众对复杂项目的支持,提高项目决策和执行的一致性、高效性和透明度等方面将发挥至关重要的作用(World Bank,2016)。

四、探索多样化经济政策

探索多样化经济政策,促使水市场成为全面提升水系统绩效的有效机制。既有利于促使水从低价值农业转向高价值农业、城市、工业用途以及回到环境中,促成基于市场机制的水资源重新分配;也能够通过水资源价格的重新发现,为节约用水提供强大动力,提升水资源使用效率。

（一）多样化水市场交易手段

水交易可以促进水的重新分配，以满足不断变化的经济和不断增长人口的需求。它可以以解决文化、社会和环境优先事项的方式，鼓励保护和管理水资源。水交易可以促进建立一个机构，以管理不断增加的水不确定性风险，包括通过保险合同、对冲工具、水银行和其他机制等方法。总之，在水资源分配中纳入市场交易工具可以帮助克服水资源的脆弱性（Culp，2014）。

1. 水效投资

市政和工业用户以及投资高价值或永久性作物的农民可以提供资金，使邻近地区的农场分配和灌溉系统现代化，从而使农民能够种植相同数量产品（或更高价值的产品）的同时减少用水量，将节约的水量用于市政、工业或高价值农业用途。短期租约的增加将为市政、工业、环境和农业用户创造机会，以获得水转移的经验，建立对水管理机构的信任，并创建一个平台，围绕更大或更永久的方式制定更广泛的政策和法规。

2. 水银行业

由于美国西部的大部分水被完全占用，因而开发了新的市场机制来优化水资源配置，并更有效地储存和使用水。其中一种市场机制是水银行。水银行定义为"水资源使用权"的"存款"，其中某个人或实体可以由存款人或其他人或实体提供，可以在同一时间、地点之后在另一个人或实体、不同地点提取。美国几乎每个西部州都利用或建议使用某种形式的水银行来促进水转移，储存未使用的水以供将来使用。美国西部州水协会的报告指出，水银行和水市场对于避免西部地区的水危机至关重要（Western States Water Council，2008）。

美国拥有水银行的州中，水银行的目的、结构和运营方面存在许多差异。一些州还使用水银行作为采购水的机制，以符合水资源监管目标。俄勒冈州的 COWBank 使用租赁水权来减轻和转移新的地下水许可影响和潜在的第三方影响，这在未来可能会变得更加普遍。

加州的干旱年水银行是一个鼓励节约用水以提供紧急干旱救济的水银行

的一个例子。在 1991 年、1992 年和 1994 年,加利福尼亚经历了严重的干旱。为了满足关键需求,加州水资源部与自愿卖方签订合同,使用地下水代替地表水,休耕农田,或出售储存在水库中的水。作为经纪人,加州水资源部随后将大部分水转售给根据需要优先考虑的购买者。从各方面来看,加州干旱水银行都是成功的,无论是农业还是整个州。

3. 干旱年份租赁

临时转移水的其他形式是轮作休耕和干旱年份租赁。轮作休耕,这是在轮流的基础上暂时停止灌溉田地的做法,可以释放农业用水出售或租赁,而不会永久退耕农田和破坏当地社区。一些州采用了轮作式耕种计划。这与干旱年租赁虽然相关,但略有不同。干旱年租约是政府实体或公共公司与另一个用水户在干旱年份使用水权的合同,也是一种有效的工具。加利福尼亚的干旱年度水购买计划(DYWPP)是干旱年度租赁计划的一个成功的例子。在 2001 年和 2002 年,DYWPP 为加利福尼亚州的水库提供了超过 160 000 英亩—英尺的水,有助于缓解缺水问题(Western States Water Council,2008)。

4. 水信托

水资源管理者应支持并鼓励使用市场驱动的风险管理策略来解决供水中不断增加的变化和不确定性。这些策略包括使用干旱年选项在面临短缺时提供水资源共享,以及水资源信托以保护环境价值。允许对储存的水进行复杂的、以市场为导向的使用,可以为水分配建立额外的弹性。

(二) 探索促进流域水资源保护的流域服务支付

保护当地水源通常远远超出行政边界,与拥有提供有价值流域服务的土地的政府或机构建立伙伴关系是有效手段。美国典型州的流域服务支付计划的经验表明,各级政府采取的措施缓解了其土地使用决策的流域影响(Bates,2012)。

1997 年开始,纽约市与区域合作伙伴达成协议,以保护其 2 000 平方英里的水源地流域,该流域延伸至城市北部和西部 125 英里。纽约市与一个名为流域保护和伙伴关系委员会的区域论坛的合作保护了该市的饮用水质量,并避免了新的过滤系统估计 80 亿美元的过滤成本以及每年 3 亿美元的运营成本。

科罗拉多州丹佛市通过"森林与水龙头"(Forest to Faucet)计划,加强了地方政府与流域公共土地管理者直接合作以保护流域水资源。1996 年和 2002 年,丹佛流域国家森林的大型野火导致丹佛山区水库的侵蚀和沉积,迫使市政供应商花费 3 000 万美元从一个水库中疏浚泥土。为了防止将来出现如此代价沉重的事件,丹佛水务公司与美国森林服务组织(USFS)合作,评估并优先考虑对供应城市用水流域的威胁。2010 年 8 月,两个机构签署了一份谅解备忘录,其中,他们同意在五年内平均分享 3 200 万美元的水处理项目费用。

新墨西哥圣达菲市利用 USFS 的森林恢复计划提供的 5 万美元赠款,制定了一项综合流域计划,该计划要求分阶段提供"生态系统服务"费用(平均水客户每月约 0.54 美元)。大自然保护协会和圣达菲流域协会在 2011 年春季进行的民意调查发现,82% 的纳税人愿意每月支付 0.65 美元的费用,以保护城市的供水免受灾难性野火的危害(Western States Water Council,2008)。

(三) 促进水资源利用技术创新的政策支持

各级地方政府应该强调水资源利用技术创新,提高效率。关键是要对这些新技术的广泛投资和使用进行政策激励和支持(Kane,2017)。

在能源方面,能源发电技术的升级已经帮助所有类型的发电厂减少了他们的用水需求,政府部门应该更加熟悉当地能源设施的用水需求,并根据当地供水情况,更加一致地跟踪这些需求的变化情况。借鉴美国西北能源效率联盟的做法,通过扩大能效融资计划,促进能源用水需求持续下降。制定全国统一的能源部门水耗绩效标准,并通过国家主导的创新基金和其他公共福利费用,支持更广泛的技术创新和采用。

在农业方面,完善各类灌区的监测设施和用水实时监测方案,实现更有效的灌溉。美国加利福尼亚中央河谷许多水资源利用最密集的地区正在部署新技术,包括数据平台和管理战略以解决其农业水效问题,将改进的农场水管理实践与先进的信息管理和应用系统相结合(Center For Natural Resources & Environmental Policy,2009)。为更有效的设备提供销售税减免和折扣,支持某些财产税收优惠,并考虑其他补贴是政策制定者为鼓励更大的本地创新而采取的措施之一。

工业、公用事业和家庭也应该是地方水资源利用技术创新的重要领域。小型和大型制造商都应该继续探索实现效率提升的方法,通过整合新技术,改变流程并更好地量化其水足迹。例如,可口可乐公司在美国限制和再利用其运营所需的水量,并做出水中性承诺,将水完全回收到环境中(Harvey,2016)。美国公用事业部门正在帮助家庭用户通过返还计划、账单信贷等激励措施来提高水效率,鼓励家庭用户安装低水耗厕所、淋浴和洗衣机等(Kane,2017)。

第五篇　环境绩效管理的标准化流程研究

本篇循着"理论梳理—理想模式构建—实证调研—理想模式与实证材料对比以判明问题—对照理想模式设计方案与对策"的思路，围绕环境绩效管理流程的理想模式、我国环境绩效管理的现状模式、对照理想模式设计的环境绩效管理标准化流程、相对于现有环境绩效管理体系的流程再造方案等开展研究。一是分析我国环境绩效管理流程建设现状。通过梳理我国现有绩效管理流程体系建设的发展脉络，结合理想环境绩效管理流程结构与特征，分析我国环境绩效管理流程体系存在的主要问题。二是分析我国环境绩效管理标准化流程设计方案。设计保障我国环境绩效管理标准化流程体系方案，以及保障其运行的组织体系和制度体系，并要求增强多元监督和公众参与流程再造，增强制度刚性流程再造，增强能力建设流程再造等方面。

第十九章　环境绩效管理流程的结构与特征

　　加强政府环境管理是倒逼发展方式转型、实现经济——环境关系和谐的重要手段,而政府环境绩效管理(对政府环境管理的绩效进行管理,在本研究的行文中简称为"环境绩效管理")对于政府环境管理起到一种"指针"作用,政府环境管理是否会出现偏差,取决于这一"指针"所指的方向是否正确。从 2015 年 12 月开始的第一轮中央环境保护督察和从 2018 年 5 月开始的中央环境保护督察"回头看"等行动披露的信息看,在当前的政府环境管理中仍存在许多难点问题,如未能较好地培育出绿色发展新动能,地方政府仍然在经济与环保的两难之下有牺牲环境发展经济的冲动;地方政府对于环境管理降低标准、放松要求,包括执法失之于宽、未依法严把审批关、未按计划进度完善环境基础设施,以及地方政府对环保投入不足或对上级所拨资金使用不善。政府环境管理暴露出的问题引起我们的反思:是否因为环境绩效管理这一"指针"出现偏差,而导致上述负面后果? 这就是本章将研究目光投向环境绩效管理的原因。环境绩效管理体系是由一系列环境绩效管理流程组成的,环境绩效管理实际上是一系列环境绩效管理流程的运行;本章将通过剖析这一系列环境绩效管理流程来打开环境绩效管理的"黑箱",判明其问题并据此提出对策建议。不同层级、不同地区、不同部门、不同领域的环境绩效管理流程需要满足不同的管理需求、具有不同的特点,但都要符合一定"共性的要求",方能实现环境绩效管理（流程）的科学化，从而对政府环境管理产生正确的导向作用（或曰"指针"或指引作用），这种"共性的要求"就是"标准"；本章主要探究环境绩效管理流程需要符合怎样的"标准"或"共性的要求"才是科学的，并据此提出政策建议。

第一节 环境绩效管理流程的内涵特征

本节试图从剖析环境绩效管理流程入手，打开环境绩效管理的"黑箱"，为实现环境绩效管理的科学化提出政策建议；进而以环境绩效管理的科学化对政府环境管理起到正确的导向作用，促进政府环境管理的绩效显著改善或解决当前面临的一些突出问题。

一、环境绩效及其管理流程的内涵

环境绩效可分为几种，如政府环境绩效、企业环境绩效、产业环境绩效、区域环境绩效、部门环境绩效等；本章研究的对象指向政府环境绩效（下文简称环境绩效），也可以理解为政府治理下一定区域的环境绩效。根据黄爱宝（2010）的观点，政府绩效是政府在既定资源条件下，为达到一定公共目标进行投入、管理及由此产生的产出、效果、影响等系统运作过程要素所形成的因果关系链或因果关系总和。其中，组织的资源、投入、管理、产出、效果、影响等系统运作过程要素的逻辑整合就是组织价值链，而政府绩效正是一种组织价值链。政府环境绩效是政府绩效的一种，它是指政府在掌握一定的资源条件下，为实现一定生态环境改善目标，采取一定生态环境改善行动的投入、管理、产出（结果、效果）、效应（影响）等系统运作过程要素所形成的因果关系链或因果关系总和；相应地，政府环境绩效也是一种组织价值链。环境绩效主要指政府采取了一定生态环境改善行动后产生的结果或达到的效果，即生态环境目标的实现程度(曹颖,2006),通常根据生态环境改善行动的结果和预期目标间的接近程度加以判断(董战峰等,2013)。但由于生态环境领域各种因果关系的复杂性、滞后性,许多环保行动未必能在短期内显现出效果;因此,除了生态环境改善的效果,环境绩效还应当包括政府环境管理完成的"工作量"或"任务量",如日常的环境执法、治污设施建设、重要的制度建设举措和污染治理项目。

正因为环境绩效管理是对环境问题背后的因果关系链或因果关系总和进行管理,本节所研究的环境绩效实际上是生态文明建设的绩效,它不是就环境保护谈环境保护,而是从经济、社会等领域深挖并克服环境问题的根源,以期获得持久的生态改善、污染减少、资源保护的效果。而且,目前对地方政府的相关评价考核也是从"大环保"格局的要求出发考察其全面统筹推进生态文明建设的成绩。相对于污染治理、生态建设、资源保护等狭义的环境绩效,生态文明建设绩效更强调统筹经济—社会—环境关系,从经济发展方式、民众行为方式等方面探究环境问题的根源,寻求解决方案,并为此建立完备的制度体系;在2018年5月召开的全国生态环境保护大会上,习近平总书记就提出生态文明包括生态经济、生态文化、生态文明制度等五大体系。绿色发展是生态文明建设的根本所在,在生态文明建设绩效管理(即本章所研究的环境绩效管理)中,绿色发展绩效居于核心或关键地位。绿色发展是一种经济与环境和谐的发展方式,它通过"经济生态化"与"生态经济化"从根本上解决发展要以牺牲环境为代价的问题。所谓"经济生态化",就是指当鱼与熊掌不可兼得时,宁要绿水青山、不要金山银山,包括挖掘本土文化和引进外来人才、创意、研发成果等来培育资源环境代价较小的新的经济增长点;所谓"生态经济化",就是善于找准方向、创造条件,利用良好生态环境本底打造和延伸生态经济产业链,变生态环境优势为生态经济优势。从新旧动能转换的角度看,就是要摒弃环境不友好的旧发展动能,激活环境友好的新发展动能。

环境绩效管理不仅仅是环境绩效评估,它是由一系列环境绩效管理流程构成的,环境绩效管理实际上是一系列环境绩效管理流程的运行,一般表现为这样的闭环流程：生态环境改善行动的计划制订、计划实施、环境绩效信息的监控、环境绩效评估、评估结果的反馈、根据反馈的结果改进相关计划或工作方式等。理想的情况下，该闭环流程每循环一次，环境绩效和环境绩效管理的水平都应得到相应提升（曹国志等，2010）；也就是说，环境绩效管理的闭环流程并非一个静止在"平面"上的循环，而是一个不断螺旋式上升的循环。在这一良性循环中，结果运用比结果考评更加重要。对生态环境治理的结果进行评估，不仅仅是为了考核与奖惩，更是为了判明生态环境问题的原因，而评估结果的运用，则是为了督责、激励和指导相关部门和人员改进生态环境管理工作。当然，考核与奖惩是必要的督责和激励手段，但仅有督责和激励是不够的，基于评估和后续研究的指导功能同样不可或缺。此外，这一闭环流程不仅包括结果管理——对最终的绩效进行评估、考核、奖惩、诊断、辅导等，而且包括过程管理的闭环流程，即在考核期未到时，对政府环境管理的过程进行考察、诊断、辅导、督责改进，并对问题整改的情况反馈加以监督等。其目的在于提高环境绩效管理体系及政府环境管理体系的响应能力，及时发现问题、诊断问题、解决问题，从而避免问题累积到考核期、导致原计划目标无法实现。

环境绩效管理体系则是指环境绩效管理的组织框架和制度框架，包括主体和客体、评估内容（指标体系是其核心）、绩效管理的方法和程序，以及对以上人员和事项加以规范的法规。本章的聚焦点是环境绩效管理的流程，包括流程中的主体和客体，以及对这些人员的行为和相关程序加以规范的法规。

二、环境绩效管理的特征

相对于其他种类的政府绩效，环境绩效具有以下几方面特征，将会对环境绩效管理流程或体系的设计带来较大影响。

一是环境问题因果关系的复杂性。这主要体现在生态环境状况受多重因素影响，并非某一部门（如环保部门）的努力所能改观或左右，许多影响因素的改变或改进是在其他部门（如工业、农业、林业、能源等管理部门）的权责范围内。而且,某一地区的环境问题可能是位于其他地区的因素所造成的,即输入型污染。

二是环境问题的因果关系还存在一定的滞后性。这会导致两种后果:其一,投入一定资源或努力后,要相隔较长时间方能显现出生态环境改善效果(蒋雯,2009);其二,早年发生的某些事件或因素,其不良环境后果在那时没有显现,但在当期却出现后遗症。

环境问题因果关系的复杂性决定了,环境绩效评估若只考察最终是否达到预期的生态环境改善效果,而不考察相关管理人员是否完成一定的任务量,就会有失公正。因果关系的复杂性还决定了在环境绩效评估后的反馈环节及根据反馈信息改进工作的环节,单靠相关部门内部的人员可能较难辨明问题背后的原因及其作用机理,并据此完善部门计划或工作方式等,因而需要外脑或第三方专家的辅助或辅导。

因为环境问题因果关系的复杂性,环境绩效管理不应当仅是针对单一部门(如环保部门)的考核与管理,而应当是针对所有对相关影响因素(如污染型产业扩张、化肥农药滥用、森林湿地减少、非清洁能源使用)负有责任的多部门考核与管理。

三、环境绩效管理流程研究技术路线

在理论层面,本章以多中心治理理论、公共价值理论和360度绩效评估方法为指导,论证一个较为理想的环境绩效管理流程应当具有的结构和特征,即构建这一流程应当遵循的"标准",作为判明我国现有环境绩效管理流程所存在问题、对此提出改进建议、设计新的环境绩效管理流程的参照系。多中心治理理论和360度绩效评估方法主要用来指导本章在环境绩效管理流程中引入多元主体并建立相互监督制衡的关系,从而利用主体间的相互监督保证绩效信息真实且传递通畅,绩效评估考核公平公正,奖惩分明且追责到位,过程管理能够及时发现并改进问题,有更多主体得以运用评估考核结果并为改进下一轮计划贡献智慧。环境绩效管理应当实现公共价值,而这个公共价值就是人民群众的美好生态环境需要,因此社会公众应当被引入环境绩效管理流程并以适当方式发挥作用;在环境绩效管理流程的什么环节引入社会公众的力量,如何发挥社会公众的作用(如直接还是间接,如果是间接,由谁为公众代言,收集、整合与表达公众意见的机制是怎样的),就需要运用公共价值理论的指导。

在实践层面,本章将主要从法规制度梳理和实地调研两方面,了解我国环境绩效管理流程的现状。就法规制度而言,本章将集中梳理根据《生态文明体制改革总体方案》(2015年)精神出台的一系列环境绩效评估考核与追责制度,如绿色发展评价、生态文明建设考核、环保督察、环境损害责任追究、自然资源资产负债表、自然资源资产离任审计等,由此了解在当前我国环境绩效管理流程的每一个环节上,有哪些法规可以用来对这些环节加以规范,具体的实务操作模式是怎样的。

将理论层面理想模式和实践层面现状模式作比较,可以初步看出二者之间存在的差距,本章还将结合2015年12月开始的第一轮中央环保督察开展后各省份整改方案与整改报告,以及2018年5月开始的中央环保督察"回头看"反馈信息,对以下两个层面的问题作深入了解:其一,我国环境绩效存在的主要短板,从而揭示我国环境绩效管理效果欠佳之处;其二,由此挖掘其背后我国环境绩效管理流程存在的问题。

在明了中国环境绩效管理流程所面临的问题之后,本章将以多中心治理理论、公众价值理论、政府流程再造理论和360度绩效评估方法为指导,对现有管理流程提出改进建议,设计我国环境绩效管理的标准化流程。其中,多中心治理理论和360度绩效评估方法用来指导在该管理流程中设置各主体的权责或功能,以形成多元主体相互监督制衡的关系。公共价值理论用来指导将公众力量引入环境绩效管理流程,使之以适当方式发挥监督、决策等作用。政府流程再造理论用来指导将我国环境绩效管理流程从一个原先政府内部的管理流程改造为由多元外部主体参与(尤其是公众直接或间接参与)的管理流程。在完成最终的设计方案之前,还将广泛征求专家意见,根据专家意见进行修改。

本章的实证研究还包括杭州等发达地区的环境绩效管理案例,用来展现多元主体相互监督制衡的环境绩效管理流程实务操作及其所取得的良好效果。虽然本章的研究对象是层级较高的环境绩效管理(中央对省级),但我国发达地区省级或地级行政区域的成功经验可以被推广应用到全国层面。

本章的研究思路如以下技术路线图(图 19-1)所示:

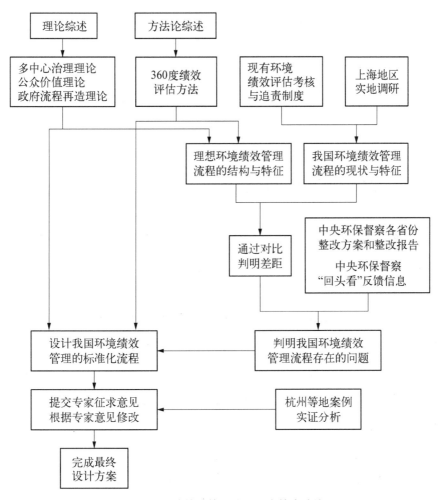

图 19-1　环境绩效管理流程研究技术路线图

第二节　多板块构成的闭环流程特征

本章将运用多中心治理理论、公共价值理论和 360 度绩效评估方法等展开分析,探讨一个运转良好的环境绩效管理流程应当具有的结构和特征,以此作为判明我国现有环境绩效管理流程存在的问题,对此提出改进建议,设计我国新的环境绩效管理流程的参照系。如图 19-2 所示,为形成一轮又一轮促进环境绩效提升的良性循环,环境绩效管理体系中需要存在多个闭环流程。这些闭环流程又是由若干重要板块构成的,包括处于起始阶段的计划与支持条件板块,绩效信息产生、监测与考评板块(其中计划实施环节同时是绩效信息产生的环节),对闭环形成有关键意义的结果运用板块,以及提高整个体系响应能力的过程管理板块。

一、多个良性循环的闭环流程

环境绩效管理的目的是政府环境绩效的持续改进,要达到此目的,结果考评就不能是环境绩效管理流程的终结,结果运用比结果考评更加重要。要运用考评结果进行问题诊断、辅助决策、改进计划并为此调整和加强各种支持性条件(资源或预算分配、组织学习和能力建设),而结果考评—问题诊断—辅助决策—改进计划—实施新一轮计划—产生新一轮绩效信息—进行新一轮考评,就形成一个闭环流程(图 19-2);这种闭环流程的不断运转就形成环境绩效持续改进的良性循环,每运转一轮,政府环境管理就跃上一个新台阶。结果运用的闭环流程是多样化的,如结果考评—奖惩与追责—对执行者形成正确激励—执行者改进工作—产生新一轮绩效信息—进行新一轮考评,也能形成不断运转的良性循环(曹国志等,2010;曹颖和曹东,2010)。

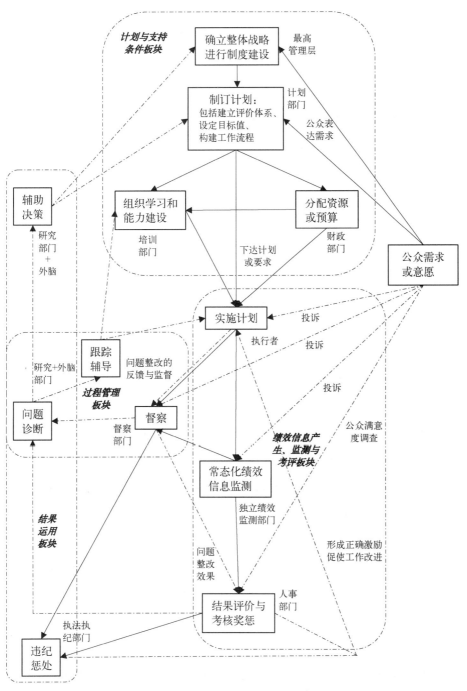

图 19-2 理想环境绩效管理流程简图(虚线为反馈流程)

除了结果管理,过程管理也是非常重要的闭环流程。通过督察发现问题—问题诊断—跟踪辅导—问题整改—问题整改反馈(包括督察"回头看"),构成一个完整的闭环;只有问题整改的反馈信息沿着这个完整闭环回流到督察部门处,方能保证问题整改的情况得到切实监督,如有必要,还能让督察部门提出新一轮改进意见。

多个闭环流程之间还会有交集,彼此之间强化良性循环的机制。如过程管理与结果管理的闭环流程就有交集,督察之后的问题诊断,可以和"辅助决策—改进计划—实施新一轮计划—产生新一轮绩效信息—进行新一轮督察"连接成又一个闭环;又如,督察之后的问题整改效果反馈信息可以流入结果考评环节,从而进入结果运用的闭环流程,在过程管理中获得的绩效信息可以对结果运用闭环的良性循环起到促进作用。

上述多个闭环流程的运行要经过若干重要板块,本章将逐一对这些板块展开分析。

二、计划与支持条件板块

如图 19 - 2 所示,该板块是整个绩效管理流程的起始板块,如果这一板块出现偏差,对后续板块的运行就会造成"失之毫厘、差之千里"的后果,难以产生预期绩效、达到预期目标;因此,这一板块需要强大的辅助决策功能,这一功能将在下文详述。这一板块包含以下几个环节:

其一,由最高管理层确立整体战略,并为形成正确激励机制,推动整个绩效管理体系按照最高管理层意图运行,以实现预期战略目标,进行一整套制度建设。

其二,由计划部门根据最高管理层制定的整体战略和内外部条件制订具体计划,较长者有五年期计划,较短者有年度计划。计划部门根据战略目标制定具体的工作目标,并将其转化成指引相关责任人员工作的评价指标体系,对于每项指标明确其目标值。为了实施计划设置合适的工作流程,也是计划的一部分。

其三,实施计划离不开一定的支持性条件,计划部门应要求培训部门根据计划开展组织学习和能力建设,让相关责任部门、责任人员具备完成任务所需的技能或能力;还应要求财政部门根据计划为相关责任部门、责任人员配置完成任务所需的资源或预算,包括为组织学习和能力建设工作配置所需的资源或预算。

三、绩效信息产生、监测与考评板块

在计划制订并下达、各种支持性条件具备之后,执行部门就要承担或开展实施计划的工作,而实施计划的过程同时也是绩效信息产生的过程。

在绩效信息产生之后,就要有一定的常态化绩效信息监测部门对其进行收集、审核、分析;为保证绩效信息监测部门所采集、处理、传递的信息真实性,就要让其保持一定的独立性,避免受到来自执行部门的人为干扰。

到考核期末,人事部门在获得来自常态化监测部门等的绩效信息后,对绩效管理对象(主要指执行部门)进行公平公正的考评,并根据考评结果予以适当的奖惩,从而对执行者形成正确激励,促使其不断改进工作。其中,为保证考评所用绩效信息的真实性,其来源必须是多元的(如图 19-2 所示),如公众满意度调查和来自督察部门的问题整改效果反馈都是重要的绩效信息来源。这种由多元主体提供绩效信息甚至由众多利益相关者参与的绩效考评就被称为 360 度绩效评估。

四、结果运用板块

如前文所述,为了形成绩效不断改进的良性循环,结果运用比结果考评更为重要。在环境绩效管理中,对于结果考评环节发现或反映出的问题,需要进行问题诊断,判明环境问题产生的根源和规律,据此提出符合客观规律、较为科学的解决环境问题的政策建议,辅助决策者优化战略、完善制度、改进计划(即开展辅助决策工作)。问题诊断和辅助决策要求对环境科学知识有较为全面而深入的掌握,而且会耗费大量时间精力;在政府内部行政管理人员时间精力、知识水平难以达到要求时,其内设或下属研究部门和外脑的作用就非常重要。内设或下属研究部门的力量需要充实、加强,而外脑的形式或来源则可以多元化,包括大学、研究院所、市场化的咨询公司等。

五、过程管理板块

如前文所述,过程管理板块或环节的存在是为了在考核期未到时就及时发现问题、诊断问题、解决问题,提高整个环境绩效管理体系或政府环境管理体系的响应能力。督察部门在过程管理中扮演了重要角色,它依靠多元信息来源来寻找和发现问题,包括自行到执行者处实地调研收集信息,依靠来自常态化监测的信息,依靠来自公众投诉的信息。在寻找和发现问题后,就要对问题进行诊断以判明其背后的根源和规律,然后通过跟踪辅导,让执行者等及时改进、整改问题。最后,问题整改的反馈信息要回流到督察部门,接受其监督,这也形成一个完整的闭环。

第三节 环境绩效管理流程的特征

本章运用多中心治理理论、公共价值理论和 360 度绩效评估方法展开分析,探讨一个运转良好的环境绩效管理流程应当具备哪些特征,包括多元主体监督制衡,公众表达诉求有多重渠道,有完备的制度并严格执行、形成刚性约束,有为绩效管理对象完成任务、实现目标提供适当的支持性条件。

一、多元主体监督制衡

根据多中心治理理论和 360 度绩效评估方法,一个运行良好的环境绩效管理流程中应当有多元主体监督制衡。多元主体的存在使信息来源和传递通道多元化,也使压力传导通道多元化,这两方面因素使相关责任主体受到多重监督,必须恪尽职守且如实报告绩效信息。多元主体的存在还能使智力支持多元化,提高决策科学化水平。

有了多元主体的存在,绩效信息监测、结果考评、督察、违纪惩处等环节都能接受到多来源、多渠道的信息。如除了自行组织监测或调查,绩效监测部门和督察部门都可以从公众投诉中了解执行部门的履责情况;人事部门除了从绩效监测部门了解执行部门的工作绩效,还能从公众满意度、督察部门反馈中了解更全面的绩效信息,也就是说,由多主体、从多角度开展360度绩效评估;除了从人事部门获取信息,执法执纪部门还可以从督察部门更及时掌握违法违纪情况。其中,公众向执行部门发起的投诉,应当在绩效监测部门备案,对投诉信息进行分析、从中发现问题线索(包括执行部门弄虚作假的问题线索),这些应当成为一种常态化的绩效监测工作。

就压力传导通道而言,除了向执行部门直接投诉,公众还可以向督察部门反映情况,向负责结果考评的人事部门反映情况,向决策者反映情况,间接对执行部门传导压力。

由于信息来源、信息传递通道、压力传导通道的多元化,执行部门、监测部门、负责考评的人事部门、执法执纪部门隐瞒对自己不利信息、逃避惩罚的难度都大大提高,因此会将恪尽职守工作选作自己的最优策略,保证整个绩效管理体系良好运转。

多元主体的存在还会让决策者获得多元化的智力支持,如除了来自自身监测部门、人事部门、督察部门的分析报告,公众意见建议、政府内外部研究机构的决策咨询报告都是重要的智力支持。

二、公众通过多元渠道参与

根据公共价值理论,政府绩效管理的最终目标是为了实现一定的公共价值,就环境绩效管理而言,所要实现的公共价值就是人民群众的美好生态环境需要。要更好地实现这一公共价值,就要在环境绩效管理流程中体现"顾客导向"或"公众导向",让公众有多种渠道可以表达其意愿。公众可以向党委和立法机关表达意愿,参与顶层设计,党委和立法机关也可以借助立法公示、常态化舆情分析等,主动了解公众意愿。公众可以通过规划公示、听证会、问卷调查等,向计划部门表达意愿。公众可以向执行部门和督察部门表达要求改进工作或整改问题的要求,而且这种投诉信息应当被监测部门备案以纳入常态化监测。公众还可以通过满意度调查参与评价考核环节。

三、制度完备且形成刚性约束

在一个环境绩效管理流程中存在多元主体,要设置这些主体的权利义务、规范其行为、赏罚分明以产生正确激励,引导其为实现组织目标而努力,就要有一套完备的制度,而且得到严格执行、形成刚性约束。因此,位于环境绩效管理流程起始环节的制度建设非常重要。对于环境绩效管理流程中的一些关键环节,赏罚要尤其分明,违规违纪的惩罚要尤其严厉。

其一是绩效信息上报和监测环节。绩效信息的真实性是绩效管理的基础,若其真实性不能得到保证,则后续的结果评价、考核、奖惩、问题诊断、跟踪辅导、辅助决策等都会产生偏差甚至是严重谬误,高层领导根据错误的信息做出决策,将会给国家、人民或社会造成巨大损失。因此,对于执行部门在上报信息的过程中,以及监测部门在监测和传递信息过程中的弄虚作假行为,应当设置更严厉的处罚条款并得到严格执行。

其二是考评、奖惩、违纪惩处环节。要对绩效管理体系的各个主体形成正确激励,考评、奖惩、违纪惩处必须是公平、公正、严明的;否则,就会鼓励相关主体在寻租活动或弄虚作假中耗费大量时间精力,而不是为实现组织目标而努力。因此,对于人事部门未能公平公正评价、考核、奖惩,以及执法执纪部门在违法违纪行为惩处中不作为等,都要规定从重处罚的条款并得到严格执行。

四、为管理对象提供必要支持条件

对于绩效管理对象(主要是执行者),不仅要下达任务和目标,而且要为其完成任务、实现目标提供必要的支持性条件或配置适当资源,如图 19 - 2 中的"计划与支持条件板块"所示。这种支持性条件或资源一方面是资金或预算,另一方面是为绩效管理对象开展组织学习和能力建设,使之具有完成任务、实现目标的能力。而且,对于未能完成既定任务、实现预期目标的绩效管理对象,除了给予必要的惩罚,更应当在结果管理和过程管理的问题诊断环节,对其开展能力评估;从而通过辅助决策和跟踪辅导环节,就组织学习和能力建设提出并实施改进方案。

除了以上四点,重视结果运用、形成良性循环的闭环,重视过程管理、提高响应能力,都是一个运转良好的环境绩效管理流程应有的特征。前文已有详述,此处不再赘述。

第二十章　我国环境绩效管理流程的现状与问题

本章通过梳理根据《生态文明体制改革总体方案》(2015 年)精神出台的一系列现行环境绩效评估考核与追责制度，以及赴内蒙古、云南、四川、长三角城市及上海本地等处开展调研，了解我国现有环境绩效管理流程各个环节的运行现状；然后，从 2015 年 12 月开始的第一轮中央环保督察后各省份整改方案、整改报告和 2018 年 5 月开始的中央环保督察"回头看"反馈信息中收集资料，对照前文根据多中心治理理论和公共价值理论等总结出的理想环境绩效管理流程应有的结构和特征，指出我国现有环境绩效管理流程的问题所在。

第一节　我国环境绩效管理流程现状

本节根据前述研究方法对我国现有环境绩效管理流程(图 20 - 1)进行分析，发现中国环境绩效管理流程的发展已经取得长足进步，在执行环节，地方政府或党政一把手对辖区内环境绩效负总责；多元主体参与监督和评估考核的格局初步形成；结果运用、过程管理等功能已经较为完备，形成促进环境管理工作良性循环的多个闭环；各项相关制度在逐步完善，尤其是责任追究机制的完善使制度的刚性约束越来越强。

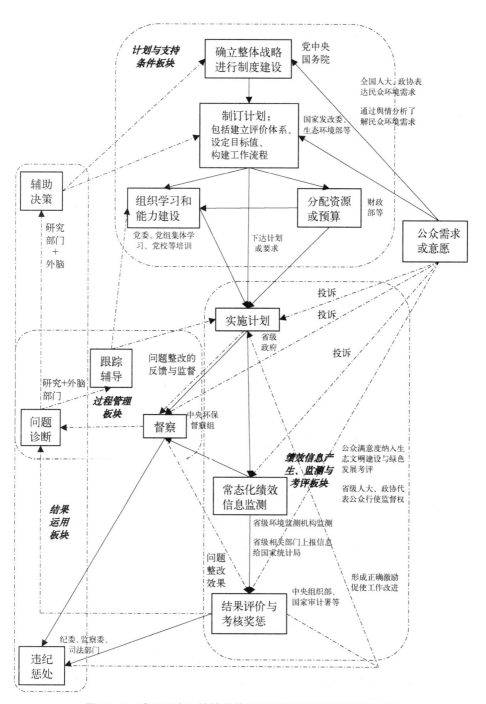

图 20 - 1　我国现有环境绩效管理流程简图(虚线为反馈流程)

一、计划与支持条件板块

我国环境绩效管理流程的计划与支持条件板块主要包括战略制定（为计划制订确定大方向）、制度建设（制度支持条件准备）、计划制订、资源或预算分配（物质支持条件准备）、组织学习和能力建设（人力支持条件准备）等。

（一）战略制定和制度建设

我国环境保护（广义而言就是生态文明建设）的总体战略制定和制度建设由党中央、国务院开展，包括出台《生态文明体制改革总体方案》（2015年）及其所统领的各项制度。在这些总体战略制定和制度建设过程中，习近平生态文明思想居于统领和指引的地位。

党中央、国务院在进行我国环保总体战略制定和制度建设的过程中，从全国人大、全国政协、舆情分析等渠道广泛吸收民意，了解民众环境需求。

（二）计划制订和资源分配

目前，我国环境保护或生态文明建设的规划或计划制订由国家发改委、生态环境部等负责。但是，在我国环境绩效管理的计划制订环节，公众等利益相关方的参与仍有所不足，未能形成多中心治理的格局；公众表达意见的机制欠缺，也使所制定的规划或计划在体现公共价值方面有一定偏差。虽然，在各种规划或计划正式发布前，会有公示并向公众征求意见的程序；但由于这种公示和征求意见环节是在相关政府部门内部操作，而没有接受人大等有相当权力的外部主体监督，相关政府部门是否接受公众的合理建议就会缺乏约束。计划制订环节的科学性不足，会给计划实施环节增添不必要的困难；而在发现这些问题后，再去纠正计划中的偏差，就会付出额外的成本。

在计划制订环节之后，财政部等会根据国家发改委等制定的环境保护或生态文明建设规划或计划向各省份分配资源或预算，包括一些相关类别中央财政专项资金的设立与发放。

(三) 组织学习和能力建设

目前,中国共产党各省级委员会、各省级政府党组、各省级政府下属各相关部门党组都将习近平生态文明思想、我国生态文明建设总体战略和相关制度等当作集体学习的重要内容,各级党校、行政院校、干部学院等也将其作为重要教学内容,尤其在中央环境保护督察开展以后。

就能力建设而言,各省级政府重视投资于改善环境监测技术装备、提升环境执法能力等。

二、计划实施环节

在省级层面,省级政府是实施生态文明建设领域各项国家战略、制度和重大行动的责任主体,如京津冀雾霾防治、长江经济带绿色发展与生态建设;省级政府统领下属各相关部门各司其职、形成合力,共同完成国家下达的生态文明建设领域各项任务与目标。从 2007 年"节能减排统计监测及考核实施方案和办法"出台,以地方政府为考核对象开始,这一格局就已形成;到 2016 年《生态文明建设目标评价考核办法》出台,这一格局得到进一步确认;2016 年在全国范围推开的"河长制"等制度也体现了地方政府对辖区内生态文明建设负总责的精神或原则。此外,计划实施或执行过程同时是产生绩效信息的过程。

三、绩效监测环节

如图 20-1 所示,当前,我国环境绩效管理中的绩效监测主要由环境监测和环保等相关领域统计两大部分组成。但由于缺乏多元主体参与的外部监督,而省级环境监测机构以及省级环保、能源、水务、林业、国土、统计等提供或汇总相关统计资料的部门都隶属于省级政府,难以让它们摆脱省级政府的干扰而确保环境绩效信息的真实性。

(一) 环境监测

环境监测部门负责各项环境质量和污染物排放数据的日常监控,在2016年中央就出台文件,要求实现省以下环境监测机构的垂直管理,以求避免省以下地方政府对环境监测数据的记录、汇总、统计、分析等进行人为干扰;但中央对省级环境监测机构并未实现垂直管理,这为省级政府干扰所上报环境监测数据的汇总、统计、分析结果,留下了操作空间。

(二) 环保等相关领域统计

在环保、能源、水务、林业、国土等部门内部,都有专项的绩效信息监测和绩效考核,而这些部门内部监测到的专项绩效监测信息都应当汇总给统计部门,用于中央组织部等开展的综合性环境绩效评估考核(生态文明建设考核、绿色发展评价等)。这些绩效信息的来源是省级环保、能源、水务、林业、国土等部门,在上报给国家统计局之前,在不少情况下会先被汇总给省级统计部门;在省级环保、能源、水务、统计等部门行政上隶属于省级政府的情况下,难以排除作为绩效管理对象的省级政府干扰这些部门所提供绩效信息真实性的可能。

四、结果评价与考核环节

在我国环境绩效管理流程中,结果评价与考核环节主要有年度和五年期的评价考核,环境审计也是结果评价与考核的重要组成部分,而领导干部自然资源资产离任审计和自然资源资产负债表编制是我国环境审计领域的重大创新。通过将公众满意度纳入结果评价、由政府向人大(代表公众意见)汇报环保工作、接受政协监督等,我国直接或间接将公众这一利益相关者纳入环境绩效评价考核中。

(一) 年度和五年期的评价考核

目前,我国年度和五年期的环境绩效评估考核由三大类组成:单一部门内部的专项评价考核、以地方政府为对象的专项评价考核、以地方政府为对象的综合评价考核。其中,以地方政府为对象的综合评价考核代表我国环境绩效评价考核制度改革的最新成就。

　　这个格局是经历了一定演进过程形成的。2007 年之前,在我国生态环保领域,基本上只有单一部门内部的专项评价考核,包括各个条线的各种创建活动也属于专项评价考核。从 2007 年开始,在我国生态环保领域,形成了以地方政府为对象的专项评价考核;那一年,国家发改委和国家环保总局等部门出台了"节能减排统计监测及考核实施方案和办法",要求地方政府对辖区内单位 GDP 能耗、二氧化硫排放总量、化学需氧量(COD)排放总量等节能减排指标的改善负责,之后又增加了非化石能源占一次能源消费比重、单位 GDP 碳排放、氨氮和氮氧化物排放总量等指标。2016 年在全国范围推开的"河长制"也是以地方政府为对象开展的专项评价考核。

　　2016 年 12 月,中央出台了《生态文明建设目标评价考核办法》及与之配套的《生态文明建设考核目标体系》和《绿色发展指标体系》,在生态文明领域,形成了以地方政府为对象的综合评价考核制度。这一制度第一个也是最突出的特点是由地方政府承担生态文明建设的全面责任,而且实现了党政同责。由地方政府对一定区域的环境绩效承担全面责任,有利于整合各部门力量,共同推进生态文明建设。而且,自 2015 年环境保护督察制度出台,对地方政府的环境绩效管理就实现了"党政同责"。地方党委有全面领导一定地区政务或发展的权力,"党政同责"有利于做到一定区域环境绩效管理的权责对等。

　　这一制度的第二个特点是发挥绿色发展"指挥棒"作用。现有的生态文明建设评价考核制度没有就环境问题考核环境问题,而是直指环境问题背后的根源——不可持续的、亟待转型的发展方式。在该制度下,不仅设置了用于年度评价的《绿色发展指标体系》,而且用于五年期考核的《生态文明建设考核目标体系》中也包含了不少绿色发展指标,在对地方党政领导的政绩考核中,摒弃 GDP"指挥棒",采用绿色发展"指挥棒"。

　　该制度的第三个特点是结果评估和过程管理相结合。该制度是以五年为一个考核周期,期末根据《生态文明建设考核目标体系》进行结果考核,对地方党政领导起到约束作用;每年一度根据《绿色发展指标体系》开展的评价,则更接近于过程管理,重在引导地方党政领导识别辖区内的环境问题及其根源,并及时采取应对措施。

最后,在该制度实施中,综合评价考核与专项评价考核较好地配合。综合评价考核对环保、能源、水务、林业、国土等部门的专项评价考核起到统领作用,而专项评价考核对综合评价考核起到数据支撑作用。生态文明建设评价考核采用环保、能源、水务、林业、国土等部门评价考核中获得的数据,而没有额外增加各地、各部门提供环境绩效信息的负担。

(二) 自然资源资产离任审计及其资产负债表编制

环境审计是环境绩效评估考核的重要形式之一,2015 年出台的领导干部自然资源资产离任审计制度及为之提供信息或数据支撑的自然资源资产负债表编制制度,是我国环境审计领域的重大创新。以这些工具进行评价的结果,为后续的考核、奖惩、问责提供了依据。

完整的自然资源资产审计应当包括财政财务审计、合规性审计和绩效审计(陈波,2015)。此处,财政财务审计是指对自然资源资产管理中的财政收支进行审计。合规性审计主要是考察地方党政领导等遵守和执行生态保护相关法规、规划和政策的情况。绩效审计是自然资源资产审计中的重点,包括审计地方党政领导在生态保护方面贯彻中央大政方针、本地区重大决策、完成既定目标、履行监管职责等情况(钱水祥,2016)。绩效审计的核心是将一定地区内若干重要的自然资源资产由实物量折算成价值量,然后加总并考察其在一定时期内的变动情况。

但目前推进自然资源资产负债表编制及以此为基础的领导干部离任审计,仍面临不少障碍:其一,相关数据分散在林业、水利、国土、能源等部门,信息分享或获取较困难;其二,数据质量较难控制;其三,关于将各种自然资源资产从实物量转换成价值量的系数,缺乏得到公认的或比较权威的科学依据;其四,自然资源资产审计不同于以往的财务审计,需要较强的生态环境方面的专业知识背景,由原先的财务审计人员来进行自然资源资产审计存在专业不对口的困难(钱水祥,2016)。

(三) 多元主体参与环境绩效评价考核

在我国当前环境绩效管理中,已经通过以下多种途径初步实现了多元主体参与环境绩效评估考核。

其一,通过多种渠道直接或间接将公众这一利益相关者纳入环境绩效评估考核。在中央出台的生态文明建设考核与绿色发展评价制度中,将公众满意度调查纳入五年期考核与年度评价。为了让公众更好地了解当前环境绩效,政府各相关部门加强了环境信息公开工作,如定期发布环境质量公报、空气质量指数(AQI)、水质情况等,开设政务微博、政务微信公众号与大气污染防治、水污染防治等专门 App,促进围绕环境热点问题的交流和互动。

其二,根据《环境保护法》规定,政府需要向同级人大或其常委会报告年度环保工作完成情况,而同级人大或其常委会作为民意代表机关,向政府表达公众的环境需求,监督其是否较好地满足公众的环境需求。在我国环境绩效管理实践中,人大通常通过听取和审议同级政府环保工作报告、相关职能部门的专项工作报告和审计部门的环境审计报告,以及对生态环保法律、法规、政策实施情况开展执法检查,以质询、询问和特定问题调查等方式发挥刚性监督作用。

其三,政协参政议政也是一种向政府表达民众环境需求或诉求的渠道。作为一种民主监督形式,政协在环境绩效管理中通过会议、视察、提案、专项调研、社情民意收集等形式进行监督。

其四,在一些发达地区,已经在探索引入第三方环境绩效评估,外部专家的来源包括高校、研究机构、市场化咨询公司等。

五、过程管理与结果运用板块

我国环境绩效管理流程中的过程管理板块主要由督察与其后的问题诊

断、跟踪辅导(针对执行者)等环节构成,结果运用板块主要由问题诊断和辅助决策(针对战略、制度和计划的制定者)等环节构成(违纪惩处或责任追究环节将在下文单独详述),而问题诊断是过程管理板块和结果运用板块的交集。在过程管理和结果运用中,我国环境绩效管理的问题诊断、跟踪辅导和辅助决策机制已经逐步完善。

(一) 环保督察制度

我国生态环保领域的督察制度始于 2006 年开始的土地督察,而在全国范围开展、覆盖所有相关部门的生态环保类督察制度则是 2015 年开始的环境保护督察。

目前的环保督察是以"督政府"为特征,这是从以"督企业"为特征的阶段演变而来的。2006 年,国家环保总局(2008 年升格为环保部)在全国六个大区设立了区域督查中心,在 2006—2013 年开展了以企业为对象的督查工作。然而,大量企业违法排污,背后有地方政府为了推动经济增长而对其进行纵容;为了解决企业环境违法背后的深层次问题,2014 年开始的环保约谈和 2015 年开始的环保督察将地方政府作为督责对象(刘奇等,2018)。此外,在经历中央环保督察后,各省份都在整改过程中建立了针对下属地级市的环保督察制度。

现有的环保督察包括督察准备、督察进驻、督察报告、督察反馈(约谈往往成为督察反馈的一种形式)、移交移送问题线索和整改落实等环节(葛察忠等,2016),它具有以下几个特征:其一,实现了党政同责、一岗双责。不仅是环保督察和约谈,土地督察、"河长制"都有以地方政府为考核、督责对象,由地方党政一把手负总责的特点。其二,在督察之后具有多样化的压力传导机制,包括区域限批、挂牌督办、限期整改、行政问责、立案处罚、媒体曝光、事后督查、移交移送。其三,相较于之前以"督企业"为主的阶段,目前的环保督察巡视级别较高、权威性较强。如层级最高的中央环境保护督察,是由正部及以上级别的全国人大和政协的专门委员会领导带队,面对督察对象时的组织权威性较强(翁智雄等,2017)。其四,环保督察和约谈具有诊断—辅导功能,从明察暗访、查找问题,到督责和指导地方政府制定整改方案,就是在进行诊断和辅导。其五,环保督察和约谈的作用机理符合"大环保"的要求,环保部和省级环保部门对下一级地方政府进行督察后,地方政府会将压力传导给所属各相关部门,其制定的整改方案也会要求各相关部门各负其责、协同行动。

但是,现有环境督察和约谈制度仍有需要改进之处,主要体现在以下三个方面:

第一,尚未能较好促进环保长效机制的形成。应当说区域限批、挂牌督办、限期整改等措施对地方政府的震慑力相当强。然而,地方政府在这种震慑力之下,采取的多是短期运动式举措,如备受诟病的"一刀切"式让所有工厂停产(这种做法已于 2018 年 5 月由生态环境部发文明令禁止),而不去思考如何建立长效化的环保体制机制。甚至有些地方政府平时不作为,有上级来检查时乱作为。

第二,有些地方政府在受到督察和约谈后乱作为的表现之一,就是采取一些超越法律和行政法规的行动。一是不经过合理合法的程序就对一些干部施加党纪政纪处分甚至免职,不是为了查清原因、解决问题,而仅仅是为了平息上级与公众的怒火。二是"一刀切"式关停所有工厂与工地的做法,侵犯了合法企业的合法权益(葛察忠等,2015)。

第三,各级政府为环保督察设立的领导小组之类机构,仅仅是获得一次性、临时性"个别授权"的"议事协调机构",而非由法律法规进行"制度化授权"的常设机构,其法律位阶和政治权威仍然有所不足(陈海嵩,2017)。

(二) 问题诊断—跟踪辅导—辅助决策

在我国环境绩效管理流程中,问题诊断、跟踪辅导(针对执行者)、辅助决策(针对战略、制度和计划的制定者)已经逐渐完善。

五年期和年度的评价考核及环保督察之后,国家发改委、生态环境部等会在下属、内设或外部的研究机构支持下,判明问题并分析其根源,这就是问题诊断;据此提出改进相关战略、制度、计划、工作方法等的政策建议,这就是跟踪辅导和辅助决策。

例如，对某一省份进行中央环保督察，发现当地在环境保护中存在的问题并进行分析，就是问题诊断的过程；在这之后，中央环保督察组会督责和指导当地省委、省政府编制整改方案，这就是跟踪辅导的过程；利用环保督察中获得的材料开展进一步分析，对党中央、国务院完善相关战略、制度和计划提供智力支持，就是辅助决策的过程。

在上述过程中，政府内外部研究机构发挥了重要的智库作用，主要形式包括以下几种：一是国家发改委、生态环境部等下属或内设的研究机构承担大量调研工作，起到良好参谋作用，这些部门也会通过招标课题等途径动员外部研究机构或专家的智力支持；二是成立专家咨询委员会，发挥专家智囊团作用，保障环境绩效管理中的决策科学化、民主化；三是成立院士专家工作站，形成系统的环境保护人才培养体系；四是政府相关部门与科研院所建立联动合作机制，在空气污染防治、生态建设和环境应急处置等方面不断加强协作。

六、责任追究环节

在五年期和年度的评价考核及环保督察之后，问责或责任追究（即违纪违规惩处）是环境绩效管理的重要一环，是为了切实保障各项制度的刚性约束。2015 年出台的领导干部生态环境损害责任追究制度就问责环节的操作程序做出全面而具体的规定，其对象涵盖地方党政一把手、地方党政分管领导与相关部门领导，具有党政同责、精准追责、联动追责、终身追责等特点。

第一，现有生态环境损害责任追究制度实现了"党政同责"，在地方党委对辖区政务或发展享有全面领导权的政治体制下，体现了"有权必有责""权责相当"的原则（常纪文，2015）。生态环境损害责任追究为地方党政领导等推动经济发展设置了一条底线，有利于转变政绩观和倒逼发展方式转型。

第二，该责任追究制度对地方党政一把手、地方党政分管领导、相关部门领导等规定了 25 种需要被问责的造成生态环境损害的情形，明确了责任主体、列明了"责任清单",实现了精准追责。这 25 种情形可大致分为三类：决策失误造成的生态环境损害,地方政府或相关部门不作为或推诿扯皮造成的环境损害,最严重的是地方党政领导为推动经济发展而违法干预相关部门审批、执法等工作所造成的环境损害,包括指使篡改、伪造环境绩效数据也是一种较严重的违法行为(常纪文,2015)。

第三,形成完整的追责链条,实现联动追责。组织部门、监察机关与司法机关联动,轻则对相关人员进行党纪政纪处分和组织处理,重则移交司法、追究刑事责任,追责的结果还直接影响干部的提拔任用(黄爱宝,2016)。

第四,对因为调离、升迁、退休等已经不在位的相关领导干部进行终身追责,实现了中短期和长期环境绩效管理、显性与隐性环境绩效管理相结合(高桂林和陈云俊,2015)。

第二节　我国环境绩效管理流程的特征

我国环境绩效管理流程的发展已取得长足进步,初步具备了一个理想环境绩效管理流程应有的特征：在执行环节,地方政府或党政一把手对辖区内环境绩效负总责；多元主体参与监督和评价考核的格局初步形成；结果运用、过程管理等功能已经较为完备,形成促进环境管理工作良性循环的多个闭环；各项相关制度在逐步完善,尤其是责任追究机制的完善使制度的刚性约束越来越强。

第一,在执行环节,由地方政府或其党政一把手对辖区内环境绩效负总责,带领所辖各部门协同行动,形成"大环保"格局。其一,不管是生态文明建设评价考核,还是环保督察、自然资源资产离任审计、生态环境损害责任追究都是由地方政府或其党政一把手承担全面责任。而且,"党政同责"原则在坚持党的领导的中国特色政治体制下,实现了生态文明建设的权责对等。其二,现有环境绩效管理已形成"大环保"格局。由地方政府或地方党政一把手承担全面责任,有利于促使其统领所辖各部门形成生态文明建设的合力。如各省在中央环保督察后的整改方案都是要求各相关部门各负其责、协同行动。其三,将生态文明建设、绿色发展纳入地方官员政绩考核体系,使之成为新时代官员政绩的新内涵,对其施政行为产生正确的导向作用,摒弃 GDP 指针。而且,此类评价考核还基于主体功能区对不同区域实行差别化管理,使一些在生态建设方面承担重要功能的区域进一步淡化甚至彻底取消 GDP 考核,强化"宁要绿水青山,不要金山银山"的导向。其四,生态环境损害责任追究和自然资源资产离任审计为地方党政官员的施政行为设置了刚性的底线,强化其生态环境保护底线意识。

第二,初步实现了多元主体参与监督和评价考核的格局,即一定程度上采用 360 度绩效评估模式。组织部门除了根据来自环境监测部门、统计部门的绩效信息开展考评,还会吸纳公众满意度调查结果、来自督察部门的问题整改反馈等信息;人大通过听取政府环境工作报告、相关部门专项工作报告、开展执法检查等方式参与环境绩效评估;审计部门通过环境审计或自然资源资产离任审计等方式参与环境绩效评估;环境绩效评估的参与者还包括第三方研究机构、新闻媒体等。

第三,我国环境绩效管理已具备问题诊断—跟踪辅导—辅助决策等结果运用和过程管理功能,因而形成了多个促进环境绩效良性循环的闭环流程。如中央和省级环保督察在明察暗访、查找问题基础上,督责和指导地方政府制定整改方案,就是在进行问题诊断和跟踪辅导。国家发改委、生态环境部等下属、内设或外部研究机构利用生态文明建设考核、绿色发展评价、环境审计、环保督察、舆情调查中获得的资料进行环境问题根源和规律分析,为党中央、国务院、国家发改委、生态环境部等改进生态文明领域相关战略、制度、下一轮计划提出政策建议,就是问题诊断和辅助决策。

第四,我国环境绩效管理的制度正在逐步完善,尤其通过完善责任追究机制,使这些制度形成刚性约束。如根据《生态文明体制改革总体方案》精神,我国围绕生态文明建设考核、绿色发展评价、自然资源资产负债表编制、自然资源资产离任审计、环保督察、环保约谈、环境损害责任追究出台了一系列法规。而且,现有各种生态文明建设绩效考核与责任追究制度产生叠加效应,构成完整追责链条,使制度更加严明。环保督察、环保约谈、自然资源资产离任审计、生态环境损害责任追究与生态文明建设考核、绿色发展评价乃至后续的官员考核选拔、党纪政纪处分、移交司法追究刑责等机制联动,环保、组织、监察、司法等多部门协同,对于在生态文明建设中履职不力的地方党政官员形成较强威慑力。

第三节　我国环境绩效存在的主要短板

本节通过对 2015 年开始的第一轮中央环保督察后各省份的整改方案、整改报告和 2018 年 5 月开始的中央环保督察"回头看"反馈信息进行全面分析,了解我国环境绩效提升面临的主要短板,这也正是我国前一阶段环境绩效管理效果的不足之处;然后,从这些不足之处切入,进一步了解我国环境绩效管理流程存在的主要问题。上述督察和督察"回头看"行动反映的环境问题数目惊人,尤其在资源型省份环境问题较为突出(图 20 - 2,图 20 - 3)。本节对这些

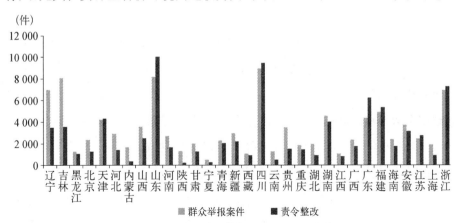

图 20 - 2　第一轮中央环保督察反馈各省份的环境问题数量

资料来源:笔者通过第一轮中央环保督察公告收集整理。

问题进行深入分析后,发现问题集中在这四个方面:绿色发展新动能培育难,对环保工作降低标准,环境管理能力建设有待加强,环保资金投入不足且使用管理不善。

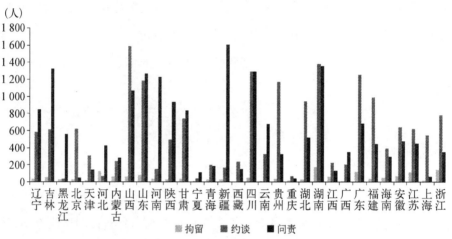

图 20-3　第一轮中央环保督察反馈各省份的环境问题问责人数

资料来源:笔者通过第一轮中央环保督察公告收集整理。

一、部分地方环境管理尚未培育绿色发展新动能

我国各个地方推动生态文明体制改革和生态文明建设的发展情况参差不齐。在我国沿海经济发达地区,经济技术能力整体较强,自身内在的绿色发展驱动力逐步增强;而在欠发达的中西部地区,经济技术能力整体偏弱,一些地方对生态文明建设的认识不到位,自身缺乏内在的绿色发展驱动力,而是被动地根据上级要求推动绿色发展(常纪文,2017)。例如,在河北、河南等一些地区,迫于中央环保督察的压力,地方落实环境保护党政同责、一岗双责的要求,从能源转型、经济结构转型升级、环境污染防治等方面进行了大量的整改工作,虽然在短时间内削减了污染物排放,但这种应对中央环保督察的环境管理手段是"只堵不疏"的方式,没有对当地的绿色经济发展、绿色科技创新和环境基础设施建设进行培育,欠发达地区想要进一步削减污染物排放、改善生态环

境质量缺乏内在的动力,因此当地的生态环境保护与当地的经济发展之间的矛盾只是短时间的缓解,并没有从根本上化解。而有些地方出台的生态环境保护政策还与上位法相冲突,例如甘肃省祁连山历经三次修正的自然保护区管理条例,部分规定始终与国家出台的自然保护区条例不一致,集中表现为将国家规定禁止在自然保护区内的 10 类活动缩减为 3 类。[①]

二、地方政府降低环境政策标准,放松环保要求

虽然中央环保督察组对地方的环境问题和环保工作实施了严格的督察,但是环境保护工作压力从中央向地方各级党委、政府和有关部门传导中层层衰减,环境管理标准不断降低,环保要求逐层放松,从而导致环境质量还在恶化,集中体现在三方面:

(一)地方政府环境管理监管执法过于宽松

总体上看,越是经济欠发达地区环境管理监管执法越宽松,越是发达地区越是有能力重视和严格环境执法监管。例如,内蒙古、山西多地淘汰落后产能不力、禁止扩建项目违规上马,但地方有关部门监管不到位,未能及时责令企业停止建设或提标改造,导致大气污染问题突出。[②] 又如,河南省部分地区(郑州、新乡)为方便本地煤矿销售,在制定煤质标准时,未对灰分含量设定明确要求,省控煤目标也未分解落实到地方;[③]而山西省则根本没有制定相应的散煤限制销售政策和煤炭质量管理办法,同时该省存在生态破坏严重、煤炭自燃现象多、土地复垦及生态综合治理标准低、推进慢等问题。[④] 沿海省

①　甘肃省环保厅:《甘肃省贯彻落实中央环境保护督察反馈意见整改工作进展情况》,http://www.gansu.gov.cn/art/2018/5/15/art_35_362361.html。
②　环境保护部:《内蒙古自治区贯彻落实中央环境保护督察反馈意见整改方案》,http://www.zhb.gov.cn/gkml/hbb/qt/201704/t20170427_413093.htm。
③　环境保护部:《河南省对外公开中央环境保护督察整改情况》,http://www.zhb.gov.cn/gkml/hbb/qt/201802/t20180208_431136.htm。
④　山西省人民政府办公厅:《山西省贯彻落实中央第二环境保护督察组督察反馈意见整改方案》,http://www.shanxi.gov.cn/yw/sxyw/201712/t20171218_358281.shtml。

份,如海南部分地级市存在违规填海造地建设项目,且一些开发项目未批先建或越权审批,但省海洋部门、地方政府对其监管不严;同时海南省部分省级自然保护区没有规划,海水养殖长期无序发展造成局部海域水质下降、海生生物濒临灭绝。[1] 山东省海洋与渔业厅也存在违法违规对位于国家级自然保护区核心区及缓冲区的水产公司码头进行海域使用登记的行为。[2] 而山东、湖南、贵州、福建、安徽、陕西渭南等一些地方不但不按《国务院办公厅关于加强环境监管执法的通知》要求清理污染企业,甚至出台土政策规定"除安全检查及上级统一部署的专项检查外,任何部门单位不得随意进入企业检查",干预执法。

(二) 地方政府为发展当地的经济存在违法违规环保审批

虽然我国出台了大气十条、水十条、土十条、能源清洁化等一系列环保相关政策法律文件,但多数地方党政领导只将文件传阅,未落实责任分工,一些地方甚至违法违规推进文件中明确要求禁止的产能项目。例如,河北深州市政府责成当地发展改革、环境保护等部门直接办理煤炭加工转化项目相关核准审批手续;[3]河南一些地方产业园区违规引进限制类产业;[4]山东一些地方违规推动化工企业建设;[5]地方政府部门对落后产能违规认定,如河南、河北、山西、陕西等地方违规认定落后烧结机,并任其长期运行生产;河南、内蒙古、山西、山东、陕西、甘肃等地方国土资源部门在自然保护区违法设立采矿权或为开采企业采矿权续证。郑州市在保护区内存在大规模水产养殖、违规建设

---

① 海南省人民政府,《海南省贯彻落实中央第四环境保护督察组督察反馈意见整改方案》,http://www.hainan.gov.cn/hn/zwgk/gsgg/201805/t20180529_2644561.html。

② 山东省环保厅,《山东省贯彻落实中央环境保护督察组督察反馈意见整改方案》,http://www.sdein.gov.cn/dtxx/hbyw/201805/t20180529_1333096.html。

③ 环境保护部:《河北省贯彻落实中央环境保护督察组督察反馈意见整改工作进展情况》,http://www.zhb.gov.cn/gkml/hbb/qt/201705/t20170525_414790.htm。

④ 环境保护部:《河南省对外公开中央环境保护督察整改情况》,http://www.zhb.gov.cn/gkml/hbb/qt/201802/t20180208_431136.htm。

⑤ 山东省环保厅:《山东省贯彻落实中央环境保护督察组督察反馈意见整改方案》,http://www.sdein.gov.cn/dtxx/hbyw/201805/t20180529_1333096.html。

等问题,一些地方甚至存在无效环评,建设内容与环评不符。[1] 沿海省份,如山东、海南地方政府违反保护区总体规划,违规调整土地利用规划和片区控制性详细规划,将保护区内现状林地规划为酒店用地,并侵占林地开展旅游道路建设。在调整规划过程中,省国土、林业、住建等部门把关不严,大开方便之门。[2]

(三) 地方环保基础设施建设和管理不到位

环境基础设施建设是提升地方绿色发展的内生动力之一,但在一些经济欠发达地区,环保基础设施建设相对滞后,设施管理运行跟不上,绿色发展的经济基础、技术基础和社会基础较差,不利于当地环境绩效的改善和提升。根据中央环境保护督察组 2017 年的反馈,一些地区仍没有根本改变传统、粗放的发展模式,绿色发展的能力差,31 个省份的环保督察整改报告中多数地方只是对淘汰落后产能制定了方案,并汇报了整改效果,但对如何发展当地绿色发展新动能没有相应的举措和整改方案。同时,内蒙古、山西多个地级市污水处理厂管理运行存在"三低"问题,导致污水处理厂"大马拉小车",长期超标排放;同时,污水处理管网建设滞后,污水收集不到位。[3]

三、地方政府环境管理的能力建设有待加强

地方政府在环境管理中的能力建设有待加强,其在环境管理全过程、全环节中所必需的知识、力量和资源存在不足,包括人力、文化、财力、物力、权力、信息、制度供给等多方面的不足。具体而言,涉及人才队伍建设、资金保障能力建设、科技支撑能力、环境监测能力、环境执法执政能力、信息获取和综合运

---

① 环境保护部:《河南省对外公开中央环境保护督察整改情况》,http://www.zhb.gov.cn/gkml/hbb/qt/201802/t20180208_431136.htm.

② 海南省人民政府:《海南省贯彻落实中央第四环境保护督察组督察反馈意见整改方案》,http://www.hainan.gov.cn/hn/zwgk/gsgg/201805/t20180529_2644561.html.

③ 环境保护部:《内蒙古自治区贯彻落实中央环境保护督察反馈意见整改方案》,http://www.zhb.gov.cn/gkml/hbb/qt/201704/t20170427_413093.htm.

用能力、环境协调能力建设等方面。在人力队伍建设和宣教方面,许多地方如河南、河北等地环保的宣教和一线执法人员远不能满足宣教社会化和排污行业规模化发展的需求,单一的环境宣教活动由于缺乏策划、设计等专业人员,许多宣教活动停留在形式上,基层一线的环境执法情况也面临同样问题。在财力和物力方面,由于我国是以地方为主、双重领导的环保行政体制,使得地方环保工作财力方面受制于同级地方政府,中西部欠发达地区环保执法监管的独立性、中立性难以保证。因此,在环境执法过程中,对环境违法行为处罚力度偏弱,甘肃等地出现"以罚代刑、处罚不当"的现象,新疆、内蒙古等地的市县级环保监管执法机构对辖区内国企、市企等的环境违法行为不能起到及时、有效制止和纠正作用。同时,由于地区环保资金和技术投入有限,这些地方的环境监测点位和设备也相对有限,监测项目偏少、频次不足、后期运行管理也不到位,生态监测基本处于空白状态。在环境信息获取和综合运用方面,江苏、海南、云南、河南、西藏等省份的地级市缺乏环境信息管理机构,环境绩效信息无法在地区、部门、公众之间共享;并且由于统计口径存在差别,许多环境信息无法集成与整合,从而不能满足区域环境协同治理和环境应急管理的需要。另外,有些地方也没有足够的经费对当地环境顽疾及环境管理问题开展独立的科研攻关工作。在制度供给方面,江西、湖北、湖南等多地环境监测管理体系尚未理顺,部门之间的业务交叉重复、权责不明,尚不能构建区域跨界环境联防联控机制。而且,中央政府对欠发达地区完成环保任务的资源配置手段单一,对其环境管理能力建设的支持仅限于资金支持,未能运用多样化政策工具,如税收政策、技术政策、融资政策、产业政策、价格政策、人才政策等(秦洁琼,2016;孙一兵,2017)。

四、环保资金投入不足且使用管理不善

我国生态环境保护的资金投入总体上明显不足,且使用管理不善,主要表现在以下两方面:

（一）环保资金投入占 GDP 比重偏小

从我国近 15 年的环保投资数据来看，我国的污染治理投资总额虽然有所上升，但是其所占 GDP 的比重呈下降趋势（图 20-4），而且工业污染源治理投资比重一直处于较低的水平（图 20-5）。由于地方本级财政收入有限，若没有社会资本的投入，地方环保投入资金难以满足地区工业污染治理和当地环境质量改善的要求。

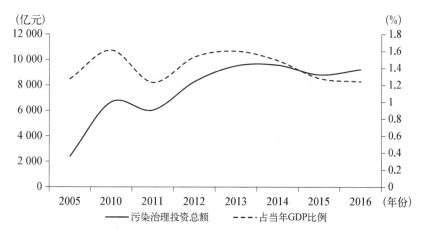

图 20-4　我国环境污染治理投资总额与占 GDP 比重

资料来源：《中国统计年鉴》，中国统计出版社 2017 年版。

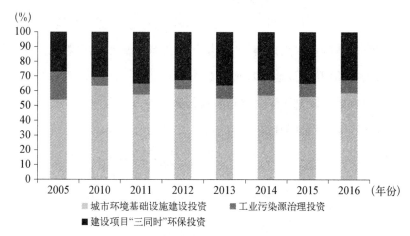

图 20-5　我国污染治理投资各项投资占比

资料来源：《中国统计年鉴》，中国统计出版社 2017 年版。

从国际经验来看,污染治理投入需要达到 GDP 的 1.5%,才可能实现环境质量基本不恶化;达到 GDP 的 2%—3%,才能实现生态环境质量的稳定好转。从图 20-4 来看,我国环境治理投资占 GDP 的比重在 1.2%—1.7%,但其中有很大比例是城市景观绿化、燃气等基础设施建设,因此环境污染治理的直接投入比例远低于 1.7%。在全国尺度上,这个数值还有很大的区域差异,部分经济发展滞后地区尤其薄弱(王金南,2018),例如,中央财政 2013 年以来对内蒙古投入污染治理、生态保护的资金多达 600 亿元,但自治区财政投入仍显不足。[1] 由于财政资金短缺,导致一些地方如甘肃省环境监管执法能力总体偏弱,执法装备相对落后,加之环境监测、执法专业人员占比低,专业素质、硬件能力不能完全适应环境管理工作需要。[2]

(二) 中央对于地方环保专项转移支付趋于减少

中央财政转移支付中,环保转移支付是维护地区生态公平,协调区域环保失衡,保障欠发达地区积极落实环境污染治理的重要政府手段。目前,我国的环保财政转移支付主要来自专项转移支付,主要用于地方政府环保基础设施建设、自然资源保护、节能减排等项目。但是,从 2012 年开始,中央对地方的环保专项转移支付规模出现下降趋势(图 20-6)。

同时,从中央环保督察组督察各省环境问题中也发现一些地方,如河南、内蒙古、宁夏多地因环保投入有限,环境污染处理设施或迟迟难以建成,或一直停运,污染物长期滞留,地方环境隐患突出;云南多个地级市州,如昆明市、曲靖市、红河州等本级财政未设立重金属污染防治专项资金。[3]

此外,在环保专项资金使用管理方面,尤其是环保基础设施建设(如城市垃圾处理、污水处理厂建设及排水管网建设)PPP 项目上,部分地区存在资金

---

[1] 环境保护部:《内蒙古自治区贯彻落实中央环境保护督察反馈意见整改方案》,http://www.zhb.gov.cn/gkml/hbb/qt/201704/t20170427_413093.htm。

[2] 甘肃省环保厅:《甘肃省贯彻落实中央环境保护督察反馈意见整改工作进展情况》,http://www.gansu.gov.cn/art/2018/5/15/art_35_362361.html。

[3] 环境保护部:《云南省贯彻落实中央环境保护督察反馈意见问题整改总体方案》,http://www.zhb.gov.cn/gkml/hbb/qt/201704/t20170427_413088.htm。

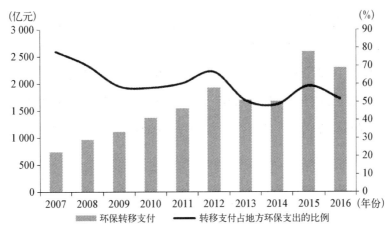

图 20-6　2007—2016 年中央对地方环保专项转移支付

资料来源：财政部数据，其中 2015 年、2016 年专项环保转移支付，由笔者整理。

使用效率低、项目绩效差等问题。例如，海南东方市污染处理设施建设资金闲置，主城区污水纳管率仅为 59%。[1] 河南矿山地质环境恢复治理保证金存在大量的沉淀资金；宁夏自 2013 年开始，国家、宁夏先后投入 1.08 亿元资金用于保护沙湖生态环境，要求水质稳定在Ⅲ类，但宁夏农垦集团等责任单位对沙湖保护不力，加之生态补水大幅减少，沙湖水环境治理收效甚微。[2] 黑龙江自 2009 年以来，中央财政累计下达 1 亿多元专项资金，用于哈尔滨市 9 个县（市）垃圾无害化处理项目建设，但到 2015 年年底，仍有 4 个县（市）的项目未建成投入使用，每天 1 200 多吨生活垃圾未得到无害化处理。[3] 2015 年国家下达财政专项资金 1.3 亿元用于治理甘肃境内东大沟重金属污染和含铬土壤污染，资金到账一年有余，但项目至今仍未开工。[4]

　　上述中央环保督察中发现并要求整改的政府环境管理问题间接反映出我国环境绩效管理在不少方面效率低、效果差，甚至出现违纪的现象。但是，从地方应对

---

① 海南省人民政府：《海南省贯彻落实中央第四环境保护督察组督察反馈意见整改方案》，http://www.hainan.gov.cn/hn/zwgk/gsgg/201805/t20180529_2644561.html。
② 环境保护部：《宁夏回族自治区贯彻落实中央第八环境保护督察组督察反馈意见整改方案》，http://www.zhb.gov.cn/gkml/hbb/qt/201704/t20170428_413174.htm。
③ 环境保护部：《黑龙江省贯彻落实中央环境保护督察反馈意见整改方案》，http://www.zhb.gov.cn/gkml/hbb/qt/201704/t20170428_413239.htm。
④ 甘肃省环保厅：《甘肃省贯彻落实中央环境保护督察反馈意见整改工作进展情况》，http://www.gansu.gov.cn/art/2018/5/15/art_35_362361.html。

中央环保督察的整改方案中可以看到，一些地方如河南商丘等地级市应对上级环保督察，采取简单关停、"一刀切"等应付了事的做法，措施欠妥，产生不良的社会影响。例如，山西省多个地市在应对中央环保督察工作时，其整改过程得过且过、敷衍了事，以转发文件落实部署、以制定方案代替整改。① 因此，需要对我国环境绩效管理体系进行深入分析，找出导致其日常环境管理出现种种问题的根源。

第四节　环境绩效管理流程存在的问题

根据多中心治理理论和 360 度绩效评估方法，环境绩效管理流程应当形成多元主体监督制衡的格局；根据公共价值理论，公众应当有多种渠道参与环境绩效管理流程的多个环节，以表达和实现其对美好生态环境的需求。根据中央环保督察及其"回头看"行动中反映的信息，我国现有环境绩效管理流程还存在以下不足之处：多元主体监督制衡机制薄弱，且未能充分体现公众意志；环境绩效信息弄虚作假严重；责任追究不严，制度刚性难以体现；未能给绩效管理对象完成环保任务、实现环保目标配置足够资源。这些绩效管理流程中存在的问题，是前述环境绩效提升所面临短板的根源：追责不严、制度刚性难以体现，导致省级到基层的相关责任人员擅自在环保工作中降低标准，甚至胆敢违规审批；资源配置不足，导致未能帮助一些欠发达地区培育绿色发展新动能、加强环境管理能力建设、投入更多资金用于环保。

一、多元主体监督机制弱，且未充分体现公众意愿

在我国现有环境绩效管理流程的多个环节中，多元主体监督制衡机制较薄弱，且未充分体现公众意愿。

---

① 山西省人民政府办公厅：《山西省贯彻落实中央第二环境保护督察组督察反馈意见整改方案》，http://www.shanxi.gov.cn/yw/sxyw/201712/t20171218_358281.shtml.

（一）计划环节中公众意见吸收缺乏制度保障

在计划制订环节，虽然相关部门会通过规划公示、问卷调查等征求公众意见；但对于这些部门是否能吸收公众意见，相关制度并没有赋予公众足够的权力或能力加以监督。

（二）投诉缺乏反馈监督流程，且投诉信息未充分利用

一方面，对于公众对某相关执行部门的投诉，目前缺乏独立于该执行部门的机构来负责投诉信息的备案和问题整改反馈的监督；在缺少外部监督的情况下，该执行部门完全可能轻视、漠视公众投诉，造成所投诉问题长期得不到解决。例如，山西、江西、广西、海南等省一些区域对群众反映强烈的突出环境问题长期慢作为甚至不作为，导致多起群体性事件；河南洛阳市对群众反映强烈的新义煤矿企业违法排污问题处理疲软，遭到群众多次投诉。[①]

另一方面，如图 20-7 所示，在中央环保督察中各省份群众举报环境案件

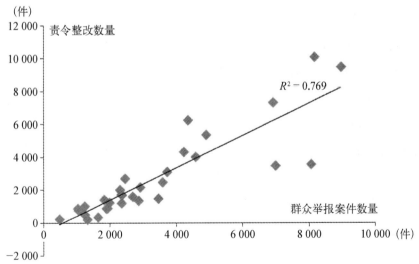

图 20-7　各省份群众举报环保案件数量与责令整改数量拟合曲线

资料来源：作者通过第一轮中央环保督察公告收集整理。

[①]　人民网：《环保督察"回头看"10 省市无一幸免呈现三大乱象》，http://news.cctv.com/2018/06/26/ARTIMG5WKaripw3YqYs8mJ1T180626.shtml。

数量与查实责任后需整改案件数量呈现高度拟合,说明公众举报或投诉信息是能基本真实、全面反映当前环境问题的重要线索,而这种重要问题线索却未在常态化绩效监测、督察、问题诊断等环节得到充分利用。绩效监测部门、督察部门未能对公众投诉信息进行常态化的备案与分析,因而未能充分利用这一线索来核实其他环境绩效信息的真实性,及时发现弄虚作假情形。因为这两个环节对公众投诉信息的利用不充分,也影响了其后的问题诊断、跟踪辅导、辅助决策等环节的运行效果。

(三) 督察所发现问题的整改销号外部监督较弱

在中央环保督察所发现问题的整改销号过程中,由省级政府自行销号,只需要在中央环保督察部门备案并接受抽查,这种外部监督较弱,导致问题未整改到位甚至未整改就销号的情况大量出现。一般环保督察整改验收销号流程大致包括 8 个环节、3 个循环(图 20-8),但是,从中央环保督察组"回头看"资料中发现,一些已出具整改任务完成报告的地方,整改情况流于形式,整改方案停留在纸上,局限于环境问题的表面。例如,虽然多个省份全力推进违规破坏生态环境、违法环保审批项目的整改任务,但江西省宜春市、上饶市在中央环保督察组"回头看"抽查时被发现对反映的环境污染反弹问题进行提前销号、虚假整改。① 又如,内蒙古公示的环保督察整改报告中,第 35、36 号整改任务的进展情况均显示为"已完成整改",但采取的措施均为出台政策、简单的"关停",且对这两项环境问题的后续防范措施都没有出台具体的指导性文件,也未对相应问责情况予以公示,但这两项"已完成整改"的环境任务就已经被自治区、中央环保督察反馈意见整改落实工作领导小组销号。②

---

① 人民网:《环保督查"回头看"10 省市无一幸免呈现三大乱象》,http://news.cctv.com/2018/06/26/ARTIMG5WKaripw3YqYs8mJ1T180626.shtml。

② 环境保护部:《内蒙古自治区贯彻落实中央环境保护督察反馈意见整改方案》,http://www.zhb.gov.cn/gkml/hbb/qt/201704/t20170427_413093.htm。

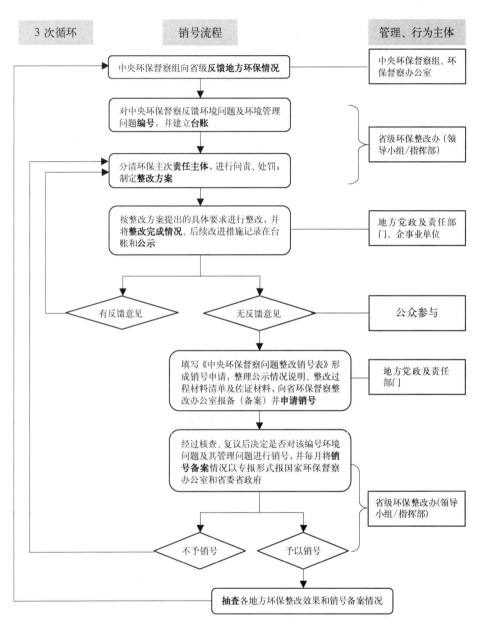

图 20‑8 各级地方对于中央环保督察反馈情况的销号制度一般流程

资料来源：笔者根据多个省份中央环保督察所发现问题的整改销号制度整理。

(四) 在考评环节公众对考评对象的压力传导仍较弱

在结果考评环节,单靠将公众满意度调查纳入生态文明建设考核与绿色发展评价,公众对考评对象(省级政府及其下属生态文明建设领域的相关职能部门)的压力传导机制仍然较弱。公众满意度调查在整个考评体系中不太可能有较高权重,而在现有体制框架下,公众在环境绩效考评环节缺少甚至没有对省级政府或相关职能部门形成刚性约束的监督之权(如质询权或在听证会上质疑相关绩效信息的真实性)。

二、环境绩效信息弄虚作假严重

绩效信息的真实性是整个绩效管理体系正常运转的基础,绩效信息失真必然会在绩效考评、形成正确激励、分析问题根源、改进下一轮计划等方面导致严重偏差或谬误,给国家和人民造成巨大损失。在中央环保督察及其"回头看"行动中发现,地方政府为通过环保考核或逃避责罚,对上级考核或督察部门(如中央环保督察组)弄虚作假。这些问题在中央环保督察反馈意见中得到集中反映,包括统计部门对于环境监测数据造假、环保部门对完成环保目标任务造假、生态环境相关部门对环保督察问题整改结果造假等恶意违法违规行为。例如,中央督察组抽查山西省多个地方煤发电项目时发现,部分项目在报批区域污染物削减方案过程中不严不实,在项目前置条件要求的区域污染减排方案中,均存在地方政府虚报或未按时限淘汰替代锅炉等问题。[①] 一些地方环保工作人员甚至不惜触犯国家相关法律干扰数据监控,而地方政府在畸形的"政绩观"作祟下,也参与编造、篡改监测数据欺骗上级环保部门。当面对中央环保督察时,地方政府及相关部门只做表面功夫,虚报纳入地方环保整改范围的整改结果,当中央环保督察"回头看"抽查时发现真实情况与整改汇报结果完全相反。环保督察结果信息公开后,造成地方政府在当地群众中的公信

---

① 山西省人民政府办公厅:《山西省贯彻落实中央第二环境保护督察组督察反馈意见整改方案》,http://www.shanxi.gov.cn/yw/sxyw/201712/t20171218_358281.shtml。

力不同程度下降。

正是前面提及的缺乏多元主体监督制衡，给相关责任者造假提供了可乘之机。省级环境监测机构、统计部门、审计部门、负责上报各种绩效信息的相关执行部门都是省级政府的下属机构，难以避免在省级政府人为干扰下，对中组部、中央环保督察组等中央层面的考评部门、督察部门弄虚作假。

对环境绩效信息弄虚作假，目前在立法中设置的法律责任偏于宽松，对于已经"从轻"的法律责任还存在执法不严现象。当前，对环境信息造假处罚最严厉的法律依据是《最高人民法院、最高人民检察院关于办理环境污染刑事案件适用法律若干问题的解释》（2017年施行），其中规定：篡改、伪造污染物排放自动监测数据，将被认定为"严重污染环境"，其后果特别严重者，将被处3年以上7年以下有期徒刑；篡改、干扰环境质量自动监测，将被处破坏计算机信息系统罪，其后果特别严重者，处5年以上有期徒刑。2018年5月，山西省晋中榆次区人民法院对临汾环境监测数据造假窝案做出判决，共有16人被判刑，该案对环境质量和污染物排放信息的造假行为起到了较强的震慑作用。

然而，环境绩效信息不仅仅是环境质量信息和污染物排放信息，还包括水务、森林、湿地、草原等方面的相关信息；对于这些环境绩效信息造假，现有相关法规的规定较模糊，且存在执法不严现象。规范各相关部门上报此类数据行为的法律主要是《统计法》（2010年施行）和《统计法实施条例》（2017年施行）。虽然《统计法》第47条规定，违反该法而构成犯罪的，将会被追究刑事责任；但是违反《统计法》、弄虚作假而依《刑法》构成犯罪要件的，主要是《统计法》第37条所涉及的对依法履责或拒绝、抵制统计违法行为的统计人员进行打击报复，且情节严重者，其他弄虚作假行为不会被追究刑事责任，只是由任免机关或监察机关依法给予处分。但即便是这"从轻"设置的法律责任，在实施过程中还存在执法不严的现象，这是统计造假行为屡禁不止的主要原因之一。根据全国人大常委会的《统计法》执法检查报告，地方政府或其有关部门妨碍统计机构和人员独立行使法定职权，向其施压，要求其在统计数据上造假，甚至直接在企事业单位等的源头数据上造假的现象较多。对于这些违法行为,统计执法失之于宽、失之于软,近一半的省份未建立独立的统计执法机构,且存在不敢执法、不愿执法、压案不查、瞒案不报、处罚偏轻等情况,对各种弄虚作假行为无法起到有效震慑作用。①

三、考核追责不严明,制度刚性约束缺乏

在不少地方,对于环境绩效评估考核和违法违纪责任追究,未能做到公正严明,执法不严必然造成相关制度缺乏刚性约束。一方面,在考核环节没有严格把关,对于未达标者仍然评为合格。例如,河南、海南在考核地方综合政绩时,竟然将环境绩效未达标的地方评为优秀。② 而在大多数中西部欠发达地区,如山西、广西、江西、云南、海南、陕西等大部分地方政绩考评指标体系中,生态环境类指标或者权重较低,或者没有具体量化,致使地方环境绩效考核不严不实,环境绩效管理的导向作用、约束作用严重虚化。

另一方面,对于环境管理中失职渎职、违法违纪行为,责任追究不严,使相关制度失去刚性约束。例如,海南省明确要求对海岸带专项清理工作发现的问题要严肃问责,但清理出来的112宗越权审批等突出问题,至督察时,尚无一例实施问责。③ 中央纪委通报的六起生态环境损害责任追究典型案件也暴露出一些地方领导干部存在对损害生态环境的责任者假追责、不敢追责、追责不严、追责时效短等问题。④ 山西在整改违规审批低热值煤发电项目的方案上,没有提出未来杜绝违规审批的具体措施,对违规审批部门追责不严。⑤

① 全国人大常委会执法检查组:《关于检查〈中华人民共和国统计法〉实施情况的报告》,2018年6月。
② 环境保护部:《河南省对外公开中央环境保护督察整改情况》,http://www.zhb.gov.cn/gkml/hbb/qt/201802/t20180208_431136.htm。
③ 海南省人民政府:《海南省贯彻落实中央第四环境保护督察组督察反馈意见整改方案》,http://www.hainan.gov.cn/hn/zwgk/gsgg/201805/t20180529_2644561.html。
④ 中央纪委国家监委网站:《中央纪委通报曝光六起生态环境损害责任追究典型问题》,http://www.ccdi.gov.cn/toutiao/201805/t20180523_172449.html。
⑤ 山西省人民政府办公厅:《山西省贯彻落实中央第二环境保护督察组督察反馈意见整改方案》,http://www.shanxi.gov.cn/yw/sxyw/201712/t20171218_358281.shtml。

四、对于环境绩效管理对象的资源配置不够

我国环境绩效管理不仅仅是设定目标和进行评价、考核、奖惩、问责,还应当为绩效管理对象完成计划任务、实现预期目标而配置足够资源。然而,中央政府相关部门未能为省级政府(主要是欠发达省份的政府)完成生态文明建设与绿色发展任务配置足够资源,一是表现在对地方政府生态环境资金支持力度不足;二是表现在未能较好帮助地方政府培育绿色发展新动能,使之走出发展经济与保护环境两难的境地,从根本上消除其牺牲环境保发展的动机。

首先,从各省份环保督察整改方案来看,我国地方的环保管理工作资金保障力度不够。从 2007 年开始,节能环保财政支出随着国家财政总体收入的增加呈逐年增长趋势,但总体规模偏小。表 20-1 显示,不论是全国还是地方财政的节能环保支出呈现整体规模较小、增长速度缓慢的特征,2007—2016 年,国家财政环保支出年均增速为 19.3%(2016 年有所回落);地方财政环保支出年均增速为 18.4%。[①]

表 20-1　　　　　　　全国环保支出与地方财政支出规模

年份	全国环保财政支出(亿元)	地方环保财政支出(亿元)	全国环保支出占财政支出比重(%)	地方环保支出占财政支出比重(%)
2007	995.82	961.24	2.00	2.51
2008	1 427.42	1 385.15	2.30	2.81
2009	1 934.04	1 896.13	2.53	3.11
2010	2 425.85	2 372.50	2.70	3.21
2011	2 640.98	2 566.79	2.42	2.77
2012	2 963.46	2 899.81	2.35	2.71
2013	3 435.15	3 334.89	2.45	2.79

① 年均增速＝每年增速剔除最大数和最小数后取平局值。

年份	全国环保财政支出(亿元)	地方环保财政支出(亿元)	全国环保支出占财政支出比重(%)	地方环保支出占财政支出比重(%)
2014	3 815.64	3 470.90	2.51	2.69
2015	4 802.89	4 402.48	2.73	2.93
2016	4 734.82	4 439.33	2.62	2.90

注：所用数据均为财政决算数据(下同)。
资料来源：根据《中国财政年鉴》(2007—2017)相关数据整理。

近10年来,虽然我国对环保领域的财政支出有所增加,节能环保领域各方面的财政支出都呈现出不同程度的增加(图20-9),但重点增加领域集中在节能/再生资源、污染防治和生态建设,其中,节能/再生资源支出占有最大比重,在26%—38%之间,污染防治支出占全国环境保护支出的比例均超过26%—30%之间,生态建设支出所占比例为21%—26%之间,环保管理支出占比最小,仅为5.3%—6.6%(见图20-10)。地方环境保护各方面财政支出比例与国家类似。

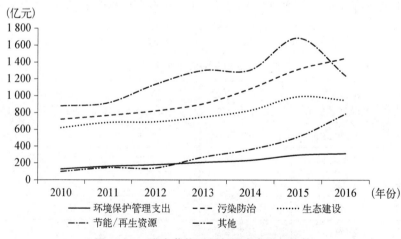

图 20-9 国家节能环保各项支出增长趋势

资料来源：根据《中国财政年鉴》(2010—2017)相关数据整理。

但是,由于中央环保财政支出明显低于地方本级财政环保支出,同时也承担了在污染防治、节能/再生资源、生态建设、环境管理能力建设部分的主要投

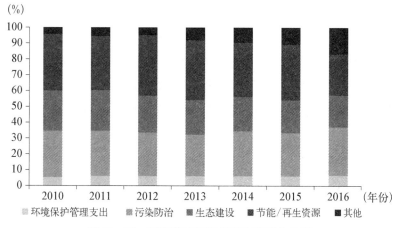

图 20 - 10　国家节能环保各项支出所占比例

资料来源：根据《中国财政年鉴》(2010—2017)相关数据整理。

入,显然,中央对地方环境绩效管理中环境管理能力建设方面的支持太少。

其次,中央针对地方环境管理中存在的问题,整改要求多集中在处罚、问责、指正等措施上,对于培育地方,尤其是欠发达地区绿色发展新动能方面的财力支出较少。其重要原因是我国环境保护财政支出规模小,仅靠地方自身来培育绿色发展新动能,地方的负担较重。过去几十年,我国长期处于工业化和城镇化进程中,粗放的经济发展模式导致资源能力消耗过多,环境损害过大,在资源环境约束的情况下,需要形成一种新的发展动能,促进找国各地区绿色发展。然而,地方要形成绿色发展新动能,一要淘汰"三高"行业,这需要牺牲地方一段时期的经济利益;二要发展绿色低碳产业和生态环保产业,并通过产业转型升级达到地区产业结构优化。面对我国地区发展不均衡主要矛盾的主要方面,发展绿色低碳产业和生态环保产业,在欠发达地区不仅需要资金支持,更需要国家对这些地区给予技术、政策支持,才能使绿色新动能真正落地。

但是,从目前生态环保产业的法制政策来看,中国环境法律体系的构建与法规执行尚不完善,环保需求和环保产业的市场规模相应受限,同时缺乏有效的、与国际接轨的环保标准修订机制,造成我国环境标准普遍偏低且更新不及时,如中国关于 $PM_{2.5}$ 的年平均浓度标准为 35 mg/m³,[①]高于世界卫生组织标准 50%。[②] 而环保产业的经济政策虽然具有直接作用力,但与行政手段关联程度高,会因信息不对称产生寻租、腐败现象;科技政策对环保产业最具影响力,但是中国环境科技成果转换的体制机制不健全,大量优秀的环保科研成果在试验、制造、批量生产、实践应用等环节都缺乏资金支持与政策保障(黄清子等,2016)。

---

① 环境保护部、国家质量监督检验检疫总局:《GB3095—2012 环境空气质量标准》,中国环境科学出版社 2012 年版。

② 世界卫生组织:《世界卫生组织关于颗粒物、臭氧、二氧化氮和二氧化硫的空气质量准则》,http://apps.who.int/iris/bitstream/10665/69477/3/。

第二十一章　中国环境绩效管理的标准化流程研究

前文根据多中心治理理论、公共价值理论和360度绩效评估方法，总结出的理想环境绩效管理流程的结构与特征，就是设计中国环境绩效管理标准化流程的参照系。对照这一参照系，本章确定了设计该标准化流程的原则，根据该原则开展设计，尤其是根据政府流程再造理论对需要新增或增强功能的环节进行再造，最后设计保障该流程良好运转的组织体系和制度体系。

第一节　环境绩效管理标准化流程构建

一、环境绩效管理标准化流程的构建原则

前文根据多中心治理理论、公共价值理论和360度绩效评估方法所总结出的理想环境绩效管理流程应有的结构，就是构建环境绩效管理标准化流程的参照系；该理想流程所应具备的特征，就是构建环境绩效管理标准化流程应遵循的原则，所谓的标准也就是符合该参照系的核心特征。

其一，要在多个环节形成多元主体监督制衡的格局，从而使信息来源和

传递通道多元化、压力传导通道多元化、智力支持多元化。前者使相关责任主体受到多重监督，不敢懈怠更无从造假；后者有利于提高决策科学化水平。

其二，要让公众表达意愿的通道多元化，且能够对相关责任主体形成有约束力的压力传导机制。这样能使决策者制订的计划充分体现人民群众的美好生态环境需要，执行者切实为满足这种需求而努力，结果考评能够真实地反映执行者是否满足了这种需求，从而对执行者的行为产生正确的指针和激励作用。前述人民群众的美好生态环境需要，也正是环境绩效管理所要实现的公共价值。

其三，制度完善且执法必严，形成刚性约束。对于一些在绩效管理中发挥基础性作用的环节（如绩效信息的上报、监测、传递），以及对绩效管理对象产生正确激励有关键性意义的环节（如考评公正、追责必严），制度要尤为严密，执行要尤为严格。

其四，为绩效管理对象完成既定任务、实现预期目标配置足够资源。在督察和结果考评之后，问题诊断环节应当对绩效管理对象进行能力评估，并在此基础上制定和实施对其加强能力建设的方案，从而保证其有足够能力完成任务、实现目标，这种方案应当是包含多样化政策工具的"工具包"。

二、环境绩效管理标准化流程的构成

根据上述原则，本节从计划、实施、监测、考评到过程管理、结果运用各环节，对我国环境绩效管理的标准化流程进行设计（如图 21 - 1 所示）。

（一）计划与支持条件板块

在这一板块，需要对相关制度进行完善或补强，需要从制度上保障公众意愿对计划制订者的约束力，还需要根据问题诊断环节的能力评估结果，制定并实施支持省级政府加强环境管理能力建设的方案。

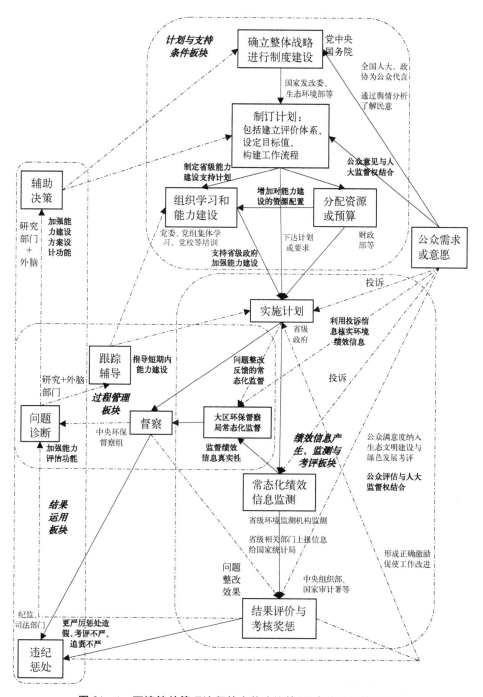

图 21-1 环境绩效管理流程的完善建议简图(虚线为反馈流程)

1. 坚持生态文明战略，完善制度建设

党中央、国务院需要在坚持已有生态文明建设和绿色发展战略之下，根据《生态文明体制改革总体方案》精神对相关制度进行完善或补强，进一步优化对环境绩效管理流程中各主体的权利义务和奖惩规则设置，包括在各个环节上保障多元主体参与权的制度，在多个环节上增强公众意愿对决策者、执行者约束力的制度，对绩效信息造假者严惩的制度，对考评者、纪律执行者失职渎职严惩的制度。

2. 增强公众意愿对计划制订者的约束力

虽然目前相关计划制订部门会通过规划公示、问卷调查等征求公众意见，但它们是否会吸收公众意见，公众对其是缺乏约束力的；对此，将来应当在制度上保障公众意愿对其具有约束力。具体建议是：在全国层面，生态环保类规划或计划的公示和征求公众意见环节，引入全国人大专门委员会作为外部监督主体，由其为公众代言；人大监督与公众监督相结合，依靠人大的法定权力对相关计划制订部门形成约束力。在制度化的程序设置方面，建议全国人大在《环境保护公众参与办法》的基础上加以完善，形成《环境保护公众参与法》；在其中做出规定，凡是全国层面环境保护或生态文明类的规划，应当由全国人大专门委员会组织公示和征求意见事宜，且必须经过公众听证会，方能报全国人大常委会通过。在听证过程中，除了公众个人代表发言外，建议由全国人大专门委员会邀请较为理性的、信誉良好的环境非政府组织，利用其更高的专业化水平作为公众代表发言。

3. 优化资源配置，支持能力建设

在问题诊断环节对省级政府开展环境管理能力评估后，建议国家发改委、生态环境部等合作制定有的放矢的、支持省级政府（尤其是欠发达地区省级政府）加强环境管理能力建设的方案，并根据该方案协调财政部门等对省级政府提供专项资源支持。

这种能力建设应当包括两方面：一是环境执法、环境监测等环境监管能力的建设；二是增强培育绿色发展新动能的能力，从根本上摆脱经济与环境之间的两难境地。

此类方案应当是包含多种政策工具的"工具包",除了常规的中央财政专项资金支持,还可以运用各种市场化工具,引导市场主体或社会资本为各省份尤其是欠发达省份的绿色发展投资,助其培育绿色发展新动能。

(二) 实施环节: 省级政府负总责

在实施环节,仍由省级政府对辖区内的环境绩效负总责,带领下属相关部门、协同推进工作来执行国家发改委、生态环境部等制定的生态环保类规划或计划,作为责任主体接受中组部、国家审计署等的考评,接受中央环保督察组、中纪委、国家监察委等的监督。对此,前文已有详述,此处不再赘述。

(三) 绩效监测环节: 引入并强化外部主体监督

在绩效监测环节,在原有省级环境监测机构、省级统计部门负责监测环境绩效信息的基础上,建议借助以下三种方法引入并强化外部主体监督:

1. 发挥大区环保督察局作用

建议利用已有的大区环保督察局这一组织载体,仿效美国环保署的环境信息办公室和首席信息官制度,在大区督察局内部建立负责整合与审核环境绩效信息的机构;相对于省级政府下属的环境监测机构、统计部门、审计部门、相关执行部门,形成强有力的外部监督。建议由全国人大立法,赋予大区环保督察局以下职权:

其一,环境绩效信息整合。其辖下各省份的省级环境监测机构、统计局及环保、国土资源、林业、水务、能源等部门的相关环境绩效信息都要提交、汇总给大区督察局建立的统一数据库,采用大数据方式加以管理和分析。

其二,环境绩效信息审核。大区督察局负责审核上述信息的真实性,包括根据一定科学原理,对不同部门提交的相关环境信息进行比对,从中发现弄虚作假的线索。经过大区环保局审核的环境绩效信息,方能作为结果评价考核、过程管理、问题诊断等的依据。

在大区环保督察局发挥环境绩效信息整合与审核功能后,中央环保督察组对各省份开展督察时,就可以直接从督察局的数据库中提取绩效信息。

2. 充分利用公众投诉信息发现造假线索

各省份的环保、国土资源、林业、水务、能源等部门的公众投诉信息要与对应的大区督察局联网,向其备案,受其监控;大区环保督察局应从长期不解决、公众反复投诉的问题中,发现弄虚作假线索。

3. 通过信息公开和接受反馈来核实信息

大区督察局在上述机制下建立的统一数据库应向公众等利益相关者公开(上下游省份、有协作关系的各部门、需要利用相关信息的研究机构都是利益相关者),接受其反馈和举报,据此对前述各部门提交的环境绩效信息加以核实,或从中发现弄虚作假线索。

(四) 结果考评环节: 借助人大强化公众意愿的传导压力

在结果考评环节,虽然公众满意度调查已经被纳入五年期生态文明建设考核与年度绿色发展评价,但公众满意度的权重不可能被设置得很高,而在现有体制框架下,公众意愿在考评环节难以对执行者(省级政府或其下属相关职能部门)形成强有力的传导压力。公众参与评估必须和人大监督相结合、借助人大的法定权力,方能对相关执行主体构成强有力的压力传导机制。就制度化的程序设置而言,省级人大常委会或其专门委员会在听取省级政府环保工作报告、相关部门专项工作报告、环境审计报告等过程中,需要将公众听证设定为必要环节,借公众听证核实此类报告的真实性,方能对相关责任者是否满足公众的生态环境需求做出正确评判。

(五) 督察环节: 多主体对整改反馈实行常态化监督

中央环保督察中所发现问题的整改销号,是由各省份环保督察整改办公室(领导小组/指挥部)自行负责,虽然也要报国家环保督察办公室备案、接受其抽查,但这种抽查并不是一种常态化监督,往往要到"回头看"环节才能发现虚假销号问题。

为解决此类问题,建议在前述各大区环保督察局负责整合与审核环境绩效信息的基础上,赋予其对中央督察后整改反馈信息的常态化监督权责或功能,在此过程中注意发挥其他多主体作用。在制度化的程序设置上,各省份在中央环保督察后的问题整改销号必须到各大区环保督察局备案,各大区环保督察局借助以下两种手段审核其真实性:其一,利用在该督察局备案的各职能部门公众投诉信息,借助大数据分析手段,发现其中是否有造假线索;其二,将问题整改销号的备案信息向公众等利益相关者开放,利用他们的反馈和举报来核实其真实性。

大区环保督察局对问题整改反馈进行常态化监督所获信息,可以提供给中央环保督察组,用于"回头看"行动。

由于大区环保督察局在督察环节和绩效监测环节都发挥了重要作用,它也构成"过程管理板块"和"绩效信息产生、监测与考评板块"的交集。

(六) 责任追究环节: 就真实性和公正性着重强化制度刚性

如前文所述,绩效信息的真实性是绩效管理体系正常运转的基础,而考评、奖惩、追责是否公正严明是形成正确激励机制的关键;因此,对于弄虚作假行为,以及负责考评的组织人事部门和负责追责的纪检监察部门失职渎职,应当加重处罚力度,这是强化环境绩效管理体系中制度刚性的关键所在。

1. 加大对环境绩效信息造假的打击力度

建议大区环保督察局与省级乃至国家监察委联动,加大造假惩罚力度,并修订相关法规,为从重追究造假者刑事责任提供依据。

其一,大区督察局等发现的弄虚作假线索,应及时移交给省级监察委,由其负责从重处罚。将这一责任赋予监察委的理由有二:一是监察体制改革的初衷之一就是打破地方利益圈,监察委将和纪委一样在一定程度上实行中央垂直管理,其相对于省级政府的独立性有一定保障。二是监察委除了反贪腐,还要打击渎职行为。由于绩效信息造假可能造成的极严重后果,它应被视作最严重渎职行为之一来加以打击。若绩效信息真实性无保障，则绩效管理科学性无从谈起，甚至中央领导或中央有关部门受错误信息误导极易出现决策失误，给国家造成巨大损失。

其二，建议制定《环境绩效评价考核与责任追究法》，相应地修订《统计法》《环境保护法》《刑法》等相关条款，并由最高法院、最高检察院做出必要司法解释，对于各相关职能部门在提供环境绩效信息时造假，统计部门在汇总、上报此类信息时造假，统计部门对造假行为知情不报、执法不严，地方政府指使统计部门和相关职能部门等造假，地方政府在环保督察所发现问题的整改销号过程中造假，要对相关责任人（地方政府具体执行部门党政一把手、地方政府统计部门党政一把手、地方政府分管领导乃至地方党政一把手）设置较严厉的刑事责任并严格执行。

2. 从重惩处考评和执纪部门的失职渎职

建议通过制定前述《环境绩效评价考核与责任追究法》，将《党政领导干部生态环境损害责任追究办法》中的相关规定上升为国家法律并加以细化，对负责考评的省级及以下组织人事部门和负责追责的省级及以下纪检监察部门在环境绩效管理中失职渎职，细化相关规定，加大惩处力度。前者失职渎职的情形包括让环境绩效未达标者通过考核，后者失职渎职的情形包括对相关职能部门在环境管理中的违法违纪行为未严格或及时追责，甚至不追责、假追责。如果发现省级纪检监察部门在环境绩效管理中失职渎职，大区环保督察局应当将相关线索移交给国家监察委。

而且，需要由最高人民法院、最高人民检察院做出相关司法解释，明确上述失职渎职行为适用于追究《刑法》中的渎职罪，并应从重处罚。

（七）诊断—辅导—辅助决策环节：能力评估与能力建设方案

在结果考评和督察之后的问题诊断、跟踪辅导、辅助决策环节，一方面要更多、更好地发挥政府内外部研究机构的决策咨询功能；另一方面要加强其能力评估与能力建设方案（"政策工具包"）设计功能，以弥补现有环境绩效管理流程在支持各省份能力建设(包括为能力建设配置资源)方面的不足之处。

在问题诊断环节,建议发挥国务院、国家发改委、生态环境部等的内外部研究机构作用,对各省份(尤其是欠发达省份)推动生态文明建设与绿色发展的能力进行评估,以判明其不足之处。

在辅助决策环节,建议发挥政府内外部研究机构作用,设计帮助各省份(尤其是欠发达省份)开展环境管理能力建设的方案或"政策工具包",包括建设环境监管能力(如环境监测和执法装备配置、环境执法人员招募和培训)和培育绿色发展新动能的能力。这种政策工具包除了传统的中央专项资金扶持,还应包括多样化政策工具,如税收政策、技术政策、融资政策、产业政策、价格政策、人才政策等;除了中央政府直接资金投入(资源配置),还可运用市场化政策工具,引导市场主体或社会资本为各地绿色发展事业投入资金或资源。

在跟踪辅导环节,建议由政府内外部研究机构或者督察部门在此类研究机构支持下,向各省份提供在短期内可提高环境监管能力和绿色发展新动能培育能力的政策建议。

第二节　我国环境绩效管理流程的再造

根据政府流程再造理论,当原先局限于一定政府部门或行政管理条线内部的绩效管理体系,成为一个引入多元利益相关者参与、开放的绩效管理体系,原有的流程就需要做出相应的调整或再造。流程再造包括为新的主体设置权责,为其行使相关权力设置程序,或者为原先没有强有力监督权的主体赋予新权力,也包括在原有环节上让既有主体增强或新增功能。本节对我国环境绩效管理流程的再造体现在以下几方面(图 21 - 1),以加粗、非倾斜字体表示的,就是被再造的环节:

一、增强多元监督和公众参与的流程再造

在本节设计的环境绩效管理流程中,在以下几个环节增强了多元主体监督制衡与公众多渠道参与。

其一,在计划环节,由全国人大专门委员会组织相关规划、计划的征求民意环节,并设置制度化的公众听证程序,让公众意愿通过与人大法定权力相结合,对国家发改委、生态环境部等计划制订部门产生约束力。

其二,在绩效监测环节,引入大区环保督察局作为相对独立的监督者,由其负责对省级环境监测机构、统计部门、相关执行部门提交的环境绩效信息的真实性加以监督,并充分利用公众投诉信息作为发现弄虚作假的线索,借助环境信息公开后各利益相关方的反馈或举报核实环境绩效信息。

其三,在督察环节,引入大区环保督察局负责中央环保督察后问题整改反馈的常态化监督,对由省级政府负责的整改销号工作进行备案,利用公众投诉等各种线索及时发现造假,而不仅仅是由国家环保督察办公室开展频率相对较低的抽查。

其四,在结果考评环节,除了将公众满意度调查纳入考评,还由省级人大常委会或其专门委员会负责运行制度化的公众听证程序,核实省级政府环境工作报告、相关职能部门专项报告、环境审计报告等的真实性;公众评估通过与人大法定权力相结合,增强对相关执行者或责任主体的压力传导。

二、增强制度刚性的流程再造

由大区环保督察局和省级乃至国家监察委联动,并通过完善相关法律,加重对以下几种足以妨害环境绩效管理体系正常运转的违法违纪行为的打击力度,以强化制度刚性:省级政府或下属环境监测机构、统计部门、相关执行部

门的弄虚作假行为,省级及以下组织人事部门考评不严,省级及以下纪检监察部门追责不严。就完善相关法律而言,需要制定《环境绩效评价考核与责任追究法》,并修订《统计法》《环保法》《刑法》中的相关条款,为国家和省级监察委严厉惩处上述违法违纪行为提供法律依据。

三、增强能力建设的流程再造

在本节的设计中,通过完善以下几个环节的功能,增强环境绩效管理体系的能力建设功能,包括为能力建设配置更多资源:在问题诊断环节,增强对省级政府推进生态文明建设与绿色发展的能力评估功能;在跟踪辅导环节,就短期内提高环境管理能力的举措提出政策建议;在辅助决策环节,增强促进环境管理能力建设的"政策工具包"设计功能;在计划环节,依靠政府内外部研究机构的智力支持,制订并实施支持省级政府增强环境监管能力和绿色发展新动能培育能力的计划;在资源配置环节,为省级政府提高上述能力提供更多资金或资源支持;在组织学习和能力建设环节,由中央层面的干部教育培训类机构、研究类机构等,支持省级政府加强上述能力建设。

四、流程再造要利用我国现有组织载体

对中国环境绩效管理流程进行再造,包括引入多元主体,必须从我国实际出发,以现有政治体制、政府管理架构之下已有的机构为组织载体,以降低流程再造中的制度变迁成本。如果脱离现有机构,另创组织载体,不但制度变迁成本更高,而且很容易成为"无源之水、无本之木"。如前文所提,让公众意愿与人大法定权力相结合来强化公众在多渠道的参与权,以及利用已经有的大区环保督察局,作为相对于省级政府而言独立的外部监督主体,都是在上述指导思想下设计的策略。

第三节　环境绩效管理流程的
组织体系与制度保障

一、环境绩效管理流程的组织体系

在本节设计的环境绩效管理流程的组织体系中，有两类角色，一类是常规或传统角色，即在原有环境绩效管理流程中发挥良好作用的角色，另一类是新增或增强的角色。

常规或传统角色包括：党中央、国务院负责确立整体战略和推行全面的制度建设，国家发改委、生态环境部等负责制定相关规划或计划，财政部等负责为国家层面各部门和省级政府完成这些规划或计划提供资金等资源支持，各级地方党委、各相关部门党组和党校等干部教育培训类机构等为实施这些规划或计划开展组织学习和能力建设，省级政府对辖区内环境绩效负总责，带领下属各相关部门实施这些规划或计划，省级环境监测机构和统计部门负责环境绩效信息的常态化监测，中组部、国家审计署等负责各省份环境绩效的考评。

新增或增强的角色（见图 21-1 中用加粗、非倾斜字体标出的部分）包括：

（1）在计划制订环节，由全国人大专门委员会负责运行制度化的公众听证程序，借助公众意见＋人大法定权力，保证国家发改委、生态环境部等计划制订部门吸纳公众合理意见。

（2）在绩效监测环节，以大区环保督察局为独立监督者，对省级环境监测机构、统计部门、相关执行部门提交的绩效信息真实性进行监督，在此过程中充分利用公众投诉信息及环境信息公开后各利益相关方的反馈。

（3）在督察环节，由大区环保督察局负责中央环保督察后、省级政府问题整改反馈（销号）的常态化监督。

（4）在结果考评环节，由省级人大常委会或其专门委员会负责运行制度化的公众听证程序，借助公众评估＋人大法定权力，增强对省级政府或其下属相关部门等计划执行主体的监督力度。

（5）在责任追究环节，由大区环保督察局和省级乃至国家监察委联动，重点加大对弄虚作假、考评不严不公、追责不严等违法违纪行为的打击力度。

（6）在问题诊断、跟踪辅导、辅助决策环节，增强政府内外部研究机构在省级政府环境管理能力评估、支持省级政府提高环境管理能力的"政策工具包"设计等方面的智力支持作用。

二、环境绩效管理流程的制度保障

为了给环境绩效管理流程的良好运转提供强有力制度保障，建议制定《环境绩效评价考核与责任追究法》《环境保护公众参与法》和《环境保护督察法》，围绕上述各主体在环境绩效管理流程中的作用，以国家法律的形式规定其权利、义务、相关运作程序和失职渎职的法律责任等，体现制度刚性。制定新法和修订原有法律相应条款的重点在于，为支持强化多元主体监督制衡、公众多渠道参与等方面流程再造（即图21－1所示流程中用加粗、非倾斜字体标出的新增或增强功能），做出相关规定。

（一）制定《环境绩效评价考核与责任追究法》

建议全国人大制定《环境绩效评价考核与责任追究法》，一方面将《党政领导干部生态环境损害责任追究办法(试行)》中的相关规定上升为国家法律，更重要的是就以下几种足以妨害环境绩效管理体系正常运转的严重违法违纪行为，对相关责任人设置较重的法律责任甚至刑事责任，为国家和省级监察委打击此类行为提供法律依据：

一是环境绩效信息造假行为，包括各相关职能部门在提交环境绩效信息时造假，统计部门在汇总、上报此类信息时造假，统计部门对造假行为知情不报、执法不严,地方政府指使统计部门和相关职能部门等造假,地方政府在环保督察所发现问题的整改销号过程中造假。

二是负责考评的组织人事部门失职渎职,诸如让环境绩效未达标者通过考核。

三是负责追责的纪检监察部门失职渎职,包括对相关职能部门在环境管理中的违法违纪行为未严格或及时追责,甚至不追责、假追责。

《统计法》《环境保护法》《刑法》等相关条款也需要为此做出相应修订,并由最高人民法院、最高人民检察院做出必要司法解释。

(二) 制定《环境保护公众参与法》

建议全国人大在《环境保护公众参与办法》的基础上加以完善,制定《环境保护公众参与法》,就以下事项做出规定:

其一,在计划制订环节,规定凡是全国层面环境保护或生态文明建设类的规划,应当由全国人大专门委员会组织公示和征求意见事宜(而不是由制定规划的政府部门来组织),且必须经过公众听证会,方能报全国人大常委会通过。

其二,在考评环节,规定省级人大常委会或其专门委员会须每年听取省级政府环境工作报告、部分相关职能部门专项工作报告和省域环境审计报告,在听取此类报告时须组织公众听证,借此核实此类报告中绩效信息真实性。前述《环境绩效评价考核与责任追究法》也需要对这一点做出相应规定。

(三) 制定《环境保护督察法》

建议全国人大制定《环境保护督察法》,除了将《环境保护督察方案(试行)》中的相关规定上升为国家法律,更重要的是就大区环保督察局在若干环节上的监督权限、工作程序做出规定。

其一,在绩效监测环节,赋予大区环保督察局对省级环境监测机构、统计局及相关职能部门的环境绩效信息真实性加以监督的权力。在其工作程序上需作如下规定:须对上述职能部门的公众投诉信息备案,监控、分析、寻找造假线索,须将大区环保督察局所获环境信息公开,通过接受反馈和举报来核实其真实性。

其二,在督察环节,规定中央环保督察所发现问题的整改销号,必须向大区环保督察局备案,由其进行常态化监督。

其三,在责任追究环节,就大区环保督察局、中央环保督察组等和国家、省级监察委的联动做出规定。前述《环境绩效评价考核与责任追究法》也需为之设置相应条款。

(四) 制定《支持省级政府环境管理能力建设办法》

建议由国务院颁布《支持省级政府环境管理能力建设办法》,规定国家发改委会同生态环境部等在年度绿色发展评价之后,组织研究机构,对各省级政府的环境监管能力和绿色发展新动能培育能力进行评估;根据评估结果,由国家发改委会同生态环境部等制定支持省级政府(尤其是欠发达省份政府)提高此类能力的计划;该计划报国务院批准,责成财政部等部门按计划出台政策,支持省级政府提升此类能力。

附件：杭州环境绩效管理的
经验与启示

　　本书研究的对象是中央对省级政府的环境绩效管理，然而，一些先进地区（虽然层级较低）的经验足以对中央对省级的环境绩效管理提供有益借鉴。杭州环境绩效管理案例的分析是本书实证研究的一部分，希望通过观察一些先进地区已有的经验，判断本书提出的前述政策建议在现实中是否可行。在杭州环境绩效管理案例中，在结果评价考核与过程管理中，都遵循公共价值理念、实现多元主体参与和相互监督制衡；此外，杭州政府（环境）绩效管理非常注重法制化建设，做到有法可依，且执法执纪必严，体现制度刚性。

　　从国家层面看，我国从 2008 年提出推进政府绩效管理制度，同时环境保护机构级别上升成为国务院组成部门，可见我国对于生态环境工作绩效的重视程度不断提高。10 年后，我国以治理体系和治理能力现代化为导向继续深化机构和行政体制改革，为破解环境管理过程中的行政条块分割，设置了生态环境部，其目的就是要提高环境绩效管理水平，提高政府在环境保护工作方面的执行力和人民对于生态环境的满意度。相应地，中央对省级政府的环境绩效管理也需要进行调整，运用先进的绩效管理理念，构建好多元主体共同参与环境绩效管理的格局。因此，本书从发展成熟的城市层面环境绩效管理汲取经验，选择分析杭州这一副省级城市环境绩效管理的具体做法，希望从中总结出对于中央对省级政府的环境绩效管理体系构建有何启示。

一、杭州环境绩效管理的现状

在杭州政府绩效管理的理论与实践的文献分析基础上，笔者总结了杭州环境绩效管理随着政府绩效管理发展经历的四个阶段、三次跨越，发现杭州环境绩效管理是一个从封闭式内部考核，到开放式外部评价、再到综合性绩效考评和全面推进绩效管理的发展过程，其实质是从封闭式环境管理逐步向多元化环境治理的转变，是我国地方环境绩效管理从传统走向现代化的一个典型代表。

（一）杭州环境绩效管理萌芽

虽然杭州市政府绩效管理发端于 20 世纪 90 年代初期，引入高效的企业绩效管理模式——目标责任制考核，替代低效的领导直接考核下级、只有简单流程的内部绩效管理模式，并成立目标管理领导小组及其办公室，随后进入 21 世纪又将这种局限于政府内部的绩效管理模式引入外部监督评价方式，形成更贴近民生的政府工作绩效考核模式。然而，真正开始关注将保护生态环境、改善环境质量作为杭州市政府工作绩效的一部分是在 2003 年中共浙江省委十一届四次全会上，时任浙江省委书记的习近平同志将科学发展观创新理论作为浙江未来发展的指导思想，要求政府转变发展观念和思路，转变经济增长方式、深化社会各领域改革，进一步转化政府职能。建立对政府工作实绩考评的新指标体系，不仅要考核增长速度，还要考核社会绩效和生态环境绩效。2004 年，中共杭州市委九届八次全会提出以满意评选为载体，建立符合科学发展观要求的市直单位考评体系，"满意评选"活动领导小组办公室负责外部评价的全面工作，并针对"目标制"和"满意评选"两种绩效考核办法在结果上缺乏融合机制的缺陷，增加了由监察局（下挂能效建设工作办公室）承担职能的政府效能建设考核办法，至此形成"三位一体"的绩效考评体系。但是，看似"三位一体"的政府绩效管理体系，其三项绩效考评制度仍是独立运行的，由此产生三个机构的职能存在交叉,考核标准、奖惩措施不一致,既增加了考核成本,也影响政府考核工作的执行效果。

(二) 杭州环境绩效管理的基础

2005 年,为了解决"三位一体"绩效考核制度的不融合问题,杭州市委与浙江大学有关专家对政府绩效考评体系进行了深入研究和论证,认为需要对政府绩效管理工作进行资源整合,减少重复浪费,提高工作效能,也体现了节约型政府方向。同时,杭州市综合绩效考核管理体系不断优化,绩效评估范围逐步扩大,逐渐向功能型绩效管理转变,2006 年,杭州市委、市政府在综合考评体系中,增设以专家为主体的第三方评估对政府创新创优绩效进行考评,正式构建了"3+1"的政府综合绩效考评体系,实现全市域内全方位、多维度、综合性的绩效考核和评估。与这一制度相配套、具有独立性和权威性高规格政府绩效管理常设机构是综合考评委员会(以下简称市考评委),并组建正局级综合考评委员会办公室(以下简称市考评办)作为常设办事机构,使得杭州市综合绩效考评和绩效管理实现组织化、制度化、专业化。综合考评制度坚持条块结合、覆盖全市,既要考核部门,也要考核区块,从而促进区域、城乡全面、协调发展。

此外,杭州市考评办充分运用考评资源优势,探索绩效分析和治理诊断调查的应用,帮助各地、各部门及时发现问题,查找差距,协同相关部门研究解决问题、改进绩效的办法,合理解决公众反映多年而又难以解决的突出问题和深层次矛盾,建立健全绩效改进机制。在绩效评估结果运用方面,更加注重第三方绩效评估,如社会评估的意见,并将整改措施作为各级党政机关确立下一步施政方针和内容的参考依据;同时,通过建立互为前提、循环往复的第三方绩效评估运用制度机制,包括社会评价意见报告发布制度、社会评价意见重点整改目标公示制度、"评价—整改—反馈"诉求回应机制、创新创优常态化推进机制,将绩效管理流程进行完善、提升。为了更好地运用绩效评估结果,杭州市综合考评采用网络和现代信息技术建立了表达民众偏好和利益诉求的有效平台,形成一张公众有效参与公共事务的网络,拓宽了公众利益的诉求渠道,公民的民主参与权利得到切实保障。

(三) 杭州环境绩效管理体系的形成

虽然,杭州的综合绩效考评制度承载了包括生态环境领域在内政府绩效管理的大部分功能,但还不是严格意义上的政府绩效管理,而是介于绩效评估和绩效管理之间的一种管理方式。2011 年,杭州市、环保部等 14 个地区和部门被确定为开展政府绩效管理试点工作,杭州市抓住机遇全面转型升级综合绩效考评制度,包括生态环境在内的政府工作开始真正意义上的绩效管理。

1. 按照绩效管理的要求重设指标体系

2012 年,在总结杭州综合绩效考评的实践经验基础上,市考评办对市直单位绩效目标考核指标体系进行重新架构。将原有的职能目标和共性目标分解为绩效指标和工作目标,并对领导考评、社会评价、创新创优这 3 个考评维度的内容进行细化和增加。那么,杭州市负责生态环境保护相关工作的市直单位属于社会服务多或较多的政府部门,如市环保局、市城管委、市运河综保委、市林水局等,需要完全遵循这一新绩效管理指标体系。

2. 初步形成全方位绩效管理组织体系

为实现综合考评与绩效管理有机衔接,杭州市委、市政府决定,杭州市综合考评办增设"杭州市绩效管理委员会",统一领导全市综合考评和绩效管理工作;相应地,市考评办增挂"杭州市绩效管理委员会办公室"牌子,负责全市综合考评和绩效管理日常工作,从而形成综合考评、效能建设、绩效管理新"三位一体"的职能架构,具体组织架构如图 1 所示。在此基础上,杭州市包括生态环境在内的政府工作绩效管理,在纵向实施市和区、县(市)两级联动,在横向建立部门联动机制,由绩效管理工作机构统筹协调各负责单位共同建立绩效制度、确定绩效目标、加强过程管理与监督检查、采集绩效数据、运用绩效结果等方面形成合力,同时,积极吸纳社会力量,形成以政府为主导,绩效评估专家、绩效信息员和第三方评估机构等多方力量共同参与的绩效管理工作协同体系。

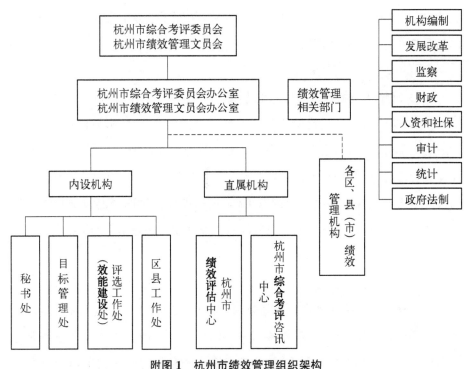

附图 1　杭州市绩效管理组织架构

资料来源:《政府绩效管理——理论与实践的双重变奏》,2017 年。

3. 进一步优化综合绩效考评办法和考核体系

综合绩效考评仍是绩效管理中重要的环节和组成部分,2013 年,"优化综合考评"被确定为贯彻群众路线的长效机制之一,因此杭州市提出了"简化、优化、管用"的工作思路,通过优化综合考评强化绩效管理,主要措施包括:(1) 完善指标体系;(2) 简化目标考核;(3) 优化社会评价;(4) 做实创新创优;(5) 突出重点工作;(6) 统筹推进绩效管理。其中对于生态环境绩效的考评主要体现在区、县(市)综合考评指标体系中的权重占 65% 的目标考核的发展维度指标设置,环境质量综合评价指数作为目标考核中权重占 30% 的发展维度指标中的高分项目,对区、县(市)综合考评指标中的目标考核分数具有较大的影响。同时,为了体现差别化绩效管理,对部分地区突出生态或绿色政绩导向,杭州市环境绩效管理在区、县(市)层面进行创新,单列了生态文明建设实验区单列考评指标体系。这一指标体系在保持综合考评体系完整性基础上,把具有生态环境保护功能的"美丽杭州"实验区单列考核，并将目标考核中的发展指标和工作目标都替换成与实现生态文明建设相关的指标，形成真正意义上的政府环境绩效考核体系。

4. 推进绩效管理法制化

要持续深入推进政府绩效管理，很关键的一点，就是要实现政府管理的法制化，即通过立法的方式，使多年来行之有效的制度设计和实践经验法制化，将多元参与主体、参与方式和程序、结果运用、责任追究等以地方性法规的形式固定下来。经过大量的调研、座谈、研讨，数易其稿，最终形成了《杭州市绩效管理条例》（以下简称《条例》），于 2015 年正式颁布，2016 年开始施行。这一《条例》是杭州市运用法治思维和方式统领政府工作绩效管理的一个最新尝试，也为政府环境绩效管理"于法有据、依法管理"、绩效管理机构"职责法定"提供了制度保障，同时也确立了"公众参与"在绩效考评中的核心价值。

二、杭州环境绩效管理体系构建的经验

杭州环境绩效管理的发展历程和现状，给我国（中央对省级政府的）环境绩效管理流程设计提供了一个具有借鉴意义的案例。

（一）将公共价值理念贯穿环境绩效管理体系设计全过程

在新时代，人民群众对美好生态环境产生了强烈需求，杭州市政府在设计环境绩效管理体系时始终以实现这一公共价值为导向。首先，环境绩效管理目标设定要体现公共价值，虽然政府环境绩效管理的对象也是政府组织，但是环境绩效管理的目标设计需要考虑管理流程中体现公共价值的人的偏好因素，否则环境绩效管理只见指标不见人，年终以"结果论英雄"的考核方式是片面的；只讲绩效不讲管理，环境管理与公众对生态环境实际改善出现较大偏差。

其次，环境绩效管理的公共价值理念要通过制度化形成标准化流程。公

众参与各项政府绩效管理,是贯穿杭州政府绩效管理的一条主线。在制度设计上,杭州始终坚持社会公众的主体地位,赋予社会公众参与综合考评中的高权重比例;在公众参与方式上,环境绩效管理作为政府绩效管理的一部分,参与方式更是形式多样,有年度社会评价、服务窗口评价、专项社会评价、绩效信息采集、网上评价、"绩效杭州"微信公众号等多种途径,并注重参与渠道的制度化建设,让公众能够充分、便捷地参与到绩效管理中;在"创一流业绩"方面,杭州市坚持环境绩效管理的公共价值导向,结合建立健全政府绩效管理机制,构建了一系列制度设计,如"评价—整改—反馈"工作改进机制、日常绩效监控机制、重点工作协同机制、创新创优推进机制、绩效管理机构联动机制、综合考评奖惩机制等。

(二) 学习借鉴和创新环境绩效管理模式

在环境绩效管理工具和方式上,杭州借鉴了来自发达国家的目标管理理论、360度绩效评估方法等,形成由专家为主体的第三方绩效评估模式。同时,西方的绩效管理主要以预算控制来实施,通过绩效预算、绩效评估和审计,达到控制政府工作绩效的目的,但在我国简单复制这条路径显然是走不通的,从杭州的实践来看,通过强化公众参与、引入外部评价监督,来控制和推进绩效管理的改进和提升,才是符合中国特色的绩效管理之路,从而能形成全方位、多维度、多元化主体参与的环境绩效管理模式。

在学习借鉴之余,杭州还重视根据国情、市情创新环境绩效管理方法,包括突出绩效管理公共价值导向和分类管理原则,将涉及环境服务多和较多的政府部门都设置综合考评参评单位,其考评内容和比重不同于非参评单位。同时,把市委、市政府重点推进,涉及多部门联动的生态文明建设专项,单独设置分值考核,并在综合考评中设置重点工作单项奖。在中国特色社会主义道路"五大理念""四个全面"的指引下,杭州因地制宜践行创新、绿色发展理念,根据地区生态功能特点单列生态文明建设实验区绩效考评体系,实现了环境绩效管理从传统的任务型目标责任制考核向功能型绩效管理转变。

（三）循序渐进优化环境绩效管理体系

杭州市绩效管理体系的形成不是一蹴而就的，其相应的考核评估制度、评估方法的运用，需要遵循循序渐进的原则。其原因在于：一方面，绩效管理这一工具在国内的应用需要有一个不断探索、积累经验的过程，如生态环境绩效管理的工作体系与流程，生态环境绩效评估指标体系的确定，评估对象与评价主体的选择，评估内容的设定，绩效评估的组织实施，评估结果的反馈、沟通和利用等，都需要在实践中摸索、改进和完善；另一方面，各级政府组织、公职人员，包括与生态环境保护职能相关的绩效管理机构，对绩效管理有一个了解、认识和接受的过程。

此外，先进环境绩效管理模式的推广也要有财力支持，像第三方评估、社会调查等都需要成本投入。因此，环境绩效管理体系或流程的改进不是一蹴而就的，而要在政府财力许可条件下循序渐进。

三、杭州推进构建环境绩效管理体系的启示

根据上述杭州推进环境绩效管理的三点经验，本研究认为今后我国环境绩效管理体系构建要注重以下几方面工作：

（一）注重环境绩效管理中的公共价值导向

要优化环境绩效管理体系，首先要将公共价值理念"内化于心"，即在政府内部培育以"满足公众美好生态环境需求"为导向的服务思维，并成为自觉行动；其次，要将环境绩效管理的公共价值理念"外化于形"，即构建能够让社会公众充分表达对生态环境治理效果、过程意见的反馈机制和相应的改进机制，在社会公众层面普及环境绩效管理的公共价值理念，以及依此价值理念构建环境绩效管理框架体系的重要性；最后，形成内外相辅相成的环境绩效考评体系，以环境绩效考评结果来促进环境绩效管理流程的改进和标准化。

(二) 加强环境绩效管理的法制建设

加强环境绩效管理的法制建设,并依靠严格执行制度的刚性约束,也是杭州环境绩效管理的重要经验。就全国层面而言,需要制定或完善的法规内容包括:界定我国环境绩效管理的内涵、确定环境绩效职能机构的法律地位、明确环境绩效管理的适用范围、建立环境绩效管理规划和绩效报告制度、确立公众参与的主体地位、规范生态环境绩效沟通和绩效改进制度、建立生态环境专项领域(水、大气、土壤等)的绩效管理体系、对第三方绩效评估进行探索性规定、明确环境绩效评估结果的综合运用、建立环境绩效问责制度、环境绩效追责制度、严格的惩罚制度、建立权力机关监督环境绩效管理制度,等等。

(三) 依靠现代信息技术支持多元主体参与

可以借鉴杭州的经验,在环境绩效管理流程的设计与运行中,依靠现代信息技术支持多元主体参与,具体可从四方面入手:(1) 关注媒体,及时掌握生态环境动态信息;(2) 主动向大众传媒和社会公众发布政府环境绩效管理信息;(3) 运用微信等新媒体功能实现政府环境绩效管理职能机构、大众媒体与社会公众之间的良性互动和有效沟通;(4) 发挥大众传媒在环境绩效信息采集、反馈信息获取上高效、便捷的作用,搭建环境绩效诊断、沟通平台,激发环境绩效评估多元化主体,传播环境绩效管理公共价值理念。在此过程中,要注重运用大数据创新环境绩效管理机制,建立生态环境绩效大数据平台,整合环境绩效管理流程中数据资源为政府环境管理决策提供支持,利用大数据分析的结果提升政府环境绩效管理的效能。

此外,引入独立于相关执行主体的机构对其进行督察是有效的监督手段,杭州等发达地区强化环境绩效目标垂直督察职能,其目的正在于此。具体可通过构建组织领导机制、力量整合机制、督查实施机制、汇报通报机制、约谈机制等,来建立并运行环境绩效目标垂直督察体制。

参 考 文 献

［1］ Agee J, Johnson D Eds. Ecosystem Management for Parks and Wilderness ［M］. Seattle: University of Washington Press, 1988.

［2］ AI - Raisi, Ahmad N, AI - Khouri Ali M. Public Value and ROI in the Government Sector ［J］. Advances In Management, 2010, 3(2).

［3］ Aither. Water markets report: 2014 - 15 review and 2015 - 16 outlook ［R］. Melbourne: Aither, 2015.

［4］ Alberta Environment. Indicator for Assessing Environmental Performance of Watershed in Southern Alberta［R］. Edmonton: Alberta Environment, 2008.

［5］ Alberta Water Council. Recommendations for a Watershed Management Planning Framework for Alberta［R］. Edmonton: Alberta Water Council, 2008.

［6］ Arnold C A. Wet Growth: Should Water Law Control Land Use? ［M］. Washington, D.C.: Environmental Law Institute, 2005.

［7］ Association W G. Water Needs and Strategies for a Sustainable Future［J］. Western States Water Council, 2006.

［8］ Australian Water Partnership. Water Guide: Setting a path to improved water resource management and use under scarcity ［R］. Canberra: Australian Water Partnership, 2017.

［9］ Bates S. Bridging the Governance Gap: Emerging Strategies to Integrate Water and Land Use Planning［J］. Natural Resources Journal, 2012, 52(1).

［10］ Bergin M S, West J J, Keating T J, et al. Regional Atmospheric Pollution and

Transboundary Air Quality Management [J]. Annual Review of Environment & Resources, 2005, 30(1).

[11] Brookings Issue Brief. Water Resource Issues, Policy and Politics in China [R]. Washington, D.C.: Brookings, 2013.

[12] Brookings. Less Water, More Risk: Exploring National and Local Water Use Patterns in the US [R]. Washington, D.C.: Brookings, 2017.

[13] Caldwell L K. The ecosystem as a criterion for public land policy [J]. Nat Res J, 1970, 10(2).

[14] Center For Natural Resources & Environmental Policy. Federal - State Collaborative Initiatives For Resource Management And Restoration [R]. University Of Montana, 2009.

[15] Cook H, Benson D, and Couldrick L. Partnering for bioregionalism in England: a case study of the Westcountry Rivers Trust [J]. Ecology and Society, 2016, 21(2).

[16] Costanza R, O'Neill R V. Introduction: Ecological Economics and Sustainability [J]. Ecological Applications, 1996, 6(4).

[17] Cox M, Arnold G, Tomás S V. A Review of Design Principles for Community - based Natural Resource Management [J]. ECOLOGY AND SOCIETY, 2010, 15(4).

[18] Culp P W, Glennon R, Libecap G. Shopping for water: How the market can mitigate water shortages in the American West [R]. Brookings, 2014.

[19] David A W, Leane E A. The method and case of 360°feedback [M]. Beijing: Posts and Telecommunications Publishing House, 2004.

[20] Drucker P F. The Practice of management [M]. New York: Harper Press, 1954.

[21] Fleischman F D, Ban N C, Evans L S, et al. Governing large-scale social-ecological systems: Lessons from five cases [J]. International Journal of the Commons, 2014, 8(2).

[22] Global Water Intelligence. 2017 Global Water Tariff Survey [R]. oxford: GWI, 2017.

[23] Grumbine R E. What is ecosystem management? Conservation Biology [J]. Conservation Biology, 1994, 8(1).

[24] Haeuber R, Franklin J. Perspectives on Ecosystem Management [J]. Ecological Applications, 1996, 6(3).

[25] Hamstead M. Water Allocation Planning in Australia-Current Practices and Lessons

Learned[R]. National Water Commission, 2008.

[26] Harvey C. Coca-Cola Just Achieved a Major Environmental Goal for Its Water Use [EB/OL]. The Washington Post, August 30, 2016.

[27] Heikkila T, Schlager E, Davis M W. The Role of Cross-Scale Institutional Linkages in Common Pool Resource Management: Assessing Interstate River Compacts [J]. Policy Studies Journal, 2011, 39(1).

[28] Holling C S. Cross-Scale Morphology, Geometry, and Dynamics of Ecosystems [J]. Ecological Monographs, 1992, 62(4).

[29] Huitema D, Meijerink S. The politics of river basin organizations: institutional design choices, coalitions, and consequences[J]. Ecologyand Society, 2017, 22(2).

[30] Jensen M C, Meckling W H. Theory of the firm: Managerial behavior, agency costs, and ownership structure[J]. Journal of Financial Economics, 1976, (3).

[31] Kane J. Less Water, More Risk Exploring national and local water use patterns in the U S[R]. Brookings, 2017.

[32] Kelly G, Mulgan G, Muers S. Creating Public Value: An Analytical Framework for Public Service Reform [M]. London: Cabinet Office Strategy Unit, 2002.

[33] Kremen C. Managing ecosystem services: what do we need to know about their ecology[J]. Ecology Letters, 2005, 8.

[34] Lacroix K, Richards G. An Alternative Policy Evaluation of the British Columbia Carbon Tax: Broadening the Application of Elinor Ostrom's Design Principles for Managing Common-Pool Resources[J]. Ecology & Society, 2015, 20(2).

[35] Leopold A. A Sand County Almanac [M]. NewYork: Oxford University Press, 1949.

[36] Lickens G E, Bormann F H, Pierce R S, et al. Biogeochemistry of a Forested Ecosystem[M]. New York: Springer-Verlag, 1977.

[37] Lubchenco J, Olson A M, Brubaker L B, et al. The Sustainable Biosphere Initiative: An Ecological Research Agenda: A Report from the Ecological Society of America [J]. Ecology, 1991, 72(2).

[38] Ludwig D, Hilborn R, Walters C. Uncertainty, resource exploitation, and conservation: Lessons from history[J]. Science, 1993, 260.

[39] McGinnis, M D, Ostrom E. Social-ecological system framework: initial changes and

continuing challenges[J]. Ecology and Society, 2014, 19(2).

[40] Meijerink S, Huitema D. The institutional design, politics, and effects of a bioregional approach: observations and lessons from 11 case studies of river basin organizations[J]. Ecology and Society, 2017, 22(2).

[41] Moore H M. Recognizing Public Value: The Challenge of Measuring Government Performance [M]. Institute for Public Administration in Victoria, 2008.

[42] Morris M, de Loë Rob C. Cooperative and adaptive transboundary water governance in Canada's Mackenzie River Basin: status and prospects[J]. Ecology and Society, 2016, 21(1).

[43] Naiman R J, Magnuson J J, Firth P L. Integrating Cultural, Economic, and Environmental Requirements for Fresh Water[J]. Ecological Applications, 1998, 8(3).

[44] NSFC. Report on investigation of Natural Science Development Strategy: Ecology [M]. Beijing: Science Press (in Chinese), 1997.

[45] Oregon Big Look Task Force. Oregon Task Force on Land Use Planning, Big Look Task Force Preliminary Findings and Recommendations[R]. Salem: Oregon Big Look Task Force, 2007.

[46] Ostrom E, Schroeder L, Wynne S. Institutional incentives and sustainable development: infrastructure policies in perspective[M]. CO: Westview Press, 1993.

[47] Ostrom E. A General Framework for Analyzing Sustainability of Social-Ecological Systems[J]. Science, 2009, 325(5939).

[48] Overbay J C. Ecosystem Management In: Taking an Ecological Approach to Management[M]. The U.S: United States Department of Agriculture Forest Service Publication, 1992.

[49] Productivity Commission, Water Rights Arrangements in Australia and Overseas [R]. Commission Research Paper, Melbourne: Productivity Commission, 2003.

[50] Rand. Robust Water-Management Strategies for the California Water Plan Update 2013[R]. Santa Monica: Rand, 2013.

[51] Richter B. Water Share: Using water markets and impact investment to drive sustainability[R]. Washington, D.C.: Nature Conservancy, 2016.

[52] Rosenberg R H. The Changing Culture of American Land Use Regulation: Paying for

Growth with Impact Fees[J]. SMU Law Review, 2016, 59(1).

[53] Schlager E, Blomquist W. Embracing Watershed Politics [M]. Boulder, Colo: University Press of Colorado, 2008.

[54] Stoker G. Public value management: A new narrative for networked governance? [J]. American Review of Public Administration, 2006, 36 (1).

[55] Tansley A G. The Use and Abuse of Vegetational Concepts and Terms[J]. Ecology, 1935, 16(3).

[56] The Australia National Water Commission. Intergovernmental agreement on a National Water Initiative[R]. Canberra: National Water Commission, 2004.

[57] Turner A, White S, Chong J, et al. Managing drought: Learning from Australia [R]. prepared by the Alliance for Water Efficiency, the Institute for Sustainable Futures, University of Technology Sydney and the Pacific Institute for the Metropolitan Water District of Southern California, the San Francisco Public Utilities Commission and the Water Research Foundation, 2016.

[58] Tyson W. Using social-ecological systems theory to evaluate large-scale comanagement efforts: a case study of the Inuvialuit Settlement Region[J]. Ecology and Society, 2017, 22(1).

[59] UNESCO. Basin Water Allocation Planning: Principles, procedures and approaches for basin allocation planning[R]. Paris: UNESCO, 2013.

[60] UN-Water. Water and Sustainable Development: From Vision to Action[R]. Geneva: UN-Water, 2015.

[61] Walter H. Standortlehre Einfubrung in Die Phytologive; Grundlagen der Pflanzenverbreitung[M]. Ulmer, Stuttgart, Germany, 1960.

[62] Western States Water Council. Water Laws and Policies for a Sustainable Future: A Western States' Perspective[R]. UT: Western States Water Council, 2008.

[63] Wood C. AEcosystem Management: Achieving the New Land Ethic[J]. Renewable Natural Resources Journal, 1994, 12.

[64] World Bank, Promoting Green Growth Through Water Resource Management: The Case of Republic of Korea[R]. Washington, D.C.: World Bank, 2016.

[65] Zhou J K, Yu B C. Research on Management Process System of Environmental Performances of Leaders of County and Municipal Party Committees and Governments

Based on the Plan of Poyang Lake Eco-economic Area[C]//2010 International Conference on Energy, Environment and Development (ICEED 2010), vol1: Kuala Lumpur, Malaysia, 8 - 9 December 2010 School of Business Administration, Jingdeihen Ceramic Institute, 333403, China Department of Organization, Jingdeihen Ceramic Institute, 333403, China, 2013.

[66] [美] B.盖伊·彼得斯.政府未来的治理模式[M].吴爱明,夏宏图,译.北京:中国人民大学出版社,2001.

[67] [美] 丹尼尔·A,科尔曼.生态政治:建设一个绿色社会[M].梅俊杰,译.上海译文出版社,2002.

[68] 奥斯特罗姆 E.公共服务的制度建构[M].宋全喜,任睿,译.上海:生活·读书·新知三联书店,2000.

[69] 奥斯特罗姆 E.制度激励与可持续发展[M].毛寿龙,译.上海:生活·读书·新知三联书店,2000.

[70] 白杨,黄宇驰,王敏,等.我国生态文明建设及其评估体系研究进展[J].生态学报,2011,31(20).

[71] 包存宽,王涛,王娟.生态文明建设绩效评价方法的构建及应用——基于"水平、进步、差距"的视角[J].复旦学报(社会科学版),2017,59(6).

[72] 包国宪,王学军.我国政府绩效治理体系构建及其对策建议[J].行政论坛,2013,(6).

[73] 包国宪,文宏,王学军.基于公共价值的政府绩效管理学科体系构建[J].中国行政管理,2012,5.

[74] 蔡晶晶.诊断社会—生态系统:埃莉诺·奥斯特罗姆的新探索[J].经济学动态,2012,8.

[75] 蔡玉梅,高延利,张建平,等.美国空间规划体系的构建及启示[J].规划师,2017,33(2).

[76] 蔡玉梅,郭振华,张岩,等.统筹全域格局促进均衡发展——日本空间规划体系概览[J].资源导刊,2018,5.

[77] 蔡玉梅,廖蓉,刘杨,等.美国空间规划体系的构建及启示[J].国土资源情报,2017,(4).

[78] 蔡玉梅,张建平,李雪.丹麦空间规划体系的演变及启示[J].中国土地,2018,(1).

[79] 曹东,宋存义,曹颖,等.国外开展环境绩效评估的情况及对我国的启示[J].价值工程,2008,27(10).

[80] 曹国志,王金南,曹东,等.关于政府环境绩效管理的思考[J].中国人口·资源与环境,

2010,20(5).

[81] 曹莉萍.市场主体、绩效分配与环境污染第三方治理方式[J].改革,2017,(10).

[82] 曹颖,曹东.战略实施中的中国环境绩效评估[J].生态经济,2010,(2).

[83] 曹颖,曹东.中国环境绩效评估指标体系和评估方法研究[J].环境保护,2008,(14).

[84] 曹颖.环境绩效评估指标体系研究——以云南省为例[J].生态经济,2006,(5).

[85] 常纪文,王鑫.由督企、督政到督地方党委:环境监督模式转变的历史逻辑[J].环境保护,2016,44(7).

[86] 常纪文.党政同责、一岗双责、失职追责:环境保护的重大体制、制度和机制创新[J].环境保护,2015,43(21).

[87] 常纪文.生态文明体制全面改革的"四然"问题[J].中国环境管理,2016,8(1).

[88] 常纪文.十九大后生态文明建设和改革亟待解决的问题[J].党政研究,2017,(6).

[89] 常杪,冯雁,解惠婷,等.大数据驱动环境管理创新[J].环境保护,2015,(19).

[90] 陈斌,陈传忠,赵岑,等.关于环境监测社会化的调查与思考[J].中国环境监测,2015,(1).

[91] 陈波.论产权保护导向的自然资源资产离任审计[J].审计与经济研究,2015,5.

[92] 陈晨,刘思源,张欣莹,等.面向水资源配置的主题及管理服务模式研究[J].水利信息化,2016,2.

[93] 陈德敏,谭志雄.重庆市碳交易市场构建研究[J].中国人口·资源与环境,2012,22(6).

[94] 陈德敏,郑阳华.自然资源资产产权制度的反思与重构[J].重庆大学学报(社会科学版),2017,23(5).

[95] 陈海嵩.环保督察制度法治化:定位、困境及其出路[J].法学评论,2017,3.

[96] 陈家浩.中国政府绩效评估研究的新进展——发展语境、理论演进与问题意识[J].社会科学,2011,5.

[97] 陈进.长江流域水量分配方法探讨[J].长江科学院院报,2011,28(12).

[98] 陈静,林逢春,曾智超.企业环境绩效模糊综合评价[J].环境污染与防治,2006,28(1).

[99] 陈敏君.大气污染防治中的地方政府责任强化对策研究[D].湘潭:湘潭大学,2015.

[100] 陈巍.国外政府绩效评估助推公共责任机制建设的经验及启示[J].湘潭大学学报(哲学社会科学版),2013,37(1).

[101] 程进,周冯琦.自然资源资产负债表编制与应用的问题思考[J].社会科学,2017,11.

[102] 程亮,吴舜泽,周劲松,等.绩效评估相关理论与实践及其对我国环保部门推行绩效

评估的启示[C]//中国环境科学学会.中国环境科学学会 2009 年学术年会论文集(第四卷).中国环境科学学会：中国环境科学学会,2009.

[103] 程欣.政府环境绩效审计评价问题研究[D].广州：暨南大学,2015.

[104] 程永辉,刘科伟,赵丹,等."多规合一"下城市开发边界划定的若干问题探讨[J].城市发展研究,2015,22(7).

[105] 代伟.生态文明建设绩效的"二维"评价模型构建[J].经济研究导刊,2013,23.

[106] 戴维·H·罗森布鲁姆,苗爱民,杨晋.论非任务性公共价值在当代绩效导向的公共管理中的地位[J].公共管理与政策评论,2012,1(1).

[107] 邓凌云,曾山山,张楠.基于政府事权视角的空间规划体系创新研究[J].城市发展研究,2016,23(5).

[108] 邓崧,刘星,张玲,等.现代公共管理理论下政府流程再造的路径选择[J].社会科学,2011,9.

[109] 丁元竹.积极探索建设平台政府,推进国家治理现代化[J].经济社会体制比较,2016,6.

[110] 丁仲礼,段晓男,葛全胜,等.2050 年大气 CO_2 浓度控制：各国排放权计算[J].中国科学 D 辑：地球科学,2009,39(8).

[111] 定明捷,刘玉蓉.政策执行的委托代理理论分析[J].兰州学刊,2003,5.

[112] 董灵芝.农业灌溉智能化系统在丰南区的应用现状与发展前景[J].河北水利,2015,2.

[113] 董占峰,吴琼,李红祥,等.我国环境绩效评估制度建设的六大关键问题[J].环境保护与循环经济,2013,9.

[114] 董战峰,郝春旭,王婷,等.中国省级区域环境绩效评价方法研究[J].环境污染与防治,2016,38(2).

[115] 董战峰,郝春旭,袁增伟,等.中国省级环境绩效评估动态研究[J].科技导报,2018,36(2).

[116] 董战峰,郝春旭.积极构建环境绩效评估与管理制度[J].社会观察,2015,10.

[117] 董战峰.中国省级环境绩效评估 2006—2010[M].北京：中国环境出版社,2016.

[118] 董祚继.推动"多规合一",责任重于泰山[N].中国国土资源报,2018-3-20(3).

[119] 都吉龙.水资源管理中的监督问责机制研究[J].水利规划与设计,2018,7.

[120] 窦明,王艳艳,李胚.最严格水资源管理制度下的水权理论框架探析[J].中国人口·资源与环境,2014,24(12).

[121] 窦亚权,李娅.我国国家公园建设现状及发展理念探析[J].世界林业研究,2018,31(1).

[122] 段钢.基于战略管理的绩效考评[M].北京:机械工业出版社,2007,1.

[123] 樊杰.我国空间治理体系现代化在"十九大"后的新态势[J].中国科学院院刊,2017,32(4).

[124] 樊胜岳,陈玉玲,徐均.基于公共价值的生态建设政策绩效评价及比较[J].公共管理学报,2013,2.

[125] 范柏乃.政府绩效评估与管理[M].上海:复旦大学出版社,2007.

[126] 方创琳.中国城市群科学选择与分级发展的争鸣与探索[J].地理学报,2015,4.

[127] 方春洪,刘堃,滕欣,等.海洋发达国家海洋空间规划体系概述[J].海洋开发与管理,2018,35(4).

[128] 付霎.我国多规合一的经验借鉴与现实困境[J].产业与科技论坛,2018,17(4).

[129] 付恭华,鄢帮有.中国未来的粮食安全与生态可持续性问题研究——基于粮食生产过程生态足迹的实证分析[J].长江流域资源与环境,2013,22(12).

[130] 高桂林,陈云俊.论生态环境损害责任终身追究制的法制构建[J].广西社会科学,2015,5.

[131] 高小平,盛明科,刘杰.中国绩效管理的实践与理论[J].中国社会科学,2011,6.

[132] 郜建英,马礼.完善以生态文明为基础的环境保护责任体系[J].太原城市职业技术学院学报,2017,10.

[133] 葛察忠,翁智雄,李红祥,等.环保督政约谈机制分析:以安阳市为例[J].中国环境管理,2015,4.

[134] 葛察忠,翁智雄,赵学涛.环境保护督察巡视:党政同责的顶层制度[J].中国环境管理,2016,1.

[135] 葛蕾蕾.多元政府绩效评价主体的构建[J].山东社会科学,2011,6.

[136] 顾英伟,李娟.关键绩效指标(KPI)体系研究[J].2007,6.

[137] 郭衍玮.基于PSR概念框架的水环境绩效审计评价指标体系构建与应用研究[D].云南财经大学,2016.

[138] 国务院发展研究中心课题组,刘世锦,张永生.全球温室气体减排:理论框架和解决方案[J].经济研究,2009,3.

[139] 郝春旭,董战峰,葛察忠,等.基于聚类分析法的省级环境绩效动态评估与分析[J].生态经济,2015,31(1).

[140] 郝欣,秦书生.复合生态系统的复杂性与可持续发展[J].系统科学学报,2003,11(4).

[141] 何冬华.空间规划体系中的宏观治理与地方发展的对话——来自国家四部委"多规合一"试点的案例启示[J].规划师,2017,33(2).

[142] 何劭明.党的十八大以来中国环境政策新发展探析[J].思想战线,2017,43(1).

[143] 何艳梅.最严格水资源管理制度的落实与《水法》的修订[J].生态经济,2017,33(9).

[144] 赫红艳.社会生态系统框架研究述评[J].产业与科技论坛,2018,17(8).

[145] 侯鹏,王桥,申文明,等.生态系统综合评估研究进展:内涵、框架与挑战[J].地理研究,2015,34(10).

[146] 胡聃.生态系统可持续性的一个测度框架[J].应用生态学报,1997,8(2).

[147] 胡德胜,王涛.中美澳水资源管理责任考核制度的比较研究[J].中国地质大学学报(社会科学版),2013,13(3).

[148] 胡卫华,康喜平.构建科学的生态文明建设绩效评价考核制度[J].中国党政干部论坛,2017,10.

[149] 胡熠.论我国流域水资源配置中的区际利益协调[J].福建论坛(人文社会科学版),2014,8.

[150] 华志芹.森林碳汇市场的产权制度安排与经济绩效研究[J].湖南社会科学,2015,3.

[151] 黄爱宝.政府环境绩效评估的阐释与再思[J].江苏社会科学,2010,3.

[152] 黄爱宝.政府生态责任终身追究制的释读与构建[J].江苏行政学院学报,2016,1.

[153] 黄宝荣,王毅,苏利阳,等.我国国家公园体制试点的进展、问题与对策建议[J].中国科学院院刊,2018,33(1).

[154] 黄宏源,袁涛,周伟.日本空间规划法的变化与借鉴[J].中国土地,2017,8.

[155] 黄金川,陈守强.中国城市群等级类型综合划分[J].地理科学进展,2015,3.

[156] 黄金川,林浩曦,漆潇潇.面向国土空间优化的三生空间研究进展[J].地理科学进展,2017,36(3).

[157] 黄俊辉.整合主义视野中政府购买服务的绩效评估模型构建[J].广东行政学院学报,2017,29(5).

[158] 黄清子,王振振,王立剑.中国环保产业政策工具的比较分析——基于 GRA - VAR 模型的实证研究[J].资源科学,2016,38(10).

[159] 黄霞,胡中华.我国流域管理体制的法律缺陷及其对策[J].中国国土资源经济,2009,22(3).

[160] 黄勇,周世锋,王琳,等."多规合一"的基本理念与技术方法探索[J].规划师,2016,

32(3).

[161] 贾举杰,王也,刘旭升,等.基于农牧民响应的阿拉善荒漠复合生态系统管理研究[J].生态学报,2017,37(17).

[162] 蒋大林,曹晓峰,匡鸿海,等.生态保护红线及其划定关键问题浅析[J].资源科学,2015,37(9).

[163] 蒋雯,王莉红,陈能汪,等.政府环境绩效评估中隐性绩效初探[J].环境污染与防治,2009,31(8).

[164] 蒋雯.省级环境绩效评估研究[D].杭州:浙江大学,2011.

[165] 矫勇.促进水资源可持续利用 保障国家水资源安全——水利部副部长矫勇解读《全国水资源综合规划》[N].中国水利报,2010-12-7.

[166] 金培振,张亚斌,彭星.技术进步在二氧化碳减排中的双刃效应——基于中国工业 35 个行业的经验证据[J].科学学研究,2014,32(5).

[167] 靳润芳.最严格水资源管理绩效评估及保障措施体系研究[D].郑州大学,2015.

[168] 蓝艳,彭宁,解然,等.美国环境执法的实践经验及其对中国的启示[J].环境保护,2016,(19).

[169] 李爱年."环境执法生态化"——生态文明建设的执法机制创新[J].湖南师范大学社会科学学报,2016,(3).

[170] 李春瑜.大气环境治理绩效实证分析——基于 PSR 模型的主成分分析法[J].中央财经大学学报,2016,3.

[171] 李凌汉,娄成武,王刚.生态文明视野下地方政府环境保护绩效评估体系研究 以青岛市为例[J].生态经济,2016,32(3).

[172] 李凌汉.生态文明视野下地方政府环境保护绩效评估研究[M].北京:中国社会科学出版社,2015.

[173] 李平原.浅析奥斯特罗姆多中心治理理论的适用性及其局限性——基于政府、市场与社会多元共治的视角[J].学习论坛,2014,30(5).

[174] 李荣.从"多规合一"到"空间规划体系"构建[J].城市建设理论研究(电子版),2018,(4).

[175] 李瑞昌.大部制改革中地方政府面临的挑战与应对策略[J].岭南学刊,2008,3.

[176] 李睿祎.论德鲁克目标管理及其在行政管理中的应用[J].公共行政,2006,3.

[177] 李睿祎.德鲁克目标管理体系初探[J].北华大学学报:社会科学版,2007,8(2).

[178] 李雯香,巫炜宁,范秀娟,等."多规合一"开展现状及成效分析[J].中国环境管理,

2018,10(3).

[179] 李晓龙.多中心治理视角下中国环境治理体系的变迁与重构[D].重庆:重庆大学,2016.

[180] 李晓龙.区域环境合作治理的理论依据与实践路径[J].湘潮(下半月),2016,5.

[181] 李祎恒,邢鸿飞.我国水资源用途管制的问题及其应对[J].河海大学学报(哲学社会科学版),2017,19(2).

[182] 李煜,夏自强.水域生态系统的时间尺度与空间尺度[J].河海大学学报(自然科学版),2007,35(2).

[183] 李元实,杜蕴慧,柴西龙,等.污染源全面管理的思考:以促进环境影响评价与排污许可制度衔接为核心[J].环境保护,2015,6.

[184] 李云燕,王立华,殷晨曦.大气重污染预警区域联防联控协作体系构建——以京津冀地区为例[J].中国环境管理,2018,10(2).

[185] 梁军凤,宋瑞勇,何化平,等.环境质量管理满意度的影响因素和措施探析[J].山东工业技术,2015,17.

[186] 廖和平,沈琼,邱道持,等.土壤生态系统可持续性评价研究[J].西南师范大学学报(自然科学版),2002,27(1).

[187] 林坚,宋萌,张安琪.国土空间规划功能定位与实施分析[J].中国土地,2018,1.

[188] 刘超.管制、互动与环境污染第三方治理[J].中国人口·资源与环境,2015,25(2).

[189] 刘超.环境法视角下河长制的法律机制建构思考[J].环境保护,2017,9.

[190] 刘丹.水资源环境绩效审计评价体系研究[J].审计月刊,2015,1.

[191] 刘佳,王会芝,董战峰,等.天津市环境绩效评估研究[J].未来与发展,2014,3.

[192] 刘佳.基于生态文明理念的中国省级环境绩效评估实证研究[D].天津:南开大学,2014.

[193] 刘娟.基于 PDCA 的公众参与政府绩效评估的改进策略[D].天津:天津大学,2012.

[194] 刘立忠,环境规划与管理[M].北京:中国建材工业出版社,2015.

[195] 刘丽敏,杨淑娥,袁振兴.国际环境绩效评价标准综述[J].统计与决策,2007,16.

[196] 刘奇,张金池,孟苗婧.中央环境保护督察制度探析[J].环境保护,2018,46(1).

[197] 刘奇,张金池,梦苗婧.中央环境保护督察制度探析[J].环境保护,2018,1.

[198] 刘琦.环境法立法后评估的法理研究[D].武汉:中南财经政法大学 2017.

[199] 刘尚希.自然资源设置两级产权的构想——基于生态文明的思考[J].经济体制改革,2018,1.

[200] 刘树臣,喻锋.国际生态系统管理研究发展趋势[J].国土资源情报,2009,2.

[201] 刘泰洪.委托代理理论下地方政府机会主义行为分析[J].中国石油大学学报(社会科学版),2008,24(1).

[202] 刘欣.实施自然资源资产管理改革的探讨与对策[J].中国国土资源经济,2018,31(5).

[203] 刘兴鹏,东晓.新型城镇化背景下地方政府环境治理能力提升:价值、困境与出路[J].行政与法,2015,7.

[204] 刘彦随,王介勇.转型发展期"多规合一"理论认知与技术方法[J].地理科学进展,2016,35(5).

[205] 柳长顺,杜丽娟.我国水资源费实收率测算研究[J].水利发展研究,2017,12.

[206] 龙姮.北京市固体废物处置环境绩效审计指标评价体系研究[D].湘潭:湘潭大学,2016.

[207] 龙秋波,贾绍凤,汪党献.中国用水数据统计差异分析[J].资源科学,2016,38(2).

[208] [法]卢梭.社会契约论[M].何兆武,译.北京:商务印书馆,2003.

[209] 吕凯,杨建萍.排污计算依据法律研究[J].哈尔滨商业大学学报(社会科学版),2012,2.

[210] 吕忠梅,焦艳鹏.中国环境司法的基本形态、当前样态与未来发展——对《中国环境司法发展报告(2015—2017)的解读》[J].环境保护,2017,18.

[211] [美]马克·莫尔.创造公共价值[M].北京:清华大学出版社,2003.

[212] 闵庆文,马楠.生态保护红线与自然保护地体系的区别与联系[J].环境保护,2017,45(23).

[213] 马强,秦佩恒,白钰,等.我国跨行政区环境管理协调机制建设的策略研究[J].中国人口·资源与环境,2008,10.

[214] 马全中.从管理到服务:政府绩效评估模式嬗变——一种公共服务的分析视角[J].韶关学院学报(社会科学),2012,33(11).

[215] 马世骏,王如松.社会—经济—自然复合生态系统[J].生态学报,1984,4(1).

[216] 马涛,翁晨艳.城市水环境治理绩效评估的实证研究[J].生态经济,2011,6.

[217] 马涛.国土空间开发与区域水资源开发利用研究(专题讨论)[J].哈尔滨工业大学学报(社会科学版),2018,2.

[218] 马歆.污染物减排政策效果比较——基于经济学视角[J].技术经济与管理研究,2012,4.

[219] 马永欢,刘清春.对我国自然资源产权制度建设的战略思考[J].中国科学院院刊,2015,30(4).

[220] [美]迈克尔·麦金尼斯.多中心治理体制与地方公共经济[M].毛寿龙,译.上海:上海三联书店,2000.

[221] 毛寿龙,蔡长昆.风险、制度环境与自然灾害治理:基于社会—生态系统(SES)的分析[J].武汉理工大学学报(社会科学版),2015,28(1).

[222] 毛雪慧,黄凌,黄奕龙,等.深圳观澜河综合整治河流健康影响评估[J].水资源保护,2015,31(1).

[223] 梅寒.我国地方政府流程再造问题研究[D].南京:南京大学,2016.

[224] 梅骏伦,颜永才.基于生态足迹的黄石城市生态系统可持续性评价[J].湖北师范学院学报(哲学社会科学版),2016,36(5).

[225] 孟志华,李晓冬.精准扶贫绩效的第三方评估:理论溯源、作用机理与优化路径[J].当代经济管理,2018,40(3).

[226] 孟志华.对我国环境绩效审计研究现状的评述[J].山东财政学院学报,2011,1.

[227] 米天戈.我国污染物排放标准制度研究[D].苏州:苏州大学,2015.

[228] 倪星,余琴.地方政府绩效指标体系构建研究——基于BSC、KPI与绩效棱柱模型的综合运用[J].武汉大学学报(哲学社会科学版),2009,62(5).

[229] 倪星.政府合法性基础的现代转型与政绩追求[J].中山大学学报(社会科学版),2006,(4).

[230] 欧甝.基于空间分析的资源环境承载力研究[D].昆明:昆明理工大学,2017.

[231] 彭福伟.国家公园体制改革的进展与展望[J].中国机构改革与管理,2018,2.

[232] 彭国甫,盛明科,刘明达.基于平衡计分卡的地方政府绩效评估[J].湖南社会科学,2004,5.

[233] 彭建,吴健生,潘雅婧,等.基于PSR模型的区域生态可持续性评价概念框架[J].地理科学进展,2012,31(7).

[234] 彭琳,赵智聪,杨锐.中国自然保护地体制问题分析与应对[J].中国园林,2017,33(4).

[235] 戚瑞,耿涌,朱庆华.基于水足迹理论的区域水资源利用评价[J].自然资源学报,2011,26(3).

[236] 祁中山.扶贫绩效第三方评估:价值与限度——以2016年国家精准扶贫工作成效考核第三方评估为参照[J].信阳师范学院学报(哲学社会科学版),2017,37(6).

[237] 钱金淼.基于360度绩效评价的政府绩效评估研究[D].哈尔滨:哈尔滨商业大学,2015.

[238] 钱水祥.领导干部自然资源资产离任审计研究[J].浙江社会科学,2016,3.

[239] 乔永平,郭辉.生态文明评价研究:内容、问题与展望[J].南京林业大学学报(人文社会科学版),2015,15(1).

[240] 钦国华.近十年来国内"多规合一"问题研究进展[J].现代城市研究,2016,9.

[241] 秦洁琼,于忠华,孙瑞玲,等.南京市环境保护能力建设探讨与研究[J].环境科学与管理,2016,41(11).

[242] 秦书生.复合生态系统自组织特征分析[J].系统科学学报,2008,16(2).

[243] 邱孟龙,王琦,陈俊坚,等.东莞市耕地环境质量的压力—状态—响应分析与评价[J].农业环境科学学报,2015,34(3).

[244] 屈健.我国污染物总量控制制度改革的思考[J].环境监控与预警,2018,3.

[245] 任海,邬建国,彭少麟,等.生态系统管理的概念及其要素[J].应用生态学报,2000,3(3).

[246] 任慧莉.中国政府环境责任制度变迁研究[D].南京:南京农业大学,2015.

[247] 尚勇敏,何多兴,杨雯婷,等.成渝城市土地利用综合效益评价[J].西南师范大学学报(自然科学版),2011,36(4).

[248] 沈迟.推进"多规合一"完善空间规划[J].城乡建设,2018,1.

[249] 沈迟.我国"多规合一"的难点及出路分析[J].环境保护,2015,43(Z1).

[250] 沈宏婷,陆玉麒.中国省域R&D投入的区域差异及时空格局演变[J].长江流域资源与环境,2015,24(6).

[251] 沈满洪,谢慧明,李玉文,等.中国水制度研究[M].北京:人民出版社,2017.

[252] 沈兴兴,曾贤刚.世界自然保护地治理模式发展趋势及启示[J].世界林业研究,2015,28(5).

[253] 石建平.县域复合生态系统的理论构建[J].福建论坛:经济社会版,2003,5.

[254] 史丹,何辉.水资源费征收存在的问题及政策建议[J].经济研究参考,2014,63.

[255] 苏涵,陈皓."多规合一"的本质及其编制要点探析[J].规划师,2015,31(2).

[256] 孙晗,唐洋.基于PSR框架构建水环境绩效审计评价体系[J].财会月刊,2014,7.

[257] 孙经国.资源环境问题与我国生态安全[J].前线,2017,6.

[258] 孙宁,程亮,宋玲玲,等.污染防治项目绩效评价管理现状分析与思考[J].中国人口·资源与环境,2015,25(S1).

[259] 孙宁,何明武,宋玲玲,等.污染防治项目绩效评价关键技术研究[J].环境与可持续发展,2015,40(1).

[260] 孙雪涛,沈大军.水资源分区管理[M].北京:科学出版社,2013.

[261] 孙一兵.郑州市环境保护能力建设现状分析及对策建议[J].绿色科技,2017,6.

[262] 唐斌,彭国甫.地方政府生态文明建设绩效评估机制创新研究[J].中国行政管理,2017,5.

[263] 唐斌.大数据:生态文明建设信息资源的"去孤岛化"[J].湘潭大学学报(哲学社会科学版),2017,1.

[264] 唐斌.地方政府生态文明建设绩效评估的体系构建与机制创新[D].湘潭:湘潭大学,2017.

[265] 唐力,赵勇,肖伟华,等.水资源总量控制和定额管理制度实施进展[J].人民黄河,2008,30(3).

[266] 唐平秋,韦伟光.我国领导干部政绩评估结果运用研究[J].广西师范学院学报(哲学社会科学版),2015,36(3).

[267] 田海峰.服务型政府建设中的政务流程再造研究[D].兰州:西北师范大学,2016.

[268] 田金平,刘巍,赖玢洁,等.中国生态工业园区发展的经济和环境绩效研究[J].中国人口·资源与环境,2012,22(S2).

[269] 万林葳.环境收益、环境效益和环境绩效概念辨析[J].财会月刊,2011,24.

[270] 汪劲.环保法治三十年:我们成功了吗?[M].北京:北京大学出版社,2011.

[271] 汪劲.中外环境影响评价制度比较——环境与开发决策的正当法律程序[M].北京:北京大学出版社,2006.

[272] 汪克亮,孟祥瑞,杨宝臣,等.技术异质下中国大气污染排放效率的区域差异与影响因素[J].中国人口·资源与环境,2017,1.

[273] 汪升.中国省际资源环境综合绩效测度[J].科技和产业,2013,13(5).

[274] 汪涛,包存宽.生态文明建设绩效评价要更精准[J].环境经济,2017,z2.

[275] 汪云,刘菁.特大城市生态空间规划管控模式与实施路径[J].规划师,2016,32(3).

[276] 汪泽波,王鸿雁.多中心治理理论视角下京津冀区域环境协同治理探析[J].生态经济,2016,32(6).

[277] 王钉,史文涛.环境规划实施评估指标体系研究[J].环境科学与管理,2017,42(8).

[278] 王冬欣.生态文明目标导向下的政府绩效评估[J].宏观经济管理,2013,7.

[279] 王海芹,苏利阳.环境空气质量监测体制改革的对策选择[J].改革,2014,10.

[280] 王红梅.中国环境规制政策工具的比较与选择——基于贝叶斯模型平均(BMA)方法的实证研究[J].中国人口·资源与环境,2016,26(9).

[281] 王慧玲.区域取水许可总量控制及保障措施研究[D].扬州大学,2013.

[282] 王佳,张亚平,戴喆秦,等.污染场地风险等级评估体系研究[J].环境保护,2013,41(13).

[283] 王健.水资源管理法律制度创新研究[D].武汉大学,2013.

[284] 王金南,曹东,曹颖.环境绩效评估:考量地方环保实绩[J].环境保护,2009,426(16).

[285] 王金南.把握好生态环境治理的窗口期[N].中国环境报,2018-5-28(3).

[286] 王军霞,陈敏敏,唐桂刚.我国污染源监测制度改革探讨[J].2014,21.

[287] 王磊.公共行政中的"效率—民主"张力及其社会基础——基于公众参与政府环境绩效评估的分析[J].江淮论坛,2017,5.

[288] 王丽,王燕云.区域性水环境绩效审计评价指标体系的构建及其运用研究[J].科技情报开发与经济,2013,11.

[289] 王琪,赵海.基于复合生态系统的渤海环境管理路径研究[J].海洋环境科学,2014,33(4).

[290] 王琪.层次分析法在环境污染防治规划中的应用[J].化工管理,2016,12.

[291] 王然.中国省域生态文明评价指标体系构建与实证研究[D].武汉:中国地质大学,2016.

[292] 王如松,欧阳志云.社会—经济—自然复合生态系统与可持续发展[J].中国科学院院刊,2012,3.

[293] 王如松,李锋,韩宝龙,等.城市复合生态及生态空间管理[J].生态学报,2014,4(1).

[294] 王晟,符大海.中西政府绩效评估比较研究[J].经济社会体制比较,2010,3.

[295] 王树义.论生态文明建设与环境司法改革[J].中国法学,2014,3.

[296] 王伟,辛利娟,杜金鸿,等.自然保护地保护成效评估:进展与展望[J].生物多样性,2016,24(10).

[297] 王夏晖,高彦鑫,李松,等.基于DPSIR概念模型的土壤环境成效评估方法研究[J].环境保护科学,2016,8.

[298] 王向东,刘卫东.中国空间规划体系:现状、问题与重构[J].经济地理,2012,32(5).

[299] 王亚华,黄译萱,唐啸.中国水利发展阶段划分:理论框架与评判[J].自然资源学报,2013,28(6).

[300] 王亚华,舒全峰,吴佳喆.水权市场研究述评与中国特色水权市场研究展望[J].中国

人口·资源与环境,2017,27(6).

[301] 王亚华.诊断社会生态系统的复杂性：理解中国古代的灌溉自主治理[J].清华大学学报(哲学社会科学版),2018,33(2).

[302] 王遥遥.我国公私合作中利益相关者参与机制研究[J].法制与社会,2016,20.

[303] 王怡.环境规制有关问题研究——基于 PDCA 循环和反馈控制模式[D].成都：西南财经大学,2008.

[304] 王振波,梁龙武,林雄斌,等.京津冀城市群空气污染的模式总结与治理效果评估[J].环境科学,2017,38(10).

[305] 王卓甫,王梅,张坤,等.最严格水资源管理制度下用水总量统计工作机制设计[J].水利经济,2016,34(2).

[306] 文传浩,铁燕.生态文明建设亟须建立一套统一规范的指标体系[N].光明日报,2009 - 12 - 11(第 11 版).

[307] 文云飞.中国排污权交易政策减排效果评估[D].杭州：浙江财经大学,2015.

[308] 翁智雄,程翠云,葛察忠,等.我国环境保护督查体系分析[J].环境保护,2017,10.

[309] 翁智雄,葛察忠,程翠云,等.基于环境质量管理的城市综合环境绩效评估研究[J].环境保护科学,2017,43(4).

[310] 吴承照,刘广宁.管理目标与国家自然保护地分类系统[J].风景园林,2017,7.

[311] 吴承照,刘广宁.中国建立国家公园的意义[J].旅游学刊,2015,30(6).

[312] 吴凤平,章渊,田贵良.自然资源产权制度框架下水资源现代化治理逻辑[J].南京社会科学,2015,12.

[313] 吴启焰,何挺.国土规划、空间规划和土地利用规划的概念及功能分析[J].中国土地,2018,4.

[314] 吴锡麟,叶功富,陈德旺,等.森林生态系统管理概述[J].福建林业科技,2002,29(3).

[315] 伍彬.政府绩效管理：理论与实践的双重变奏[M].北京：北京大学出版社,2017.

[316] 武东海,段磊,朱岩.推进"多规合一"的问题分析及思路研究[J].国土资源,2018,6.

[317] 夏光,王勇,刘越,等.中国共产党十八大以来生态环境保护的历史性变化[J].环境与可持续发展,2018,43(1).

[318] 夏光.建立系统完整的生态文明制度体系——关于中国共产党十八届三中全会加强生态文明建设的思考[J].环境与可持续发展,2014,39(2).

[319] 献波,林雄斌,孙东琪.中国区域产业结构变动对经济增长的影响[J].经济地理,2016,36(5).

[320] 肖练练,钟林生,周睿,等.近30年来国外国家公园研究进展与启示[J].地理科学进展,2017,36(2).

[321] 肖序,熊菲.环境管理会计的PDCA循环研究[J].会计研究,2015,4.

[322] 肖雅.基于生态足迹与资源环境绩效的生态文明动态评估[C].中国环境科学学会.2016中国环境科学学会学术年会论文集(第一卷).中国环境科学学会:中国环境科学学会,2016.

[323] 谢方,徐志文.现代生态农业产业体系特征解读及理论框架的构建[J].昆明学院学报,2017,3.

[324] 谢方,徐志文.乡村复合生态系统良性循环机制与管理方法探讨[J].中南林业科技大学学报(社会科学版),2017,11(1).

[325] 谢英挺,王伟.从"多规合一"到空间规划体系重构[J].城市规划学刊,2015,3.

[326] 熊明,梅军亚,杜耀东,等.水资源监测数据的质量控制[J].人民长江,2018,49(9).

[327] 徐晗宇.我国水资源管理体制研究[D].东北林业大学,2005.

[328] 徐曙光,张丽君.丹麦的国土空间规划及启示[J].国土资源情报,2010,2.

[329] 徐元元.我国政府职能转变的路径探索——基于西方"政府再造"理论的视角[J].华中师范大学研究生学报,2013,2.

[330] 许继军.水资源精细化管理的保障体系与支撑技术初探[J].人民长江,2011,42(18).

[331] 薛刚,薄贵利,刘小康,等.服务型政府绩效评估结果运用研究:现状、问题与对策[J].国家行政学院学报,2013,2.

[332] 薛红燕,王怡,孙菲,等.基于多层委托—代理关系的环境规制研究[J].运筹与管理,2013,6.

[333] 闫天池.生态宜居城市环境绩效审计方法体系研究[M].北京:中国财经出版社,2010.

[334] 严耕.中国省域生态文明建设评价报告:ECI2011[M].北京:社会科学文献出版社,2011.

[335] 严金明,陈昊,夏方舟."多规合一"与空间规划:认知、导向与路径[J].中国土地科学,2017,31(1).

[336] 杨超,凌学武.社会资本理论与我国政府绩效管理研究[J].太原理工大学学报(社会科学版),2006,2.

[337] 杨朝霞.环境司法主流化的两大法宝——环境司法专门化和环境资源权利化[J].中国政法大学学报,2016,1.

[338] 杨春桃.我国《环境保护法》中政府环境责任追充利度的重构——以美国、日本环境立法经验为参照[J].中国政法大学学报,2013,3.

[339] 杨贵羽,甘泓.最严格水资源管理中综合用(耗)水定额指标构建的必要性分析[J].中国水利,2016,1.

[340] 杨柳,朱玉春,任洋.社会信任、组织支持对农户参与小农水管护绩效的影响[J].资源科学,2018,40(6).

[341] 杨润美,邓崧.大数据时代行政决策评估进展研究[J].电子政务,2015,11.

[342] 杨婷.山东省水资源管理体制研究[D].山东大学,2008.

[343] 杨文涛.县级环境监测管理体系的建立与实施[J].四川环境,2007,26(3).

[344] 杨振兵,邵帅,杨莉莉.中国绿色工业变革的最优路径选择——基于技术进步要素偏向视角的经验考察[J].经济学动态,2016,1.

[345] 杨治坤.区域大气污染府际合作治理——理论证成和实践探讨[J].时代法学,2018,1.

[346] 姚梅芳,张丽琨,宋玮楠.基于文献分析的环境绩效管理方法应用研究[J].情报科学,2013,11.

[347] 姚西龙,于渤.技术进步、结构变动与工业二氧化碳排放研究[J].科研管理,2012,33(8).

[348] 叶文虎.建设一个人与自然和谐相处的社会[J].马克思主义与现实,2005,4.

[349] 易鑫,克里斯蒂安·施耐德.德国的州域规划与空间秩序规划的发展历程[J].城市规划,2015,39(1).

[350] 易志斌.地方政府竞争的博弈行为与流域水环境保护[J].经济问题,2011,1.

[351] 尹伟华,张焕明.绿色GDP核算研究综述[J].农村经济与科技,2013,6.

[352] 于贵瑞.略论生态系统管理的科学问题与发展方向[J].资源科学,2001,23(6).

[353] 于贵瑞.生态系统管理学的概念框架及其生态学基础[J].应用生态学报,2001,12(5).

[354] 于会文.环保部门应做"监工""帮工",不做"长工"[N].南方周末,2018-6-14.

[355] 于水.多中心治理与现实应用[J].江海学刊,2005,5.

[356] 于文轩.风险社会视角下美国环境应急管理及其借鉴[J].治理研究,2018,4.

[357] 余墅幸,蒋雯,王莉红.区域环境绩效评估思考[J].环境保护,2011,10.

[358] 俞海山.从参与治理到合作治理:我国环境治理模式的转型[J].江汉论坛,2017,4.

[359] 虞锡君.减排背景下完善排污权交易机制探析——以全国首个试点城市浙江省嘉兴

市为例[J].农业经济问题,2009,3.

[360] 袁广达,孙薇.环境财务绩效与环境管理绩效评价研究[J].环境保护,2008,18.

[361] 袁懋.突发环境事件应急监测应对思路[J].环境影响评价,2017,1.

[362] 袁曙宏.立法后评估工作指南[M].北京:中国法制出版社,2013.

[363] 苑鹏飞,彭桂娟,段勇.排污许可证制度在总量控制中的作用[J].中国金属通报,2018,2.

[364] 岳永兵.宅基地"三权分置":一个引入配给权的分析框架[J].中国国土资源经济,2018,1.

[365] 张大维,郑永君.流程再造理论与社区管理创新——以武汉市江汉区为例[J].城市问题,2012,3.

[366] 张广军.基于PDCA理论的政府绩效管理模型研究[D].长沙:湖南大学,2009.

[367] 张海霞,钟林生.国家公园管理机构建设的制度逻辑与模式选择研究[J].资源科学,2017,39(1).

[368] 张宏锋,欧阳志云,郑华.生态系统服务功能的空间尺度特征[J].生态学杂志,2007,26(9).

[369] 张欢,成金华,陈军,等.中国省域生态文明建设差异分析[J].中国人口·资源与环境,2014,24(6).

[370] 张金屯,李素.应用生态学[M].北京:科学出版社,2003.

[371] 张军莉,严谷芬.我国宏观区域环境绩效评估研究进展[J].环境保护与循环经济,2015,35(4).

[372] 张骏杰.基于"多规合一"的地级市国土空间优化方法研究[D].北京:中国地质大学(北京),2018.

[373] 张坤民,温宗国,彭立颖.当代中国的环境政策:形成、特点与评价[J].中国人口·资源与环境,2007,2.

[374] 张坤民.关于中国可持续发展的政策与行动[M].北京:中国环境科学出版社,2005.

[375] 张蕾,沈满洪.生态文明产权制度的界定、分类及框架研究[J].中国环境管理,2017,9(6).

[376] 张明明,李焕承,蒋雯,等.浙江省生态建设环境绩效评估方法初步研究[J].中国环境科学,2009,29(6).

[377] 张万宽.信息系统在政府流程再造中的作用:影响因素及实证分析[J].山东财政学院学报,2013,6.

[378] 张万裕.政府环境审计对环境绩效的影响研究[D].成都：西南财经大学,2014.

[379] 张文国,饶胜,张箫,等.把握划定并严守生态保护红线的八个要点[J].环境保护, 2017,45(23).

[380] 张希栋,张晓.行政垄断、政府管制与产业绩效——对天然气开采业的一般均衡分析 [J].北京理工大学学报(社会科学版),2015,17(6).

[381] 张永民,赵士洞.生态系统可持续管理的对策[J].地球科学进展,2007,22(7).

[382] 张泽玉.黄河济南段环境绩效评估研究[D].济南：山东大学,2006.

[383] 赵桂慎,王一超,唐晓伟,等.基于能值生态足迹法的集约化农田生态系统可持续性 评价[J].农业工程学报,2014,30(18).

[384] 赵克强,蔡邦成.环境影响评价引入绩效管理的方法和途径探析[M].北京：中国环 境出版社,2014.

[385] 赵士洞,汪业勖.生态系统管理的基本问题[J].生态学杂志,1997,4.

[386] 赵云龙,唐海萍,陈海,等.生态系统管理的内涵与应用[J].地理与地理信息科学, 2004,20(6).

[387] 赵智聪,彭琳,杨锐.国家公园体制建设背景下中国自然保护地体系的重构[J].中国 园林,2016,32(7).

[388] 郑方辉,廖鹏洲.政府绩效管理：目标、定位与顶层设计[J].中国行政管理,2013,5.

[389] 钟朝宏.中外企业环境绩效评价规范的比较研究[J].中国人口·资源与环境,2008, 18(4).

[390] 周芳,马中,郭清斌.中国水价政策实证研究——以合肥市为例[J].资源科学,2014, 36(5).

[391] 周冯琦.上海对接推进长江经济带绿色生态廊道建设研究[R].上海：上海社会科学 院,2018.

[392] 周宏春,季曦.改革开放三十年中国环境保护政策演变[J].南京大学学报(哲学·人 文科学·社会科学),2009,46(1).

[393] 周景坤.基于地方政府环保战略规划的党政领导环保绩效管理体系研究[D].上海： 东华大学,2009.

[394] 周景坤.如何完善地方党政领导环保绩效管理体系?[J].环境保护,2010,11.

[395] 周颖,濮励杰,张芳怡.德国空间规划研究及其对我国的启示[J].长江流域资源与环 境,2006,4.

[396] 周圆,陈超,张晓健.美国环境应急管理制度简析[J].中国环境管理,2017,5.

[397] 周云飞.基于 PDCA 循环的政府绩效管理流程模式研究[J].情报杂志,2009,28(10).

[398] 周志忍.为政府绩效评估中的"结果导向"原则正名[J].学海,2017,2.

[399] 周志忍.我国政府绩效管理研究的回顾与反思[J].公共行政评论,2009,1.

[400] 朱建军,张蕊.经济增长、民生改善与地方官员晋升再考察——来自 2000—2014 年中国省级面板数据的经验证据[J].经济学动态,2016,6.

[401] 朱乾德,孙金华,王国新,等.我国取水许可制度实施现状与完善建议[J].人民长江,2015,11.

[402] 祝光耀,朱广庆.基于分区管理的生态文明建设指标体系与绩效评估[M].北京：中国环境出版社,2016.

[403] 邹伟进,李旭洋,王向东.基于耦合理论的产业结构与生态环境协调性研究[J].中国地质大学学报(社会科学版),2016,16(2).

[404] 左其亭,窦明,吴泽宁.水资源规划与管理(第二版)[M].郑州：中国水利水电出版社,2014.

后　　记

本书是在上海社会科学院生态与可持续发展研究所周冯琦研究员主持的国家社科基金重大项目《我国环境绩效管理体系研究》（12&ZD081）的最终研究成果基础上修改完善而成。

本书的研究框架、统定稿及总论由周冯琦研究员负责。参与本书撰写的成员包括：上海社会科学院生态与可持续发展研究所程进副研究员（负责生态系统可持续性绩效评估管理体系篇统定稿）、陈宁博士（负责资源绩效评估与结果导向的资源绩效管理体系构建篇统定稿）、刘新宇副研究员、尚勇敏副研究员、张文博博士（负责污染防治绩效评估与管理体系构建篇统定稿）、曹莉萍副研究员、吴蒙博士、周伟铎博士、张希栋博士、李海棠博士、刘召峰博士以及杭州师范大学彭伟斌教授、上海市生态环境局汤庆合处长、上海市环境科学研究院胡静高工、李立峰工程师。感谢参与研究撰稿的同仁的辛勤付出。

在项目的开题以及研究过程中得到了中国生态环境部环境规划院院长王金南院士、南京大学环境科学院毕军教授、四川大学区域经济系邓玲教授、华东师范大学曾刚教授以及上海社会科学院多位领导、各职能部门负责人和前辈的支持，在此致以崇高谢意！

由于时间和水平有限，本书不足乃至谬误之处在所难免，敬请专家和各界同仁提出宝贵意见。

2021 年 11 月

图书在版编目(CIP)数据

中国环境绩效管理理论与实践 / 周冯琦等著 .— 上海 ：
上海社会科学院出版社，2022
ISBN 978 - 7 - 5520 - 3235 - 2

Ⅰ.①中…　Ⅱ.①周…　Ⅲ.①环境管理—研究—中国
Ⅳ.①X321.2

中国版本图书馆 CIP 数据核字(2021)第 267279 号

中国环境绩效管理理论与实践

著　　者：周冯琦等
责任编辑：熊　艳
封面设计：周清华
出版发行：上海社会科学院出版社
　　　　　上海顺昌路 622 号　邮编 200025
　　　　　电话总机 021 - 63315947　销售热线 021 - 53063735
　　　　　http://www.sassp.cn　E-mail：sassp@sassp.cn
排　　版：南京展望文化发展有限公司
印　　刷：上海天地海设计印刷有限公司
开　　本：710 毫米×1010 毫米　1/16
印　　张：32.25
字　　数：472 千
版　　次：2022 年 2 月第 1 版　2022 年 2 月第 1 次印刷

ISBN 978 - 7 - 5520 - 3235 - 2/X • 024　　　　定价：148.00 元